机械设计基础

主 编◎周泽华 封立耀 陈运胜

JIXIE SHEJI JICHU

航空工业出版社

北 京

内 容 提 要

本书从学生学习和认知规律出发，以引领学生快速掌握机械设计精要为导向，通过采用"精压机"这一工程实例为教学主线，逐步拆解机器，循序渐进讲解，为学生建立机械设计的整体感，引发学生兴趣。本书编者在总结多年教学经验的基础上，对"机械设计基础"的教学内容、教学方法进行了一定程度的教学改革，由"教"向"教、导结合"方向转型，实现了使用实例对知识进行串联，并以融入我国工业发展艰辛历程和先进工业成果的拓展内容对学生职业素养和知识进行引导补强。本书可供机械类、近机类相关专业作为教材使用。

图书在版编目（CIP）数据

机械设计基础 / 周泽华，封立耀，陈运胜主编. —
北京：航空工业出版社，2023.1
ISBN 978-7-5165-3257-7

Ⅰ . ①机…　Ⅱ . ①周…②封…③陈…　Ⅲ . ①机械设计—高等学校—教材　Ⅳ . ①TH122

中国国家版本馆CIP数据核字（2023）第006720号

机械设计基础
Jixie Sheji Jichu

———————————

航空工业出版社出版发行
（北京市朝阳区京顺路 5 号曙光大厦 C 座四层　100028）
发行部电话：010-85672663　010-85672683

北京荣玉印刷有限公司印刷　　　　　全国各地新华书店经售
2023 年 1 月第 1 版　　　　　　　　2023 年 1 月第 1 次印刷
开本：889 毫米 ×1194 毫米　1/16　　字数：627 千字
印张：18.5　　　　　　　　　　　　定价：59.80 元

编写委员会

主　编　周泽华　封立耀　陈运胜

副主编　周　晖

参　编　邓　骏　刘志凌　胡旖旎　胡　敏

　　　　　艾建平　程丽红　陈智琴

前 言
PREFACE

"机械设计基础"是高等院校机械类、近机类本、专科专业教学计划中一门重要的技术基础课程，是使学生熟悉机械系统的基本工作原理，掌握基本的机械设计理论和基础，拓宽学生的知识面以及增强学生对专业工作适应性的一门重要的课程。根据教学要求，学生学习完本课程后应能综合运用本课程的基本理论和技术以及相关选修课程中的知识去解决简单的实际工程问题，应具备设计简单机械传动装置的能力，因此本课程的学习要特别注重理论与实际相结合。

为了满足上述要求，本书编者在总结机械设计课程长期教学经验的基础上，从学生的学习和认知规律出发，对"机械设计基础"的教学内容、教学方法和教学手段进行了改革。在教学内容上，本书以"精压机"这一工程实例为教学主线，将各章内容完全串联在一起，在确保学生掌握必备的基本知识、基本理论和基本技能的前提下，适度调整教材的重心，即不再强调复杂的理论分析，淡化了公式推导，强化了工程应用内容，新增了机械设计过程中必备的机械动力、计算机辅助方面的知识，新增了机械零件与中国机械工业的联系和拓展。在教学方法上，本书"教、导结合"，将理论学习、模仿练习和借鉴创新有机地结合起来。信息社会将塑造全新的学习和教学形态，在当前信息爆炸的背景下，学生获取信息的能力成百倍增加，传统教学方法必须发生相应的改变，由单纯"教"向"教、导结合"方向进化，编者在教学过程中已经将中国和世界的优秀机械工业成果作为案例素材，引导学生广泛阅读并进行机构分析和机械设计，提升学习兴趣、提升学习复杂度进而提升学习层次。受限于各种原因未能将机械工业中的采矿钻井等代表性案例编入书内，将中国优秀机械成果作为典型机构进行剖分学习、仿制设计是本书未来的编写方向。

本教材落实立德树人根本任务，贯彻《高等学校课程思政建设指导纲要》和党的二十大精神，将专业知识与思政教育有机结合，推动价值引领、知识传授和能力培养紧密结合。

采用实例教学是本书的一大特色，好处是可以引导学生们从一个有挑战度的案例中各取所需。对于基础稍差的学生，可以通过模仿实例中的设计过程，迅速掌握机械设计的精要，对于学习能力较强的学生，可以通过实例教学举一反三，形成自主学习和创新能力。

将机械基础知识与中国工业建设成果和工业化联系起来是本书的另一个特色，中国机械工业筚路蓝缕的过程既是中国人艰苦奋斗的过程，也是不屈不挠、开拓奋进、走向新时代的过程。学生在学习机械基础知识过程中全面理解中国工业化的进程，进而全面理解中国工业建设与中国整体建设的关系，也就能认识到没有中国的军事、政治、文化和制度保障，就不会有中国的工业和经济的持续发展，中国全面的发展成果就是道路自信、理论自信、制度自信、文化自信这四个自信的具体体现，中国工业的建设成果就是巩固四个自信的生动例证。

本书可作为应用型本科、高职高专院校机械类及相关专业的教材，也可供继续教育学院本专科学生和高职高专院校专升本的学生使用。

参加本书编写工作的有封立耀、周泽华、陈运胜、周晖、邓骏、胡敏、刘志凌、胡旖旎、艾建平、程丽红、陈智琴等，还有很多老师提出了许多宝贵的意见和建议，在此，我们表示诚挚的谢意。

此外，本书作者还为广大一线教师提供了服务于本书的教学资源库，有需要者可致电 13810412048 或发邮件至 2393867076@ qq. com。

由于编者水平有限，对于书中出现的疏漏和不当之处，恳请广大读者批评指正。

目 录

CONTENTS

第1章

绪论

本章简要介绍了机械及机械设计的发展历程，机械设计的基本要求、设计过程及设计内容，本课程的性质、任务与教学要求，机械零件的常用材料和许用应力。本章重点阐述了机械的概念及本书的实例——专用精压机机组。设置思政项目查询讨论北宋水运天文仪象台及北宋兴衰，查询讨论世界上第一条地铁及同时代第二次鸦片战争胜负悬念，马克思主义的发展与中国化过程，中国钢铁行业的发展和钢铁生产要素。

1.1 概述

1.1.1 机械发展简介

人类有几万年使用机械的历史。

推动人类历史进程的几次大变革都源于机械，如发生在大约 15000 年前的大变革，人类开始在农耕和畜牧中大量使用简单机械——杠杆、车轮、滑轮、斜面、螺旋等，提高了生产率，促进了人类社会的快速发展。

中华民族在过去的几千年中，在机械工程领域中的发明创造有着极其辉煌的成就。不但发明的数量多，质量也高，发明的时间也早。公元 14 世纪之前，中国的机械发展位于世界之首。

我国三千年前就出现了简单的纺织机。远在 2400 多年前的东周时代，我国已经有了铜铸的齿轮。春秋战国时期使用的控制射击的铜弩机已经是比较灵巧的机械装置（见图 1-1）。记里鼓车发明于西汉初年，外形为一辆车子，车上设两个木人及一鼓一钟，木人一个司击鼓，一个司敲钟。它利用车轮在地面上转动时带动齿轮转动，变换为凸轮杠杆作用，车行一里时，击鼓木人便击鼓一次；车行十里时，敲钟木人便敲钟一次。坐在车上的人只要听到钟鼓声，就可知道车已行了多少路程。这种机械装置的科学原理与现代汽车上的里程表基本相同（见图 1-2）。

东汉时发明的水力鼓风机中应用了齿轮和连杆机构，对古代冶铁业的发展起了重要作用（见图 1-3）。晋代时发明了用一头牛驱动八台磨盘的"连磨"，其中应用了齿轮系（见图 1-4）。

图 1-1 春秋战国时期的铜弩机

图 1-2 记里鼓车

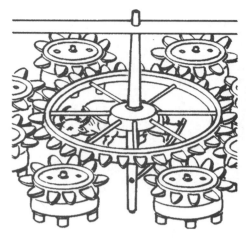

图 1-3 东汉的水力鼓风机　　　　　　　　　　　　　图 1-4 晋代的连磨

　　隋唐时期是中国封建社会的盛世，以高度发达的封建文明而著称于世。唐代的机械制造已有较高水平，如西安出土的唐代银盒，其内孔与外圆的不同心度很小，说明当时机械加工精度已达到新的水平。

　　宋元时期达到古代科学技术发展的高峰。在这一科技发展高峰中，天文学的地位是很显著的。北宋制造的水运仪象台（见图 1-5），用以观测天象和自动报时，能用多种形式表现天体时空的运行。水运仪象台中的计时部分，已经采用了相当复杂的齿轮系统。特别是水运仪象台中报时装置里的擒纵器，是我国古代的一大发明。水运仪象台代表了当时机械制造的极高水平，是当时世界上先进的天文钟。元代天文仪器中应用的滚柱轴承，也属当时世界上先进的机械装置。

　　明初的造船业已有很大发展。郑和下西洋的船队是当时世界上最大的船队。明代已有靠活塞推动的活塞风箱和空气压力自动启闭活门，成为金属冶铸的有效的鼓风设备。

　　公元 14 世纪之前，中国的机械发展位于世界之首。

📖🔍 拓展阅读

　　北宋水运仪象台是中国古代科技史上的一项非凡创举，是中国古代的卓越创造（可观看央视视频《水运仪象台：创造科技的力量之通天神器》节目中的详细介绍）。宋室南迁后，曾多次想要再造仪象台，均未获成功。从这方面也可以看出水运仪象台影响之深远，构造之精妙。其中的擒纵器是钟表的关键部件，英国科学家李约瑟等人认为水运仪象台"可能是欧洲中世纪天文钟的直接祖先"。

　　如此领先于时代的产品，却在其落成约四十年后，被敌国掳走，这说明在外有强敌的环境下，首先必须发展军事和生产并应用于拱卫国土、巩固国防，之后才是发展文化和经济。北宋经济发达、军事不振，同时文化奢靡享受，最终导致国家衰亡。苏联在成立初期还很屏弱，但在帝国主义强邻环伺的险恶环境中生存下来并统一意志全力发展重工业，从一个农业国迅速变成工业国，强大的工业实力，是苏联在二战中取得卫国战争胜利并最终消灭德日法西斯的重要保证。当今世界埃及、也门、新加坡、巴拿马这些同样处于位于黄金水道上的国家却贫富不一、贫多富少，这均说明了没有国防保卫的大量财富只能是被域外强国予取予求，其已有的财富真不知能保持几许几久。中国在共产党领导下通过新中国成立 70 多年以来的奋斗，现在已经成为世界上唯一拥有全部工业门类的国家。有强大的工业和国防保障，中国创造的财富再也不会遭受北宋水运仪象台的命运，无人敢来侵犯。

　　公元前 600 年—公元 400 年之间，古希腊诞生了一些著名的哲学家和科学家，他们为古代机械的发展作出了杰出的贡献，希罗夫说明了杠杆、滑轮等简单机械的负重理论；阿基米德用螺旋将水提升至高处，也就是今天的螺旋式输送机的始祖。公元 400 年—公元 1000 年之间，由于古希腊和古罗马古典文化的消沉，欧洲的机械技术基本处于停顿状态。直到公元 1000 年以后，英、法等国相继开办大学。发展自然科学和人文科学，培养专门人才，同时吸取中国、波斯等国的先进技术，机械技术发展很快，13 世纪在欧洲出现了用脚踏板驱动的加工木棒的车床和利用曲轴的研磨机，如图 1-6 所示。

图 1-5　水运仪象台

图 1-6　脚踏板驱动的加工木棒的车床

直到公元 1400 年以后，西方世界机械文明崛起，机械工程领域的发明创造才逐步超过中国。从中世纪沉睡中醒来的欧洲，16 世纪进入文艺复兴时代后，机械工程领域中的发明创造如雨后春笋，机械制造业空前发展。文艺复兴时代的代表人物意大利著名画家达芬·奇设计了变速器、纺织机、泵、车床、自动锯、螺纹加工机等大量机械，并绘制了印刷机、钟表、压缩机、起重机、卷扬机等大量机械草图。

在 1750 年到 1850 年之间，蒸汽机的发明推动了第一次工业革命，奠定了现代工业的基础。

18 世纪英国人瓦特发明了蒸汽机后，揭开了工业革命的序幕。蒸汽机给人类带来强大的动力，一场大规模的工业革命在欧洲发生，机械代替了大量的手工，生产迅速发展。

18 世纪欧拉首次提出用渐开线作为齿轮的齿廓，使高速度、大功率的机械传动成为可能。

1797 年，完全由金属制成的机床在英国问世，它是现代机床的雏形。

1804 年，英国人特莱维茨克发明并制造出第一台蒸汽机车，并由英国人斯蒂芬森在 1829 年最后完善成功。1830 年法国修筑了从圣太田到里昂的铁路，1835 年，德国修筑了从纽伦堡到菲尔特的铁路，1863 年英国建成世界上第一条地铁。铁路时代促进了西方机械文明的发展。

拓展阅读

马克思写作《资本论》的时间约在 1843—1883 年，同时期中国正在经历两次鸦片战争，而欧洲国家工业革命正在扩展，资本主义迅速发展，进入大工业生产阶段，欧洲工人阶级被剥削压迫极重，这样的时代背景孕育和催生了马克思主义。1847 年底，共产主义者同盟召开第二次代表大会，马克思和恩格斯起草并公开发表的纲领《共产党宣言》诞生。1848—1849 年欧洲法、德、奥、意等各国陆续发生革命。之后的 1849 年 8 月，马克思流亡伦敦，在那里总结经验，进一步系统的深入研究资本主义经济、创建了政治经济学新体系，形成了全世界无产阶级和全人类彻底解放的学说——马克思主义。之后马克思主义在俄国实践成功，发展形成了"帝国主义和无产阶级革命时代的马克思主义"——列宁主义。俄国革命成功之后，马克思主义又在中国取得胜利，并在与中国实际相结合的过程中取得了三次历史性飞跃。马克思主义为中国革命、建设、改革提供了强大思想武器，使中国这个古老的东方大国创造了人类历史上前所未有的发展奇迹。马克思主义不仅深刻改变了世界，也深刻改变了中国。请查询讨论马克思主义的诞生、发展与中国化过程。

1838 年由巴尼特制出第一台装有点火装置的内燃机。

1873 年，维也纳举行了世界博览会，在实验发电机时，由于操作失误，外部电流流向了发电机，发电机却突然转动起来，这一偶然的发现，触动了科学家的灵感，不久实用的电动机诞生了。

内燃机及电动机的发明解决了许多机器的动力源问题，机械的发展进入一个新阶段。

1879 年，德国人西门子研制成功第一台电气机车。四年后，英国开设了世界上第一条电气铁路。

相对 19 世纪而言，20 世纪的机械种类急剧增加，几乎覆盖人类工作和生活的各个领域。出现了许多提高人类生存质量的机械，如民用生活机械、康复理疗机械、体育锻炼和训练机械等。

20 世纪初叶以美国福特汽车的普及为标志，机械制造进入了大批量生产模式的时代。1926 年，美国福特汽车公司为汽车底盘建立了第一条自动生产线以后，自动化生产线开始引起企业家的重视。在兵器、缝纫机、钟表、汽车等领域也开始采用自动化生产。

20 世纪 40 年代以后，自动化技术开始进入机械工程领域。美国在 1952 年，成功研制出数控机床，在 1958 年，成功研制出加工中心。

20 世纪后半叶计算机的普及是机械发展史上的大事，随着计算机和伺服电动机的发展，机器人作为现代机械的代表走上了历史舞台，机械的发展进入了信息化和智能化时代。

1.1.2 机械设计发展简介

机械设计的历史可以追溯到人类开始制造和使用工具的初期。那时的机械设计仅仅是直觉设计和经验设计。随着机械的发展，机械理论和机械设计方法应运而生。

机器要运动、要传递力和力矩，因此，最先发展起来的是机构的运动分析方法、机器的静力分析方法和机械零件的强度设计方法，牛顿建立的经典力学则是其理论基础。

从 19 世纪初叶开始，就有机器与机构基本理论方面的书籍出版。德国学者卢劳 1875 年出版的《理论运动学》被认为是机构学形成一门学科的奠基性著作。

随着机器运转速度的不断提高，机器的振动、速度波动等问题引起了人们的重视，于是，机械动力学发展起来。首先是力学中的达朗伯原理被引用到机械的力分析中来，同时，一些高速旋转的轴和轴系的振动成为振动学科研究的课题。

经过许多学者的不断努力，到 20 世纪前半叶，已经形成了比较系统的机器与机构的分析、设计方法，但这些方法都基于图解和手工计算，属于半经验、半理论的设计模式。

到 20 世纪 70 年代，随着计算机科学与技术的迅猛发展，建立了用解析法进行机构分析与设计的代数学派，计算机代替了手工计算法和图解法，利用计算机来完成分析、计算和绘图作业的计算机辅助设计得到广泛应用。同时，优化设计、可靠性设计、虚拟设计、智能设计、创新设计、摩擦学设计、面向制造的设计、并行设计、绿色产品设计等现代机械设计理念大量出现，整个机械设计的理论和方法焕然一新，现代机械设计理论和方法极大地提高机械产品的性能。

现代的机械设计的设计范畴正在扩大，传统的设计只限于产品设计，而现代设计则将产品设计向前扩展到产品规划，甚至用户需求分析；向后扩展到工艺设计，使产品规划、产品设计、工艺设计形成一个有机的整体。现代的机械设计的设计手段已经计算机化，传统的手工设计正在被计算机辅助设计所代替。计算机在设计中的应用已从早期的辅助分析计算和辅助绘图，发展到现在的优化设计、并行设计、三维建模、设计过程管理、设计制造一体化、仿真和虚拟制造等。计算机应用，特别是网络和数据库技术在设计中的应用，加速了设计进程，提高了设计质量，便于进行设计进程管理，方便了与其他部门及协作企业的信息交换。计算机绝不仅是简单地提高了计算速度，而是已成为机械分析与设计的前所未有的强大手段。现代意义上的机械设计已经根本离不开计算机了。

所以，我们在学习本课程的同时，密切关注有关领域的发展动向和最新成果，才可能适应科学技术的飞速发展和激烈的国际市场竞争。

1.1.3 机械工业在现代化建设中的作用

机械工业是国民经济的基础，是每个国家工业体系的核心产业。任何机械都是由机器制造出来的，先进的机械制造设备可以制造出满足各种不同要求的机器，如各种动力机械、农业机械、冶金矿山机械、化工机械、交通运输机械、纺织机械、食品机械、印刷机械、水力机械及各种兵器等。机械工业的发展能带动其他领域工业的发展。因此，没有机械工业就不可能发展国民经济，更没有强大的工业体系。

机械工业是现代化建设的重要基石。20世纪兴起的核技术、空间技术、信息技术、生物学技术等高新技术无一不是通过机械工业的发展而产生的。其直接结果是促使诸如集成电路、电子计算机、移动通信设备、国际互联网、智能机器人、科学仪器、生物反应器、医疗仪器、核电站、飞机、人造卫星、航天飞机等产品相继问世，并由此形成了高新技术产业，使人类社会的生活方式、生产方式、企业与社会的组织结构与经营管理模式乃至人们的思维方式都产生了深刻变化。机械工业的整体能力和水平将决定一个国家的经济实力、国防实力、综合国力和在全球经济中的竞争与合作能力，决定着一个国家现代化的进程。没有强大的机械工业，现代化将难以实现。

随着机械工业的发展，人民生活质量大幅度提高。现在许多人住上水、电、气齐全的高楼大厦，用上微波炉、电磁炉、冰箱、电视、音响、电话、手机、电脑等现代化设备，许多家庭由自行车代步发展到家用轿车，这一切都离不开机械工业。人民生活环境、学习环境、工作条件的改善又能激发工作热情和创造力，为社会主义现代化建设提供了强有力的人力资源。

1.1.4 本课程的性质、目的及任务

1. 本课程的性质

机械设计基础是一门培养学生掌握机械设计基本知识的重要专业基础课。

2. 本课程的目的

机械设计基础研究的是各类机械的共同特性和基础知识，目的是培养学生具备初步的机械设计能力和机械工程应用能力。

通过本课程的学习，既可以为后续专业课的学习打下基础，又可以直接用于工程实际。

3. 本课程的任务

（1）了解机械设计的一般过程和内容，掌握机械设计的一般规律和基本方法，树立正确的设计思想。

（2）掌握通用机械零件的工作原理、特点、选用和设计计算的基本知识，具备设计简单机械的能力。

（3）掌握机构的结构原理、运动特性和机械动力学的基本知识，初步具备确定机械运动方案、分析和设计基本机构的能力。

（4）具有运用标准、规范、手册、图册等有关技术资料进行工程设计的能力。

（5）掌握典型机械零件的实验方法，获得实验技能的基本训练。

（6）对机械设计的新发展和现代机电产品设计方法有所了解。

1.1.5 本课程教学基本要求

1. 要求掌握的基本知识

机械设计的一般知识、常用机构、机械零件的主要类型、性能、结构特点、应用、材料、标准等。

2. 要求掌握的基本理论和方法

（1）机械零件的工作原理，简化的物理模型和数学模型，受力分析，应力分析，失效分析等。

（2）机械零件工作能力计算准则和机械零件设计计算方法。

（3）机械零部件结构设计的方法和准则。

3. 要求掌握的基本技能

（1）常用机构和零部件的设计计算能力。

（2）零件结构设计能力。

（3）设计构想、运动简图、工程图纸三者之间相互转化的能力。

（4）实验技能和编制技术文件技能。

1.1.6 学习本课程应注意的问题

1. 强化搞清基本概念

本课程的特点之一就是名词概念多，牢记、理解这些基本概念对课程的学习有着非常重要的作用，有时就是直接利用基本概念来分析、解决问题。因此，对所涉及的基本概念不能死记硬背，必须重点搞清其含义和指导意义。

2. 牢牢掌握基本研究方法

课程中有针对不同问题的各种基本设计、研究方法，应注意各种方法的应用条件和范围，以求正确而灵活地运用它解决工程实际问题。

3. 逐步树立工程观点

机械设计基础的研究对象和内容就是工程实际上常用的机械及其相关知识，因此学习过程中应把基本原理和方法与研究实际机构和机器密切联系起来。善于用所学的知识观察和分析日常生产、生活中所遇到的各种机构和机器。解决工程实际问题时，有些需要严格的理论分析，有些则采用实验、试凑、近似等简化方法，其所得结果往往不是唯一的，有时也不要求十分精确。因此，树立工程观点，培养综合分析、判断、决策能力和严肃认真的科学态度是十分重要的。

1.2 机械的概念

1.2.1 机械、机器和机构

1. 机械

机械是伴随人类社会的不断进步而逐渐发展完善的。从早期人类使用杠杆、人力脚踏水车等简单机械，发展为借助水力、风力驱动的水碾和风车等较为复杂的机械，再到以内燃机、电动机等为动力源，集自动控制技术、信息技术于一体的现代机械，机械促进了人类社会的繁荣和进步，机械已经成为现代社会生产和服务的五大要素（人、资金、能量、材料、机械）之一。

不同的历史时期，人们对机械的定义也有所不同。

所谓机械，原始含义是指灵巧的器械。从广义角度讲，凡是能完成一定机械运动（如转动、往复运动等）的装置都是机械。如螺丝刀、钳子、剪子等简单工具是机械，汽车、坦克、机床等高级复杂的装备也是机械。但在现代社会中，人们把最简单的、没有动力源的机械称为工具或器械，如钳子、剪子、手推车等；而把复杂的、具体的机械称为机器。汽车、飞机、轮船、车床、起重机、织布机、印刷机、包装机等大量具有不同外形、不同用途的设备都是具体的机器，而泛指这些设备时则常常用"机械"来统称。

2. 机器

在日常生活和生产过程中，人们广泛使用了各种机器。经常见到的汽车、飞机、轮船、洗衣机、打印机等都是机器。机器是执行机械运动并能变换或传递能量、物料与信息的装置。

电视机不是机器，因为它发挥主要功能时不靠机械运动工作；喷墨打印机是机器，因为打印是通过机械装置的运动来实现的。

虽然机器的种类很多，发挥的作用和具体构造也各不相同，但所有这些机器都具有三个共同的特征：①机器是人为的实物组合；②机器具有确定的机械运动；③机器能减轻和代替人的体力和脑力劳动。

从大的方面看，一部完整的机器主要有四个部分组成：

①动力部分，机械的动力来源，其作用是把其他形式的能转变为机械能以驱动机械运动并作功，如电动机、内燃机。

②执行部分，直接完成机械预定功能的部分。如机床主轴和刀架、起重机吊钩等。

③传动部分，将动力部分的运动和动力传递给执行部分的中间环节。它可以改变运动速度、转换运动形式，以满足工作部分的各种要求，如减速器将高速转动变为低速转动，螺旋机构将旋转运动转换成直线运动等。

④控制系统，是用来控制机械的其他部分，使操作者能随时实现或停止各项功能。

机械的组成不是一成不变的，有些简单机械不一定完整具有上述四个部分，有的甚至只有动力部分和执行部分，如水泵、砂轮机等，而对于较复杂的机械，除具有上述四个部分，还有润滑、照明和显示装置等，如图1-7所示。

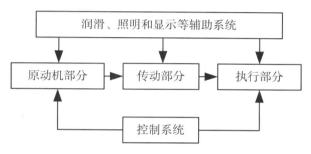

图 1-7　机器的组成

为便于研究机器的一些共性，如工作原理、运动特性等，通常也将机器视为是由若干机构组合而成的。

3. 机构

如图1-8所示的单缸四冲程内燃机，它由齿轮1和2、凸轮3、推杆4、弹簧5、排气阀6、进气阀7、活塞8、连杆9组成。当燃气推动活塞8作直线往复运动时，通过连杆使曲轴10作连续转动，从而将燃气的热能转换成曲轴的机械能。为了保证曲轴的连续转动，通过齿轮、凸轮、推杆和弹簧等的作用，按一定的运动规律启闭阀门，以输入燃气和排出废气。凸轮3和推杆4是用来开启和关闭进气阀和排气阀的。

通过对内燃机的分析，可以发现它主要由三种机构组成：①由机架、曲轴、连杆和活塞组成的连杆机构，它将活塞的往复运动转化为曲轴的连续运动；②由机架、凸轮和推杆构成的凸轮机构，它将凸轮的连续转动转变为推杆的往复运动；③机架、齿轮构成的齿轮机构，其作用是改变转速的大小和方向，如图1-9所示。

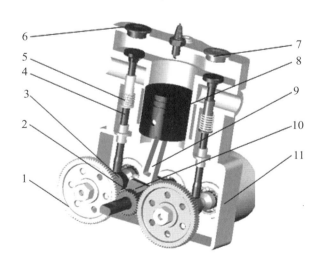

单缸四冲程内燃机

1、2—齿轮；3—凸轮；4—推杆；5—弹簧；6—排气阀；7—进气阀；8—活塞；9—连杆；10—曲轴；11—气缸体（机架）。

图 1-8　单缸四冲程内燃机

（a）连杆机构　　　　　　（b）凸轮机构　　　　　　（c）齿轮机构

图1-9　单缸四冲程内燃机中的机构

　　机构也有许多不同种类，其用途也各有不同，但它们都有与机器前两个特征相同的特征，即机构是人为实物的组合体，具有确定的机械运动，它可以用来传递和转换运动。

　　一部机器是由一个或几个机构组成的。简单机器，可能只含有一个机构，但一般的机器都含有多个机构，如连杆机构、凸轮机构和齿轮机构再加上火花塞和燃气系统，才构成了内燃机。作为机器，内燃机具有转换机械能的功能，而其中的各个机构只起到转换运动的作用。机器中的单个机构不具有转换能量或做有用功的功能。

　　机器与机构的根本区别在于，机构的主要职能是用来传递运动或变换运动形式。而机器的主要职能除传递运动外，还能转换机械能或完成有用的机械功。所以，若单纯从结构和运动的观点看，机器和机构并无区别，因此，通常把机器和机构统称为机械。

1.2.2　构件和零件

1. 构件

　　构件是机械系统中的运动单元，它组成机构的各个相对运动部分。构件可以是单个零件，也可以是若干零件通过刚性联接所组成的整体。如图1-10所示为内燃机中的连杆机构，它是由机架、曲轴、连杆和活塞几个构件组成，其中，曲轴4是单个零件，连杆2是由多个零件组成的刚性结构。

2. 零件

　　零件是机械系统中的制造单元。如图1-11所示为内燃机连杆机构中的构件连杆，该构件由连杆体1、连杆盖4、轴瓦2和3、螺栓5等零件组成，它们作为一个整体运动，构成一个构件，但在加工时则分为多个不同的零件。

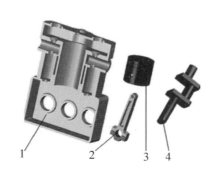

1—机架；2—连杆；3—活塞；4—曲轴。

图1-10　内燃机中的连杆机构

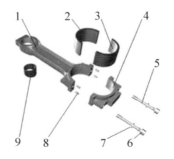

1—连杆体；2、3—轴瓦；4—连杆盖；5—螺栓；
6—螺母；7—垫片；8—定位销；9—轴套。

图1-11　内燃机连杆机构中的构件连杆

在各种机械中普遍使用的零件称为通用零件，如螺钉、轴、轴承、齿轮、弹簧等。

只在某一类机器中使用的零件称为专用零件，如内燃机中的活塞、曲轴等。

这些自由分散的零件，按照一定的方式和规则组合到一部机器中，成为机器上不可或缺的一部分，发挥着各自的作用。特别是一些关键零件，决定着整个机器的性能。

另外，在工程中，常常把多个零件装配成便于安装、测量、运输的组合件，称为部件。这样，一部机器也可以说是由多个部件和零件组合而成的。

1.2.3 机械实例介绍

为了帮助大家在学习之初对机械及其设计有一个总体了解，下面介绍一个典型机器——专用精压机机组，本课程的教学也将围绕这个实例展开。

1. 实例总体介绍

本实例介绍的专用精压机机组用于薄壁铝合金制件的精压深冲生产，它的功能是将薄壁铝板冲压成为深筒形。薄壁铝板是坯料，深筒形铝筒则是成品。

薄壁铝板捆扎成一定高度，由其他车间运至精压机机组一侧，等待冲压。

精压机机组由三个机械单元组成：其一为上料机器人；其二为精压机，是机组的主单元；其三为链式输送机，精压机机组总体布置图如图1-12所示。

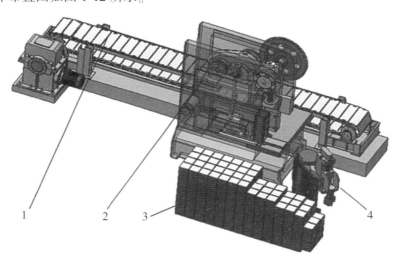

1—链式输送机；2—精压机；3—坯料；4—上料机器人。

图1-12 精压机机组总体布置图

（1）专用精压机机组的设计要求与原始数据。

①冲压执行构件具有快速接近工件、等速下行拉延和快速返回的运动特性。

②精压成形制品生产率约每分钟50件。

③上模移动总行程为280mm，其拉延行程置于总行程的中部，约100mm。

④行程速比系数（上模回收行程平均速度与上模下冲平均速度之比）$K \geqslant 1.3$。

⑤冲头压力为60kN。

⑥送料机构送料推板的推力为30N，推送距离为150mm，推送时间0.5s；顶料机构的顶杆的推力为10N，顶送距离80mm，顶料时间为0.3s，以上推力均已考虑了自重问题。

⑦机器运转不均匀系数［δ］为0.05。

⑧板链式输送机运行速度为0.32米/秒，每平方米输送物品最大质量为20公斤。

（2）精压机机组的工艺动作。

①先由上料机器人将一扎薄铝板坯料放到精压机工作平台的料槽中。

②由精压机的送料机构将料槽中的薄铝板坯料推向工作平台的下模待冲压位置。

③精压机送料机构回缩以后，其冲压机构的上模（冲头）开始冲压薄铝板，使之成形。

④冲压成形后，由精压机的顶料机构将成品顶出模腔。

⑤精压机送料机构又开始推送薄铝板坯料，坯料同时将已冲压好的成品推向精压机工作平台的斜槽，再由斜槽滑向链式输送机。

⑥链式输送机再将成品运至指定地点。

（3）精压机机组运动传递路线。

精压机机组运动传递路线如图 1-13 所示。

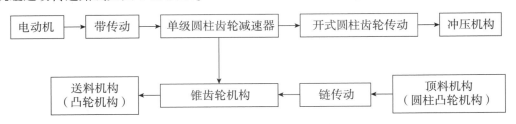

图 1-13　精压机机组运动传递路线

2. 上料机器人

上料机器人如图 1-14、图 1-15 所示。上料机器人由机座及大转臂机构 1、小转臂机构及螺旋提升机构 2、抓取机构 3 等组成。

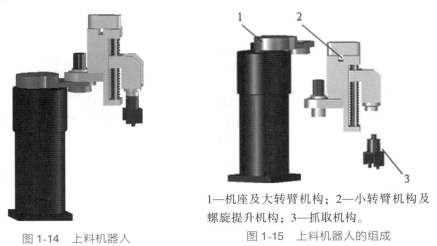

1—机座及大转臂机构；2—小转臂机构及
螺旋提升机构；3—抓取机构。

图 1-14　上料机器人　　　　图 1-15　上料机器人的组成

3. 精压机

精压机是专用精压机机组的主体单元。精压机如图 1-16、图 1-17 所示，精压机由机架 1、冲压机构 2、传动系统 3、送料机构 4、顶料机构 5 组成。

（1）传动系统。

传动系统如图 1-18 所示，它由电机 1 及带传动 2、一级斜齿圆柱齿轮传动 3 、一级开式直齿圆柱齿轮传动（大齿轮兼作飞轮，图中未画出）及一级开式直齿圆锥齿轮 4 等四部分组成。

电机带动 V 带传动机构，V 带传动通过一级斜齿圆柱齿轮传动将动力分别传给一级开式直齿圆柱齿轮和一级开式直齿圆锥齿轮传动。开式直齿圆柱齿轮传动将动力传给冲压机构，开式直齿圆锥齿轮传动将动力传给一根立轴，立轴上装有凸轮与小链轮，分别为送料机构和顶料机构提供动力。

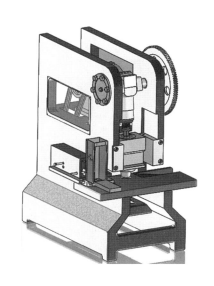

图 1-16　精压机总体图

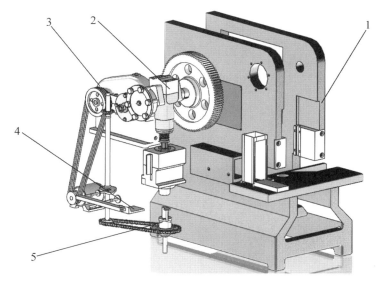

1—机架；2—冲压机构；3—传动系统；4—送料机构；5—顶料机构。

图 1-17　精压机的构成

（2）冲压机构。

冲压机构如图 1-19、图 1-20 所示。冲压机构为一个曲柄滑块机构，曲轴 6 是曲柄，连杆由连杆盖 4、连杆体 12 及联接它们的双头螺柱、螺母 11 构成，连杆由下端的球形头与滑块 13 相联，滑块的下端装有上模 14；曲柄滑块机构的动力由齿轮 8 传入。螺钉 2 的作用是将滑动轴承座 1 固定在机架上；轴瓦 3 的作用是支撑曲轴 6；轴端挡圈 9 的作用是对齿轮 8 进行轴向固定。油嘴 5 的作用是加润滑油润滑轴承。

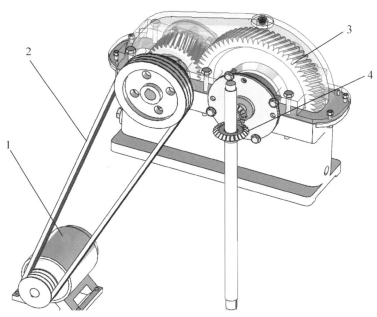

1—电机；2—带传动；3——级斜齿圆柱齿轮传动；

4——级开式直齿圆锥齿轮。

图 1-18　传动系统

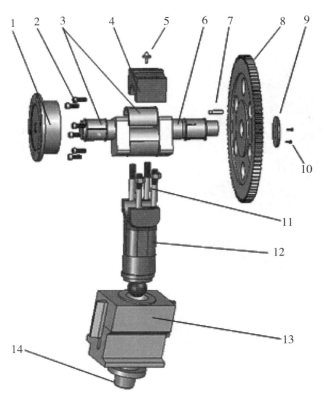

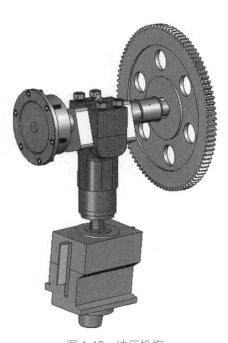

1—滑动轴承座；2—螺钉；3—轴瓦；4—连杆盖；5—油嘴；6—曲轴；7—键；8—齿轮（兼作飞轮）；9—轴端挡圈；10—螺钉；11—双头螺柱及螺母；12—连杆体；13—滑块；14—上模。

图 1-19　冲压机构

图 1-20　冲压机构分解图

（3）送料机构。

送料机构如图 1-21 所示。送料机构为一凸轮机构（凸轮 5、推杆 2）。立轴 6 带动凸轮 5 带动，凸轮 5 推动推杆 2 推动横梁组件 1，横梁组件上装有推料板 7 及导向杆 9。导向杆 9 的作用是防止推料板 7 产生偏移。两个弹簧 4 的作用是让推杆 2 与凸轮 5 保持接触，以使推料板 7 能连续往复运动，完成推送坯料的动作。两个滑动支承 3 是固定在机架上的，它分别支承着直动滚子推杆 2 和导向杆 9。

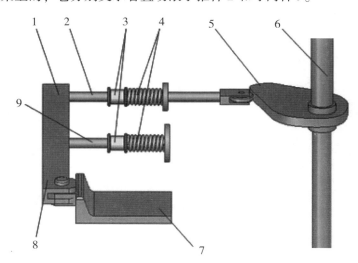

1—横梁组件；2—推杆；3—滑动支承；4—弹簧；5—凸轮；6—立轴；7—推料板；8—滑动架；9—导向杆。

图 1-21　送料机构

（4）顶料机构。

顶料机构如图1-22所示。顶料机构由一链传动机构与圆柱凸轮机构组合而成。小链轮5装在立轴1上，小链轮5通过链条6带动大链轮凸轮组合4，大链轮与一圆柱凸轮组成一体，由此带动圆柱凸轮转动，圆柱凸轮推动推杆2，使其产生上、下往复运动，完成顶料的动作。滑动支承3是固定在机架上的，它的作用是支撑推杆2。

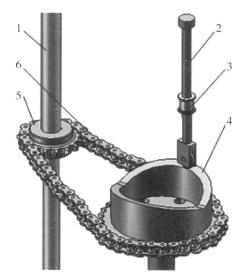

1—立轴；2—推杆；3—滑动支承；4—大链轮凸轮组合；5—小链轮；6—链条。

图1-22　顶料机构

3. 链式输送机

链式输送机如图1-23所示。

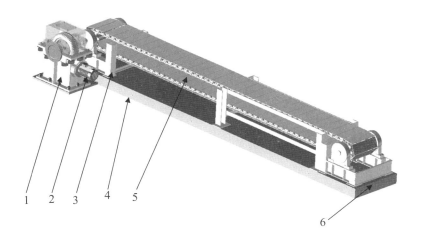

1—蜗杆减速器；2—电机；3—头架；4—机座；5—链板；6—尾架。

图1-23　链式输送机

1.3 机械设计要求、设计过程及设计内容

1.3.1 机械设计基本要求

设计是机械产品研制的第一步，设计的好坏直接关系到产品的质量、性能和经济效益，机械设计就是从使用要求出发，对机械的工作原理、结构、运动形式、力和能量的传递方式，以至各个零件的材料、尺寸和形状，以及使用维护等问题进行构思、分析和决策的创造性过程。毫无疑问，对每一个设计者来说，机械设计工作都是一个创新、创造的工作，但任何设计都不应该凭空设想，而必须尽可能多地利用已有的成功经验和设计基础，参考借鉴相关设计实例，在此基础上，再根据具体情况要求进行设计、创新。只有把继承与创新很好地结合起来，设计质量、设计效率才有保障。

机械的性能和质量在很大程度上取决于设计的质量，而机械的制造过程实质上就是要实现设计所规定的性能和质量。机械设计作为机械产品开发研制的一个重要环节，不仅决定着产品的性能好坏，而且还决定着产品质量的高低。不同的机械有着不同的设计要求，但大多数机械有着共同的设计基本要求，下面介绍一下这些要求。

1. 功能性要求

机械零件因为某种原因不能正常工作的现象称为失效。就机器中的某个机械零件来说，应在规定的条件下、规定的寿命期限内不发生失效，才能有效地实现其预期的功能。

机械零件的主要失效形式有断裂、表面破坏（腐蚀、磨损和接触疲劳等）、过量残余变形和正常工作条件的破坏。为避免这些失效，设计中需要考虑以下几个问题。

（1）强度。

零件在工作时，在额定的工作条件下，既不发生任何形式的破坏，也不产生超过容许限度的残余变形，能保证机器的正常运转和工作，我们就认为该零件满足了强度要求。强度不足是零件在工作中断裂或过量残余变形的直接原因。

零件的强度分为体积强度和表面接触强度。零件在载荷作用下，如果产生的应力在较大的体积内，则这种应力状态下的零件强度称为体积强度（简称强度，即平常我们所说的强度）。若两个零件在受载前后由点接触或线接触变为小表面积接触，且其表面产生很大的局部应力（称为接触应力），这时零件的强度称为表面接触强度（简称接触强度）。

若零件的强度不够，就会出现整体断裂，表面接触疲劳或塑性变形等，从而不能实现其功能，所以设计零件时必须满足强度要求。其设计准则是：

$$\sigma = \frac{P}{F} \leqslant [\sigma] \tag{1-1}$$

式（1-1）中：P 为拉力载荷（N）；F 为面积（mm^2）；σ 为计算应力（MPa）；$[\sigma]$ 为许用应力（MPa）。

其含义是：零件中的应力 σ 应当小于或等于其许用应力 $[\sigma]$ 才能满足强度要求。该公式由于是用来校核零件的初定剖面的 F 是否满足强度要求的，所以称为校核公式。

要注意的是：如果零件剖面上承受的载荷是剪载荷，分别可以用剪应力 τ 和许用剪应力 $[\tau]$ 等代入上面的公式中进行计算。

可以看出：强度准则就是把对零件起损伤作用的一方（例如载荷和应力）与零件对损伤起抵抗作用的一方进行比较来判断零件强度。

（2）刚度。

在机器工作时，有时机器并没有破坏，但是由于零件的弹性变形而导致机器的失效或不能正常的工作或不能完成预定的工作任务。这就是刚度失效。对于这类情况，我们不但要求进行强度计算，同时要进行刚度

计算。一般来说满足刚度要求的零件都满足强度要求。

（3）寿命。

零件在预定的工作期间保持正常工作而不致报废就是寿命问题。寿命问题主要是针对那些在变应力下工作和工作时受到磨损或腐蚀的零件提出的。

（4）振动和噪声。

随着机械技术的高速发展以及人们对环境舒适性要求的提高，对机械的振动和噪声的要求也越来越高。当机械或零件受到振动且该振动的频率等于或接近其固有频率时，将产生共振。这不但影响机器的正常工作，甚至会造成破坏性事故。因此，对于高速机械应进行振动分析和计算，采取相应的措施降低振动和噪声。

并不是每一类型的零件都需要考虑上述的问题，应该从实际载荷的工作条件出发，分析其主要的失效形式，确定适当的计算准则。

就机器的整体使用功能来说，为了提高竞争力，各种使用功能在合理范围内要尽可能多、尽可能先进，性能指标要尽可能好。这就要靠正确选择机械的工作原理，正确、合理选择和设计各部分机构。特别强调的是，合理进行机、电结合，是现代机器和机电产品升级换代、扩充功能、提升性能的最有效方式和途径。

2. 经济性要求

在市场经济环境下，经济性要求贯穿于机械设计全过程，应当合理选用原材料，确定适当的精度要求，减少设计和制造的周期。

市场经济的激烈竞争对机械必然提出经济性要求。机械的经济性体现在设计、制造和使用的全过程中，如设计周期短、设计费用低；制造、运输、安装成本低；使用效率高、耗能少、易管理维护等，但这些都必须在设计阶段就要进行全面综合的考虑。提高经济性的主要途径有以下几个：

（1）在满足使用功能的前提下，设计方案及其机构要力求简单。

（2）采用现代的先进设计制造方法，如优化设计、计算机辅助设计和并行工程等。

（3）最大限度采用标准化、系列化、通用化、模块化的零部件，零件结构尽量采用简单、工艺性好及标准化的结构。

（4）充分发挥机、电的各自优势，合理进行机、电、液、气的综合使用，提高机械化和自动化水平，提高机器设备产品的使用效率。

（5）合理采用高效传动系统，适当采用防护、润滑、减摩措施，降低能耗，延长机器的寿命。

（6）尽可能采用新技术、新工艺、新结构、新材料等。

3. 可靠性要求

机器在设计寿命内正常使用时，要求工作可靠，故障率低。

随着机电产品功能的日趋丰富、性能的日益提高和系统结构的日趋复杂，可靠性问题变得日益重要。机器的可靠性是用可靠度来衡量的，它是指在规定的使用时间内和预定的环境条件下机器能够正常工作的概率，其大小与设计、制造有关，设计的好坏对可靠性起到决定性的影响。

要提高机器的可靠性，设计时除采用必要的冗余技术外，还要选择合理的结构方案、正确确定零件的工作能力是保证机器可靠性的主要的设计措施。

4. 安全、环保、美观等方面的要求

当机械用于生产和生活时，确保使用者的安全舒适和避免对环境的污染是设计者必须考虑的基本问题。此外产品的外形色彩美观也会影响使用者的心情，从而影响工作效率和差错率。因此，要保证机器的安全、环保和美观，设计时要按照人机工程学的观点合理设计，尽量采用可回收循环利用的绿色设计技术，合理采用各种防护、报警、显示等附件装置。

1.3.2 机械设计的过程与设计内容

机器的设计过程一般包括产品构思设计、方案设计分析、结构技术设计、技术文件编制归档几个阶段，各阶段的主要工作内容大体如下。

1. 产品规划构思

在此阶段中应当对所设计的机器的需求情况作充分的调查研究和分析，提出设计目标和任务，明确机器应具有的功能和基本的设计要求，在此基础上形成设计任务书，作为本阶段工作的总结和下阶段设计工作的依据。设计任务书大体应包括拟设计开发的机器的特定用途、预定功能和市场应用前景分析；实现预定功能的原理框图；技术经济可行性分析；主要设计任务和内容；完成设计任务的计划安排等。其中方案设计分析和结构技术设计是设计过程的两个主要阶段。

2. 方案设计分析

本阶段对设计的成败和机器的质量好坏起着关键的作用。要进行功能分析，对各种功能进行组合优化；确定功能参数；拟定能实现所需功能的各种工作原理和技术方案；对各种可行方案进行评价、分析和择优；对选定的方案画出技术原理图和组成各机构的运动简图；必要时进行机构运动动画仿真验证分析。

3. 结构技术设计

本阶段是整个设计工作的主体阶段，要确定出各部件及其零件的外形和基本尺寸，绘制出制造单位所必需的零件图、部件装配图及总装图。

结构技术设计就是在方案设计的基础上，将抽象的运动简图转换成具体的技术结构图，并能按照各种设计理论，保证机器在一定的工况条件下和规定的运转时间内，具有正常的工作能力。具体设计工作如下：

（1）运动学设计，根据确定的结构方案，确定原动机和主要构件的运动参数。

（2）动力学设计，根据机器结构和运动参数，计算各主要零件的载荷。

（3）零件的工作能力设计，根据主要零件的具体工作情况，选择零件的材料，按照适当的工作能力准则对零件进行设计、校核，决定零部件的基本尺寸。零件常用的工作能力准则主要有强度、刚度、振动稳定性、寿命等。

（4）零件的结构设计，根据零件间的联接装配和制造、安装等要求，确定所有零件的结构形状和尺寸。

（5）必要时应进行实物样机研制试验或应用虚拟样机技术进行仿真分析和虚拟实验，以检验设计的合理性并验证设计结果与预定功能和性能的吻合程度，之后进行反馈、完善。

传统的机械产品设计过程方法需要有实物样机和物理实验，研制周期长，费用高，且实验范围有限，传统机械产品设计流程图如1-24图所示。

现代机械产品设计应用先进计算机技术，进行三维结构设计，通过虚拟样机进行计算机辅助设计、分析，设计结果形象直观，可以灵活设置实验环境进行全面分析，方便进行各方面的优化设计，以越来越广泛地用于实际设计工程，现代机械产品设计流程图如图1-25所示。

（6）技术文件编制归档

机械设计的技术文献较多，主要的有设计计算说明书。说明书的编写应完整清楚，简单明了。

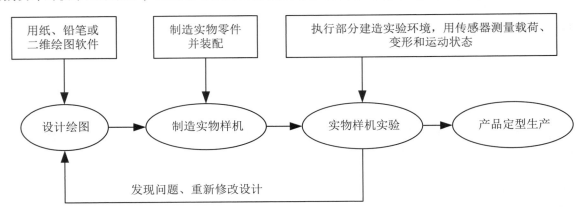

图 1-24　传统机械产品设计流程图

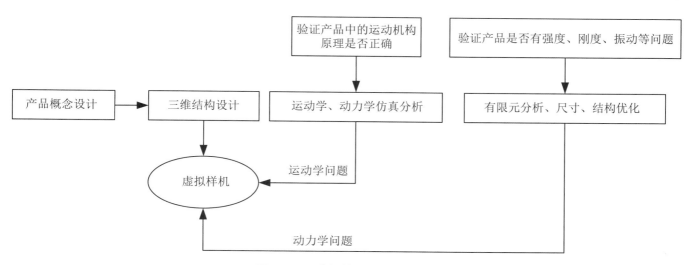

图 1-25　现代机械产品设计流程图

1.4　许用应力和安全系数

1.4.1　载荷和应力

载荷是指构件或零件工作时所承受的外力。根据载荷性质不同，可以分为静载荷和变载荷两类。不随时间变化的或变化很小的载荷称为静载荷，大小和方向随时间而变化的载荷称为变载荷。

在静载荷作用下产生的不随时间变化或变化很小的应力称为静应力。例如锅炉中的压力、拧紧螺栓引起的应力等。

在变载荷作用下产生的随时间变化的应力称为变应力。典型的有非对称循环变应力、对称循环变应力和脉动循环变应力三类，如图 1-26 所示。在静载荷作用下，也会产生变应力，如精压机减速器中的高速轴、低速轴。

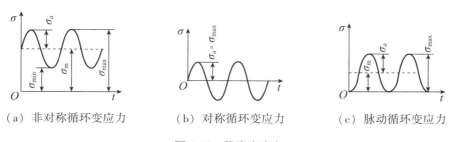

（a）非对称循环变应力　（b）对称循环变应力　（c）脉动循环变应力

图 1-26　稳定变应力

非对称循环变应力、对称循环变应力和脉动循环变应力均为稳定变应力。

稳定变应力的最大应力为 $\sigma_{\max}$、最小应力为 $\sigma_{\min}$，其平均应力 σ_m 和应力幅 σ_a 分别为

$$\sigma_m = \frac{\sigma_{\max} + \sigma_{\min}}{2} , \ \sigma_a = \frac{\sigma_{\max} - \sigma_{\min}}{2}$$

最小应力 $\sigma_{\min}$ 与最大应力 $\sigma_{\max}$ 之比称为循环特征 r，即：$r = \dfrac{\sigma_{\min}}{\sigma_{\max}}$。

变应力参数共有五个，即：$\sigma_{\min}$、$\sigma_{\max}$、r、σ_m、σ_a，已知其中两个参数便可以求出其余参数。而循环特征参数 r 可以用来表示变应力的变化情况。

机械零件中的变应力多数情况下可以按照对称循环变应力（$\sigma_{\max} = -\sigma_{\min}$，$r = -1$）或脉动循环变应力（$\sigma_{\min} = 0$，$r = 0$）来处理。例如，精压机减速器中高速轴、低速轴的弯曲应力可以看作对称循环变应力，精

压机减速器中齿轮传动的接触应力可以看作脉动循环变应力。

由于静应力的分析和设计比较简单，而变应力的处理相对麻烦，所以一般在机械设计中只要能够满足工程的应用，常常将那些应力（或载荷）变化幅度不大和变化次数较少的情况也近似地按静应力来处理，以简化计算。

1.4.2 零件的许用应力和安全系数

1.零件的许用应力

零件的许用应力 $[\sigma]$ 按下式计算。

$$[\sigma] = \frac{\sigma_{\lim}}{S} \tag{1-2}$$

式（1-2）中：$\sigma_{\lim}$ 为极限应力（MPa）；S 为安全系数。

（1）静应力下的极限应力。

在静应力作用下工作的机械零件，其 $\sigma_{\lim}$ 取决于零件的失效形式。对于脆性材料制成的零件应防止发生断裂，通常取材料的强度极限 σ_B 作为极限应力，即 $\sigma_{\lim} = \sigma_B$；当采用塑性材料制成零件时，应防止产生过大的塑性变形，通常取材料的屈服极限 σ_s 作为极限应力，即 $\sigma_{\lim} = \sigma_s$。

（2）变应力下的极限应力。

在变应力下长期工作的零件，其 $\sigma_{\lim}$ 取决于材料的疲劳断裂，而疲劳断裂是一种损伤积累，它会在远低于强度极限的应力下，突然断裂而无明显的塑性变形，这时的应力称为疲劳极限应力。

如图1-27所示，表示应力 σ 和应力循环次数 N 之间关系的疲劳曲线。从图中可以看出，应力越小，零件材料经受的应力循环次数也就越多。

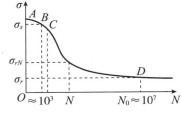

图1-27　疲劳曲线

如图1-27所示的曲线 AB 段，在循环次数约为 10^3 之前，使材料发生破坏的最大应力值基本不变或者说下降得很小，因此可以看作是静应力状况。

曲线 BC 段，随着循环次数的增加，使材料发生疲劳破坏的最大应力不断下降。仔细检查试件在这一阶段的破坏断口状况，总能见到材料已发生塑性变形的特征。C 点相应的循环次数大约在 10^4 左右。这一阶段的疲劳破坏，因为这时已伴随着材料的塑性变形，所以用应变-循环次数来说明材料的行为更为符合实际。因此，人们把这一阶段的疲劳现象称为应变疲劳。由于应力循环次数相对很少，所以也叫作低周疲劳。有些机械零件在整个使用寿命期间应力变化次数只有几百到几千次，但应力值较大，故其疲劳属于低周疲劳范畴。

曲线 CD 段，代表有限疲劳阶段。在此范围内，试件经过一定次数的交变应力作用后总会发生疲劳破坏。曲线 CD 段上任何一点所代表的疲劳极限，称为有限寿命疲劳极限应力，用符号 σ_{rN} 表示。脚标 r 表示该变应力的应力比，N 代表相应的应力循环次数。机械零件的疲劳大多发生在 CD 段，可描述为

$$\sigma_{rN}^m N = C \quad (N_C \leqslant N \leqslant N_D) \tag{1-3}$$

式（1-3）中，m 为材料常数，其值由试验确定。

D 点以后的疲劳曲线基本呈一水平线，代表着无限寿命区。如果作用的变应力的最大应力小于 D 点的应力，则无论应力变化多少次，材料都不会破坏，可描述为

$$\sigma_{rN} = \sigma_{r\infty} \quad (N > N_D) \tag{1-4}$$

式（1-4）中，$\sigma_{r\infty}$ 表示 D 点对应的疲劳极限应力，常称为持久疲劳极限。D 点对应的循环次数 N_D，对于各种工程材料来说，大致在 $10^6 \sim 25 \times 10^7$ 之间。由于 N_D 有时很大，所以在疲劳试验时，常规定一个循环次数 N_0（称为循环基数），用 N_0 及其相对应的疲劳极限 σ_r 来近似代表 N_D 和 $\sigma_{r\infty}$，于是有

$$\sigma_{rN}^m N = \sigma_r^m N_0 = C \tag{1-5}$$

对于钢材，弯曲疲劳和拉压疲劳时，$m = 6 \sim 20$，$N_0 = (1 \sim 10) \times 10^6$。所以，在初步计算中，钢制零件受弯曲疲劳时，中等零件取 $m = 9$，$N_0 = 5 \times 10^6$；大尺寸零件取 $m = 9$，$N_0 = 10^7$。

由式（1-5）便得到了根据 σ_r 及 N_0 来求有限寿命区间内任意循环次数 N（$N_C<N<N_D$）时的疲劳极限应力 σ_{rN} 的表达式为

$$\sigma_{rN} = \sigma_r\sqrt[m]{\frac{N_o}{N}} = \sigma_r \cdot K_N \tag{1-6}$$

式（1-6）中，K_N 称为寿命系数。

当 N 大于疲劳曲线转折点 D 所对应的循环次数 N_D 时，式（1-6）中的 N 就取为 N_D 而不再增加（即 $\sigma_{r\infty}=\sigma_{rN}$）。图 1-29 中的曲线 CD 和 D 以后两段所代表的疲劳统称为高周疲劳，大多数机械零件及专用零件的失效都是由高周疲劳引起的。

在对称循环变应力作用下，取其 σ_{-1} 作为疲劳极限应力；在脉动循环变应力作用下，取其持久极限 σ_0 作为疲劳极限应力。

2. 安全系数和许用应力

安全系数 S 是为了考虑一系列不定因素而取定的一个大于 1 的常数。对于一般通用零件，根据经验在设计规范中都给出了 S 的范围。选择安全系数时，应该根据材料、工作条件、应力计算等方面进行综合考虑。表 1-1 给出了常用的安全系数参考值。

表 1-1　安全系数参考值

材料			静载荷	冲击载荷	变载荷	
结构钢	$\dfrac{\sigma_s}{\sigma_b}$	0.45~0.6	1.5~2	1.5~2.2	材料较均匀，载荷及应力计算准确	1.5~3
		0.6~0.8	1.4~1.8	2.0~2.8	材料较均匀，载荷及应力计算准确	1.8~5
		0.8~0.9	1.7~2.2	2.5~3.5		
高强度钢			2~3	—	材料较均匀，载荷及应力计算准确	1.8~2.5
铸铁			3~4	—		

1.5　机械零件的常用材料

1.5.1　常用材料简介

机械零件所用的材料是多种多样的，有钢、铸铁、有色合金和非金属材料等。但是金属材料，尤其是黑色金属材料应用最为广泛。

1. 钢

（1）若按化学成分分类，钢可分为碳素钢、合金钢，碳素钢分为普通碳素钢和优质碳素钢。

普通碳素钢供应时只考虑机械性能，使用时不做热处理主要用于制造一般机械零件和工程结构的构件。

优质碳素钢具有较好的机械性能，供应时不仅需要提供机械性能指标，而且需要提供其化学组成成分，优质碳素钢可以使用热处理大幅度提高机械性能，应用最为广泛，常用于制造要求较高的机械零件。

由于碳素结构钢在某些特殊的地方无法使用或由于其综合机械性能不能令人满意，不能满足一些特殊的需要，这时就需要使用合金钢。合金钢必须进行合适的热处理，才能充分发挥其作用。

（2）若按含碳量分类，钢可分为低碳钢（含碳量 0.25% 以下）、中碳钢（含碳量 0.25%~0.60%）、高碳钢（含碳量 0.60% 以上）。含碳量越高则强度、硬度越高，但是塑性随之降低。对于高碳钢，其热处理需要严格控制。对于低碳钢，为了提高机械零件的表面硬度，保持其芯部的韧性，常常采用表面渗碳的热处理工艺。

（3）若按使用用途分类，钢可分为结构钢、工具钢、特殊性能钢。结构钢用于制作一般的零件和构件；工具钢制作工具、刀具、量具、模具等。特殊性能钢有耐热钢、耐酸钢、不锈钢等。

（4）若按加工方法分类，钢可分为车削钢、铸钢等。铸钢主要用在零件形状比较复杂、尺寸较大且强度要求较高的零件制作。

常用普通碳素钢的牌号为 Q235A，"Q×××"表示材料屈服强度值（MPa），分为 A、B、C、D 四个质量等级，A 即为 A 级的等级标号，表示硫、磷含量较低，脱氧方法有 F（沸腾钢）、b（半镇静钢）、Z（镇静钢）等。镇静钢后面的"Z"可省略。Q235A 有较好的强度、硬度和韧性，用途广，用于制造不重要的的轴、一般用途的连杆、钩等。

常用优质碳素钢的牌号为 45，牌号的两位数字表示平均含碳量的万分数，如"45"表示平均含碳量为 0.45%。45 号钢是机械制造的重要材料，用于强度要求较高的零件，通常在调质或正火状态下使用。用于制造齿轮、汽轮机的叶轮、泵的零件等。

常用合金钢的牌号为 40Cr、35SiMn、20CrMnTi 等。合金钢牌号前面的两位数字表示钢中含碳量的万分数，合金元素在后面以化学符号表示，化学符号的数字表示合金元素平均含量的百分之几，合金元素平均含量小于 1.5%，仅标注元素，大于 1.5% 时，才标出含量数字，如"35SiMn"表示平均含碳量为 0.35%、Si、Mn 合金元素平均含量小于 1.5%。40Cr 具有良好综合力学性能，用于制造重载、低冲击、耐磨的零件，如蜗杆、主轴、齿轮等；35SiMn 调质处理后具有高的静强度、疲劳强度和耐磨性以及良好的韧性，可代替 40Cr 钢作调质零件；20CrMnTi 具有良好的综合力学性能和低温冲击韧性，良好的耐磨性和抗弯强度，热处理工艺简单，热加工和冷加工性较好，用于中载或重载、冲击耐磨且高速的各种渗碳或碳氮共渗零件重要零件。

常用铸钢的牌号为 ZG270-500，"ZG"为"铸钢"汉字拼音的第一个字母，"270"表示材料屈服强度值（MPa），"500"表示材料抗拉强度值（MPa）。

2. 铸铁

铸铁是含碳量高（>2%）的铁碳合金。铸铁中的碳大部分以石墨的形式存在于组织中。所以，一般情况下其强度、韧性及硬度较低。但由于石墨的存在，其耐磨性较好，同时具有良好的减振性能，而且价格低廉。铸铁也有多种，但工程上常用的主要是灰铸铁和球墨铸铁。

灰铸铁主要用来制造机座类零件和其他一些常见的不重要零件。球墨铸铁由于石墨经过处理，成为球状，使得其机械性能得到极大的提高，在很多场合下成功地取代了某些碳素钢及合金钢，精压机中的曲轴就是其典型的使用实例。

常用灰铸铁的牌号为 HT200、HT300，"HT"表示灰铁，后面的数字代表抗拉强度（MPa）的平均值。

HT200 的强度、耐磨性、耐热性、铸造性能较好，用于一般机械制造中较为重要的铸件，如气缸、齿轮、机座、金属切削机床床身及床面等；HT300 的强度、耐磨性好，但铸造性能较差，用于机械制造中重要的、受力较大的铸件，如床身导轨，精压机中的机架等。

常用球墨铸铁的牌号为 QT400-15、QT450-10、QT600-3，"QT"表示球铁，后面的数字分别表示抗拉强度（MPa）和最低延伸率（%）。QT400-15 具有良好的焊接性和可加工性，常温时冲击韧性高 QT600-3 强度高，耐磨性好。

百年各国钢产量

📖🔍 拓展阅读：我国钢铁产业发展与宝钢的建设。

钢铁是现代工业不可缺少的材料，是工业的粮食，因此，任何国家想要发展工业，就必须大力发展钢铁业。1949 年，中国钢铁产量只有 15.8 万吨，居世界第 26 位，不到当时世界钢铁年总产量 1.6 亿吨的 0.1%；而 2020 年中国全年粗钢产量突破 10 亿吨，占世界钢铁总产量的 56% 以上。新中国成立初期一穷二白，有着国家富强的远大志向，也有着强敌环伺的险恶国际环境，因此有迫切摆脱落后的要求，反对干涉和控制，打破封锁和包围，克服一切困难尽快改变经济文化落后状态。超常超快发展钢铁成为必然选择。

1950 年 2 月 14 日，刚刚成立的新中国从苏联引进 156 项重点工程，其中钢铁项目 7 项，规划产钢 636 万吨。第一个五年计划期间（1953—1957 年），中国钢铁年均增钢分别为 80 万吨（53 年增钢 42 万吨、54 年增钢 46 万吨、55 年增钢 62 万吨、56 年增钢 162 万吨、57 年增钢 88 万吨），年均增钢量顶得上 5 个 1949 年产量，1957 年钢产量达到 535 万吨，几乎达到了毛主席提出的经过一个五年计划，钢产量达到 1937 年日本钢产量的水平（1937 年日本的钢产量是 580 万吨、美国 8785 万吨、中国是 4 万吨），几乎是从零起步，可谓发展迅速。

表1-2 中国历年钢产量统计

单位：万吨

年份	产量	年份	产量	年份	产量	年份	产量	年份	产量
1907	0.8	1925	3	1943	92.3	1961	870	1979	3448
1908	2.3	1926	3	1944	45.3	1962	667	1980	3712
1909	3.9	1927	3	1945	6	1963	762	1981	3560
1910	5	1928	3	1946	6	1964	964	1982	3716
1911	3.9	1929	2	1947	7	1965	1223	1983	4002
1912	0.3	1930	1.5	1948	7.6	1966	1532	1984	4347
1913	4.3	1931	1.5	1949	15.8	1967	1023	1985	4679
1914	5.6	1932	2	1950	61	1968	904	1986	5220
1915	4.8	1933	3	1951	90	1969	1333	1987	5628
1916	4.5	1934	5	1952	135	1970	1779	1988	5918
1917	4.3	1935	25.7	1953	177	1971	2123	1989	6159
1918	5.7	1936	41.4	1954	223	1972	2338	1990	6635
1919	3.5	1937	55.6	1955	285	1973	2522	1991	7100
1920	6.8	1938	58.6	1956	447	1974	2112	1992	8094
1921	7.7	1939	52.7	1957	535	1975	2390	1993	8956
1922	3	1940	53.4	1958	800	1976	2046	1994	9153
1923	3	1941	57.6	1959	1387	1977	2374		
1924	3	1942	78	1960	1866	1978	3178		

资料来源：《中国大百科全书 矿冶卷》，839页，851页；《中国统计年鉴》，中国统计出版社，1994年9月，408页

随着"一五"计划超额完成，我国社会主义建设基础进一步增强。然而1958年后，中国即将独立面对世界上两个超级大国的巨大压力，因此，在已有"一五"计划超额完成的信心基础和外部压力即将加大的的情况下，中国进一步追求社会主义建设的高速度，但由于种种原因影响，国民经济比例失调，没有使经济建设真正跃进，"以钢为纲"大炼钢铁，给新中国经济建设带来很大损失。

1977年中国钢铁年产量已达到2374万吨，这个产量对于中国的建设目标还远远不够。在进行对越自卫反击战破解了苏联对我国进行南北夹击的战略态势之时，我国引进日本技术在上海建设宝山钢铁总厂。1978年12月，宝钢开工建设。此后，宝钢一路超越成长为国内领先的钢铁企业，2016年与武钢合并，此后接连重组了马钢集团、重庆钢铁和太钢集团，2020年宝武钢铁产量已达亿吨，超越安赛乐米塔尔成为世界第一钢铁企业，通过联合重组提升产业集中度，也成为全国供给侧改革的示范。除了本身的产能带动市场之外，宝钢从设备大型化、进口矿石、建设深水码头、计算机管理等各方面均成为中国钢铁工业的典范，带动了众多工厂的生产能力。正是在这种示范效应下，中国钢铁工业才加快了现代化发展步伐，为中国现代化建设立下汗马功劳。

宝钢产生的示范引领作用及价值无法估量，其建设之初的问题和非议随着宝钢作用的不断提高而销声匿迹。这就是典型的发展的眼光，我们也都应该从这样的历史进程中学习，看到中国发展的非凡奇迹，绝不是复制，而是量级、目标、理想、实践能力的一种超越，超越了此前一切国家的能力和想象。这证明的，是坚持党的领导的优势和中国的制度优势。

3. 铜合金

在机械中，各部分的联接是靠运动副实现的。而在运动副中，为了提高结构的可靠性、耐磨性、降低成本（维修）等原因，大量使用衬套或轴瓦等零件，而这些零件的材料大多是铜合金。

4. 非金属材料

非金属材料的种类繁多，在工程上也发挥着重要的作用。例如橡胶密封垫、传动带、树脂材料制作摩擦

片、塑料手柄等等。

1.5.2 材料选择原则

同一个零件可以用多种材料制作，并且可以实现同样的预期职能。那么，这时判别材料的选择是否合理就取决于除功能以外的一些因素，例如经济性要求。

所以为了准确理解材料选择的基本原则，我们必须首先了解实际工作中，选择材料时应该考虑哪些影响因素，这实际上就是前面有关内容的总结。

1. 功能、使用方面的因素

（1）零件的受力大小和性质、应力的大小、性质、分布情况。

（2）零件的工作情况（工作特点、环境等）。

（3）零件的重要性，例如农用车和航天飞机比较、农用车中变速箱齿轮和操纵手球比较等等。

（4）安装部位对零件尺寸和质量的限制，例如维护的方便程度等。

2. 工艺性因素

所谓工艺性就是指所选择的材料冷、热加工性能要好，热处理工艺性好等，例如，结构复杂而大批生产的零件多选用铸件，单件生产宜用锻件或焊接。简单盘形零件，其毛坯是采用铸件、锻件还是焊接件，主要取决于它们尺寸的大小、结构的复杂程度及批量的大小。

3. 综合经济性因素

零件的综合经济性取决于如下因素。

（1）零件的复杂程度，材料加工的可能性及生产批量等。

（2）材料的价格及其获得的可能性、方便性等。

所以，材料的选择必须综合考虑以上各个方面的因素。需要遵循的一般原则是按照综合指标和局部品质原则来选择材料。也就是说，为了满足使用性，并不一定需要贵重的材料。

局部品质原则就是针对零件不同部位的要求分别选择不同的材料，甚至可以采用组合零件来实现预期的功能，例如水轮机的叶片，为了防止生锈如果完全用不锈钢制造，其成本将会很高，我们在工艺能力许可的情况下采用碳素钢制作，而仅对其表面进行防锈处理。再如，精压机机组链式输送机中的蜗轮，啮合部分要用铜合金，如果完全用一种材料，将会产生较大的浪费，若用铜合金做含有轮齿的齿圈，齿圈安装在普通碳素钢做的轮芯上，就可以极大地降低成本，同时也不降低使用性能。

思考与练习题

1. 选择题

1-1 图 1-8 中所示的单缸四冲程内燃机中，序号 2 和 10 的组合是（　　　）。

    A. 零件　　　　　　B. 部件　　　　　　C. 机构　　　　　　D. 构件

1-2 图 1-23 中所示的链式输送机中，序号 1 是（　　　）。

    A. 零件　　　　　　B. 部件　　　　　　C. 机构　　　　　　D. 构件

1-3 图 1-22 的内燃机连杆中的连杆体 1 是（　　　）。

    A. 零件　　　　　　B. 部件　　　　　　C. 机构　　　　　　D. 构件

1-4 图 1-8 中所示的单缸四冲程内燃机中，序号 1 和 2 的组合是（　　　）。

    A. 零件　　　　　　B. 部件　　　　　　C. 机构　　　　　　D. 构件

1-5 机器中各运动单元称为（　　　），机器中各制造单元称为（　　　）。

    A. 零件　　　　　　B. 部件　　　　　　C. 机构　　　　　　D. 构件

2. 填空题

1-6 部完整的机器主要有四个部分组成，它们是_____、_____、_____、_____。

1-7　机器的共同的特征是＿＿＿＿＿＿＿、＿＿＿＿＿＿＿、＿＿＿＿＿＿＿。

1-8　机械是＿＿＿＿＿＿＿、＿＿＿＿＿＿＿的总称。

1-9　机器是＿＿＿＿＿＿＿的装置。

1-10　在静载荷作用下的机械零件，不仅可以产生＿＿＿＿＿＿应力，也可能产生＿＿＿＿＿＿应力。

1-11　只在某一类机器中使用的零件称为＿＿＿＿＿＿。

1-12　变应力参数共有＿＿＿＿＿＿个，已知其中＿＿＿＿＿＿个参数便可以求出其余参数。

1-13　脆性材料制成的零件常取＿＿＿＿＿＿作为极限应力；塑性材料制成零件常取＿＿＿＿＿＿作为极限应力。

1-14　铸钢 ZG270-500，"270"表示＿＿＿＿＿＿，"500"表示＿＿＿＿＿＿。

1-15　表面接触强度是指＿＿＿＿＿＿。

3. 简答题

1-16　机器与机构的根本区别是什么？

1-17　材料选择原则是什么？

1-18　专用精压机机组的用途是什么？共有几个机械单元？

1-19　机械设计的基本要求是什么？机械零件设计时要考虑那些问题？

1-20　简述机械设计的过程与设计内容。

1-21　中国钢铁产量已经是世界第一，各省钢产量又以河北省为最高。请从钢铁生产的要素进行分析，为何河北省的钢铁产量为全国最高？

1-22　请搜索新中国成立 156 项重点工程中的钢铁项目，搜集各项目的钢铁产量和建设地点。

1-23　请搜索中国在 156 项重点工程之后自主建设的钢铁项目，搜索其建设地点和建设原因。

4. 计算题

1-24　某材料的对称循环弯曲疲劳极限 $\sigma_{-1} = 180\text{MPa}$，取循环基数 $N_0 = 5 \times 10^6$，$m = 9$，试求循环次数 N 分别为 7000、25000、620000 次时的有限寿命弯曲疲劳极限。

第 2 章

机构的结构分析

本章介绍了机构组成中运动副的重要概念，还介绍了机构运动简图的绘制方法，重点阐述了平面机构自由度的计算及机构具有确定运动的条件。学习本章后，应能识读机构运动简图并熟练掌握平面机构自由度计算的方法。结合所学知识查询并讨论"一五"期间奠定中国工业基础的 156 项重点工程。

2.1 引言

机器是由机构组成的，各种机构按一定规律关联互动就构成我们所需要的机器。因此，要设计、分析一台机器，首先需要从分析机构入手，而分析机构就必须了解其结构。

机构是用来传递或变换运动的构件系统，任意拼凑起来的构件组合不一定能达到其传递或变换运动的目的，组成机构的各构件之间彼此应该具有确定的相对运动。机构满足什么条件才具有确定的相对运动，对于分析或设计机构具有很重要的意义。

实际机械的结构和外形比较复杂，为了便于分析研究，需要将具体的机械抽象成简单的运动学模型。在工程设计中，常常用简单线条和符号绘制机构运动简图来表示实际的机械。作为工程设计人员，应当能看懂机构运动简图，并熟悉机构运动简图的绘制方法。

根据机构的运动范围，机构分为空间机构和平面机构。如果组成机构的所有构件都在同一平面或在彼此相互平行的平面内运动，则该机构称为平面机构，否则称为空间机构。工程中大多数常用机构是平面机构，因此，本章主要研究平面机构。

2.2 机构的组成

2.2.1 运动副及其分类

1. 运动副

机构是由许多构件组成的，每一个构件都以一定的方式与其他构件相联接，且彼此之间存在一定的相对运动，两个构件之间直接接触所形成的可动联接称为运动副。两构件组成运动副时，构件上参加接触的点、线、面称为运动副元素，显然运动副也是组成机构的主要要素。运动副是通过点、线或面的接触来实现的。按照接触形式，通常把运动副分为低副和高副两类。

（1）低副。

两构件通过面接触而构成的运动副称为低副，根据两构件之间的相对运动是转动还是移动，平面机构中的低副分为转动副和移动副两种。

若组成运动副的两构件之间只能绕某一轴线作相对转动，这种低副称为转动副。构成转动副的两构件之间属于圆柱面接触。转动副的典型形式是铰链联接，即由圆柱销和销孔所构成的转动副，故转动副也称铰链。

如图 2-1 所示构件 1 与构件 2 可绕轴线 O—O 相对转动而组成转动副。

若组成运动副的两构件之间只能沿某直线相对移动，则这种运动副称为移动副。构成移动副的两构件之间属于平面接触，如图 2-2 所示构件 1 与构件 2 可沿 x 轴方向相对移动而组成移动副。

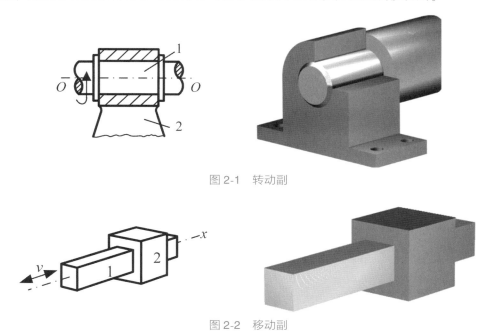

图 2-1　转动副

图 2-2　移动副

（2）高副。

两构件通过点或线接触而构成的运动副称为高副，如图 2-3 所示，凸轮与推杆、轮齿与轮齿之间组成的运动副是常见的平面高副。

低副因其两构件接触处的压强小，故承载能力大，耐磨损，寿命长，且因其形状简单，所以容易制造，而高副则相反。但低副的两构件之间只能作相对滑动，而高副的两构件之间则可作相对滑动或滚动，或二者并存。

除上述平面运动副之外，机械中还经常用到一些空间副，如图 2-4 所示，如球面副、螺旋副等。

（a）凸轮高副　　　　（b）齿轮高副　　　　　（a）球面副　　　　（b）螺旋副

图 2-3　高副　　　　　　　　　　图 2-4　空间副

专用精压机各机构中，就应用了许多运动副，如图 2-5 至图 2-8 所示。

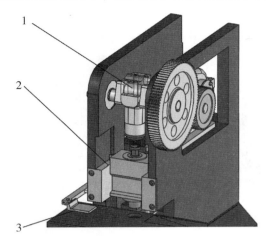

1—连杆与曲轴之间的转动副；2—滑块与导轨移动副；3—推料板与工作台之间的移动副。

图 2-5　精压机中的低副

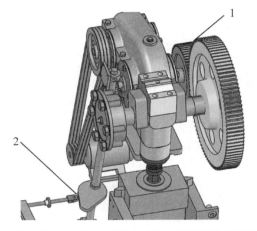

1—齿轮轮齿之间高副；2—送料凸轮与其推杆之间的高副。

图 2-6　精压机中的高副

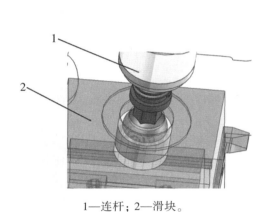

1—连杆；2—滑块。

图 2-7　连杆与滑块之间的球面副

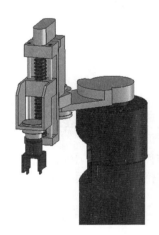

图 2-8　上料机器人中的螺旋副

2.2.2　运动链及机构

1.运动链

若干个构件通过运动副联接构成的系统称为运动链。如果运动链中的各构件构成首末封闭的系统则称为闭式链，如图 2-9（a）所示；否则称为开式链，如图 2-9（b）所示。在一般的机械中，大多数采用闭式链，而在机器人机构中大多数采用开式链。

（a）闭式链

（b）开式链

图 2-9　平面运动链

2. 机构

含有固定构件的运动链称为机构，即机构是含有机架并由运动副联接而成的构件系统。任何一个机构都是由若干构件组成的，这些构件可以分为三类：原动件、机架（即固定件）、从动件。机构中作用有驱动力或力矩的构件称为原动件，有时也可以把运动规律已知的构件称为原动件；机构中的固定构件称为机架；机构中除了原动件和机架以外的构件统称为从动件。从动件的运动规律取决于原动件的运动规律、机构的结构及构件的尺寸。在任何一个机构中，必须有一个、也必须只能有一个构件作机架；在可动构件中必须有一个或几个构件为原动件。

2.3 机构的运动简图

实际机构的外形和结构一般很复杂，但各构件的运动仅取决于运动副的类型和机构的运动尺寸（运动副相对位置尺寸），而与构件的外形、断面尺寸、组成构件的零件数目及固联方式等无关。因此，若不考虑构件和运动副的复杂结构，而仅仅用特定的符号表示构件和运动副，进而作出能表明机构运动特征的简单图形来分析问题，则会大大提高工作效率。

用简单线条和规定的符号表示构件和运动副，并用一定的比例表示运动副位置的图形，称为机构运动简图。机构运动简图保持了其实际机构的运动特征，它简明地表达了实际机构的运动情况。

有时，只需要表明机构运动的传递情况和构造特征，而不要求机构的真实运动情况，因此，不必严格地按比例确定机构中各运动副的相对位置，通常把这种不严格按比例绘出的、只表示机械结构状况的简图称为机构示意图。机构示意图不能用来对机构进行运动分析。

2.3.1 构件与运动副的表示方法

1. 构件的表示方法

杆、轴类构件或一般构件可用线条表示，如图 2-10（a）所示。机架用加阴影线的方式表示，如图 2-10（b）所示，其他构件按国家标准规定画法表示。

（a）　　　　　　（b）

图 2-10　构件的表示方法

2. 运动副的表示方法

两构件组成转动副的表示方法如图 2-11 所示。用圆圈表示转动副，其圆心代表相对转动轴线。如图 2-11（a）所示，组成转动副的两构件都是活动件。如图 2-11（b）所示，组成转动副的两构件中有一个为机架（机架为加阴影线的构件）。

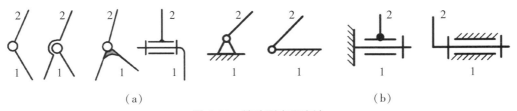

（a）　　　　　　　　　　　　　（b）

图 2-11　转动副表示方法

两构件组成移动副的表示方法如图 2-12 所示。移动副的导路必须与相对运动方向一致，移动副表示的特点是可选择任一构件画成长方形（滑块）。

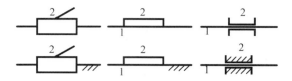

图 2-12　移动副的表示方法

两构件组成高副的表示方法如图 2-13 所示，应当画出两构件的轮廓曲线。

图 2-13　高副的表示方法

3. 含运动副构件的表示方法

一个构件具有两个低副，称为两副构件，两副构件的表示方法如图 2-14 所示。如图 2-14（a）和图 2-14（e）所示，一个构件具有两个转动副，图 2-14（a）中构件的转动副在两端，图 2-14（e）中构件的转动副一个在端部、一个在中间。图 2-12（b）和图 2-14（c）表示一个构件既有转动副，又有移动副，图中的点画线表示移动副的导路。图 2-14（b）中转动副在滑块上，图 2-14（c）中转动副则处于滑块的下方。图 2-14（d）表示一个构件具有两个移动副。

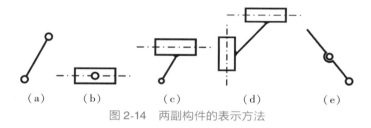

（a）　　　（b）　　　（c）　　　（d）　　　（e）

图 2-14　两副构件的表示方法

一个构件具有三个低副，称为三副构件，三副构件的表示方法如图 2-15 所示。其中图 2-15（a）、图 2-15（c）、图 2-15（d）、图 2-15（e）表示一个构件具有三个转动副。图 2-15（b）和图 2-15（f）表示一个构件具有两个转动副、一个移动副。

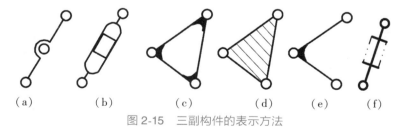

（a）　　　（b）　　　（c）　　　（d）　　　（e）　　　（f）

图 2-15　三副构件的表示方法

4. 常用机构的表示方法

为了便于交流理解，国家标准对一些常用机构在机构运动简图中的表示方法进行了规定，如表 2-1 所示。

2.3.2　机构运动简图的绘制

1. 绘制机构运动简图的一般步骤

绘制机构运动简图的一般步骤如下。

（1）分析机构运动，找出机架、原动件与从动件。

（2）从原动件开始，按照运动的传递顺序，分析各构件之间相对运动的性质，确定活动构件数目、运动副的数目和类型，特别要注意两相连构件之间的运动副类型。

（3）合理选择视图平面，选择能较好表示运动关系的平面为视图平面。

（4）选择合适的比例尺，长度比例尺用 μ_l 表示，在机械设计中规定，μ_l =实际长度/图示长度。

（5）按比例定出各运动副之间的相对位置，用规定符号绘制机构运动简图。

（6）各运动副标以大写的英文字母，各构件标以阿拉伯字母，机构的原动件以箭头标明。

机构运动简图中常用机构的表示方法如表2-1所示。

表 2-1　机构运动简图中常用机构的表示方法

常用机构名称	符号	常用机构名称	符号
在机架上的电机	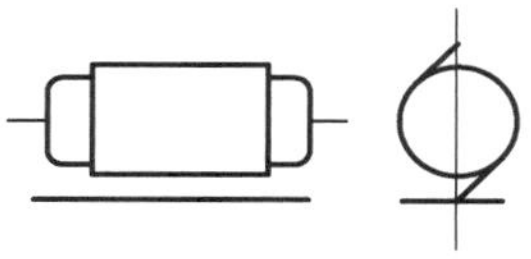	齿轮齿条传动	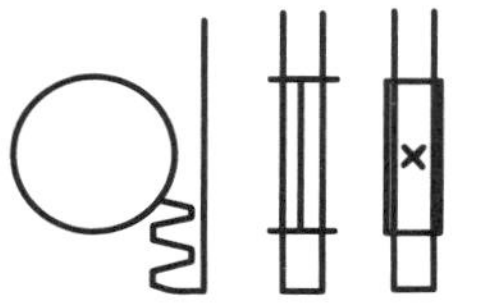
带传动	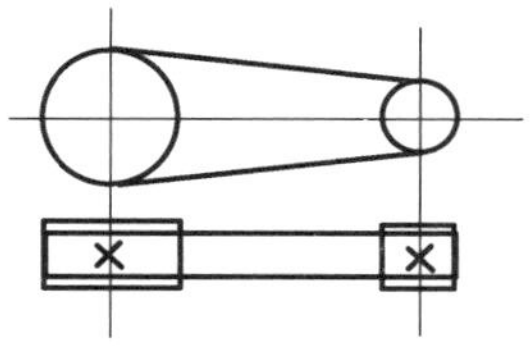	圆锥齿轮传动	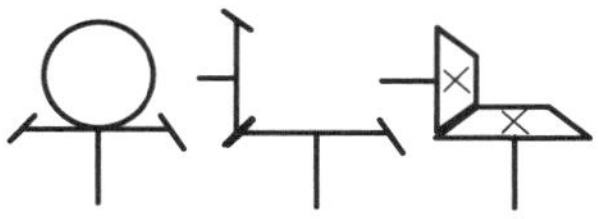
链传动	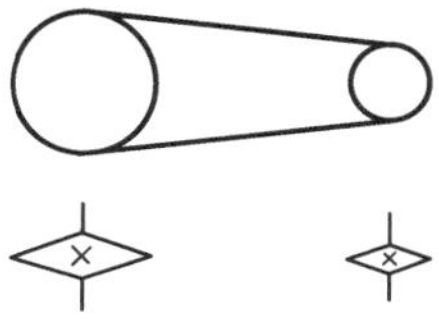	圆柱蜗杆传动	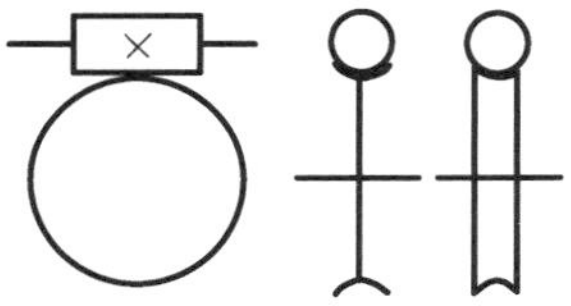
摩擦轮传动	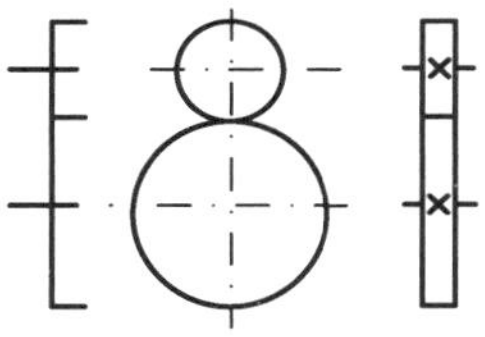	凸轮机构	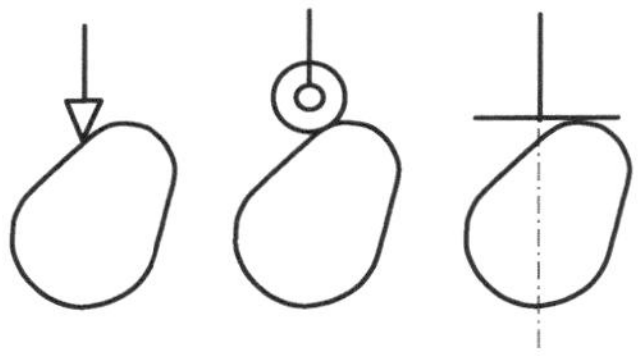
外啮合圆柱齿轮传动	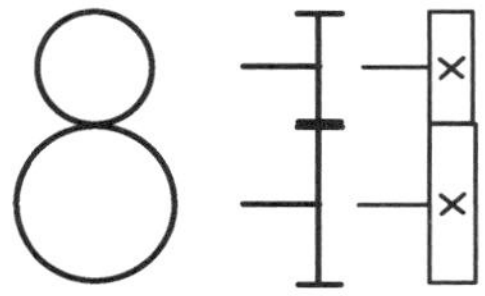	槽轮传动	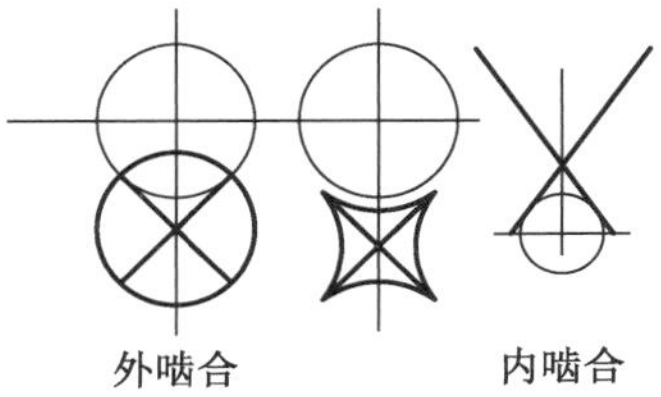 外啮合　内啮合
内啮合圆柱齿轮传动	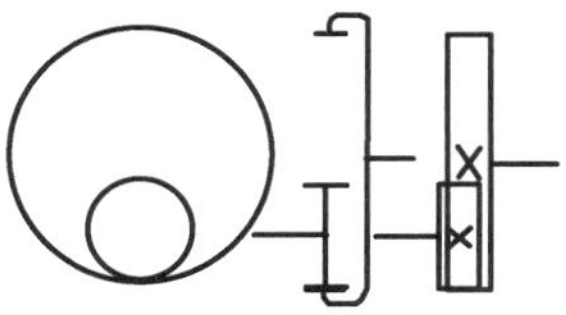	棘轮机构	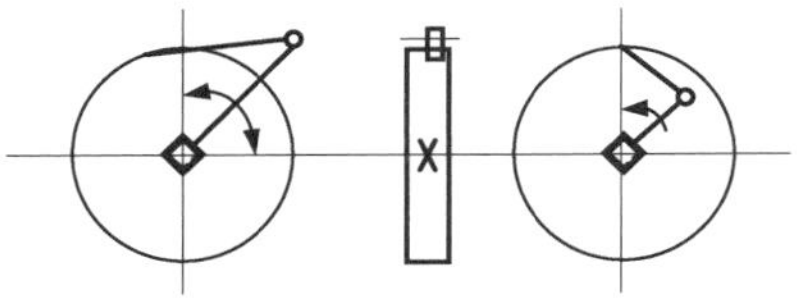

2. 实例分析——绘制内燃机机构运动简图

内燃机结构图如图1-8所示。

（1）分析机构运动。

原动件为活塞8，机架为气缸体11，其余均为从动件。

内燃机机构运动

（2）活塞8上有两个运动副，与气缸体11相联的是移动副，与连杆9相联的是转动副；连杆9的另一端与曲轴10用转动副相联，曲轴10与齿轮2为同一构件。齿轮2将动力分为两路，左边一路是齿轮机构经由凸轮机构带动进气阀6做往复运动，右边一路也是齿轮机构经由凸轮机构带动排气阀7做往复运动，两路运动形式对称，只需分析其中的一路。左边一路的齿轮机构中齿轮2与大齿轮1用齿轮高副相联，大齿轮1与凸轮3为同一构件；凸轮3与推杆4用凸轮高副相联，推杆4与排气阀6为同一构件；最后，进气阀7与气缸体11用移动副相联。通过以上分析不难确定内燃机的构件数（八个构件）及运动副的类型（三个移动副、五个转动副、四个高副）。

（3）合理选择视图平面，在此选用能体现凸轮曲线轮廓的平面。

（4）选择合适的比例尺。

（5）按规定符号画出各个运动副，再按规定线条和符号联接各个运动副（画出相应的构件）。注意：同一构件用焊接符号固联，机架加阴影线。

（6）对机构中的各构件编号，以大写的英文字母标示各运动副，机构的原动件活塞以箭头标明其运动形式。注意：应区分位置重叠的不同构件和同一构件上的多个零件（如曲轴10与小齿轮2固结）。前者分别编号，后者采用同一个编号。

完成后的内燃机机构运动简图如图2-16所示，由于是按构件数编号，其编号与图1-8有所不同。

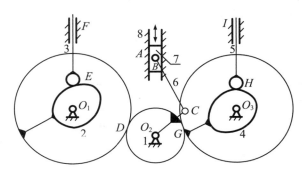

图2-16 内燃机机构运动简图

2.4 平面机构的自由度

2.4.1 平面机构自由度及其计算公式

1. 构件的自由度

构件的自由度是指构件可能出现的独立运动。

任何一个构件在空间自由运动时皆有六个自由度。如图2-17所示，它可表达为在直角坐标系内沿着三个坐标轴的移动和绕三个坐标轴的转动；而对于一个做平面运动的构件，则只有三个自由度，如图2-18所示，构件1可以在xOy平面内绕z轴转动，也可沿x轴或y轴方向移动。

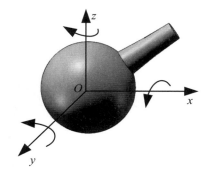

图2-17 空间运动构件的自由度

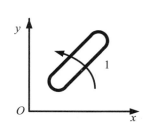

图2-18 平面运动构件的自由度

2. 运动副的约束

平面机构中每个构件都不是自由构件，而是以运动副的形式与其他构件相联的。两构件组成运动副后，就限制了两构件间的相对运动，这种对于相对运动的限制称为约束。

不同种类的运动副引入的约束不同，所以保留的自由度也不同。如图 2-19 所示，构件 1 与机架用转动副相联，转动副约束了构件 1 沿 x 轴移动和沿 y 轴移动两个自由度，只保留一个绕 O 轴转动的自由度；图 2-20 所示为构件 1 与机架用移动副相联，移动副约束了构件 1 沿 y 轴方向的移动和绕 O 轴转动两个自由度，只保留沿 x 轴方向移动的自由度。在平面机构中，每个低副引入两个约束，使构件失去两个自由度。

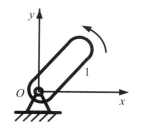

图 2-19　转动副的约束　　　　图 2-20　移动副的约束

高副则只约束了沿接触位置公法线 n-n 方向移动的自由度，保留绕接触位置的转动和沿其公切线方向 t-t 移动的两个自由度，如图 2-21 所示凸轮与推杆的高副约束，推杆可绕接触点 A 与凸轮做相对转动，也可沿其公切线 t-t 与凸轮做相对移动，但不可沿公法线 n-n 方向与凸轮做相对移动。又如图 2-22 所示的齿轮高副约束，齿轮 1 可绕接触点与齿轮 2 做相对转动，也可沿接触处公切线 t-t 与齿轮 2 做相对移动，但不可沿公法线 n-n 方向与齿轮 2 做相对移动。每个高副引入一个约束，使构件失去一个自由度。

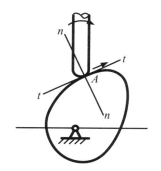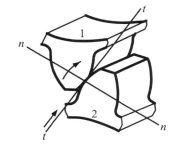

图 2-21　凸轮与推杆高副的约束　　　　图 2-22　齿轮高副的约束

3. 平面机构自由度的计算

在平面机构中，各构件只做平面运动。一个做平面运动的自由构件具有三个自由度，即沿 x 轴和 y 轴的移动，以及在 xOy 平面内的转动。当两构件组成运动副之后，他们的相对运动就受到约束，自由度随之减少。

设平面机构中共有 K 个构件，则机构中有 n（$n=K-1$）个活动构件（除去机架），在各构件尚未组成运动副时，共有 $3n$ 个自由度。当各构件间组成运动副后，设共有 p_l 个低副和 p_h 个高副，则所有运动副所引入的约束总数为 $2p_l+p_h$，故平面机构的自由度为

$$F = 3n - (2p_l + p_h) \tag{2-1}$$

由公式（2-1）可知，机构自由度 F 取决于活动构件数及运动副的类型和个数。

例 2.1　求图 2-23 所示铰链四杆机构的自由度。

解：由图 2-23 可以看出，该机构共有三个运动构件（即构件 1、2、3），四个低副（即转动副 A、B、C、D），没有高副。故根据机构自由度计算公式可以求得机构的自由度为

$$F = 3n - 2p_l - p_h = 3 \times 3 - 2 \times 4 - 0 = 1$$

例 2.2　求图 2-24 所示铰链五杆机构的自由度。

解：由图 2-24 可以看出，该机构共有四个运动构件（即构件 1、2、3、4），5 个低副（即转动副 A、B、C、D、E），没有高副。故根据机构自由度计算公式可以求得机构的自由度为

$$F = 3n - 2p_l - p_h = 3 \times 4 - 2 \times 5 - 0 = 2$$

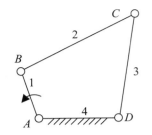

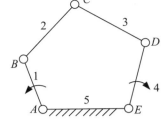

图 2-23　铰链四杆机构的自由度　　　图 2-24　铰链五杆机构的自由度

4. 机构具有确定运动的条件

机构的自由度是一个机械系统具有的独立运动数目。从动件不能独立运动，只有原动件才能独立运动。通常每个原动件只有一个独立运动，如电动机只有一个转子的独立转动、内燃机只有一个活塞的独立运动等。因此，机构的自由度必须与原动件数相等，整个机构才会有确定的运动。

例如，图 2-21 和图 2-22 所示铰链四杆机构、铰链五杆机构的自由度 F 分别为 1 和 2。当两机构的原动件数分别为 1 和 2 时，两机构有确定的相对运动。

如果在图 2-21 中原动件数 $>F$，即假设有两个原动件 1 和 3，势必将机构的薄弱处拉断或造成机构不能运动；如果在图 2-22 中原动件数 $<F$，只有一个原动件 1，则从动件 2、3、4 的位置不能确定，机构没有确定的相对运动。

综上所述，机构具有确定运动的条件是：$F>0$，且 F 等于原动件数。

2.4.2　计算平面机构自由度的注意事项

在计算机构自由度时，应注意以下事项，否则会出现计算错误。

1. 复合铰链

三个或三个以上的构件汇集在同一处构成转动副称为复合铰链，如图 2-25 所示。图 2-25（a）所示是由三个构件联在一处组成的转动副，但它实际的结构如图 2-25（b）所示，因而有两个转动副。一般情况下，m 个构件汇集而成的复合铰链应包含（m-1）个转动副。

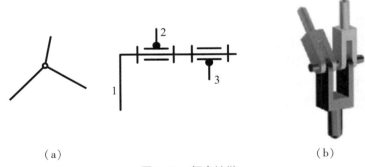

（a）　　　　　　　　　　　　　　（b）

图 2-25　复合铰链

例 2.3　求图 2-26 所示直线锯切机构的自由度。

解：由图 2-26 可以看出，该机构共有七个运动构件（即构件 2、3、4、5、6、7、8），在 B、C、D、F 处为复合铰链，因此机构的低副为 10（转动副 A、E 各为一个，B、C、D、F 各为一个），没有高副。故根据机构自由度计算公式可以求得机构的自由度为

$$F = 3n - 2p_l - p_h = 3 \times 7 - 2 \times 10 - 0 = 1$$

2. 局部自由度

机构中某些构件具有局部的、不影响其他构件运动的自由度，同时与输出运动无关的自由度称为局部自由度。对于含有局部自由度的机构，在计算自由度时应去除该局部自由度，可以设想把局部自由度固定起来再进行计算，局部自由度典型结构为滚轮。

例如，在图 2-27（a）所示的滚子推杆凸轮机构中，为了减少高副元素的磨损，在推杆 3 和凸轮 1 之间装了一个滚轮 2。该滚轮带来了局部自由度。若不考虑这一点，则运动构件数为 3，低副也为 3 个，有一个凸轮

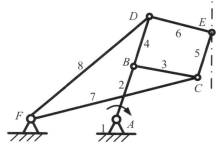

图 2-26　锯切机构

高副，此时，其自由度为 $F = 3n - 2p_l - p_h = 3 \times 3 - 2 \times 3 - 1 = 2$，需要两个原动件才能使它有确定运动，这显然与实际不符。应将该滚轮视为局部自由度，让其固定在推杆上，如图 2-27（b）所示。不让滚轮转动，则滚轮与推杆变成一个构件，此时，其自由度为 $F = 3n - 2p_l - p_h = 3 \times 2 - 2 \times 1 - 1 = 1$，符合实际情况。

滚珠轴承中圆珠滚子的自转也属于典型的局部自由度（见图 2-28）。

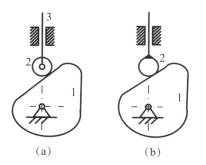

图 2-27　局部自由度

图 2-28　滚珠轴承

3. 虚约束

有时为了提高机构的刚度、改善受力情况、保持传动的可靠性而在机构中增加一些构件，这些构件的运动副所引入的约束可能与其他构件运动副的约束是重复的、一致的，因此，也是不起作用的。这种不起实际约束作用的约束称为虚约束，计算机构自由度时应将带来虚约束的构件及其运动副除去不计。

虚约束常出现的形式有以下几种。

（1）轨迹重合的虚约束。

某构件与机构中的两个特定点相连，有该构件时两个特定点的运动轨迹和没有该构件时两个特定点的运动轨迹是重合的，表明该构件带来虚约束。

如图 2-29（a）所示的平行四边形机构中，连杆 3 做平移运动，BC 线上各点的轨迹均为圆心在 AD 线上而半径等于 AB 的圆周。该机构的自由度为 $F = 3n - 2p_l - p_h = 3 \times 3 - 2 \times 4 - 0 = 1$。

如图 2-29（b）所示，为增加机构的刚度、改善受力情况，在连杆 3 的 BC 线上的任一点 E 处铰接一构件 5，而该构件的另一端则铰接于 E 点轨迹的圆心——AD 线上的 F 点处，显然，引入构件 5 后 E 点的运动轨迹不改变，构件 5 对构件 2 并未起实际的约束作用，所以为虚约束。

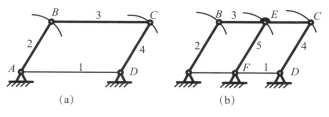

图 2-29　平行四边形机构中的虚约束

在计算机构的自由度时，应将带来虚约束的构件 5 及其运动副 E、F 除去不计。如果错误地将虚约束当作一般约束计算在内，则会得出错误的结果。

（2）转动副轴线重合的虚约束。

两个构件之间组成多个轴线重合的回转副时，只有一个回转副起作用，其余都是虚约束。如图 2-30 所示的两个轴承座支撑一根轴只能算作一个回转副。

（3）移动副导路重合（或平行）的虚约束。

两个构件之间组成多个导路平行的移动副时，只有一个移动副起作用，其余都是虚约束。如图 2-31 所示的推杆与机架上的轴套在两处构成移动副，应去掉一处移动副。

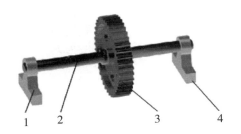 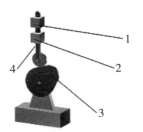

1、4—轴承座；2—轴；3—齿轮。

图 2-30　转动副轴线重合的虚约束

1、2—轴套（固定与机架上）；3—凸轮；4—推杆。

图 2-31　移动副导路重合的虚约束

（4）机构或结构重合（对称部分）的虚约束。

机构中存在对传递运动不起独立作用的对称部分。如图 2-32（a）所示的周转轮系，和内齿轮啮合的只有一个行星轮，为了传递较大功率，保持机构受力平衡，在机构中增加对称部分——另一个行星轮，如图 2-32（b）所示。该行星轮是对传递运动不起独立作用的对称部分，因此该行星轮是带来虚约束的构件，应予去除。

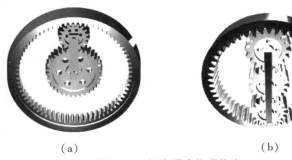

（a）　　　　　　　　　　　　（b）

图 2-32　机构重合的虚约束

（5）两构件在多处相接触构成平面高副的情况。

若两构件在多处相接触构成平面高副，且各接触点处的公法线重合，则只能算一个平面高副，如图 2-33 所示。若公法线方向不重合，将提供两个约束，如图 2-34 所示。

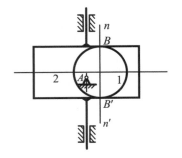 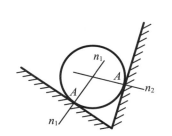 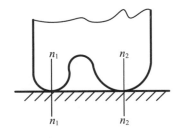

图 2-33　高副公法线重合　　　　　　　图 2-34　两构件在多处相接触构成平面高副

例2.4 求图2-35所示机构自由度，并判断其有无确定运动。

解：

（1）先判定有无虚约束：F或E属于移动副重复，去除其中一个即可，此处去除F。

（2）判定有无局部自由度：D处有滚轮，为局部自由度，去除转动副D，使滚轮与滚轮杆固结在一起成为一个构件。

（3）判定有无复合铰链：B处有复合铰链。

因此，机构共包括六个运动构件，含八个低副（包括在O、A、C、E、G处各有一个转动副，B处为复合铰链，有两个转动副，C处还有一个移动副）、一个高副。

根据机构自由度计算公式可以求得

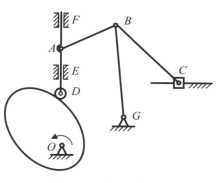

图2-35 例2.4图

$$F = 3n - 2p_L - p_H = 3 \times 6 - 2 \times 8 - 1 = 1$$

由于该机构有一个原动件，原动件的数目等于自由度，该机构具有确定运动。

2.5 实例分析

2.5.1 专用精压机主体单元机构示意图的绘制

专用精压机主体单元由冲压机构、送料机构、顶料机构、传动系统组成。

传动系统由电机、带传动、单级圆柱齿轮减速机、一级开式齿轮传动（兼作飞轮）组成，冲压机构由曲柄滑块机构组成，送料机构为一凸轮机构，顶料机构由链传动与凸轮机构组成。为了表达各个机构之间的运动的传递情况和构造特征，可绘制其机构示意图。

专用精压机主体单元是一个复杂的机械系统，各机构又呈空间配置，难以选出对各个机构都合适的视图平面，但应能使主要机构表达充分、清楚。专用精压机主体单元机构示意图如图2-36所示。

绘制复杂机械系统的机构示意图时，为了表达该机械系统的功能，可以在图中绘出相关的物件，如图2-36所示的料槽、坯料等，必要时可在图中的辅之以文字表述。

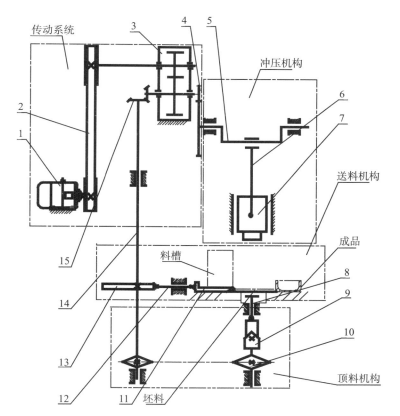

1—电动机；2—V带传动；3—减速机；4—齿轮传动（大齿轮兼做飞轮）；5—曲轴；6—连杆；7—上模冲头；8—顶料杆；9—顶料凸轮；10—传动链；11—推料板；12—凸轮直动推杆；13—盘形凸轮；14—立轴；15—圆锥齿轮传动。

图2-36 精压机主体单元机构示意图

2.5.2 专用精压机主体单元机构自由度分析计算

为简单说明问题，仅取传动机构和冲压机构这两部分进行自由度计算，如图 2-37 所示。

有三处属于转动副重复（A、B、C），只算一个；F、G 和 I、K 转动副分别重复，各只算一个。无局部自由度，无复合铰链。

至此，该机构共有六个运动构件，七个低副（A、F、I、J、L、M、N 均为转动副，三个高副，故根据机构自由度计算公式可以求得机构的自由度为

$$F = 3n - 2p_l - p_h = 3 \times 6 - 2 \times 7 - 3 = 1$$

该机构有一个原动件，原动件的数目等于自由度，该机构有确定运动。

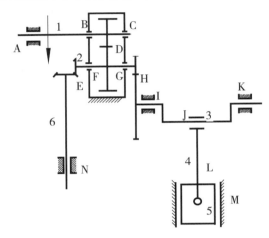

图 2-37　精压机的传动机构和冲压机构部分

思考与练习题

1. 填空题

2-1　平面运动副的最大约束数为＿＿＿＿＿＿，最小约束数为＿＿＿＿＿＿；引入一个约束的运动副为＿＿＿＿＿＿，引入两个约束的运动副有＿＿＿＿＿＿。

2-2　由 m 个构件组成的复合铰链应包括＿＿＿＿＿＿个转动副。

2-3　机构要能够运动，自由度必须＿＿＿＿＿＿；机构要具有确定的相对运动则必须满足＿＿＿＿＿＿。

2-4　机构中的相对静止的构件称为＿＿＿＿＿＿，它的数目为＿＿＿＿＿＿。

2-5　运动链是指＿＿＿＿＿＿，局部自由度是指＿＿＿＿＿＿，虚约束是指＿＿＿＿＿＿。

2-6　平面机构中，两构件通过点、线接触而构成的运动副称为＿＿＿＿＿＿。

2. 选择题

2-7　如图 2-38 所示的三种机构运动简图中，运动不确定的是（　　　　）。

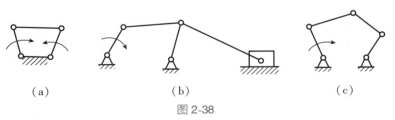

（a）　　　　　　　　　　（b）　　　　　　　　　　（c）

图 2-38

A.（a）和（b）　　　　　B.（b）和（c）　　　　　C.（a）和（c）

2-8 平面运动副的最大约束数为（   ）。

    A. 1   B. 2   C. 3   D. 5

2-9 机构具有确定运动的条件是（   ）。

    A. 机构自由度小于原动件数   B. 机构自由度大于原动件数

    C. 机构自由度等于原动件数   D. 均可

2-10 用一个平面低副联接两个做平面运动的构件所形成的运动链共有（   ）个自由度。

    A. 3   B. 4   C. 5   D. 6

2-11 当机构中主动件数目（   ）机构自由度数目时，该机构具有确定的相对运动。

    A. 小于   B. 等于   C. 大于   D. 大于或等于

2-12 若两构件组成高副，则其接触形式为（   ）。

    A. 线或面接触   B. 面接触   C. 点或面接触   D. 点或线接触

2-13 如图 2-39 所示为一机构模型，其对应的机构运动简图为（   ）。

    A. 图（a）   B. 图（b）   C. 图（c）   D. 图（d）

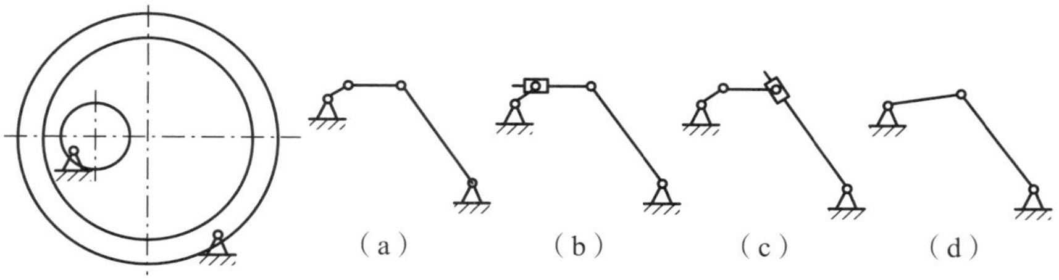

（a）   （b）   （c）   （d）

图 2-39

2-14 在平面机构中，每增加一个低副将引入（   ）。

    A. 1 个约束   B. 2 个约束   C. 3 个约束   D. 0 个约束

2-15 若两构件组成低副，则其接触形式为（   ）。

    A. 面接触   B. 点或线接触   C. 点或面接触   D. 线或面接触

2-16 在机构中，某些不影响机构运动传递的重复部分所带入的约束为（   ）。

    A. 虚约束   B. 局部自由度   C. 复合铰链   D. 运动副

3. 判断题

2-17 在平面机构中，一个高副引入两个约束。   （   ）

2-18 当机构的自由度大于零，且等于原动件数时，该机构有确定相运动。   （   ）

2-19 虚约束对机构的运动不起作用。   （   ）

2-20 机构能够运动的基本条件是其自由度必须大于零。   （   ）

2-21 机构的运动不确定，就是指机构不能具有相对运动。   （   ）

4. 简答题

2-22 何为复合铰链、局部自由度和虚约束？在计算自由度时如何处理？

2-23 何谓机构运动简图？它与机构示意图的区别是什么？

2-24 既然虚约束对于机构的运动实际上不起约束作用，那么在实际机构中为什么又常常存在虚约束？

2-25 什么是运动副？平面运动副有哪些类型？

2-26 机构具有确定运动的条件是什么？

5. 作图、分析、计算题

2-27 绘出图 2-40 所示机构的机构运动简图。

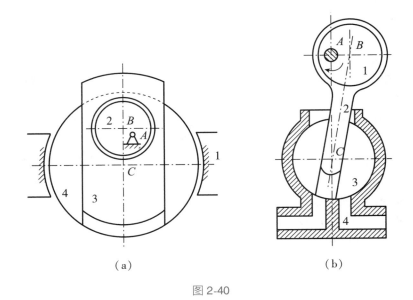

图 2-40

2-28 计算图 2-41 所示机构的自由度，并指出其中的复合铰链、局部自由度和虚约束。

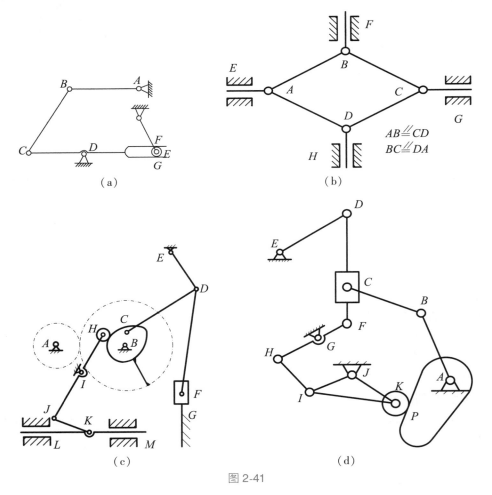

图 2-41

2-29 计算如图 2-42 所示机构的自由度，并判断机构是否具有确定的运动，并指出其中的复合铰链、虚约束、局部自由度。

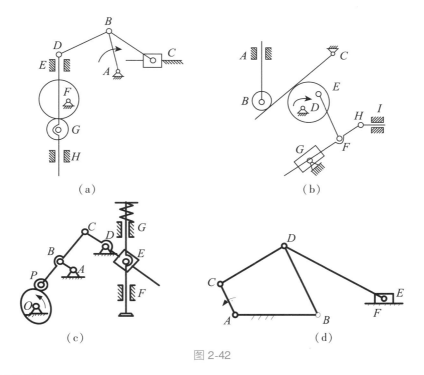

图 2-42

2-30 资料查询与讨论

　　1949 年 10 月 1 日中华人民共和国成立，为了自强自立，改变中国 100 年来受欺辱的状况，中国共产党立足本国国情，确立了优先发展重工业为国民经济发展的方针。到 1959 年，中国钢铁、煤炭、电力、石油等主要重工业产品产量约等于苏联第一个五年计划时期（1928—1932 年）的水平，即钢的产量超过 500 万吨、产煤 1 亿余吨、发电 200 亿度以上、产油 250 万吨左右。这些主要工业指标的生产水平是一个国家工业水平的主要标志，随着这些项目的建设与正常投产，中国已成为一个有自己独立工业体系架构的国家，中国的工业化从此有了稳固的基础。这些项目的建成与消化，使得我国的工业技术水平从落后于工业发达国家 100 多年迅速提高到了世界 1940 年的水平。中国从此在大国自主的工业化道路上不可阻止。结合专业知识和历史国际形势，讨论中国工业化走过的不平凡的历程，并选择一类机械工业设备，查询我国发展这类设备的历程。

第3章

机械动力与传动系统

本章介绍了电动机的基本结构及应用特点，介绍了机械传动系统的作用及类型。重点介绍了电动机的选用方法、传动系统的特性参数。请在课后结合本章知识查询并讨论中国电力能源供应方式及特高压输电的特点。

3.1 机械的动力概述

任何机器都必须要有动力驱动，以机械化生产为标志的工业革命正是源于最早的机器动力——蒸汽机。用于驱动机器的机械我们称之为原动机。

本章主要介绍电动机的有关基本知识。在目前常用的原动机中，电动机和内燃机应用广泛，其中尤以电动机应用最广，占机械原动机的绝大多数。作为将电能转换成机械能的关键设备，电动机的应用非常广泛。这主要是由于电能是现代社会大量使用的一种能源形式，这种能源形式有许多优点，如洁净、生产转换较经济，传输分配容易，使用控制方便等，因此，在现代社会的日常生活和工业生产中，大量使用着各种电动机作为原动力去驱动家电和各种生产机械。作为机械设计人员，必须对电动机要有基本的了解。

尽管电动机应用广泛，但由于电能输送的限制，在一些如车辆、轮船之类的移动机械，电力无法送达和无法保证的特殊地区、特殊场合，内燃机就成为机械的理想动力。此外常用的机械原动机还有液压马达、气动马达等。

原动机的选择主要有以下三方面的内容。

1. 原动机的类型选择

（1）若工作机械要求有较高的驱动效率和较高的运动精度，应选用电动机。电动机的类型和型号较多，并具有各种特性，可满足不同类型工作机械的要求。

（2）在相同功率下，要求外形尺寸尽可能小、质量尽可能轻时，宜选用液压马达。

（3）要求易控制、响应快、灵敏度高时，宜采用液压马达或气动马达。

（4）要求在易燃、易爆、多尘、振动大等恶劣环境中工作时，宜采用气动马达。

（5）要求对工作环境不造成污染，宜选用电动机或气动马达。

（6）要求启动迅速、便于移动或在野外作业场地工作时，宜选用内燃机。

（7）要求负载转矩大、转速低的工作机械或要求简化传动系统的减速装置，需要原动机与执行机构直接联接时，宜选用低速液压马达。

2. 原动机转速的选择

原动机的额定转速一般是直接根据工作机械的要求而选择的。但需考虑以下因素。

（1）原动机本身的综合因素。例如，对于电动机来说，在额定功率相同的情况下，额定转速越高的电动机尺寸越小，质量和价格也更低，即高速电动机反而经济。

（2）传动系统的结构。若原动机的转速选得过高，势必增加传动系统的传动比，从而导致传动系统的结构复杂。

3. 原动机容量的选择

原动机的容量主要指功率。它是由负载所需的功率、转矩及工作制来决定的。

3.2 电动机简介

电动机的使用已经有一百多年的历史。

科学技术的迅猛发展，特别是自动化技术、计算机技术和航空航天技术的发展，对电动机的性能提出了许多新的更高的要求。而新材料的涌现、新技术的发展，又为电动机实现这些要求提供了可能。通过运用新材料和新技术，不仅使电动机的性能提高到一个新的水平，而且在工作原理、结构和运行方式上也更加多种多样。

电动机已经不仅是传统意义上的原动件，而且可以以直接输出较低转速的方式部分地替代传动系统。由于低速电动机不需要经过笨重的机械装置，总质量减轻，转速稳定度高，系统的振动和噪声小，得到了广泛的应用。电动机还可以直接成为执行元件，如伺服电动机，按照输入信号执行起动、停止、正转和反转等过渡性动作，操作和驱动机械负荷。

目前，有些电机的单机容量已超过 1000kW，最高转速已超过 300000 r/min，最低转速低于 0.01 r/min，最小电机的外径只有 0.8 mm，长 1.2 mm。

3.2.1 常用电动机的类型及应用特点

电动机的基本类型可分为直流电动机和交流电动机两大类。常用的交流电动机有异步电动机和同步电动机两类；异步电动机按定子绕组的相数分为单相异步电动机和三相异步电动机两类，按转子绕组的结构又分为鼠笼式异步电动机和绕线式异步电动机。常用电动机的应用特点如表3-1所示。

表 3-1 常用电动机的应用特点

类 型	特 点	应用场合
直流电动机	调速性能较好，启动转矩较大；但结构复杂、维护不方便	用于对速度调节要求较高，正反转和启制动频繁，或多单元同步协调运转的生产机械上，如龙门刨床、镗床、轧钢机等
鼠笼式异步电动机	结构简单、运行可靠、维护方便，具有较好稳态和动态特性；启动转矩小，启动电流大，调速不经济	作一般用途的驱动源，即用于驱动对起动性能、调速性能无特殊要求的机器设备，应用最为广泛
绕线式异步电动机	能在转子电路中串入电阻，具有较大的启动转矩和较小的电流	用于驱动起动转矩高而起动电流小及需要小范围调速的设备
同步电动机	电压变化下运行稳定；过载能力比异步电机大；运行效率高，转速不随负载变化；但结构复杂，启动和控制设备较昂贵	作为一种恒速电动机广泛用于大容量恒速机械拖动

选择电动机种类的原则是在满足生产机械的技术性能的前提下，优先选用结构简单、工作可靠、价格便宜、维修方便、运行经济的电动机。从这个意义上看，交流电动机优于直流电动机，异步电动机优于同步电动机，鼠笼式异步电动机优于绕线转子异步电动机。因此，在交流电动机能满足生产需要的场合应优先采用交流电动机。当生产机械负载平稳，对启动、制动及调速性能要求不高时，应优先采用鼠笼式异步电动机，例如普通机床、水泵、风机等可选用普通笼型异步电动机；对电动机的启动、制动、调速有一定要求时，应选用绕线式异步电动机；对于功率较大而又不需调速的生产机械，如大功率水泵、空压机等，为了提高电网的功率因数，可选用同步电动机。

3.2.2 直流电动机

1. 直流电动机的基本结构

如图 3-1 所示为直流电动机的结构图。直流电动机由定子（固定不动）与转子（旋转）两大部分组成，定子与转子之间有空隙，称为气隙。

定子部分包括机座、主磁极、换向极、端盖、电刷等装置；转子部分包括电枢铁心、电枢绕组、换向器、转轴、风扇等部件。

2. 直流电动机的额定数据

按照规定的运行条件和运行状态运转时，电动机的运转工况称为额定运行工况。这时，电动机各物理量的保证值称为电动机的额定数据或额定值。在额定状态下工作时，电动机的工作性能、安全性能和经济指标都较好。

直流电机的主要额定值一般标明在电动机的铭牌上，一般有如下几项：

（1）额定功率 P_N：在温升和换向等条件限制下，电动机按额定工作方式工作时所能输出的功率，是指轴上输出的机械功率。

（2）额定电压 U_N：在正常工作时电动机出线端的电压。

（3）额定电流 I_N：对应于额定电压，额定输出功率时的电枢电流。

（4）额定转速 n_N：它指电压、电流和额定输出功率为额定时的转速。

（5）额定励磁电流 If_N：对电动机而言，它指电压、电流和额定输出功率为额定时的励磁电流。

（6）额定转矩 T_N：它指在额定运行条件下的转矩。

3. 直流电动机系列

生产机械对电动机的要求是各种各样的，若要求每台电动机都能恰好在额定情况下运行，就需要有成千上万种规格的电动机，这实际是不可能的。为了合理选用电动机和不断提高产品的标准化和通用化程度，电动机制造厂生产的电动机有很多是系列电动机。所谓系列电动机就是在应用范围、结构形式、性能水平和生产工艺等方面有共同性，功率按一定比例递增并成批生产的一系列电动机。

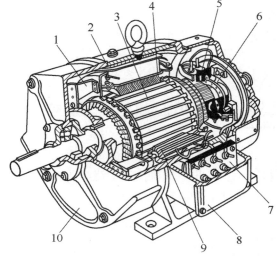

1—风扇；2—机座；3—电枢；4—主磁极；5—刷架；6—换向器；7—接线板；8—出线盒；9—换向极；10—端盖。

图 3-1 直流电动机的结构图

我国目前生产的一般用途和基本系列的直流电动机有 Z、Z2、Z3、Z4 等。"Z" 表示直流，"3" 表示第三次改型设计。

此外还有型号为 ZT 的广调速直流电动机，用于恒功率调速场合；型号为 ZQ 的直流牵引电动机，用于蓄电池车辆；型号为 ZJ 的精密机床用直流电动机；型号为 ZZJ 的冶金起重用直流电动机等。

3.2.3 三相异步电动机

1. 三相异步电动机的基本结构

三相异步电动机的种类很多，但各类三相异步电动机的基本结构是相同的，它们都由定子和转子这两大基本部分组成，在定子和转子之间具有一定的气隙。此外，还有端盖、接线盒、吊环等其他附件。下面以封闭式三相笼型异步电动机为例，如图 3-2 所示。

（1）定子部分。

定子是用来产生旋转磁场的。三相异步电动机的定子一般由外壳、定子铁心、定子绕组等部分组成。外壳又包括机座、端盖、风罩、接线盒及吊环等部件。

机座的作用是保护和固定三相电动机的定子绕组。机座的外表要求散热性能好，所以一般都铸有散热片。端盖的作用是把转子固定在定子内腔中心，使转子能够在定子中均匀地旋转。接线盒的作用是保护和固定绕组的引出线端子。吊环安装在机座的上端，用来起吊、搬抬电动机。风罩的作用是保护风扇。

定子铁心是电动机磁路的一部分，由表面涂有绝缘漆的薄硅钢片叠压而成，如图 3-3 所示。铁心内圆有均匀分布的槽口，用来嵌放定子绕圈。

定子绕组是三相电动机的电路部分，三相电动机有三相绕组，通入三相对称电流时，就会产生旋转磁场。三相绕组由三个彼此独立的绕组组成，且每个绕组又由若干线圈联接而成。每个绕组即为一相，每个绕组在空间相差 120°电角度。线圈由绝缘铜导线或绝缘铝导线绕制。中、小型三相电动机多采用圆漆包线，大、中型三相电动机的定子线圈则用较大截面的绝缘扁铜线或扁铝线绕制后，再按一定规律嵌入定子铁心槽内。定子三相绕组的六个出线端都引至接线盒上，首端分别标为 U1、V1、W1，末端分别标为 U2、V2、W2 。这六个出线端在接线盒里的排列方式如图 3-4 所示，可以接成星形或三角形。

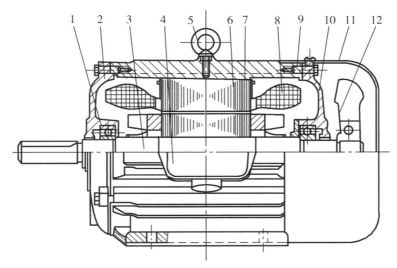

1—轴承；2—前端盖；3—转轴；4—接线盒 5—吊环；6—定子铁心；7—转子；8—定子绕组 9—机座；10—后端盖；11—风罩；12—风扇。

图 3-2　封闭式三相笼型异步电动机结构图

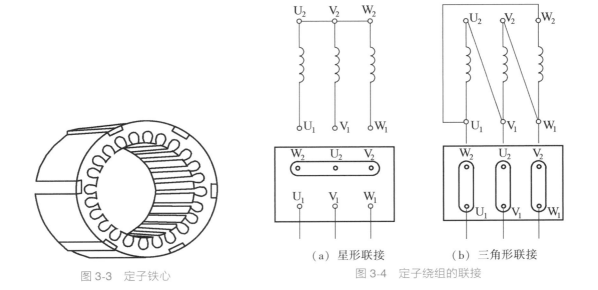

（a）星形联接　　　　（b）三角形联接

图 3-3　定子铁心　　　　　　　图 3-4　定子绕组的联接

（2）转子部分。

转子部分由转子铁心和转子绕组组成。转子是用硅钢片叠压而成，套在转轴上，作用和定子铁心相同，作为电动机磁路的一部分，并用来安放转子绕组。

转子绕组有笼型和绕线型两种。绕线形绕组是一个三相绕组，一般接成星形，三相引出线分别接到转轴上的三个与转轴绝缘的集电环上，通过电刷装置与外电路相连，如图3-5所示。笼形转子绕组在转子铁心的每一个槽中插入一根铜条，在铜条两端各用一个铜环（称为端环）把导条联接起来，称为铜排转子，如图3-6（a）所示。也可用铸铝的方法，把转子导条和端环风扇叶片用铝液一次浇铸而成，称为铸铝转子，如图3-6（b）所示。100kW以下的异步电动机一般采用铸铝转子。

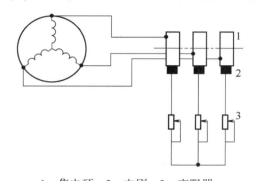
1—集电环；2—电刷；3—变阻器。
图3-5　绕线形转子与外加变阻器的联接

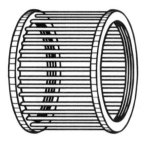
（a）铜排转子

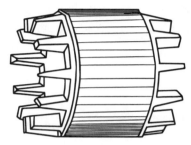
（b）铸铝转子
图3-6　笼形转子绕组

2. 三相异步电动机性能参数

三相异步电动机外壳的铭牌上标明电动机的主要技术数据。

（1）型号：常用国产小型三相异步电动机型号的系列为Y系列，它是以电动机中心高度为依据编制型号谱的，如Y-200L2-6，"Y"表示异步电动机，"200"表示电动机的中心高为200mm，"L"表示长机座（"M"表示中机座，"S"表示短机座），"2"表示2号铁心，"6"表示6极。

（2）额定功率P_N：满载运行时的机械功率。

（3）额定电压U_N：接到电动机绕组上的线电压。

（4）额定电流I_N：电动机在额定电源电压下，输出额定功率时，流入定子绕组的线电流。

（5）额定频率f_N：电动机所接的交流电源每秒钟内周期变化的次数，我国规定标准电源频率为50Hz。

（6）额定转速n_N：在额定工作情况下运行时每分钟的转速，一般略小于对应的同步转速n_0。如$n_0 = 1\,500r/min$，则$n_N = 1\,440r/min$。

（7）绝缘等级：电动机所采用的绝缘材料的耐热能力，它表明三相电动机允许的最高工作温度。

（8）定额：电动机的运转状态，分为连续、短时、周期断续三种。

连续工作状态是指电动机带额定负载运行时，运行时间很长，电动机的温升可以达到稳态温升的工作方式。短时工作状态是指电动机带额定负载运行时，运行时间很短，使电动机的温升达不到稳态温升。停机时间很长，使电动机的温升可以降到零的工作方式。周期断续工作状态是指电动机带额定负载运行时，运行时间很短，使电动机的温升达不到稳态温升。停止时间也很短，使电动机的温升降不到零，工作周期小于10min的工作方式。

（9）接法：三相异步电动机定子绕组的联接方法有星形（Y）和三角形（△）两种。定子绕组的联接只能按规定方法联接，不能任意改变接法，否则会损坏三相电动机。

（10）防护等级：表示三相异步电动机外壳的防护等级，其中IP是防护等级标志符号，其后面的两位数字分别表示电机防固体和防水能力。数字越大，防护能力越强，如IP44中第一位数字"4"表示电动机能防止直径或厚度大于1毫米的固体进入电动机内壳。第二位数字"4"表示能承受任何方向的溅水。

3.2.4 三相异步电动机的选择

1. 电动机的类型选择

电动机类型可根据电源种类、工作条件、载荷特点、起动性能和起、制动、反转的频繁程度，转速及调速性能要求进行选择。

如无特殊要求，可选自扇冷却、封闭式结构的 Y 系列三相异步电动机（IP44），其主要技术数据如表 3-2 所示。

表 3-2　Y 系列三相异步电动机（IP44）主要技术数据

同步转速 3000 r/min			同步转速 1500 r/min			同步转速 1000 r/min			同步转速 750 r/min		
型号	额定功率/kW	额定转速/$r \cdot min^{-1}$	型号	额定功率/kW	额定转速/$r \cdot min^{-1}$	型号	额定功率/kW	额定转速/r/min	型号	额定功率/kW	额定转速/$r \cdot min^{-1}$
Y801-2	0.75	2 825	Y801-4	0.55	1 390	Y90S-6	0.75	910	Y132S-8	2.2	710
Y802-2	1.1	2 825	Y802-4	0.75	1 390	Y90L-6	1.1	910	Y132M-8	3	710
Y90S-2	1.5	2 840	Y90S-4	1.1	1 400	Y100L-6	1.5	940	Y160M1-8	4	720
Y90L-2	2.2	2 840	Y90L-4	1.5	1 400	Y112M-6	2.2	940	Y160M2-8	5.5	720
Y100L-2	3	2 880	Y100L1-4	2.2	1 420	Y132S-6	3	960	Y160L-8	7.5	720
Y112M-2	4	2 890	Y100L2-4	3	1 420	Y132M1-6	4	960	Y180L-8	11	730
Y132S1-2	5.5	2 900	Y112M-4	4	1 440	Y132M2-6	5.5	960	Y200L-8	15	730
Y132S2-2	7.5	2 900	Y132S-4	5.5	1 440	Y160M-6	7.5	970	Y225S-8	18.5	730
Y160M1-2	11	2 930	Y132M-4	7.5	1 440	Y160L-6	11	970	Y225M-8	22	730
Y160M2-2	15	2 930	Y160M-4	11	1 460	Y180L-6	15	970	—	—	—
Y160L-2	18.5	2 930	Y160L-4	15	1 460	Y200L1-6	18.5	970	—	—	—
Y180M-2	22	2 940	Y180M-4	18.5	1 470	Y200L2-6	22	970	—	—	—

2. 电动机额定功率的选择

对长期连续运转、载荷不变或很少变化的机械，要求所选电动机的额定功率稍大于所需电动机输出的功率即可。

（1）所需电动机输出的功率 P_d：

$$P_d = P_w / \eta (kW) \tag{3-1}$$

式（3-1）中，P_w 为工作机所需的功率，单位为 kW；η 为电动机到工作机之间的总效率。

工作机所需的功率可按工作循环的总能量与工作循环的时间来计算：

$$P_w = A / t (kW) \tag{3-2}$$

式（3-2）中，A 为工作循环的总能量，单位为 J；t 为工作循环的时间，单位为 s。

也可根据工作机的工作阻力和运动参数计算：

$$移动件 \quad P_w = F \cdot v / 1000 (kW) \tag{3-3}$$

$$转动件 \quad P_w = T \cdot n_w / 9550 (kW) \tag{3-4}$$

式（3-3）、式（3-4）中，F 为工作机的工作阻力，单位为 N；v 为工作机的速度，单位为 m/s；T 为工作机的阻力矩，单位为 $N \cdot m$；n_w 为工作机的转速，单位为 r/min。

（2）所选电动机额定功率 P_{ed}：

$$P_{ed} \geqslant P_d \tag{3-5}$$

P_{ed} 按式（3-5）并参照表 3.2 选取标准值。

在进行效率计算时，还应注意以下几点：①轴承效率指一对而言；②同类型的多对传动副，要分别计入各自的效率；③表3-2所推荐的效率有一个范围，工作条件差时，效率取低值，反之则取高值。

3. 电动机的额定转速的选择

额定功率相同的同一类电动机有多种转速可供选择。如电动机转速选择过高（3000r/min），虽然电动机尺寸小，成本低，但传动系统的传动比高，结构简单复杂，成本高；或者电动机转速过低（750r/min），传动系统传动比小，结构简单，成本低，但电动机尺寸重量大。所以，确定电动机的转速时，一般应综合分析电动机及传动装置的性能、尺寸、重量和价格等因素。

根据工作机的转速要求和各级传动的合理传动比范围，可按下式推算出电动机转速的可选范围，即

$$n = (i_1 \cdot i_2 \cdot i_3 \ldots i_n) \, n_w \quad (\text{r/min}) \tag{3-6}$$

式中，n 为电动机可选转速范围，单位为 r/min；n_w 为工作机轴的转速，单位为 r/min；$i_1 \cdot i_2 \cdot i_3 \ldots i_n$ 为各级传动的传动比合理范围。

一般情况下采用同步转速为 1500r/min 和 1000r/min 为宜，对应的满载转速如表3-2所示。

3.2.5 其他电动机简介

1. 直线电动机

直线电动机是一种做直线运动的电动机，早在19世纪就有人提出用直线电动机驱动织布机的梭子，也有人想用它作为列车的动力，但只是停留在试验论证阶段。直到20世纪50年代随着新型控制元件的出现，直线电动机的研究和应用才得到逐步发展。特别是最近20多年来，直线电动机广泛用于工件传送、开关阀门、开闭窗帘及门户、平面绘图仪、笔式记录仪、磁分离器、磁浮列车等方面。与旋转电动机相比，直线电动机主要有以下优点。

（1）由于不需要中间传动机构，整个系统得到简化，精度提高，振动和噪声减小。

（2）由于不存在中间传动机构的惯量和阻力矩的影响，电动机加速和减速的时间短，可实现快速起动和正反向运行。

（3）普通旋转电动机由于受到离心力的作用，其圆周速度有所限制，而直线电动机运行时，其部件不受离心力的影响，因而它的直线速度可以不受限制。

（4）由于散热面积大，容易冷却，直线电动机可以承受较高的电磁负荷，容量定额较高。

（5）由于直线电动机结构简单，且它的一次侧（初级）铁心在嵌线后可以用环氧树脂密封成一个整体，所以可以在一些特殊场合中应用，例如可在潮湿环境甚至水中使用。

直线电动机是由旋转电动机演化而来，现以应用较广的交流感应直线电动机为例来说明直线电动机的形成、工作原理和基本构造。

如图3-7所示为笼型转子感应电动机的原理结构剖面图，如想象将它径向切开，并展开为如图3-7（b）所示的直线状，即为一直线电动机。固定不动的称为定子，可以直线运动的称为动子。

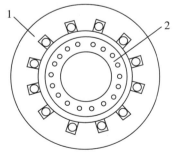

1—定子；2—转子。

（a）旋转电动机

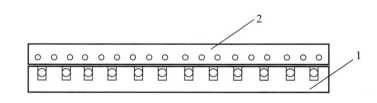

1—定子；2—动子。

（b）直线电动机

图3-7　直线电动机的演化

如图 3-8 所示为一种直线电动机的应用，利用直线电机作为动力的直线运动设备。当直线电动机的初级线圈（定子）通以三相交流电时，在气隙中就产生平移磁场，由此在次级线圈（动子）上感生电流，产生推拉力，使工作台顺着轨道运动。

2. 伺服电动机

伺服电动机的功能是把输入的控制电压转换为转轴上的角位移和角速度输出，转轴的转速和转向随输入信号电压的大小和方向而改变，并能带动一定大小的负载。在自动控制系统中，伺服电动机作为执行元件，因此又称为执行电动机。

伺服电动机有直流和交流两大类。直流伺服电动机输出功率较大，一般可达几千瓦。交流伺服电动机（仅指两相交流伺服电动机）输出功率较小，一般只有几十瓦。

本实例中的上料机器人就在多处使用了伺服电动机（见图 3-9）。

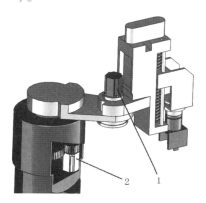

1—小转臂机构伺服电动机；2—大转臂机构伺服电动机。

图 3-8　直线电动机的应用　　　图 3-9　上料机器人中的伺服电动机

3. 步进电动机

步进电动机是一种把电脉冲信号转换成机械角位移的控制电动机，常作为数字控制系统中的伺服执行元件。由于其输入信号是脉冲电压，输出角位移是断续的，即每输入一个电脉冲信号，转子就前进一步，因此叫作步进电动机，也称为脉冲电动机。

步进电动机在近十几年中发展很快，这是由于电力电子技术的发展解决了步进电动机的电源问题，而步进电动机能将数字信号转换成角位移正好满足了许多自动化系统的要求。步进电动机的转角与输入脉冲数成正比，其转速与输入脉冲频率成正比，因而不受电压波动、负载变化及环境条件变化的影响，因而在许多需要精确控制的场合应用广泛，如数控机床、打印机的进纸控制、计算机的软盘转动控制、绘图仪的 x、y 轴驱动等等。

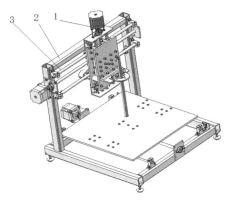

1—步进电动机；2—机架；3—直线导轨。

图 3-10　步进电动机在 3D 打印机中的应用

图 3-10 所示为步进电动机在 3D 打印机中的应用。

3.3　机械的传动系统

3.3.1　机械传动系统的作用与类型

1. 机械传动系统的作用

传动系统是将动力机的动力和运动传递给执行装置的中间装置，主要有如下作用。

（1）传递动力，即将动力机的动力传递给执行机构。

（2）改变运动规律，如减速、增速、间歇运动等。

（3）改变运动形式，将连续的匀速旋转运动变为按某种规律变化的旋转、非旋转的其他运动，如曲柄滑块机构、齿轮齿条机构等。

（4）实现由一个动力机驱动若干个运动形式和速度各异的驱动机构，如实例中的精压机主机，一个电动机同时驱动压下机构、送料机构、顶料机构。

（5）物料输送，如实例中的链板式输送机。

2. 机械传动的类型与选用

（1）类型。

机械传动根据其传动原理的不同分为啮合传动（如齿轮传动、蜗杆传动、链传动等）、摩擦传动（如带传动、摩擦轮传动等）和推压传动（如连杆机构、凸轮机构等）。常用机械传动的主要性能如表3-3所示。

表3-3　常用机械传动的主要性能

传动类型	传递功率/kW	单级传动比		外廓尺寸	传递运动	工作平稳	过载保护	使用寿命	缓冲吸振	精度要求	润滑要求
		推荐	最大								
V带传动	≤100	2~4	7	较大	有滑动	好	有	较短	好	低	无
滚子链传动	≤100	2~4	7	较大	有波动	差	无	中	较差	中	中
圆柱齿轮传动	≤5000	3~6	10	小	准确恒定	较好	无	长	差	高	较高
直齿圆锥齿轮	≤1000	2~4	6	较小		较好				高	较高
蜗杆传动	≤50	7~40	80	小	准确恒定	好	无	中	差	高	高

（2）选用。

表3-3列出了常用传动的主要性能，应根据表中各传动的特点选择传动类型。

选择传动类型的基本原则：①尽可能采用简单的运动链；②应具有较高的机械传动效率；③合理安排传动机构的顺序；④合理分配各级传动比；⑤合理安排功率传递顺序；⑥保障机械安全运转。

要做到以上几点，应综合考虑：①工作机的性能参数和工况；②原动机的机械特性和调速性能；③传动系统的性能、尺寸、重量和安装布置上的要求；④工作环境要求；⑤制造工艺性和经济性要求等。

在传动机构排列顺序时，应具体考虑：①转变运动形式的机构（如凸轮、连杆机构等），通常安排在运动链的末端，与执行机构靠近，这样可使传动链简单，且可减少传动系统的惯性冲击。有时这类机构本身就是机器的执行机构；②带传动等摩擦传动承载能力低，传递相同转矩时，外廓尺寸较大，但传动平稳，且可过载保护，故一般宜放在转速较高的运动链初始端；③链传动因传动不均匀，传动中有冲击振动，宜放于低速级；④大尺寸的锥齿轮加工制造比较困难，为减少其尺寸，一般安排在高速级；⑤蜗杆传动效率较低，多用于实现较大传动比而传递功率不大的场合；⑥斜齿轮传动平稳性好于直齿轮传动，相对用于较高速级。

3.3.2　机械传动的特性参数及设计内容

1. 机械传动的特性参数

机械传动的运动特性通常用转速、传动比等表示。机械传动的动力特性常用效率、功率、转矩等表示。

（1）运动参数。

当机械传动传递回转运动时，设其主动轮的角速度为 ω_1，转速为 n_1，从动轮的角度速度为 ω_1，转速为 n_2，用 i 表示其传动比，d 表示回转零件的计算直径，v 表示其线速度，则

$$转速\ n：n = 30\omega/\pi\ （r/min） \tag{3-7}$$

$$线速度\ v：v = \pi dn/（60×1000）\ （m/s） \tag{3-8}$$

$$传动比\ i：i = \omega_1/\omega_2 = n_1/n_2 \tag{3-9}$$

（2）动力参数。

传动系统的功率和转矩可按式（3-2）、式（3-3）、式（3-4）计算。

传动系统的效率与运动件的传动副性质及其组合方式有关。

运动件的传动副串联：

$$\eta = \eta_1 \cdot \eta_2 \cdot \eta_3 \cdot \ldots \cdot \eta_w \qquad (3-10)$$

运动件的传动副并联：

$$\eta = \frac{P_1\eta_1 + P_2\eta_2 + P_3\eta_3 \cdot \ldots \cdot P_w\eta_w}{P_1 + P_2 + P_3 \cdot \ldots \cdot P_w} \qquad (3-11)$$

式中，η_1、η_2、η_3、η_w 为各级传动（齿轮、带等）及一对轴承、每个联轴器的效率。P_1、P_2、P_3、P_w 为各机构的输入功率。

各种机械传动效率的概略值如表 3-4 所示。

表 3-4　各种机械传动效率的概略值

类型		效率 η	类型		效率 η
齿轮传动	圆柱齿轮	闭式：0.96~0.98（7~9 级）	套筒滚子链传动		0.96
		开式：0.94~0.96	V 带传动		0.95
	圆锥齿轮	闭式：0.94~0.97（7~9 级）	轴承（一对）	滑动轴承	润滑不良：0.94
		开式：0.92~0.95			润滑正常：0.97
蜗杆传动	自锁蜗杆	0.40~0.45		滚动轴承	球轴承：0.99
	单头蜗杆	0.70~0.75			滚子轴承：0.98
	双头蜗杆	0.75~0.82	联轴器	齿轮联轴器	0.99
	三、四头蜗杆	0.82~0.92		弹性联轴器	0.99~0.995

注：

①轴承效率指一对而言，如一根轴上有三个轴承时，按两对计算；

②同类型的多对传动副，要分别计入各自的效率；

③表中所推荐的效率有一个范围，工作条件差时，取低值，反之则取高值。

2. 传动系统设计内容

（1）确定传动系统的总传动比。

根据原动机的转速和执行机的工作速度计算。

（2）选择传动类型。

根据设计任务书中所规定的功能要求，执行系统对动力、传动比或速度变化的要求以及原动机的工作特性，选择合适的传动装置类型。

（3）拟定传动链的布置方案。

根据空间位置、运动和动力传递路线及所选传动装置的传动特点和适用条件，合理拟定传动路线，安排各传动机构的先后顺序，以完成从原动机到各执行机构之间的传动系统的总体布置方案。

（4）分配传动比。

根据传动系统的组成方案，将总传动比合理分配至各级传动机构。

传动比分配主要应考虑以下几点：①传动比一般应在推荐范围内选取，不要超过最大值；②各级传动零件应做到尺寸协调，避免发生相互干涉，要易于安装；③尽量使传动装置的外廓尺寸紧凑或重量较小。

3.4　实例设计与分析

3.4.1　设计数据及设计内容

1. 设计数据

（1）精压成形制品生产率约每分钟 50 件。

（2）上模冲头移动总行程为 280mm，其拉延行程置于总行程的中下部，其值 s = 100mm。

（3）冲头压力 F = 60kN。

2. 设计内容

设计内容包括选择电动机类型、功率、转速，计算传动装置的运动参数和动力参数等。

3.4.2　设计步骤、结果及说明

1. 电动机类型选择

本例属小型压力机，对动力无特殊要求。按工作要求和工作条件，又考虑经济性和可维护性，选用一般用途的 Y 系列三相异步电动机（IP44）。

2. 电动机额定功率的选择

精压机连续工作，所选电动机的额定功率稍大于所需电动机输出的功率即可。

（1）工作机所需的功率 P_w 的计算。

按工作循环的总能量与工作循环的时间来计算总能量来选择电动机，由题意知生产率每分钟约 50 件，则每秒生产：50/60 = 0.83 件。

整个冲压工作循环时间为：$t = 1/0.83 \approx 1.2(\text{s})$

可以认为，工作循环的总能量主要集中在冲压装置，冲压过程的能量又主要集中在拉延行程，所以工作循环的平均能量：$A = F \cdot s = 60000 \times 100 \times 10^{-3} = 6000(\text{J})$

由式（3-3）可知：

$$P_w = \frac{F \cdot v}{1000} = \frac{F \cdot s/t}{1000} = \frac{A}{1000t} = \frac{6000}{1000 \times 1.2} = 5(\text{kW})$$

（2）电动机额定功率的选择。

从电动机至滑块，主传动系统示意图如图 3-7 所示。

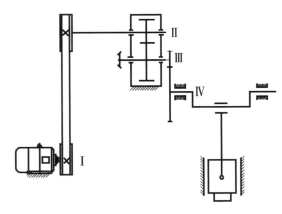

图 3-7　主传动系统示意图

其效率按串联计算，由式 3-10 可得

$$\eta = \eta_v \cdot \eta_{gz}^2 \cdot \eta_{bc} \cdot \eta_{kc} \cdot \eta_{hd}^3$$
$$= 0.95 \times 0.99^2 \times 0.97 \times 0.94 \times 0.97^3 = 0.77$$

η_v、η_{gz}、η_{bc}、η_{kc}、η_{hd} 分别为传动过程中带传动、滚动轴承、闭式齿轮、开式齿轮、曲轴与机架、曲轴与连杆、连杆与滑块的滑动轴承的传动效率，由表 3-4 查取。

由式 3-1 可得

$$P_d = \frac{P_w}{\eta} = \frac{5}{0.77} = 6.49(\text{kW})$$

考虑推、送料机构需求加上 10%，则负载平均功率为 7.1kW。

由式 3-5 并参照表 3-2 选取标准值：$P_{ed} = 7.5(\text{kW})$

3. 电动机额定转速的选择

生产率约每分钟 50 件，则工作机最后的转速 $n_w = 50$（r/min），由式 3-6 及表 3-3 可估算电动机额定转速的范围

$$n_1 = (i_v \cdot i_{bc} \cdot i_{kc})n_w = (2 \sim 4) \times (3 \sim 6) \times (3 \sim 6) \times 50$$
$$= 900 \sim 7200(\text{r/min})$$

精压机工作转速一般，故采用同步转速为 1500r/min 的电动机。

由表 3-1 可查得，同步转速为 1500r/min、额定功率为 7.5 kW 时，电机型号为 Y132M-4，额定转速 $n_1 = 1440$ r/min。

4. 确定传动装置的总传动比及分配

（1）计算总传动比。

$$i_z = \frac{n_1}{n_w} = \frac{1440}{50} = 28.8(\text{r/min})$$

（2）传动比分配。

为了使传动系统外形尺寸小，结构紧凑，多采用较多的传动级数和每级传动比较小的方式。曲轴刚性大，转速也不低，拟安排曲轴上的大齿轮兼作飞轮轴。基于上述考虑，从电动机至曲轴，安排了 V 带传动，闭式齿轮传动和开式齿轮传动组成三级传动，如表 3-3 所示，取 V 带传动的传动比为 $i_v = 2.5$，取闭式齿轮传动的传动比为 $i_{bc} = 3$，则开式齿轮传动的传动比

$$i_{kc} = \frac{i_z}{i_v \cdot i_{bc}} = \frac{28.8}{2.5 \times 3} = 3.84$$

（3）计算传动装置的运动参数和动力参数。

① I 轴（电动机轴）。

$$P_I = 7.5 \ (\text{kW}), \quad n_I = 1440 \ (\text{r/min})$$
$$T_I = 9550 \frac{P_I}{n_I} = 9550 \times \frac{7.5}{1440} = 49.74 \ (\text{N} \cdot \text{m})$$

② II 轴（减速器高速轴）。

$$P_{II} = P_I \cdot \eta_v = 7.5 \times 0.95 = 7.125(\text{kW})$$
$$n_{II} = \frac{n_I}{i_v} = \frac{1440}{2.5} = 578(\text{r/min})$$
$$T_{II} = 9550 \frac{P_{II}}{n_{II}} = 9550 \times \frac{7.125}{578} = 117.72 \ (\text{N} \cdot \text{m})$$

③ III 轴（减速器低速轴）。

$$P_{III} = P_{II} \cdot \eta_{gz} \cdot \eta_{bc} = 7.125 \times 0.99 \times 0.97 = 6.84(\text{kW})$$
$$n_{III} = \frac{n_{II}}{i_{bc}} = \frac{578}{3} = 192.67(\text{r/min})$$

$$T_{\text{III}} = 9550\frac{P_{\text{III}}}{n_{\text{III}}} = 9550 \times \frac{6.84}{192.67} = 339.04(\text{N} \cdot \text{m})$$

④Ⅳ轴（曲轴）。

$$P_{\text{IV}} = P_{\text{III}} \cdot \eta_{\text{gz}} \cdot \eta_{\text{kc}} = 6.84 \times 0.99 \times 0.94 = 6.37(\text{kW})$$

$$n_{\text{IV}} = \frac{n_{\text{III}}}{i_{\text{kc}}} = \frac{192.67}{3.84} = 50.17(\text{r/min})$$

$$T_{\text{IV}} = 9550\frac{P_{\text{IV}}}{n_{\text{IV}}} = 9550 \times \frac{6.37}{50.17} = 11491.60(\text{N} \cdot \text{m})$$

思考与练习题

1. 简答题

3-1 原动机的选择主要有哪几个方面的内容？

3-2 在选择电动机的额定转速时主要考虑哪些因素？

3-3 机械传动的特性参数主要有哪些？

3-4 机械传动系统的作用是什么？选择传动类型的基本原则有哪些？

3-5 将传动系统的总传动比合理分配至各级传动机构时，需要考虑哪些问题？

2. 综合题

3-6 一带式运输机的机械传动系统如图 3-8 所示，已知运输带的工作拉力 $F = 5000\text{N}$，运输带的速度 $v = 1.1\text{m/s}$，卷筒直径 $D = 350\text{mm}$，效率卷筒为 0.96，试选择该传动系统的电机，合理分配传动比并分别计算各轴的运动和动力参数。

3-7 资料查询与讨论

中国 2020 年全年发电量达到 7.62 万亿千瓦时，超过全球的 1/4。中国预计 2035 年发电 15 万亿千瓦时，届时，新能源的发电比重也会进一步上升。

中国是唯一的一个拥有起 14 亿人口，却依然能做到户户通电的国家（国务院要求 2015 年年底全民用上电，中国的电网企业提前完成任务，2015 年 12 月 23 日，青海果洛藏族自治州班玛县果芒村和玉树藏族自治州曲麻莱县长江村合闸通电，全国最后无电人口用电问题得到解决）。在一些边远地区，工程难建，耗资巨大，一百年收不回成本，仍做到户户通电。

远距离输电虽然也有一定损耗，但经过多年发展，我国的特高压输电技术已达到领先地位。请查询中国特高压输电技术输电电压、输电距离、输电容量、输电损耗等性能指标，列出中国正在建设的特高压输电工程。

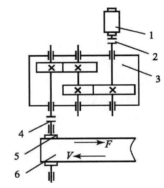

1—电动机；2，4—联轴器；3—两级圆柱齿轮减速器；5—滚筒；6—输送带。

图 3-8

第4章

带传动与链传动

本章介绍了带传动与链传动的基本知识，对带传动与链传动的工作情况进行了分析，给出带传动与链传动的设计准则和计算方法，对带传动与链传动在精压机中的应用进行了重点讨论。课后结合本章知识查询并讨论中国采煤历史、煤炭智能化开采和矿用刮板输送机的组成及结构，讨论煤炭工业互联的基本要素。

带传动和链传动是一种较为常用的、低成本的动力传动装置。他们都是通过挠性传动件，在两个或多个传动轮之间传递运动和动力。

它们具有许多优点，例如，可在具有较大中心距的两轴间传递运动和动力而不必担心机构过于笨重；设计人员在布置电动机时，无需精确固定电动机的空间位置便可以非常自由地选择合适的安装位置。

在精压机的主传动系统设计中，考虑到带传动属于摩擦传动，传递的力矩不能太大，再加上它传动平稳、能缓冲减振、对机器有过载保护作用，因而把带传动放在高速级。精压机的顶料机构对运动的平稳性和准确性要求不高，在此可采用链传动。精压机中的带传动与链传动如图4-1所示。

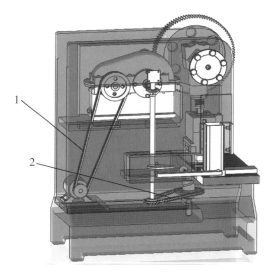

1—带传动；2—链传动。
图 4-1　精压机中的带传动与链传动

4.1　带传动概述

4.1.1　带传动的特点及应用

实际生活中，带传动的例子有许多，如图4-2所示为带传动在拖拉机中的应用，如图4-3所示为带传动在电影放映机中的应用。

带传动属于挠性传动。由于挠性带的存在，带传动允许较大的中心距，适宜远距离传动；挠性带的存在也使得带传动的制造及安装精度不像啮合传动那样严格，也不需要润滑，所以，带传动结构简单、价格低廉、制造、安装和维护较方便。挠性带的主要成分是橡胶，所以带传动较为平稳、噪声小、可缓冲吸振；过载时，带会在带轮上打滑，从而起到保护其他传动件免受损坏的作用。但由于带与带轮之间存在弹性滑动，所以传动比不能严格保持不变，传动效率也较低；橡胶带的寿命一般较短，带与带轮之间摩擦产生静电，不宜在易燃易爆场合下工作。

带传动在现代机械中应用非常广泛，常用于中、小功率的场合。

图 4-2　拖拉机中的带传动

图 4-3　电影放映机中的带传动

4.1.2 带传动的组成、类型

1. 带传动的组成及工作原理

带传动由主动带轮 1、传动带 2 和从动带轮 3 组成（见图 4-4）。两带轮轴线之间的距离 a 称为中心距，带与带轮接触弧所对的中心角称为包角，α_1 为小带轮的包角，α_2 为大带轮的包角。

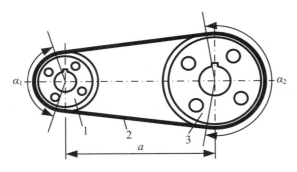

1—主动带轮；2—传动带；3—从动带轮
图 4-4　带传动的基本组成

常用的带传动有平带传动、V 带传动和圆带传动等，如图 4-5 所示。

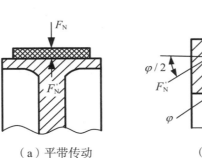

（a）平带传动　　　（b）V带传动　　　（c）圆带传动

图 4-5　常用带传动的类型

圆带传动能力最小，多用于仪表和家电中，轻型机械中时有应用，如缝纫机等。

平带传动结构最简单，工作面为贴紧带轮的内表面，弯曲应力最小。如图 4-3 所示的电影放映机中的带传动即为平带传动。

V 带的横截面为等腰梯形，带轮上也做出相应的梯形槽，V 带的两侧面为工作面，V 带在载荷 F_N 的作用下被进紧在带轮的梯形槽内，在两侧面依靠带与带轮之间的摩擦力来传递运动和动力。

如图 4-5 所示，若平带和 V 带受到同样的压紧力 F_N，带与带轮接触面之间的摩擦系数也同为 f，平带与带轮接触面上的摩擦力为 $F_f = F_N \cdot f$；而 V 带与带轮接触面上的摩擦力则由于 V 带楔角的存在，摩擦力大于平带传动，即 $F_f = 2F'_N \cdot f = F_N \cdot \dfrac{f}{\sin(\varphi/2)} = F_N \cdot f_v$（$f_v$ 可称为当量摩擦系数）。普通 V 带的楔角为 40°，因此可以估算得 $f_v = (3.63 \sim 3.07)f$。也就是说，在同样的条件下，V 带传动产生的摩擦力比平带大得多。所以一般机械中多采用 V 带传动。

2. V 带的类型

V 带分为普通 V 带［见图 4-6（a）］、窄 V 带［见图 4-6（b）］、宽 V 带［见图 4-6（c）］等类型。

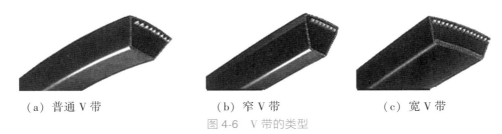

（a）普通 V 带　　　　　（b）窄 V 带　　　　　（c）宽 V 带

图 4-6　V 带的类型

普通 V 带是在一般机械传动中应用最为广泛的一种传动带，其传动功率大，结构简单，价格便宜。

与同型号的普通 V 带相比，窄 V 带的高度为普通 V 带的 1.3 倍，所以其高度方向上刚度较大。自由状态下，带的顶面为拱形，受力后绳芯为排齐状，因而带芯受力均匀；窄 V 带的侧面为内凹曲面，带在轮上弯曲时，带侧面变直，使之与轮槽保持良好的贴合；窄 V 带承载能力较普通 V 带可提高 50%~150%，使用寿命长，是普通 V 带的更新换代产品。

宽 V 带较薄，挠曲性好，适用于小的轮径和中心距，多用于无级变速装置，也称为无级变速带。

本章主要介绍普通 V 带和窄 V 带。

4.1.3 普通 V 带和窄 V 带的型号及结构

1. V 带的型号

普通 V 带规格尺寸已标准化。按截面从小到大共有 Y、Z、A、B、C、D、E 七种型号；窄 V 带分为基准宽度制和有效宽度制两种，基准宽度制分为 SPZ、SPA、SPB、SPC 四种型号，如表 4-1 所示。

表 4-1　带的截面尺寸（GB13575.1—92）

型号	Y	Z	A	B	C	D	E	
顶宽 b/mm	6.0	10.0	13.0	17.0	22.0	32.0	38.0	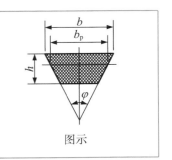
节宽 b_p/mm	5.3	8.5	11.0	14.0	19.0	27.0	32.0	
高度 h/mm	4.0	6.0	8.0	11.0	14.0	19.0	25.0	
楔角 φ	40°							图示

标准 V 带都制成无接头的环形带，其横截面结构如图 4-7 所示。

它由以下几部分组成：包布层（由挂胶帘布组成，为保护层）、顶胶层（填满橡胶，弯曲时承受拉伸）、强力层（由橡胶帘布、线绳或尼龙绳组成，承受基本拉力）、底胶层（填满橡胶，弯曲时承受压缩）。

强力层的结构形式有帘布结构和线绳结构。帘布结构制造方便，抗拉强度高，应用较广；绳芯结构柔韧性好，抗弯强度高，用于转速高、带轮直径小的场合。

V 带绕在带轮上产生弯曲。当带弯曲时，顶胶层受拉伸变长（横向收缩），底胶层受压缩变短（横向扩张），顶胶层与底胶层之间存在一长度及宽度均保持不变的中性层，该层称为带的节面，其宽度称为节宽，用 b_p 表示 。沿节面量得的带长称为带的基准长度，也称为带的公称长度，用 L_d 表示。国家标准规定了 V 带的基准长度系列，各型号的基准长度系列如图4-8所示。

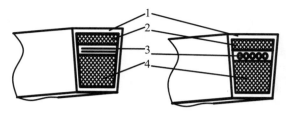

（a）帘布结构　　　（b）线绳结构

1—包布层；2—顶胶层；3—强力层；4—底胶层。

图4-7　V带截面的结构

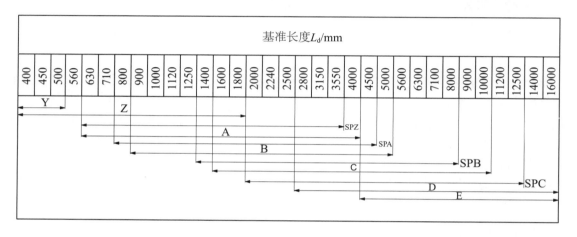

图4-8　各型号的V带基准长度系列

4.1.4 V带带轮

1. 基准直径

V 带装在带轮上，与节宽 b_p 相对应的带轮直径称为基准直径，用 d_d 表示，如图4-9所示。国家标准规定了 V 带传动中带轮的基准直径系列，如表4-2所示。

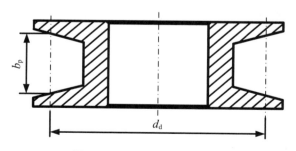

图4-9　V带轮的基准直径

带轮基准直径越小，带传动越紧凑，但带内的弯曲应力越大，导致带的疲劳强度下降，传动效率下降。选择小带轮基准直径时应使 $d_{d1} \geqslant d_{dmin}$，因此国家标准也规定了带轮的最小基准直径，如表4-2所示。

表 4-2　V 带轮的最小基准直径及基准直径系列

单位：mm

型号	Y	Z	SPZ	A	SPA	B	SPB	C	SPC	D	E
d_{dmin}	20	50	63	75	90	125	140	200	224	355	500
带轮直径系列 d_d	20，22.4，25，28，31.5，35.5，40，45，50，56，63，71，75，80，85，90，95，100，106，112，118，125，132，140，150，160，170，180，200，212，224，236，250，265，280，300，315，335，355，375，400，425，450，475，500，530，560，600，630，670，710，750，800，900，1000，1060，1120，1250，1400，1500，1600，1800，2000，2240，2500										

2. 带轮常用材料及结构

带轮的常用材料为铸铁，常用材料的牌号为 HT150 和 HT200；带轮的圆周速度在 30 米/秒以下用 HT150，大于 30 米/秒用 HT200。转速再高时可采用铸钢或采用钢板焊接件；当功率较小时，可采用铸铝或塑料。带轮由轮缘、腹板（轮辐）和轮毂三部分组成，如图 4-9 所示。

轮缘是带轮的外缘部分，也是带轮的工作部分，制有梯形轮槽。轮槽尺寸如表 4-3 所示。

轮毂是带轮与轴相联接的部分。轮毂的轴孔上开有键槽，带轮与轴用键联接。孔径由轴的强度、V 带型号、带轮基准直径等多方面的因素确定。

轮缘与轮毂则用腹板（轮辐）联接成一整体。由腹板结构形式将带轮分为实心式（无腹板）、腹板式（中腹成板状）、孔板式（中腹较大的腹板式，$D_1 - d_1 \geqslant 100mm$，需开孔减重）和轮辐式，如表 4-3 所示。

腹板的结构形式按带轮轴孔的大小、带截面的大小和带轮基准直径的大小来选择。一般来说，轴孔小、带型截面小和基准直径大的带轮选轮辐式，反之，选实心式。具体选择时可参照相应的手册。

精压机中的小带轮设计成实心式，大带轮设计成孔板式。

带轮的结构设计，先根据带的型号及带的根数确定带轮的宽度 B；再根据带轮基准直径的大小选择结构形式，相应的结构尺寸由经验公式计算确定。确定了带轮的各部分尺寸后，即可绘制出零件图，并按工艺要求标注出相应的技术要求等。

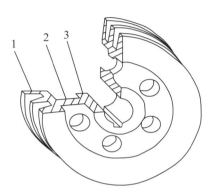

1-轮缘；2-轮辐；3-轮毂。

图 4-10　V 带轮的结构

表 4-3　V 带带轮的结构及尺寸≥

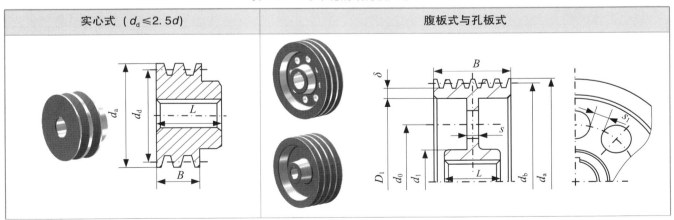

实心式（$d_d \leqslant 2.5d$）	腹板式与孔板式

续表

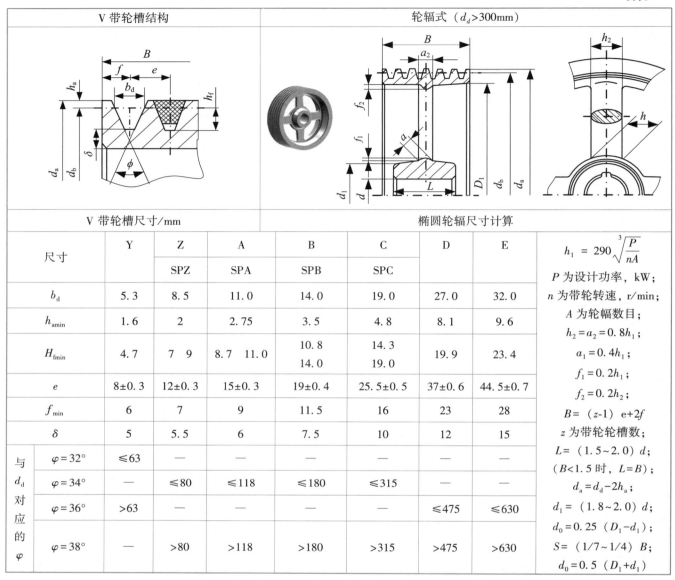

V 带轮槽结构	轮辐式（d_d>300mm）

| V 带轮槽尺寸/mm | 椭圆轮辐尺寸计算 |

尺寸		Y	Z	A	B	C	D	E
			SPZ	SPA	SPB	SPC		
b_d		5.3	8.5	11.0	14.0	19.0	27.0	32.0
h_{amin}		1.6	2	2.75	3.5	4.8	8.1	9.6
H_{fmin}		4.7	7 9	8.7 11.0	10.8 14.0	14.3 19.0	19.9	23.4
e		8±0.3	12±0.3	15±0.3	19±0.4	25.5±0.5	37±0.6	44.5±0.7
f_{min}		6	7	9	11.5	16	23	28
δ		5	5.5	6	7.5	10	12	15
与 d_d 对应的 φ	$\varphi=32°$	≤63	—	—	—	—	—	—
	$\varphi=34°$	—	≤80	≤118	≤180	≤315	—	—
	$\varphi=36°$	>63	—	—	—	—	≤475	≤630
	$\varphi=38°$	—	>80	>118	>180	>315	>475	>630

$$h_1 = 290\sqrt[3]{\frac{P}{nA}}$$

P 为设计功率，kW；

n 为带轮转速，r/min；

A 为轮辐数目；

$h_2 = a_2 = 0.8h_1$；

$a_1 = 0.4h_1$；

$f_1 = 0.2h_1$；

$f_2 = 0.2h_2$；

$B = (z-1)\ e+2f$

z 为带轮轮槽数；

$L = (1.5\sim2.0)\ d$；

（$B<1.5$ 时，$L=B$）；

$d_a = d_d - 2h_a$；

$d_1 = (1.8\sim2.0)\ d$；

$d_0 = 0.25\ (D_1 - d_1)$；

$S = (1/7\sim1/4)\ B$；

$d_0 = 0.5\ (D_1 + d_1)$

4.2 带传动的理论基础

4.2.1 带传动的力分析

1.初拉力 F_0、紧边拉力 F_1 和松边拉力 F_2

在安装带传动时，传动带即以一定的初拉力 F_0 紧套在两个带轮上。由于初拉力 F_0 的作用。带和带轮的接触面上就产生了正压力 N_i。带传动不工作时传动带两边的拉力相等，都等于初拉力 F_0，如图 4-11（a）所示。

带在工作时，如图 4-11（b）所示。设主动轮以转速 n_1 转动，带与带轮的接触面间便产生摩擦力，主动轮作用在带上的摩擦力 $\sum F_f$ 的方向和主动轮的圆周速度方向相同，主动轮即靠此摩擦力驱动带运动；带作用在从动轮上的摩擦力的方向，显然与带的运动方向相同，带同样靠摩擦力 $\sum F_f$ 驱动从动轮以转速 n_2 转动。这时传动带两边的拉力也相应地发生了变化。带绕上主动轮的一边被拉紧，叫作紧边，紧边拉力由 F_0 增加到 F_1；带绕上从动轮的一边被放松，叫作松边，松边拉力由 F_0 减小到 F_2。可以认为带工作时的总长度不变，

则带的紧边拉力的增加量，应等于松边拉力的减小量，$F_1 - F_0 = F_0 - F_2$，即

$$F_1 + F_2 = 2F_0 \tag{4-1}$$

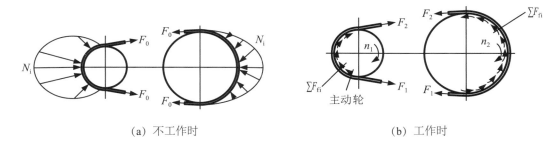

（a）不工作时　　　　　　　　　　（b）工作时

图 4-11　带传动受力情况

2. 有效拉力 F_e

在带传动中，有效拉力 F 并不是作用于某固定点的集中力，而是带和带轮接触面上的各点摩擦力的总和 F_f（$F_f = \sum F_{fi}$）。如图 4-10（b）所示，若以主动轮一端为分离体，则总摩擦力 F_f 和两边拉力（松边拉力 F_1、紧边拉力 F_2）对轴心力矩的代数和为零，从而可得出 $F_f + F_2 = F_1$，则带传动的有效拉力：

$$F_e = F_f = F_1 - F_2 \tag{4-2}$$

可知带传动的有效拉力 F_e 等于紧边和松边的拉力差。

3. 带传动的最大有效拉力 F_{emax}

带传动所传递的功率 P 可按下式计算：

$$P = F_e v / 1000 \quad (\text{kW}) \tag{4-3}$$

式中，v 为带速（单位：m/s）。

由式（4-3）可知，$P = F_f v / 1000$（kW），若带速 v 一定，则带所传递的功率 P 与带轮之间的总摩擦力 F_f 成正比。但总摩擦力 F_f 存在以极限值，超过此值带在带轮上会发生显著的、全面的滑动—打滑。打滑使传动失效，必须避免。

带处于即将打滑、尚未打滑的临界状态时，总摩擦力 F_f 达到最大值，也可以说带的有效拉力 F_e 达到最大值，此时，紧边拉力 F_1 和松边拉力 F_2 的关系可用欧拉公式表示：

$$F_1 / F_2 = e^{f\alpha} \tag{4-4}$$

式中，e 为自然对数的底数，$e = 2.718\cdots$；f 为带与带轮的摩擦系数；α 为带在带轮上的包角（rad）。

联立求解式（4-1）、式（4-2）和式（4-4）可得有效拉力 F_e 的最大值：

$$F_{emax} = 2F_0 \frac{e^{f\alpha} - 1}{e^{f\alpha} + 1} \tag{4-5}$$

由式（4-5）可知，包角、摩擦系数及初拉力是影响带传动传递能力的重要因素。

4.2.2　带传动中的应力分析

1. 带工作时各剖面的应力分布情况

带传动工作时，带内将产生下列几种应力。

（1）拉应力。

$$\begin{cases} \text{紧边拉应力：} \sigma_1 = F_1 / A \quad (\text{MPa}) \\ \text{松边拉应力：} \sigma_2 = F_2 / A \quad (\text{MPa}) \end{cases} \tag{4-6}$$

式中，A 为带的横截面面积（mm²）；F_1、F_2 分别为紧边拉力和松边拉力（N）。

（2）离心应力。

当带沿带轮轮缘做圆周运动时，带上每一质点都受离心作用，离心作用所引起的带的拉力总和为 F_c，离

心拉力 $F_c = qv^2$，此力作用于整个传动带。因此，离心应力 σ_c 在带的所有横剖面上都是相等的。

$$离心拉应力：\sigma_c = \frac{qv^2}{A} （MPa）\qquad(4\text{-}7)$$

式中，q 为传动带单位长度的质量（kg/m），v 为带速（m/s）。

（3）弯曲应力。

带绕在带轮上时，由于弯曲而产生弯曲应力 σ_b。弯曲应力：

$$\sigma_b = \frac{2Ey}{d_d} （MPa）\qquad(4\text{-}8)$$

式中：E 为带的弹性模量（MPa），d_d 为基准直径（mm）；y 为带中性层到最外层的距离（mm）。

带工作时某瞬间各剖面的应力分布情况如图 4-12 所示。

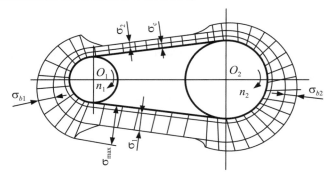

图 4-12　带的应力分布图

2. 带中应力情况分析

由带的应力分布图可得出以下结论。

（1）带中的最大应力产生在带的紧边开始绕进小带轮处。此时最大应力值为

$$\sigma_{max} = \sigma_1 + \sigma_c + \sigma_{b1} （MPa）\qquad(4\text{-}9)$$

（2）带某一截面上的应力随带所运动的位置而周期性变化，带每绕两带轮循环一周，某截面上的应力就变化四次。当应力循环次数达到一定值后，带将产生疲劳破坏。

（3）带的弯曲应力影响最大，所以，为防止过大的弯曲应力，对每种型号的 V 带，都规定了相应的最小带轮基准直径。

4.2.3 带传动的运动分析

1. 带的弹性滑动

带在工作时会产生弹性变形，由于紧边和松边两边拉力不等，因而弹性变形量也不等，如图 4-13 所示。

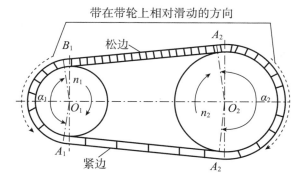

图 4-13　带传动的整体弹性滑动示意图

带绕上主动带轮到离开的过程中，所受拉力不断下降，使带向后收缩，带在带轮接触面上出现局部的、微量的向后滑动，造成带的速度滞后于主动带轮的速度；带绕上从动带轮到离开的过程中，带所受的拉力不断加大，使带向前伸长，带在带轮接触面上出现局部的、微量地向前滑动，造成带的速度超前于从动带轮的速度。在带与带轮接触过程中，这种局部的、微量的滑动现象称为弹性滑动。

带传动的弹性滑动会造成功率损失、会增加带的磨损、使从动轮圆周速度下降、使传动比不准确。

2. 弹性滑动与打滑的区别

（1）从现象上看：弹性滑动是局部带在带轮的局部接触弧面上发生的微量相对滑动；打滑则是整个带在带轮的全部接触弧面上发生的显著相对滑动。

（2）从本质上看：弹性滑动是由带本身的弹性和带传动两边的拉力差（未超过极限值）引起的，带传动只要传递动力，两边就必然出现拉力差，所以弹性滑动是带传动的固有工作特性，是不可避免的。而打滑则是带传动载荷过大使两边拉力差超过极限摩擦力而引起的，因此打滑是可以避免的。

3. 弹性滑动率 ε

弹性滑动使得从动轮的圆周速度 v_2 低于主动轮的圆周速度 v_1，其速度降低率可用弹性滑动率 ε 表示：

$$\varepsilon = \frac{v_1 - v_2}{v_1} \times 100\% \tag{4-10}$$

因而，带的传动比为

$$i = \frac{n_1}{n_2} = \frac{60 \times 1000 \cdot v_1 / \pi \cdot d_{d1}}{60 \times 1000 \cdot v_2 / \pi \cdot d_{d2}} = \frac{d_{d2}}{d_{d1}(1-\varepsilon)} \tag{4-11}$$

传动比与滑动率 ε 有关，由于 ε 较小（$\varepsilon \approx 1\% \sim 2\%$），故在一般计算时，可不予考虑。

4.2.4 计算功率、许用功率及带的根数

1. 主要失效形式和设计准则

V 带传动的主要失效形式是打滑和疲劳断裂。因此，V 带传动的设计准则是保证带传动在不打滑的前提下具有一定的疲劳寿命。

疲劳强度条件为

$$\sigma_{\max} \leqslant [\sigma] \tag{4-12}$$

式中，$[\sigma]$ 为许用拉应力（MPa），与皮带的材质和应力循环次数有关。

2. 计算功率

计算功率 P_{ca} 是根据传递的功率 P 和带的工作条件而确定的

$$P_{ca} = K_A P \tag{4-13}$$

式中，P_{ca} 为计算功率（kW）；P 为所传递的额定功率（kW）；K_A 为工作情况系数，是考虑载荷性质和动力机工作情况对带传动能力及的影响而引进的大于 1 的可靠系数，其选取详见表 4-4。表中的 I 类动力机是指工作较平稳的动力机，如普通鼠笼式交流电动机、同步电动机、并激直流电动机；表中的 II 类动力机是指工作振动较大的动力机，如各种非普通鼠笼式交流电动机、复激或串激直流电动机、单缸发动机、转速小于 600rpm 的内燃机等。

表 4-4 带传动工作情况系数 K_A

工作机载荷	动力机每天工作时间/h					
	I 类			II 类		
	≤10	10~16	>16	≤10	10~16	>16
工作平稳	1	1.1	1.2	1.1	1.2	1.3
载荷变动小	1.1	1.2	1.3	1.2	1.3	1.4
载荷变动大	1.2	1.3	1.4	1.4	1.5	1.6
冲击载荷	1.3	1.4	1.5	1.5	1.6	1.8

3. 单根 V 带许用功率

（1）单根 V 带的基本额定功率。

根据前面的式 4-2、式 4-4、式 4-6，可以得到 V 带在不打滑时的最大有效拉力可表示为

$$F_{emax} = F_1 \left(1-\frac{1}{e^{f_v\alpha}}\right) = \sigma_1 A \left(1-\frac{1}{e^{f_v\alpha}}\right) \tag{4-14}$$

前面推导时使用的是平皮带，对 V 带要使用当量摩擦系数 f_v。

由式 4-9，紧边拉应力可写成 $\sigma_1 \leqslant \sigma_{max} - \sigma_{b1} - \sigma_c$，所以

$$\sigma_1 \leqslant [\sigma] - \sigma_{b1} - \sigma_c \tag{4-15}$$

由式 4-3、式 4-13、式 4-14，可求得皮带在既不打滑又有一定寿命时，单根皮带所能传递的功率：

$$P = ([\sigma] - \sigma_{b1} - \sigma_c)\left(1-\frac{1}{e^{f_v\alpha}}\right)\frac{Av}{1000} \tag{4-16}$$

通过实验并根据上式可以求出一定型号、一定材质、一定带长、在 $i=1$（即 $\alpha_1 = \alpha_2 = \pi$）时单根 V 带所能传递的功率，称为基本额定功率，用 P_0 表示（kW）。

为简化设计计算，P_0 一般可查表求得，普通 V 带由表 4-5 选取（窄 V 带由表 4-8 选取）。

（2）单根 V 带许用功率 $[P]$。

当实际工作条件与实验条件不同时（如包角、工况等），应对单根 V 带所能传递的功率进行修正。

①传动比不等于 1 时引起的附加功率增量表示用 ΔP_0 表示：

$$\Delta P_0 = K_b n_1\left(1-\frac{1}{K_i}\right) \quad (kW) \tag{4-17}$$

式中，K_b 为弯曲影响系数，由表 4-6 选取；K_i 为传动比系数，由表 4-7 选取。

②$\alpha_1 \neq 180°$ 时，功率值的改变用包角系数 $K_\alpha K_L$ 来修正：

$$K_\alpha = 1.25\left(1-5^{-\frac{\alpha}{180}}\right) \tag{4-18}$$

③基准带长不等于实验特定带长（$L_d \neq L_{dT}$）时功率值的改变用带长系数 K_L 来修正

$$K_L = C_1 L_d^{C_2} \tag{4-19}$$

式中，L_d 为基准带长（mm）；C_1、C_2 为计算系数，由表 4-7 查取。

修正后的功率值称为单根 V 带的许用功率，用 $[P]$ 表示，其计算式如下：

$$[P] = (P_0 + \Delta P_0)K_\alpha K_L \quad (kW) \tag{4-20}$$

4. 所需带的根数 z

所需带的根数为带传动的计算功率与单根 V 带许用功率之比，即

$$z \geqslant \frac{P_c}{[P]} = \frac{P_c}{(P_0 + \Delta P_0)K_\alpha K_L} \tag{4-21}$$

表 4-5　单根普通 V 带基本额定功率 P_0

单位：kW

型号	小轮基准直径 d_1/mm	额定功率 P_0											
		转速为 730r/min	转速为 800r/min	转速为 980r/min	转速为 1200r/min	转速为 1460r/min	转速为 1600r/min	转速为 2000r/min	转速为 2400r/min	转速为 2800r/min	转速为 3200r/min	转速为 3600r/min	转速为 4000r/min
Y	20	—	—	0.02	0.02	0.02	0.03	0.03	0.04	0.04	0.05	0.06	0.06
	31.5	0.03	0.04	0.04	0.05	0.06	0.06	0.07	0.09	0.1	0.11	0.12	0.13
	40	0.04	0.05	0.06	0.07	0.08	0.09	0.11	0.12	0.14	0.15	0.16	0.18
	50	0.06	0.07	0.08	0.09	0.11	0.12	0.14	0.16	0.18	0.2	0.22	0.23

续表

型号	小轮基准直径 d_1/mm	额定功率 P_0											
		转速为 730r/min	转速为 800r/min	转速为 980r/min	转速为 1200r/min	转速为 1460r/min	转速为 1600r/min	转速为 2000r/min	转速为 2400r/min	转速为 2800r/min	转速为 3200r/min	转速为 3600r/min	转速为 4000r/min
Z	50	0.09	0.1	0.12	0.14	0.16	0.17	0.2	0.22	0.26	0.28	0.3	0.32
	63	0.13	0.15	0.18	0.22	0.25	0.27	0.32	0.37	0.41	0.45	0.47	0.49
	71	0.17	0.2	0.23	0.27	0.31	0.33	0.39	0.46	0.5	0.54	0.58	0.61
	80	0.2	0.22	0.26	0.3	0.36	0.39	0.44	0.5	0.56	0.61	0.64	0.67
	90	0.22	0.24	0.28	0.33	0.37	0.4	0.48	0.54	0.6	0.64	0.68	0.72
A	75	0.42	0.45	0.52	0.6	0.68	0.73	0.84	0.92	1	1.04	1.08	1.09
	90	0.63	0.68	0.79	0.93	1.07	1.15	1.34	1.5	1.64	1.75	1.83	1.87
	100	0.77	0.83	0.97	1.14	1.32	1.42	1.66	1.87	2.05	2.19	2.28	2.34
	125	1.11	1.19	1.4	1.66	1.93	2.07	2.44	2.74	2.98	3.16	3.26	3.28
	160	1.56	1.69	2	2.36	2.74	2.94	3.42	3.8	4.06	4.19	4.17	3.98
B	125	1.34	1.44	1.67	1.93	2.2	2.33	2.64	2.85	2.96	2.94	2.8	2.51
	160	2.16	2.32	2.72	3.17	3.64	3.86	4.4	4.75	4.89	4.8	4.46	3.82
	200	3.06	3.3	3.86	4.5	5.15	5.46	6.13	6.47	6.43	5.95	4.98	3.47
	250	4.14	4.46	5.22	6.04	6.85	7.2	7.87	7.89	7.14	5.6	3.12	—
	280	4.77	5.13	5.93	6.9	7.78	8.13	8.6	8.22	6.8	4.26	—	—
C	200	3.8	4.07	4.66	5.29	5.86	6.07	6.34	6.02	5.01	3.23		
	250	5.82	6.23	7.18	8.21	9.06	9.38	9.62	8.75	6.56	2.93		
	315	8.34	8.92	10.23	11.53	12.48	12.72	12.14	9.43	4.16	—		
	400	11.52	12.1	13.67	15.04	15.51	15.24	11.95	4.34	—			
	450	12.98	13.8	15.39	16.59	16.41	15.57	9.64	—				
D	355	14.04	14.83	16.3	16.98	17.25	16.7	15.63	12.97	—	—	—	—
	450	21.12	22.25	24.16	24.84	24.84	22.42	19.59	13.34	—	—	—	—
	560	28.28	29.55	31	30.85	29.67	22.08	15.13	—	—	—	—	—
	710	35.97	36.87	35.58	32.52	27.88	—	—	—	—	—	—	—
	800	39.26	39.55	35.26	29.26	21.32	—	—	—	—	—	—	—
E	500	26.62	27.57	28.52	25.53	16.25	—	—	—	—	—	—	—
	630	37.64	38.52	37.14	29.17	—	—	—	—	—	—	—	—
	800	47.79	47.38	39.08	16.46	—	—	—	—	—	—	—	—
	900	51.13	49.21	34.01	—	—	—	—	—	—	—	—	—
	1 000	52.26	48.19	—	—	—	—	—	—	—	—	—	—

表 4-6　弯曲影响系数 K_b 及计算系数 C_1、C_2

型号	Y	Z	A	B	C	D	E	SPZ	SPA	SPB	SPC
$K_b \times 10^{-3}$	0.12	0.39	1.03	2.65	7.50	26.57	49.83	1.42	3.63	7.53	22.62
C_1	0.1952	0.2512	0.2152	0.1941	0.1785	0.1465	0.1504	0.2473	0.2585	0.2225	0.2065
C_2	0.2656	0.2077	0.2063	0.2123	0.2100	0.2200	0.2130	0.1870	0.1726	0.1836	0.182

表 4-7 传动比系数 K_i

窄 V 带	传动比 i	1.12~1.18	1.19~1.26	1.27~1.38	1.39~1.57	1.58~1.94	1.95~3.38	≥3.39
	K_i	1.0473	1.0654	1.0804	1.0959	1.1093	1.1199	1.1281
普通 V 带	传动比 i	1.09~1.12	1.13~1.18	1.19~1.24	1.25~1.34	1.35~1.51	1.52~1.99	≥2
	K_i	1.0419	1.0567	1.0719	1.0875	1.1036	1.1202	1.3773

表 4-8 单根窄 V 带时基本额定功率 P_0

单位：kW

型号	小轮基准直径 d_1/mm	额定功率 P_0											
		转速为 730r/min	转速为 800r/min	转速为 980r/min	转速为 1200r/min	转速为 1460r/min	转速为 1600r/min	转速为 2000r/min	转速为 2400r/min	转速为 2800r/min	转速为 3200r/min	转速为 3600r/min	转速为 4000r/min
SPZ	63	0.56	0.6	0.7	0.81	0.93	1	1.17	1.32	1.45	1.56	1.66	1.74
	75	0.79	0.87	1.02	1.21	1.41	1.52	1.79	2.04	2.27	2.48	2.65	2.81
	90	1.12	1.21	1.44	1.7	1.98	2.14	2.55	2.93	3.26	3.57	3.84	4.07
	100	1.33	1.44	1.7	2.02	2.36	2.55	3.05	3.49	3.9	4.26	4.58	4.85
	125	1.84	1.99	2.36	2.8	3.28	3.55	4.24	4.85	5.4	5.88	6.27	6.58
SPA	90	1.21	1.3	1.52	1.76	2.02	2.16	2.49	2.77	3	3.16	3.26	3.29
	100	1.54	1.65	1.93	2.27	2.61	2.8	3.27	3.67	3.99	4.25	4.42	4.5
	125	2.33	2.52	2.98	3.5	4.06	4.38	5.15	5.8	6.34	6.76	7.03	7.16
	160	3.42	3.7	4.38	5.17	6.01	6.47	7.6	8.53	9.24	9.72	9.94	9.87
	200	4.63	5.01	5.94	7	8.1	8.72	10.13	11.22	11.92	12.19	11.98	11.25
SPB	140	3.13	3.35	3.92	4.55	5.21	5.54	6.31	6.86	7.15	7.17	6.89	—
	180	4.99	5.37	6.31	7.38	8.5	9.05	10.34	11.21	11.62	11.43	10.77	—
	200	5.88	6.35	7.47	8.74	10.07	10.7	12.18	13.11	13.41	13.01	11.83	—
	250	8.11	8.75	10.27	11.99	13.72	14.51	16.19	16.89	16.44	—	—	—
	315	10.91	11.71	13.7	15.84	17.84	18.7	20	19.44	16.71	—	—	—
SPC	224	8.38	8.99	10.39	11.89	13.26	13.81	14.58	14.01	—	—	—	—
	280	12.4	13.31	15.4	17.6	19.49	20.2	20.75	18.86	—	—	—	—
	315	14.82	15.9	18.37	20.88	22.92	23.58	23.47	19.98	—	—	—	—
	400	20.41	21.84	25.15	27.33	29.4	29.53	25.81	—	—	—	—	—
	500	26.4	28.09	31.38	33.85	33.45	31.7	19.35	—	—	—	—	—

4.2.5 V 带的带型的选取

根据计算功率 P_{ca} 和小带轮转速 n_1，从图 4-14 选取窄 V 带的带型，从图 4-15 选取普通 V 带的带型。根据 $P=FV$ 易知，转速一定时，功率越大，带中拉力越大，所需选择的带型越大；功率一定时，转速越大，带中拉力越小，所需选择的带型越小。图中实线为两种型号的分界线，虚线为该型号推荐小带轮直径的分界线。当工况位于两种型号分界线附近时，可分别选取这两种型号进行计算，择优选取。

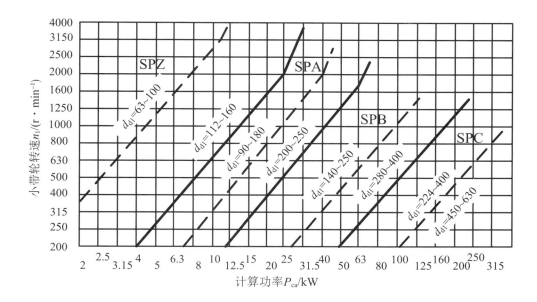

图 4-14 窄 V 带型号选择图

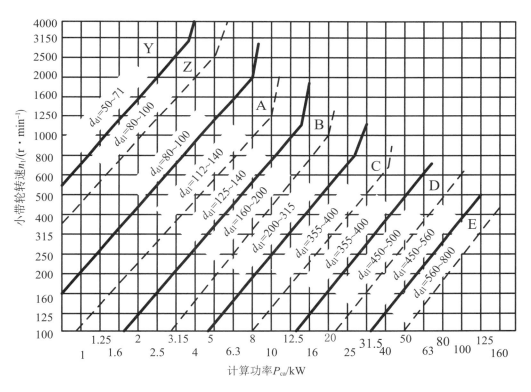

图 4-15 普通 V 带型号选择图

4.3 带传动实例设计与分析

4.3.1 设计数据及设计内容

1. 主要失效形式和设计准则

V 带传动的主要失效形式是打滑和疲劳断裂。因此，V 带传动的设计准则是保证带传动在不打滑的前提下具有一定的疲劳寿命。

2. 设计数据及设计内容

设计的原始数据为：需要传递的功率 P，转速 n_1、n_2（或传动比 i）及工作条件。

设计内容包括选择带的型号、确定长度 L、根数 Z、传动中心距 a、带轮基准直径及结构尺寸等。

4.3.2 设计实例及说明

本实例的 V 带传动载荷变动较大，一班制工作。

在第 3 章中，确定使用 Y 系列异步电动机驱动，传递功率 $P=7.5\text{kW}$，主动带轮转速 $n_1=1440\text{ r/min}$，传动比为 $i=2.6$。

1. 确定设计功率 P_c

$$P_c = K_A P \tag{4-22}$$

由表 4-5 查得 $K_A=1.2$，故

$$P_c = K_A P = 1.2 \times 7.5 = 9 \text{ kW}$$

【说明】

①实例所用计算公式、图表源自 GB/T 13575.1—92。

②K_A 为工作情况系数，其选取详见表 4-4。在本实例中，根据"载荷变动较大，一班制工作，Y 系列异步电动机驱动"的要求，选择 $K_A=1.2$。

2. 确定 V 带的型号

考虑到带传动是整个机组中的易损环节，其故障将影响整个机组，而且相对这个机组而言，带传动的成本微不足道，所以本实例中选用承载能力更高的窄 V 带。

根据 $P_c=9 \text{ kW}$ 及 $n_1=1440 \text{ r/min}$ 查图 4-13 确定选用 SPZ 型的窄 V 带。

【说明】

①若选用截面较小的型号，则根数较多，传动尺寸相同时可获得较小的弯曲应力，带的寿命较长；选截面较大的型号时，带轮尺寸、传动中心距都会有所增加，带根数则较少。

②如果小带轮直径选太大，带传动结构尺寸不紧凑；选太小则带承受的弯曲应力过大，弯曲应力是引起带疲劳损坏的重要因素，所以必须按图中推荐的数据选取。

3. 确定带轮直径 d_{d1}、d_{d2}

（1）确定小带轮的基准直径 d_{d1}。

依据图 4-14 的推荐，小带轮可选用的直径范围是 112~160mm，参照表 4-2，选择 $d_{d1}=125 \text{ mm}$。

（2）验算带速 v。

$$v = \frac{\pi d_{d1} n_1}{60 \times 1000} \tag{4-23}$$

$$v = \frac{\pi \times 125 \times 1440}{60 \times 1000} = 9.42 \text{ m/s}$$

故 5 m/s$<v<$25 m/s，带速合适。

（3）计算大带轮直径。

一般计算，传动要求不高，忽略滑动率，ε 由式（4.11）可得

$$d_{d2} = i d_{d1} = 2.5 \times 125 = 312.5 \text{ mm}$$

根据带轮基准直径系列，由表 4-2 选最接近计算值 312.5 mm 的标准值。在此，取 $d_{d2}=315 \text{ mm}$。

实际传动比：$i' = \frac{315}{125} = 2.52$，与要求相差不大，可用。

【说明】

①选取小带轮直径后，必须验算带速。普通 V 带带速在 5 米/秒与 25 米/秒之间，窄 V 带带速在 5 米/秒与 35 米/秒之间。若带速过小则传递相同的功率时，所需带的拉力过大，V 带容易出现低速打滑；若带速过大则离心力过大且单位时间的应力循环次数增多，带易疲劳断裂，而且离心力会减少带与带轮的压紧力，出现高速打滑。若 v 过低或过高，可以调整 d_{d1} 或 n_1 的大小。

②带正常工作时弹性滑动，取 $\varepsilon = 2\%$。

4. 确定中心距 a 及基准带长 L_d

（1）初取中心距 a_0。

$$0.7\,(d_{d1}+d_{d2}) \leq a_0 \leq 2\,(d_{d1}+d_{d2}) \tag{4-24}$$

得 $308 \leq a_0 \leq 880$，根据精压机的总体布局情况初选 $a_0 = 800\ \mathrm{mm}$。

（2）确定带的基准长度 L_d。

根据几何关系计算所需带长 L_{d0}：

$$L_{d0} = 2a_0 + \frac{\pi}{2}(d_{d1}+d_{d2}) + \frac{(d_{d2}-d_{d1})^2}{4a_0} \tag{4-25}$$

故

$$L_{d0} = 2\times800 + \frac{\pi}{2}(125+315) + \frac{(315-125)^2}{4\times800} = 2492.43\,\mathrm{mm}$$

由于 V 带是标准件，其长度是受标准规定，不能取任意值，须根据标准手册在计算值附近选最接近的标准值。故查图 4-8 取 $L_d = 2500\ \mathrm{mm}$。

（3）计算实际中心距。

根据几何关系估算出所需的实际中心距

$$a \approx a_0 + \frac{L_d - L_{d0}}{2} \tag{4-26}$$

故

$$a \approx 800 + \frac{2500-2492.43}{2} \approx 808\ \mathrm{mm}$$

【说明】

①式（4-24）为初选时 a_0 的推荐范围。

②式（4-25）、式（4-26）均由几何关系推导而来。

③带传动的中心距不宜过大，否则将由于载荷变化引起带的颤动；中心距也不宜过小，中心距愈小，则带的长度愈短，在一定速度下，单位时间内带的应力变化次数愈多，会加速带的疲劳损坏；短的中心距还将导致小带轮包角过小。

④考虑安装调整和补偿张紧力的需要，中心距的变动范围为：$(a - 0.015\,L_d) \sim (a + 0.03\,L_d)$。

5. 验算包角 α_1

根据几何关系计算

$$\alpha_1 = 180° - \frac{d_{d2}-d_{d1}}{a}\times57.3° \tag{4-27}$$

故

$$\alpha_1 = 180° - \frac{315-125}{808}\times57.3° = 166.53° > 120°$$

包角 α_1 合适。

【说明】

α_1 是影响带传递的功率的主要因素之一，包角大则传递功率也大，所以一般 α_1 应大于或等于 $120°$，若包角小于120°，则必须加大中心距。

6. 确定 V 带的根数 z

（1）确定基本额定功率 P_0。

根据 $d_{d1} = 125$ mm、$n_1 = 1440$ r/min 查表 4-9（要用插入法）可以得出 $P_0 = 3.24$（kW）。

（2）确定功率增量 ΔP_0。

由表 4-6 查得 SPZ 型窄 V 带，$K_b = 1.42 \times 10^{-3}$；由表 4-7 查得 $i = 2.6$ 时，$K_i = 1.1199$；当 $n_1 = 1440$ r/min 时，由式（4-17）可得

$$\Delta P_0 = K_b n_1 \left(1 - \frac{1}{K_i}\right) = 1.42 \times 10^{-3} \times 1440 \times \left(1 - \frac{1}{1.1199}\right) = 0.219 \text{（kW）}$$

（3）确定包角系数 K_α。

本实例 $\alpha_1 = 166.53°$，由式（4-18）可得：

$$K_\alpha = 1.25 \left(1 - 5^{-\frac{\alpha}{180}}\right) = 1.25 \left(1 - 5^{-\frac{166.53}{180}}\right) = 0.968$$

（4）确定带长系数 K_L。

由表 4-6 查得 SPZ 型窄 V 带的计算系数 $C_1 = 0.2473$，$C_2 = 0.1870$，当 $= 2500$ 时，由式（4-19）可得

$$K_L = C_1 L_d^{C_2} = 0.2473 \times 2500^{0.1870} = 1.068$$

（5）确定 V 带的根数 z。

由式（4-21）

$$z \geqslant \frac{P_c}{(P_0 + \Delta P_0) K_\alpha K_L} = \frac{9}{(3.24 + 0.219) \times 0.968 \times 1.068} = 2.52 ; \text{取 } z = 3$$

【说明】

带的根数 z 越多，各根带的带长、带的弹性和带轮轮槽尺寸形状间的误差越大，受力越不均匀，因而产生的带的附加载荷越大，所以 z 不宜过大，一般 $z \leqslant 7$。当 z 过大时，应改选带轮基准直径或改选带型，重新计算。

7. 确定初拉力 F_0

$$F_0 = 500 \frac{P_c}{vz} \left(\frac{2.5}{K_\alpha} - 1\right) + qv^2 \tag{4-28}$$

式中，P_C 为计算功率（kW），v 为带速（m/s），z 为带的根数，q 为单位长度的质量（kg/m）。

对 SPZ 型窄 V 带，由表 4-1 查得：$q = 0.07$ kg/m；

则

$$F_0 = 500 \times \frac{9}{9.42 \times 3} \left(\frac{2.5}{0.968} - 1\right) + 0.07 \times 9.42^2 = 258.21 \text{（N）}$$

【说明】

F_0 为初拉力。初拉力的大小是保证带传动正常工作的重要因素。初拉力过小，摩擦力小，容易发生打滑；初拉力过大，则带寿命低，轴和轴承承受的压力大。式（4-19）所计算的初拉力既能发挥带的传动能力又能保证有较长的寿命。

8. 计算带轮轴所受的压力 Q

$$Q = 2zF_0 \sin \frac{\alpha_1}{2} \tag{4-29}$$

式中，z 为带的根数，F_0 为初拉力（N），α_1 为小带轮的包角。

则

$$Q = 2 \times 3 \times 258.21 \cdot \sin \frac{166.53°}{2} = 1538.57 \text{（N）}$$

【说明】

带轮轴所受压力将作为后续轴和轴承设计的依据。

9. 带轮结构设计

（略）

4.4　带传动的张紧

带在预紧力作用下，经过一定时间的运转后，会由于塑性变形而松弛，使初拉力降低。为了保证带传动的能力，应定期检查初拉力的数值，随时张紧，常见张紧方法如下。

1. 定期张紧

采用定期改变中心距的方法来调节带的预紧力，使带重新张紧。如图 4-16（a）所示，只需定期拧动调整螺栓，使装有带轮的电机向左移动，改变两带轮的中心距，从而张紧传动带。

2. 自动张紧

如图 4-16（b）所示，将装有带轮的电动机安装在浮动摆架上，利用带轮的自重，使带轮随同电动机绕固定轴摆动，以自动保持张紧力。

3. 张紧轮张紧

当中心距不能调节时，可采用张紧轮将带张紧，如图 4-16（c）所示。V 带张紧轮一般应放在松边，这样才不会增加带的最大应力；同时还必须置于内侧，使带只受单向弯曲；应尽量靠近大轮，以免过分影响小带轮的包角。

张紧轮的轮槽尺寸与带轮的相同，且直径小于小带轮的直径。

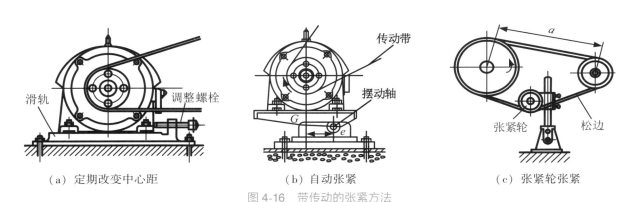

（a）定期改变中心距　　　　　（b）自动张紧　　　　　（c）张紧轮张紧

图 4-16　带传动的张紧方法

4.5　链传动概述

4.5.1　链传动的组成、特点及应用

1. 链传动的组成及工作原理

链传动是由主动链轮 1、从动链轮 2 和与之相啮合的链条 3 组成，如图 4-17 所示。链条有多种形式，应用最多、最广的是链条是套筒滚子链，常用于载荷较大，两轴平行的开式传动，所以本课程主要讨论套筒滚子链传动。链传动兼有齿轮传动的啮合和带传动的挠性的结构特点，所以它是具有中间挠性件的啮合传动，该传动在机械中应用较广。

2. 套筒滚子链传动的特点

与属于摩擦传动的带传动相比，套筒滚子链传动无弹性滑动和打滑现象，因而能保持准确的平均传动比，传动效率较高；又因链条不需要像带那样张得很紧，所以作用于轴上的径向压力较小；在同样使用条件下，链传动结构较为紧凑。同时链传动能在高温及速度较低的情况下工作。与齿轮传动相比，链传动的制造与安

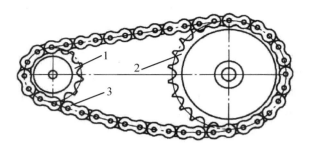

1—主动链轮；2—从动链轮；3—链条。

图 4-17　套筒滚子链传动的基本组成

装精度要求中心距使用范围较大成本较低；缺点是瞬时链速和瞬时传动比都是变化的，传动平稳性较差，工作中有冲击和噪声，不适合高速场合与转动方向频繁改变的情况。

4.5.2　滚子链的结构参数

1. 套筒滚子链的结构

滚子链由内链板 1、外链板 2、销轴 3、套筒 4、滚子 5 共五个元件组成。各元件均由碳钢或合金钢制成，并经热处理提高强度和耐磨性。销轴与外链板之间、套筒与内链板之间均为过盈配合联接。内、外链板之间的挠曲是由以间隙配合联接的销轴与套筒之间的转动副形成的。链板的"8"字形设计是使各截面接近等强度，以减轻链的质量和运动时的惯性。如图 4-18 所示。

链条制造简要过程

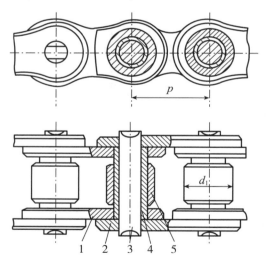

1—内链板；2—外链板；3—销轴；4—套筒；5—滚子。

图 4-18　套筒滚子链条结构示意

2. 滚子链的规格和参数

滚子链是标准件，其规格由链号表示，表 4-9 列出 GB1243.1—83 规定的几种　规格的滚子链。表中的链号数乘以 $\dfrac{25.4}{16}$ 即为节距值，表中的链号与相应的国际标准一致。

滚子链主要参数是链的节距，它是指链条上相邻两销轴中心间的距离，用 p 表示。链节距 p 越大，链的尺寸和传递的功率就越大。

滚子链的标记方法为：链号-排数×链节数，标准编号。

例如，16A-1×80 GB1243.1—83。即为按本标准制造的 A 系列、节距 25.4mm、单排、80 节的滚子链。

链条除了接头和链节外，各链节都是不可分离的。链的长度用链节数表示，为了使链条连成环形时，正好是外链板与内链板相联接，所以链节数最好为偶数。

表4-9　套筒滚子链的规格尺寸及极限拉伸载荷

链号	节距 P /mm	排距 pt /mm	滚子外径 d_r/mm	内链节 内宽 b_1 /mm	内链节 内宽 b_2 /mm	销轴 直径 d_2 /mm	内链板 高度 h_2	极限拉伸 载荷（单排） /kN	每米质量 （单排） q /（kg·m-1）
08A	12.70	14.38	7.95	7.85	11.18	3.96	12.07	13.8	0.60
10A	15.875	18.11	10.16	9.40	13.84	5.08	15.09	21.8	1.00
12A	19.05	22.78	11.91	12.57	17.75	5.94	18.08	31.1	1.50
16A	25.40	29.29	15.88	15.75	22.61	7.92	24.13	55.6	2.60
20A	31.75	35.76	19.05	18.90	27.46	9.53	30.18	96.7	3.80
24A	38.10	45.44	22.23	25.22	35.46	12.70	42.24	169.0	7.50
28A	44.45	48.87	25.40	25.22	37.19	12.70	42.24	169.0	7.50
32A	50.80	58.55	28.58	31.55	45.21	14.27	48.24	222.4	10.10
40A	63.50	71.55	39.68	37.85	54.89	19.84	60.33	347.0	16.10
48A	76.20	87.83	47.63	47.35	67.82	23.80	72.39	500.4	22.60

注：过渡链节的极限拉伸载荷按 0.8Q 计算。

4.5.3　套筒滚子链轮

1. 链齿的齿形

套筒滚子链传动属于非共轭啮合，所以链轮的齿形可以有很大的灵活性。国家标准（GB1243-85）中尚未规定具体的链轮齿形，只规定链轮的最大齿槽形状和最小齿槽的形状。实际齿槽形状在最大、最小范围内都可用，因而链轮齿廓曲线的几何形状可以有很大的灵活性。轮齿的齿形应能使链条的链节自由啮入或啮出，要保证啮合时接触良好，有较大的容纳链节距因磨损而增长的能力；便于加工。目前链轮端面齿形较常用的一种齿形是三圆弧一直线齿形，如图 4-19（a）所示，它由 aa、ab、cd 和 bc 组成，$abcd$ 为齿廓工作段。因齿形系用标准刀具加工，在链轮工作图中不必画出，只需在图上注明"齿形按 3R GB 1244—85 规定制造"即可。滚子链链轮的轴面齿形如图 4-19（b）所示，两侧倒圆或倒角，便于链节跨入和退出。

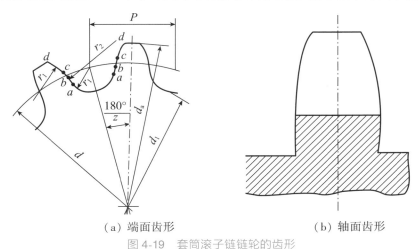

（a）端面齿形　　　　　　　　（b）轴面齿形
图 4-19　套筒滚子链链轮的齿形

2. 链轮的几何参数和尺寸

链轮的主要几何参数即计算公式如表 4-10 所示。

表 4-10　滚子链链轮的主要结构尺寸

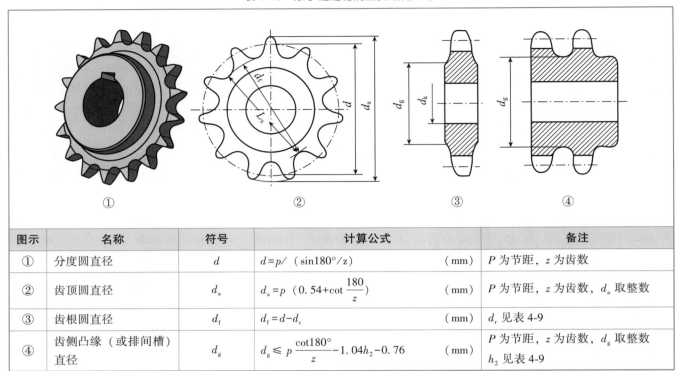

① ② ③ ④

图示	名称	符号	计算公式	备注
①	分度圆直径	d	$d=p/$（$\sin180°/z$）　　　　（mm）	P 为节距，z 为齿数
②	齿顶圆直径	d_a	$d_a=p$（$0.54+\cot\dfrac{180}{z}$）　（mm）	P 为节距，z 为齿数，d_a 取整数
③	齿根圆直径	d_f	$d_f=d-d_r$　　　　　　　　（mm）	d_r 见表 4-9
④	齿侧凸缘（或排间槽）直径	d_g	$d_g\leq p\ \dfrac{\cot180°}{z}-1.04h_2-0.76$　（mm）	P 为节距，z 为齿数，d_g 取整数 h_2 见表 4-9

　　为保证链齿强度，国家标准规定了小链轮毂孔最大允许直径，如表 4-11 所示。

表 4-11　小链轮毂孔最大允许直径 d_{kmax}

齿数 z	d_{kmax}								
	节距 9.525	节距 12.70	节距 15.875	节距 19.05	节距 25.40	节距 31.75	节距 38.10	节距 44.45	节距 50.80
11	11	18	22	27	38	50	60	71	80
13	15	22	30	36	51	64	79	91	105
15	20	28	37	46	61	80	95	111	129
17	24	34	45	53	74	93	112	132	152
19	29	41	51	62	84	108	129	153	177
21	33	47	59	72	95	122	148	175	200
23	37	51	65	80	109	137	165	196	224
25	42	57	73	88	120	152	184	217	249

3. 链轮的结构

　　滚子链轮直径较小时常做成整体式，中等直径时做成孔板式，大直径链轮可做成组合式，例如以下不同的套筒滚子链链轮结构（见图 4-20）。

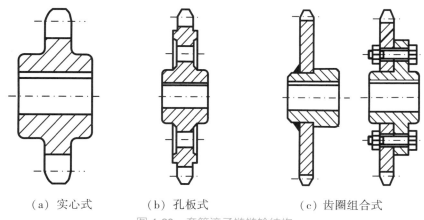

（a）实心式　　（b）孔板式　　（c）齿圈组合式

图 4-20　套筒滚子链链轮结构

4. 链轮的材料

一般为中碳钢淬火处理，高速重载用低碳钢渗碳淬火处理，低速时也可用铸铁等温淬火处理，小链轮对材料的要求比大链轮高（当大链轮用铸铁时，小链轮用钢），链轮常用的材料和应用范围如表 4-12 所示。

表 4-12　链轮常用的材料和应用范围

链轮材料	热处理	齿面硬度	应用范围
15、20	渗碳、淬火、回火	50~60HRC	$z \leqslant 25$ 有冲击载荷的链轮
35	正火	160~200HBS	$z > 25$ 的链轮
45、50、ZG310-570	淬火、回火	40~45HRC	无剧烈冲击的链轮
15Cr、20Cr	渗碳、淬火、回火	50~60HRC	$z < 25$ 的大功率传动链轮
40Cr、35SiMn、35CrMn	淬火、回火	40~50HRC	重要的、使用优质链条的链轮
Q215/Q255	焊接后退火	140HBS	中速、中等功率、较大的从动链轮

4.6　链传动的理论基础

4.6.1　链传动的力分析

与带传动一样，链传动在工作过程中也有紧边和松边之别。若忽略传动中的动载荷，则紧边拉力为

$$F_1 = F_e + F_C + F_y \tag{4-30}$$

链的松边拉力为

$$F_1 = F_C + F_y \tag{4-31}$$

其中，F_e 为有效圆周力，即

$$F_e = \frac{1000P}{v} \text{（N）} \tag{4-32}$$

F_C 为离心拉力

$$F_C = qv^2 \text{（N）} \tag{4-33}$$

F_y 为链本身质量而产生的悬垂拉力

$$F_y = K_y q \cdot g \cdot a \text{（N）} \tag{4-34}$$

上述式中，q 为每米质量（单排）（见表 4-9）；a 为链传动的中心距（m）；K_y 为垂度系数，即下垂度为 $y = 0.02a$ 时的拉力系数（见表 4-13）。表中 b 为两链轮中心联线与水平面的倾斜角，g 为重力加速度（m/s^2）。

表 4-13　垂度系数 K_y（$y = 0.02a$）

b	0°	30°	60°	75°	90°
K_y	7	6	4	2.5	1

4.6.2　链传动的运动分析

具有刚性链板的链条呈多边形绕在链轮上如同具有柔性的传动带绕在正多边形的带轮上，多边形的边长和边数分别对应于链条的节距 p 和链轮的齿数 z，如图 4-21 所示。

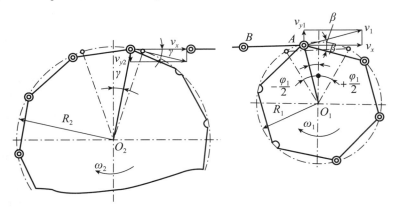

图 4-21　链传动的运动分析

1. 平均链速和平均传动比

由链轮转一周的时间：$\dfrac{60}{n}$（s）和链条相应移动的距离：$\dfrac{zp}{1000}$（m）可得链的平均速度为

$$v = \frac{z_1 n_1 p}{60 \times 1000} = \frac{z_2 n_2 p}{60 \times 1000} \quad (\text{m/s}) \tag{4-35}$$

链传动的平均传动比为

$$i_{12} = \frac{n_1}{n_2} = \frac{z_2}{z_1}$$

2. 瞬时链速和运动不均匀性

设链条紧边（主动边）在传动时总处于水平位置，分析主动链轮上任一链节 A，从进入啮合到相邻的下一个链节进入啮合的一段时间，链的运动情况，如图 4-21 所示。

若主动链轮的节圆半径为 R_1，并以等角速度 ω_1 转动。此时链轮节圆的圆周速度为 $R_1\omega_1$，即位于主动轮节圆的链条铰链（紧边）的速度为 $v_1 = R_1\omega_1$（见图 4-21 中的 A 点）。

啮合过程中，链条前进方向并不始终与节圆相切。由于铰链的存在，造成铰链处弯折，把 v_1 分成沿链条前进方向和垂直方向两个分量。

链条前进方向分速度：

$$v = v_x = v_1 \cos\beta = R_1\omega_1 \cos\beta$$

链条垂直方向分速度：

$$v_{y1} = v_1 \sin\beta = R_1\omega_1 \sin\beta$$

链条前进分速度 v 是瞬时链速。每一链节在主动链轮上对应中心角为 $\varphi_1 = \dfrac{360°}{z_1}$，因而每一链节从开始啮合到下一链节进入啮合为止，$\beta$ 角将 $-\dfrac{\varphi_1}{2} \sim 0$ 和 $0 \sim +\dfrac{\varphi_1}{2}$ 范围内变化。当 $\beta = 0$ 时，链速最大 $v_{\max} = R_1\omega_1$。当 $\beta = \pm\dfrac{\varphi}{2}$

时，链速最小 $v_{\min} = R_1\omega_1 \cos\dfrac{180°}{z_1}$。由此可见，主动链轮做等速回转时，链轮每转过一个齿，链节速度都经历了由小变大、再由大变小的过程，即链条前进的瞬时速度 v 周期性的变化。显然，z_1 越小变化幅度也越大。

链传动整个运动过程中这种瞬时速度周期变化的现象称为链传动的运动不均匀性或者称为链传动的多边形效应。链传动的多边形效应会引起链传动的啮合冲击和附加动载荷。链条垂直方向分速度 v' 周期性变化会导致链传动的横向振动，造成链条的上下抖动。

从动链轮的节圆半径为 R_2，以角速度 ω_2 转动。此时，位于从动轮节圆的链条铰链（紧边）的速度为 $R_2\omega_2$。该速度也分成沿链条前进方向和垂直方向两个分量。则由图 4-20 可知：

$$R_1\omega_1\cos\beta = R_2\omega_2\cos\gamma$$

于是

$$i_{12} = \frac{\omega_1}{\omega_2} = \frac{R_2\cos\gamma}{R_1\cos\beta}$$

β、γ 在不断地变化，瞬时传动比也在不断地变化。链传动的传动比变化与链条绕在链轮上的多边形特征有关。故将以上现象称为链传动的多边形效应。

随着链轮齿数的增加，β、γ 相应减小，传动中的速度被动、冲击、振动和噪声都减小，因此在设计链传动时，为了减轻振动和动载荷，应尽量减小链轮节距，增加齿数，限制链速。

4.6.3　失效形式与额定功率

1. 链传动的失效形式

链传动的失效通常是由于链条的失效引起的，链的主要失效形式有以下几种。

（1）链的疲劳破坏。

在闭式链传动中，由于链条的松边和紧边所受的拉力不同，故链条工作在交变拉应力状态。经过一定的应力循环次数后，链板将发生疲劳破坏［见图 4-22（a）］或滚子出现冲击疲劳破坏［见图 4-22（b）］。在正常的润滑条件下，疲劳破坏是决定链传动能力的主要因素。

（2）链条铰链磨损。

链条铰链磨损是开式链传动常见的一种失效形式。在链传动时，销轴与套筒间的压力较大，彼此又产生相对转动，因而导致铰链磨损。磨损使链条总长度伸长，链的松边垂度增大，导致啮合情况恶化，动载荷增大，引起振动和噪声，发生跳齿和脱链等。

（3）胶合。

在高速重载时或润滑不良时，销轴与套筒接触表面间难以形成润滑油膜，导致金属直接接触而发生胶合。胶合限制了链传动的极限转速。

（4）链条过载拉断。

在低速重载的链传动中突然出现过大载荷，使链条所受拉力超过链条的极限拉伸载荷，导致链条静力拉断［见图 4-22（c）、图 4-22（d）］。

（a）链板疲劳破坏　　　（b）滚子疲劳破坏　　　（c）销轴静力拉断　　　（d）链板静力拉断

图 4-22　链传动的失效形式

2. 额定功率

各种失效形式在一定的条件下限制了链传动的承载能力，所以每种链条都有其额定的使用功率。

在特定实验条件下，把标准中不同节距的链条在不同转速时所能传递的功率称为额定功率，用 P_0 表示。如图 4-23 所示为 A 系列滚子链的基本额定功率曲线图。其特定的实验条件为：$z_1 = 19$，链长 $L_p = 100$ 节，单排链，载荷平稳，润滑良好，工作寿命 15000 小时。

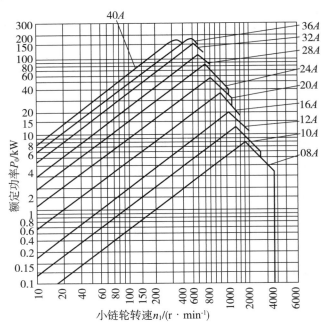

图 4-23　A 系列滚子链的基本额定功率曲线

设计计算时应使额定功率 P_0 大于或等于计算功率 P_c，即

$$P_0 \geqslant P_c = K_A P \tag{4-36}$$

式中，K_A 为工作情况系数，其为考虑到载荷性质和动力机的工作情况对链传动能力的影响而引进的大于 1 的可靠系数，查表 4-14。

表 4-14　链传动工作情况系数

工况		原动机		
		电动机	内燃机	
载荷情况	工作机种类		液压传动	机械传动
平稳	离心式鼓风机、压缩机，带式、板式输送机，发电机，均匀负载不反转的一般机械	1.0	1.0	1.2
稍有冲击	多缸往复式压缩机，干燥机，粉碎机，空压机，机床，一般工程机械，中等载荷有变化不反转的一般机械	1.3	1.2	1.4
有大冲击	压力机、破碎机、矿山机械、石没钻机、锻压机械，冲床，严重冲击、有反转的机械	1.5	1.4	1.7

由于实际工作条件与试验条件不同，因此设计计算时应引入若干修正系数进行修正，即

$$P_0 \geqslant \frac{K_A P}{K_Z K_L K_P} \tag{4-37}$$

式中：

①K_Z 为 $z_1 \neq 19$ 时的修正系数，称为小链轮齿数系数。链板疲劳破坏（工作在功率曲线左侧）时，$K_Z = \left(\dfrac{Z_1}{19}\right)^{1.08}$；滚子套筒冲击疲劳破坏（工作在功率曲线右侧）时，$K_Z = \left(\dfrac{Z_1}{19}\right)^{1.5}$。

②K_L 为 $L_p \neq 100$ 时的修正系数，称为链长系数。链板疲劳破坏时，$K_L = \left(\dfrac{L_p}{100}\right)^{0.26}$；滚子套筒冲击疲劳破坏时，$K_L = \left(\dfrac{L_p}{100}\right)^{0.5}$。

③K_P 多排链系数，查表 4-15。

表 4-15　多排链系数 K_P

排数	1	2	3	4	5	6
K_P	1	1.7	2.5	3.3	4.0	4.6

4.7　链传动的使用和维护

4.7.1　链传动的布置

链传动的布置是否合理，对传动的质量和使用寿命有较大的影响。布置时，链传动的两轴应平行，两链轮应处于同一平面，否则易使链条脱落和产生不正常的磨损。两链轮中心连线最好是水平的，或与水平面成 45°以下的倾斜角，尽量避免垂直传动，以免与下方链轮啮合不良或脱离啮合。

属于下列情况时，紧边最好布置在传动的上面。

（1）中心距 $a \leqslant 30p$ 和 $i \geqslant 2$ 的水平传动［见图 4-24（a）］。

（2）倾斜角相当大的传动［见图 4-24（b）］。

（3）中心距 $a \geqslant 60p$、传动比 $i \leqslant 1.5$ 和链轮齿数 $z_1 \leqslant 25$ 的水平传动［见图 4-24（c）］。在前两种情况中，松边在上时，可能有少数链节垂落到小链轮上或下方的链轮上，因而有咬链的危险；在后一种情况中，松边在上时，有发生紧边和松边相互碰撞的可能。

在某些特殊情况下，也可采用其他布置形式，如精压机主机中送料机构的链传动，由于受力小、链条轻，采用的就是两链轮水平面布置的形式。

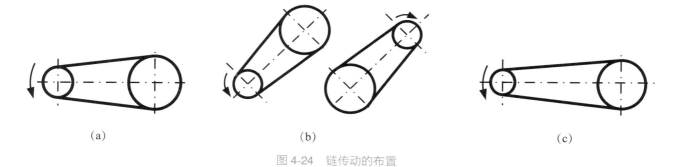

| (a) | (b) | (c) |

图 4-24　链传动的布置

4.7.2　链传动的张紧

链传动中如松边垂度过大，将引起啮合不良和链条振动现象，此时，可以对链传动进行张紧。

对链条进行张紧，除了可以避免链条产生横向振动外，还可以增加啮合包角。常用的张紧方法有两种：调整中心距张紧移和采用张紧装置张紧。如图 4-25 所示为采用张紧装置张紧。

调整中心距张紧可以移动链轮以增大两轮的中心距，也可以缩短链长。中心距调整量取两倍的节距，缩短链长时最好拆除成对的链节。

中心距不可调时使用张紧轮。张紧轮一般压在松边靠近小轮处。张紧轮可以是链轮，也可以是无齿的辊轮。张紧轮的直径应与小链轮的直径相近。辊轮的直径略小，宽度应比链约宽5mm，并常用夹布胶木制造。张紧轮有自动张紧式和定期张紧式两种。前者多用弹簧、吊重等自动张紧装置；后者用螺栓、偏心等调整装置。另外，张紧轮还有用托板、压板张紧等。

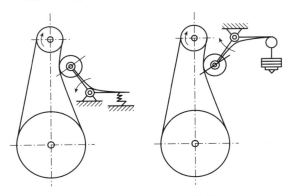

图 4-25　采用张紧装置张紧

4.7.3　合理的润滑

良好的润滑有利于减小磨损，降低摩擦损失，缓和冲击和延长链的使用寿命。可根据链速和链节距按如图 4-26 所示的图像选择润滑方式。

润滑时，应设法将油注入链活动关节间的缝隙中，并均匀分布于链宽上。润滑油应加在松边上，因这时链节处于松弛状态，润滑油容易进入各摩擦面之间。链传动使用的润滑油运动黏度在运转温度下约为 20 mm²/s~40 mm²/s。只有转速很慢又无法供油的位置，才可以用油脂代替。

对于开式传动和不易润滑的链传动，可定期拆下链条，先用煤油清洗干净，干燥后再浸入 70 至 80 度润滑油中片刻（销轴垂直放入油中），尽量排尽铰链间隙中的空气，待吸满油后，取出冷却，擦去表面润滑油后，安装继续使用。

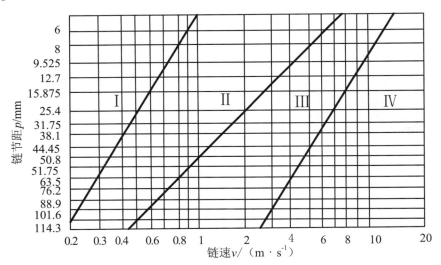

注：①Ⅰ—人工定期润滑；Ⅱ—滴油润滑；Ⅲ—油浴润滑；Ⅳ—喷油润滑。
②当不能按照推荐的方式润滑时，功率曲线中的功率 P_0 应降低到下列数值：$v \leqslant 1.5m/s$，润滑不良时，传递的功率应降低至 $(0.3 \sim 0.6) P_0$；无润滑则功率降至 $0.15P_0$。$1.5m/s < v < 7m/s$，润滑不良时，传递的功率应降低至 $(0.15 \sim 0.3) P_0$。

图 4-26　滚子链传动的润滑方式

4.8 链传动实例设计与分析

4.8.1 设计要求与设计内容

在精压机机组中，套筒滚子链传动用于顶出机构的传动系统中，由减速机低速轴通过一对锥齿轮把动力传给一根立轴，立轴上安装小链轮，其转速为 $n_1 = 90 \text{ r/min}$，大链轮与顶出凸轮做成一体，转速 $n_2 = 45 \text{r/min}$，大链轮所需传递的功率 $p = 0.5 \text{kW}$，考虑润滑不良，按 2kW 计算，载荷变动较大，一班制工作，Y 系列异步电动机驱动，链传动中心距不应小于 1000mm，要求中心距可调整。

设计内容包括选择链的型号、确定长度 L、传动中心距 a、轮基准直径及结构尺寸等。

4.8.2 设计步骤、结果及说明

1. 选择链轮齿数

估计链速 $v = 0.6 \sim 3 \text{ m/s}$，由此选小链轮齿数 $z_1 = 17$。

链传动比：$i = n_1/n_2 = 90/45 = 2$。

大链轮齿数 $z_2 = iz_1 = 17 \times 2 = 34$，$z_2 < 120$，合适。

【说明】

① 在初选 z_1 时，小链轮齿数需要根据链轮的线速度 v 选取。所以，先要估计一个线速度链速 v。若计算结果与估计相同则计算通过，否则需要重算。

② 一般来说，$v = 0.6 \sim 3 \text{ m/s}$ 时，$z_1 = 17 \sim 20$；$v = 3 \sim 8 \text{m/s}$ 时，$z_1 = 21 \sim 24$；$v = 8 \sim 25 \text{ m/s}$ 时，$z_1 = 25 \sim 34$；$v > 25 \text{ m/s}$ 时，$z_1 \geqslant 35$。考虑到均匀磨损的问题，链轮齿数最好选质数。

③ 选较少的链轮齿数 z_1 可减小外廓尺寸。但齿数过少，将会导致传动的不均匀性和动载荷增大；链条进入和退出啮合时，链节间的相对转角增大，铰链磨损加剧；链传动的圆周力也将增大，从而加速了链条和链轮的损坏。由于本实例的链传动功率很小，对传动的要求也很低，所以在此取了较少的齿数。

④ 增加小链轮齿数对传动有利，但链轮的齿数不宜过大，否则，除增大了传动的尺寸和质量外，还会因链条节距的伸长而发生脱链，导致降低使用寿命。国家标准规定链轮的最大齿数小于 120。

2. 确定计算功率 P_c

如表 4-14 所示，根据"载荷变动较大，电动机驱动"的要求查得工作情况系数 $K_A = 1.4$。

由式（4-38）可得

$$P_c = K_A \cdot P = 1.3 \times 2 \text{kW} = 2.6 \text{kW}$$

3. 初定中心距 a_0，取定链节数

（1）初定中心距：

$$a_0 = （30 \sim 50）p \tag{4-40}$$

取中间值：$a_0 = 40p$。

（2）取定链节数。

链节数 L_p 可根据几何关系求出：

$$L_p = \frac{2a_0}{p} + \frac{z_1 + z_2}{2} + \left(\frac{z_2 - z_1}{2\pi}\right)^2 \frac{p}{a_0} \tag{4-41}$$

故

$$L_p = \frac{2 \times 40p}{p} + \frac{17 + 34}{2} + \left(\frac{34 - 17}{2\pi}\right)^2 \frac{p}{40p} = 105.68$$

取 $L_p = 106$ 节（取偶数）。

【说明】

①中心距的大小对传动有很大影响。中心距小时，链节数少，链速一定时，单位时间内每一链节的应力变化次数和屈伸次数增多，因此，链的疲劳和磨损增加。中心距大时，链节数增多，吸振能力高，使用寿命长。但中心距 a 太大时，又会发生链的颤抖现象，使运动的平稳性降低。设计时如无结构上的特殊要求，一般可初定中心距 $a_0 = (30 \sim 50)p$，最大中心距可取 $a = 80p$。

②链节数通常取偶数。只有这样，链条连成环形时，才正好是外链板与内链板相联接；而当链节数为奇数时，必须用带有弯板的过渡链节进行联接。弯板在链条受拉时要受附加弯矩作用，强度比普通链板降低 20% 左右，故设计时应尽量避免奇数链节的链条。

4. 确定链节距 p

（1）计算链传动所需额定功率 P_0。

①此实例中，链速不高，假设链板疲劳破坏：$K_Z = \left(\dfrac{z_1}{19}\right)^{1.08} = 0.89$。

②由 $L_p = 106$，$K_L = \left(\dfrac{106}{100}\right)^{0.26} = 1.02$。

③由表 4-15 选单排链，$K_P = 1.0$。

由式（4-39）

$$P_0 = \frac{P_C}{K_Z K_L K_P} = \frac{2.6}{0.89 \times 1.02 \times 1.0} = 2.86 \text{kW}$$

【说明】

链速不高时，链传动的承载能力取决于链板的疲劳强度；随着链轮转速的增高，链传动的运动不均匀性增大，传动能力取决于滚子和套筒的冲击疲劳强度。由于本实例链速不高，故假设链板疲劳破坏。

（2）选择滚子链型号。

$n_1 = 90 \text{r/min}$，$P_0 = 2.86$ 时，由图 4-24 可知选择滚子链型号为 16A，且知原估计链工作在功率曲线左侧（链板疲劳破坏）为正确。

5. 确定链长 L 和中心距 a

由表 4-9 可知型号为 16A 的滚子链，链节距 $p = 25.4 \text{mm}$。

所以，链长：$L = L_p \times p = 106 \times 25.4 = 2692.4 \text{mm}$。

链传动的理论中心距 a 可根据几何关系求出：

$$a = \frac{p}{4}\left[\left(L_P - \frac{z_1 + z_2}{2}\right) + \sqrt{\left(L_P - \frac{z_1 + z_2}{2}\right)^2 - 8\left(\frac{z_2 - z_1}{2\pi}\right)^2}\right] \tag{4-42}$$

故

$$a = \frac{25.4}{4}\left[\left(106 - \frac{17 + 34}{2}\right) + \sqrt{\left(106 - \frac{17 + 34}{2}\right)^2 - 8\left(\frac{34 - 17}{2\pi}\right)^2}\right] = 1020.03 \text{mm}$$

符合设计要求。

取中心距减小量

$$\Delta a = (0.002 \sim 0.004)a \tag{4-43}$$

故

$$\Delta a = (0.002 \sim 0.004) \times 1020.03 = (2.04 \sim 4.08) \text{mm}$$

实际安装中心距 $a' = a - \Delta a = [1020.03 - (2.04 \sim 4.08)] = (1018.26 \sim 1016.22) \text{mm}$

取

$$a' = 1018 \text{mm}$$

【说明】

①一般的链传动设计中，为了保证链条松边有一个合适的安装垂度，实际中心距应比理论中心距小一些。计算中心距减小量 Δa 的式（4-43）为经验公式。

②在本实例中，由于链轮转速较低，传力不大，加上结构的限制，所以采用特殊的布置方法（链轮平面水平布置），为防止脱链，链条应尽拉紧一些。

6. 验算链速 v

$$v = \frac{n_1 z_1 p}{60000} \quad (4\text{-}44)$$

故

$$v = \frac{90 \times 17 \times 25.4}{60000} = 0.65\,\text{m/s}$$

与原假设 $v = 0.6 \sim 3$ m/s 相符。

7. 验算小链轮毂孔直径 d_k

根据齿数 17、节距为 25.4mm，由表 4-11 可知小链轮毂孔许用最大直径 $d_{kmax} = 74$mm，大于立轴的轴径 $d = 50$mm 故合适。

8. 链传动的压轴力 F

$$F \approx K_{FP} \cdot F_e \quad (4\text{-}45)$$

式中，F_e 为链传递的有效圆周力，K_{FP} 为压轴力系数，对于水平传动 $K_{FP} = 1.15$，对于垂直传动 $K_{FP} = 1.05$。本例中 $F_e = 1000P_c/v = 1000 \times 2.6/0.65 = 4000$（N）；按水平布置取压轴力系数 $K_{FP} = 1.15$。

故

$$F = 4000 \times 1.15 = 4600\ \text{N}$$

9. 选择润滑方式

根据链速 $v = 0.65$m/s，链节距 $p = 25.4$，按如图 4-26 所示图像选择滴油润滑方式。

10. 链轮结构设计

（略）

4.9 其他带传动、链传动简介

4.9.1 其他带传动简介

除以上介绍的带传动外，还有许多其他类型的带传动。

多楔带传动（见图 4-27）兼有平带与 V 带的优点，柔性好，摩擦力大，主要用于传递较大功率、机构要求紧凑的场合。

同步带传动（见图 4-28）与其他带传动的工作原理不同，同步带的工作面有齿，带轮的轮廓表面也制有相应的齿槽，带与带轮是靠啮合进行传动的。故传动比恒定。其主要缺点是制造和安装精度要求较高，无张紧轮时，中心距要求较严格。

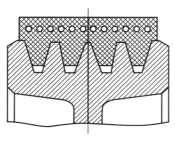

图 4-27　多楔带传动

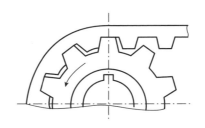

图 4-28　同步带传动

磁力金属带传动基本原理是靠缠绕在大、小带轮轮辐上的激磁线圈产生磁场并吸引金属带，以产生较大的正压力，从而大幅度地提高摩擦力而进行传动。同普通带传动相比，其特点是摩擦力的产生已不再是初张力单独作用的结果，而是磁场吸引力与初张力的共同作用。这对提高传动效率、增大传动比及改善传动性能等具有重要的理论意义。

由于磁力金属带传动具有传动功率大、传动比范围广、允许线速度高、弹性滑动率小、传动准确、效率高等特点，因而可广泛应用于机床、纺织、汽车、化工、国防、通用机械以及高速、重载等重大装备领域。

4.9.2 其他链传动及链条简介

链条按其用途不同可分为传动链、起重链和输送链三种。套筒滚子链属于传动链，精压机机组中的链式输送机，用的是输送链。

另外，在生产实践中，还有许多特殊形式的链传动被广泛应用，如齿形链、自润滑链、橡胶链等。

1.齿形链

齿形链也用于传动，如图 4-29 所示，它利用特定齿形的链片与链轮相啮合来实现传动的，传动较平稳，承受冲击载荷的能力强，允许的速度较高（可达 40 m/s），噪声小，故又称为无声链。它的缺点是结构复杂、质量大、价格高，适用于高速或精度要求高的场合。

2.自润滑链条

自润滑链条属于套筒滚子链的一种改进型。它的最大特点是采用粉末冶金压制的滚子套筒并添加了绿色环保油，解决了链条不能自己润滑的缺点。通过耐磨损性能试验，耐磨性能比同规格的常规标准链提高20%以上；耐腐蚀性能由于通过零件的化学镀镍等表面处理，比同规格的常规标准链提高 2~3 倍。

自润滑链条适用于高档的免维护或少维护的场所，如食品工业自动化生产线、高档自行车赛车、少维护高精度传动机械等。

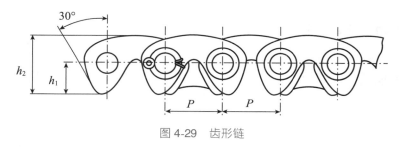

图 4-29　齿形链

思考与练习题

1.选择题

4-1　带张紧的目的是（　　）。

　　A.减轻带的弹性滑动　　　　　　　　　　B.提高带的寿命

　　C.改变带的运动方向　　　　　　　　　　D.使带具有一定的初拉力

4-2　与链传动相比较，带传动的优点是（　　）。

　　A.工作平稳，基本无噪声　　　　　　　　B.承载能力大

　　C.传动效率高　　　　　　　　　　　　　D.使用寿命长

4-3　带传动是依靠（　　）来传递运动和功率的。

　　A.带与带轮接触面之间的正压力　　　　　B.带与带轮接触面之间的摩擦力

　　C.带的紧边拉力　　　　　　　　　　　　D.带的松边拉力

4-4　选取 V 带型号，主要取决于（　　　）。

　　A. 带传递的功率和小带轮转速　　　　　　　B. 带的线速度

　　C. 带的紧边拉力　　　　　　　　　　　　　D. 带有松边拉力

4-5　带传动的打滑现象首先发生在（　　　）。

　　A. 大带轮　　　　　　　　　　　　　　　　B. 小带轮

　　C. 大带轮和小带轮同时出现　　　　　　　　D. 大小带轮之间

4-6　两带轮直径一定时，减小中心距将引起（　　　）。

　　A. 带的弹性滑动加剧　　　　　　　　　　　B. 带传动效率降低

　　C. 带工作噪声增大　　　　　　　　　　　　C. 小带轮上的包角减小

4-7　带传动的中心距过大时，会导致（　　　）。

　　A. 带的寿命缩短　　　　　　　　　　　　　B. 带的弹性滑动加剧

　　C. 带的工作噪声增大　　　　　　　　　　　D. 带在工作时出现颤动

4-8　设计 V 带传动时，为防止（　　　），应限制小带轮的最小直径。

　　A. 带内的弯曲应力过大　　　　　　　　　　B. 小带轮上的包角过小

　　C. 带的离心力过大　　　　　　　　　　　　D. 带的长度过长

4-9　带传动在工作时，假定小带轮为主动轮，则带内应力的最大值发生在带（　　　）。

　　A. 进入大带轮处　　　　　　　　　　　　　B. 紧边进入小带轮处

　　C. 离开大带轮处　　　　　　　　　　　　　D. 离开小带轮处

4-10　带传动产生弹性滑动的原因是（　　　）。

　　A. 带与带轮间的摩擦系数较小　　　　　　　B. 带绕过带轮产生了离心力

　　C. 带的紧边和松边存在拉力差　　　　　　　D. 带传递的中心距大

4-11　套筒滚子链中，滚子的作用是（　　　）。

　　A. 缓冲吸震　　　　　　　　　　　　　　　B. 减轻套筒与轮齿间的摩擦与磨损

　　C. 提高链的承载能力　　　　　　　　　　　D. 保证链条与轮齿间的良好啮合

4-12　在一定转速下，要减轻链传动的运动不均匀和动载荷，应（　　　）。

　　A. 增大链节距和链轮齿数　　　　　　　　　B. 减小链节距和链轮齿数

　　C. 增大链节距，减小链轮齿数　　　　　　　D. 减小链条节距，增大链轮齿数

4-13　链条的节数宜采用（　　　）。

　　A. 奇数　　　　　　B. 偶数　　　　　　C. 5 的倍数　　　　　　D. 10 的倍数

4-14　V 带轮槽角应小于带楔角的目的是（　　　）。

　　A. 增加带的寿命　　　　　　　　　　　　　B. 便于安装

　　C. 可以使带与带轮间产生较大的摩擦力　　　D. 增加带轮寿命

4-15　设计时，带速如果超出许用范围应该采取（　　　）措施。

　　A. 更换带型号　　　　　　　　　　　　　　B. 降低对传动能力的要求

　　C. 重选带轮直径　　　　　　　　　　　　　D. 使用链轮保证达到传动功率

2. 填空题

4-16　带传动中，打滑是指_____，多发生在_____轮上。刚开始打滑时．紧边拉力 F_1 与松边拉力 F_2 的关系为：_____。

4-17　在设计 V 带传动时，V 带的型号是根据_____选取的。

4-18　带传动不能保证精确的传动比，其原因是_____。

4-19　带传动的设计准则为_____。

4-20　带传动一周过程中，带所受应力的大小要发生变化，其中以_____应力变化最大，而_____应力不变化。

4-21 窄 V 带比普通 V 带承载能力_____。

4-22 普通 V 带的节面中，_____型带的最小。

4-23 链传动中，小链轮的齿数越多，则传动平稳性越_____。

4-24 链传动中，当节距增大时，优点是_____，缺点是_____。

4-25 与带传动相比，链传动的承载能力_____，传动效率_____，作用在轴上的径向压力_____。

3. 简答题

4-26 普通 V 带和窄 V 带的截型各有哪几种？

4-27 打滑首先发生在哪个带轮上？为什么？

4-28 当小带轮为主动轮时，最大应力发生在何处？

4-29 带传动的带速、中心距过大或过小对传动有何不利？一般取为多少？

4-30 影响带传动能力的参数主要有哪些？

4-31 带传动和链传动的主要失效形式是什么？

4-32 链传动的中心距过大或过小对传动有何不利？一般取为多少？

4-34 与带传动相比，链传动有何优缺点？

4-34 带传动的初拉力对工作有何影响？紧边拉力和松边拉力的大小取决于什么？它们之间有何关系？

4-35 V 带传动中，张紧轮布置在什么位置较为合理？

4. 判断题

4-36 V 带的基准长度是指在规定的张紧力下，位于带轮基准直径上的周线长度。 （　　）

4-37 普通 V 带型号中，截面尺寸最大的是 F 型。 （　　）

4-38 弹性滑动是可以避免的。 （　　）

4-39 带轮转速越高，带截面上的最大应力也相应增大。 （　　）

4-40 带传动不能保证传动比准确不变的原因是发生打滑现象。 （　　）

4-41 为了增强传动能力，可以将带轮工作面制得粗糙些。 （　　）

4-42 为了保证 V 带传动具有一定的传动能力，小带轮的包角通常要求大于或等于 120°。 （　　）

4-43 V 带根数越多，受力越不均匀，故设计时一般 V 带不应超过 8~10 根。 （　　）

4-44 V 带的张紧轮最好布置在松边外侧靠近大带轮处。 （　　）

4-45 为降低成本，V 带传动通常可将新、旧带混合使用。 （　　）

4-46 链条的节距标志其承载能力，因此对于承受较大载荷的链传动，应采用大节距单排链。 （　　）

4-47 选择链条型号时，依据的参数是传递的功率。 （　　）

4-48 链传动常用的速度范围在 5m/s < v < 25m/s 之间。 （　　）

4-49 链传动属于啮合传动，所以它能用于要求瞬时传动比恒定的场合。 （　　）

4-50 链传动的失效形式是过载拉断和胶合。 （　　）

5. 综合题

4-51 已知 V 带传递的实际功率 $P=7$kW，带速 $v=10$m/s，紧边拉力是松边拉力的 2 倍，试求有效圆周力和紧边拉力 F_1 的值。

4-52 有一 A 型普通 V 带传动，主动轴转速 $n_1=1480$r/min，从动轴转速 $n_2=600$r/min，传递的最大功率 $P=1.5$kW。假设带速 $v=7.75$m/s，中心距 $a=800$mm，当量摩擦系数 $f_v=0.5$，求带轮基准直径 d_1、d_2，带基准长度 L_d 和初拉力 F_0。

4-53 设计一破碎机装置用窄 V 带传动。已知电动机型号为 Y132S-4，电动机额定功率 $P=5.5$kW，转速 $n_1=1400$r/min，传动比 $i=2$，两班制工作，希望中心距不超过 600mm。要求绘制大带轮的工作图（设该轮轴孔直径 $d=35$mm）。

4-54 设计一带式运输机的滚子链传动。已知传递功率 $P=7.5$kW，主动链轮转速 $n_1=960$r/min，轴径 $d=$

38mm，从动链轮转速 $n_2 = 330r/min$。电动机驱动，载荷平稳，一班制工作。

4-55 资料查询与讨论

煤炭被称为工业的粮食。我国总的能源特征为"富煤、少油、有气"，我国煤炭储量全球第三，原煤产量世界第一，煤炭目前在我国能源消费占比约为 60%，占有重要的地位。我国煤矿生产从旧中国原始落后的人力落煤、人力或畜力运输（旧中国时期的安源煤矿工人不仅工作强度高，危险性也高。"少年进炭棚，老来背竹筒，病了赶你走，死了不如狗"的悲歌正是当时工人们悲惨生活的真实写照）发展到二十世纪五六十年代的炮采工艺；二十世纪七十年代引进综采综掘设备（综合机械化就是将采煤的几道工序综合起来，在液压支架的保护下，实现采煤机切割煤，运输机运输煤的技术，形成采煤机、液压支架和运输机综合运用的成套装备），二十世纪八十年代推行综合机械化开采，之后自行研制大型煤矿机械装备，实现了煤机装备国产化、煤矿工作面智能化开采。目前，中国的综合机械化开采技术已经发展到智能化综采，实现远距离控制操作，工作面可以无人，全国已建成超 200 个智能化采煤工作面。通过 5G 网络对煤矿进行智能化改造，将井上井下生产要素串联起来，助力中国煤炭全面实现无人化、智能化、远程化。

2020 年，国家发改委印发《关于加快煤矿智能化发展的指导意见》，提出到 2030 年，各类煤矿基本实现智能化。2021 年 6 月，中国煤炭工业协会印发《煤炭工业"十四五"两化融合发展指导意见》，提出到"十四五"末，形成较完善的煤炭工业两化（信息化和工业化）融合技术标准体系、解决方案体系、考核评价体系、服务保障体系和信息产业体系；煤炭工业两化融合总体水平达到主要工业行业平均以上水平；煤炭全产业链核心场景智能化应用总体水平显著提升；5G、大数据、人工智能、工业互联网、区块链等新技术与煤炭工业深度融合，部分技术应用达到领先水平。

矿用刮板输送机为运输煤的执行机构，结合本章内容，请查询矿用刮板输送机的组成及结构，查询文献讨论其如何实现软起动、高强度、重型化、高可靠性，动作机构与检测传感如何实现与 5G 网络协同工作实现工业互联。

第5章

齿轮传动系统设计

本章介绍了渐开线齿轮传动的基本理论及设计计算，介绍了轮系的概念及计算。学习本章应重点掌握渐开线标准直齿、斜齿圆柱齿轮传动的尺寸计算及强度计算方法；重点掌握齿轮传动的模数、压力角、分度圆、节圆、啮合角等重点概念；重点掌握齿轮传动正确啮合条件及当量齿轮的概念；重点掌握斜齿轮、锥齿轮与直齿圆柱齿轮的不同点；重点掌握定轴轮系、周转轮系和复合轮系传动比的计算。结合本章知识查询讨论航空齿轮的用途和特点。

5.1 引言

齿轮传动用来传递两轴间的回转运动和动力，是机械传动中应用最为广泛一种传动形式，其中最常用的是渐开线齿轮传动，所以本章主要讨论这类齿轮传动。

与其他形式的机械传动相比，齿轮传动的主要优点是能传递空间中任意两轴之间的运动和动力，瞬时传动比恒定，传动效率高，工作寿命长，可靠性较高，适用的圆周速度和功率范围广；主要缺点是制造及安装精度高，成本较高，不适用于远距离两轴之间的传动。

在精压机传动系统及链式输送机的传动系统中，使用了多种形式的齿轮传动。具体如图 5-1 所示。

1—开式直齿圆柱齿轮传动；2—闭式斜齿圆柱齿轮传动；
3—开式锥齿轮传动。

（a）精压机中的齿轮传动

（b）链式输送机中的蜗杆传动

图 5-1　精压机机组中的齿轮传动

5.2 齿轮传动的类型及应用

齿轮传动类型很多，有多种不同的分类方法。根据齿轮所传递运动两轴线的相对位置、运动形式及齿轮的几何形状，常用齿轮传动的基本类型、特点及应用如表 5-1 所示。

表 5-1　常用齿轮传动的类型、特点及应用

名称	外啮合直齿圆柱齿轮机构	内啮合直齿圆柱齿轮机构	外啮合斜齿轮圆柱齿轮机构	外啮合人字齿圆柱齿轮机构
示意图		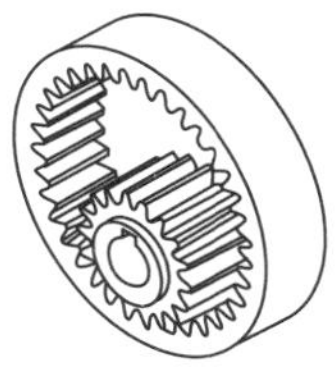		
特点及应用	两齿轮轴线平行，转向相反；轮齿与轴线平行，工作时无轴向力，重合度小，传动平稳性较差，承载能力较低；多用于速度较低的场合	两齿轮轴线平行，转向相同；重合度大；多用于传动系统需要内啮合传动的特定场合	两齿轮轴线平行，转向相反；轮齿与轴线成一夹角，工作时有轴向力，重合度大，传动平稳，承载能力较强；多用于速度较高、载荷较大的场合	两齿轮轴线平行，转向相反；两边轮齿间的轴向力能相互抵消，承载能力高；多用于重载场合
名称	齿轮齿条机构	直齿圆锥齿轮机构	曲齿圆锥齿轮机构	蜗杆传动机构
示意图	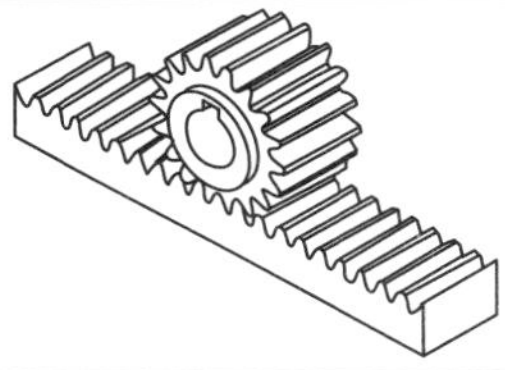		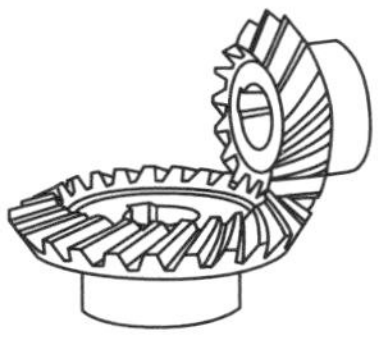	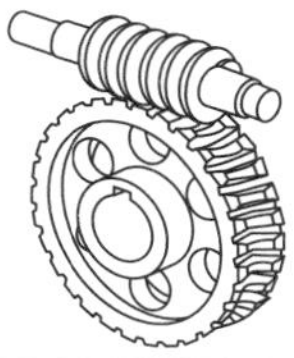
特点及应用	齿条相当于半径无限大的齿轮；用于将连续转动变换为往复运动的场合	两齿轮轴线相交，轴交角一般为 90°，传动平稳性较差，承载能力较低；轴向力较大；用于速度较低、载荷较小且较稳定的场合	两齿轮轴线相交，轴交角一般为 90°；重合度大，传动平稳，承载能力较强；轴向力较大；用于速度较高、载荷较大的场合	两齿轮轴线交错，一般为 90°；传动比大，结构紧凑，传动平稳，传动效率低，易发热；用于传动比大，两齿轮轴线交错的场合

此外，按齿轮的工作条件可分为闭式传动和开式传动。

闭式传动是将齿轮安装在密封的箱体内，保证良好的润滑，多用于高速或较重要场合；开式传动的齿轮是外露的，不能防尘且润滑不良，轮齿易于磨损，用于低速或低精度的场合。

5.3 齿轮传动的基本理论

5.3.1 齿廓啮合的基本定律

齿轮传动的基本要求是其瞬时传动比恒定不变，否则，当主动轮等速回转时，从动轮的角速度为变数，这将引起惯性力，从而产生冲击和振动。

如图 5-2 所示，相互啮合的两齿廓 E_1 和 E_2 在 K 点接触，过 K 点作两齿廓的公法线 nn，它与连心线 O_1O_2

的交点 C 称为节点。以 O_1、O_2 为圆心，以 O_1C（r_1'）、O_2C（r_2'）为半径所作的圆称为节圆。节圆是一个假想圆，它表示齿轮传动啮合状况。从齿轮传动的基本要求出发，应使两齿轮的节圆在 C 点处做相对纯滚动，也就是说应使两齿廓在 C 点处的圆周速度相等。于是有 $\omega_1 \cdot O_1 C = \omega_2 \cdot O_2 C$，即

$$i = \frac{\omega_1}{\omega_2} = \frac{O_2 C}{O_1 C} = \frac{r_2'}{r_1'} \qquad (5\text{-}1)$$

式（5-1）为齿廓啮合基本定律的数学表达。由此可知，欲使两齿轮瞬时传动比恒定不变，则节点 C 不能变，即不论齿廓在任何位置接触，过接触点所作的齿廓公法线都必须与连心线交于一定点。

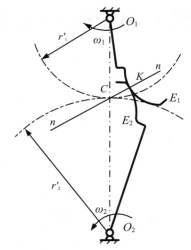

图 5-2　齿廓实现定角速比的条件

5.3.2 渐开线的形成及特性

1. 渐开线的形成

如图 5-3 所示，当一直线 NK 沿一圆周做纯滚动时，直线上任意一点的轨迹 AK 称为该圆的渐开线，这个圆称为渐开线的基圆，其半径用 r_b 表示。直线 NK 称为渐开线的发生线。

2. 渐开线的特性

（1）发生线沿基圆滚过的长度，等于该基圆上被滚过圆弧的长度，即 $\overline{NK} = \overset{\frown}{AN}$。

（2）渐开线上任意点的法线，一定是基圆的切线。如 K 点的法线 NK 也是基圆的切线

（3）渐开线上任意点 K 处法线（压力方向线）与 K 点速度方向线（垂直向径方向）的夹的锐角 α_K 称为该点的压力角。由图 5-3 可知

$$\alpha_K = \cos^{-1} \frac{r_b}{r_K} \qquad (5\text{-}2)$$

式（5-2）表示渐开线上各点压力角不等，离圆心越远处的压力角越大。

（4）渐开线的形状取决于基圆半径的大小。基圆半径越大，渐开线越趋平直。如图 5-4 所示。半径为 r_{b1} 的基圆对应的渐开线 K_{01} 较为弯曲，半径为 r_{b2} 的基圆对应的渐开线 K_{02} 较为平直，当基圆半径趋于无穷大时，其渐开线变成直线。故齿条的齿廓就是变成直线的渐开线。

（5）基园内无渐开线。

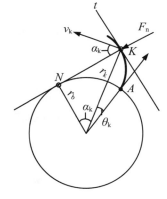

图 5-3　渐开线的形成及压力角

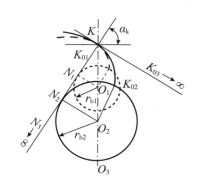

图 5-4　基圆大小对渐开线的影响

5.3.3 渐开线齿廓的三大特性

1. 定比性

所谓定比性是指啮合过程中两轮的传动比恒为常数。

图 5-5 中，齿轮连心线为 O_1O_2，两轮基圆半径分别为 r_{b1}、r_{b2}。两轮的渐开线齿廓在任意点 K 啮合，根据渐开线特性，齿廓啮合点 K 的公法线必同时与两基圆相切，切点为 N_1、N_2，即 N_1N_2 为两基圆的内公切线。由于两轮的基圆为定圆，其同一方向只有一条内公切线。因此，两齿廓在任意点 K 啮合其公法线 N_1N_2 必为一定直线，其与定线 O_1O_2 的交点必为定点，则两轮的传动比为常数。这也说明渐开线齿廓是符合齿廓啮合基本定律的。

2. 平稳性

所谓平稳性是指啮合过程中两轮的啮合角恒为常数。

图 5-5 中，由于一对渐开线齿廓在任意啮合点处的公法线都是同一直线 N_1N_2，因此两齿廓上所有啮合点均在 N_1N_2 上。因此，线段 N_1N_2 是两齿廓啮合点的轨迹，称作啮合线。过节点 C 作两节圆的公切线 tt，它与啮合线 N_1N_2 间的夹角称为啮合角 α'。由于公切线 tt 与啮合线 N_1N_2 均为定线，故在齿轮传动过程中，啮合角 α' 始终不变，两啮合齿廓间的正压力方向不变，因而传动平稳。

3. 可分性

所谓可分性是指即使两齿轮的中心距稍有改变，其传动比仍保持原值不变。

由图 5-5 可以看出 $\triangle O_1N_1C \backsim \triangle O_2N_2C$，因此两轮的传动比又可写成：

$$i_{12} = \frac{\omega_1}{\omega_2} = \frac{O_2C}{O_1C} = \frac{r'_2}{r'_1} = \frac{r_{b2}}{r_{b1}}$$

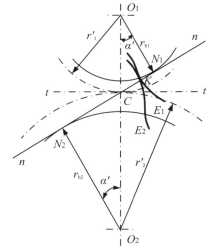

图 5-5 渐开线齿廓特性

由此可知，渐开线齿轮的传动比又与两轮基圆半径成反比。渐开线加工完毕之后，其基圆的大小是不变的，所以当两轮的实际中心距与设计中心距不一致时，而两轮的传动比却保持不变。

5.4 渐开线标准齿轮的参数和几何尺寸

5.4.1 标准直齿圆柱齿轮各部分名称和符号

图 5-6 所示为齿轮各部分名称及符号。其主要包含以下部分。

（1）齿顶圆：齿轮所有各齿的顶端都在同一个圆上，这个过齿轮各齿顶端的圆称作齿顶圆，用 d_a 或 r_a 表示其直径或半径。

（2）齿根圆：齿轮所有各齿之间的齿槽底部也在同一圆上，这个圆称作齿根圆，用 d_f 或 r_f 表示其直径或半径。

（3）基圆：也就是形成渐开线的基础圆，其直径和半径分别用 d_b 和 r_b 表示。

（4）分度圆：为便于齿轮几何尺寸的计算、测量所规定的一个基准圆。因为是基准圆，所以表示其直径和半径的符号不用加下标，分别为 d 和 r。

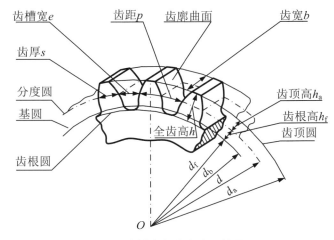

图 5-6 齿轮各部分名称及符号

（5）齿厚：轮齿在分度圆周上的弧长，用 s 表示；若是任意圆 i 上的齿厚，用 s_i 表示。

（6）齿槽宽：齿槽在分度圆周上的弧长，用 e 表示；若是任意 i 上的齿槽宽，用 e_i 表示。标准直齿圆柱齿轮分度圆上的齿厚与齿槽宽相等，即 $s=e$。

（7）齿距：分度圆上相邻两齿同侧齿廓之间的弧长，用 p 表示；若是任意圆周 i 上的齿距，用 p_i 表示。显然 $p_i = s_i + e_i$；$p = s + e = 2s = 2e$。

（8）法向齿距：相邻两齿同侧齿廓在啮合线上的距离，用 p_n 表示。根据渐开线的性质，法向齿距等于基圆齿距 p_b，即 $p_n = p_b$。

（9）齿顶高：分度圆与齿顶圆之间的径向高度，用 h_a 表示。

（10）齿根高：分度圆与齿根圆之间的径向高度，用 h_f 表示。

（11）齿全高：齿顶圆与齿根圆之间的径向高度，用 h 表示，$h = h_a + h_f$。

（12）齿宽：轮齿沿轴线方向的宽度，用 B 表示。

5.4.2 直齿圆柱齿轮的基本参数和几何尺寸

1. 齿轮基本参数

（1）齿数：指齿轮整个圆周上轮齿的总数，用 z 表示。它会影响传动比和轮齿的形状。

（2）模数：指表示轮齿比例大小的参数，用 m 表示。模数是为计算分度圆尺寸与而引入的。

若齿轮的齿数为 z、分度圆直径为 d、齿距为 p，则分度圆周长 $= \pi \cdot d = z \cdot p$，故 $d = z \cdot p / \pi$。由于 π 是无理数，不便于制造和检测，于是规定比值 p/π 为一简单的数值，这个数值就称作模数，即 $m = p/\pi$，所以 $d = mz$。

齿轮的主要几何尺寸都与模数成正比，m 越大，则 p 越大，轮齿就越大，轮齿的抗弯能力也越强，所以模数 m 又是轮齿抗弯能力的重要标志。我国已规定了标准模数系列，如表5-2所示。

表5-2　标准模数系列

单位：mm

第一系列			1　1.25　1.5　2　2.5　3　4　5　6　8　10　12　16　20　25　32　40　50							
第二系列	1.75　2.25　2.75	（3.25）	3.5	（3.75）	4.5　5.5	（6.5）	7　9	（11）	14　18　22　28　36　45	

注：1. 本表适用于渐开线圆柱齿轮，对斜齿轮是指法向模数。

2. 优先采用第一系列，括号内的模数尽可能不用。

（3）压力角：通常所说的齿轮压力角是指分度圆上的压力角，压力角是决定渐开线齿廓形状的重要参数，用 α 表示。

由式（5-2）可得：$r_b = r \cdot \cos\alpha = \left(\dfrac{mz}{2}\right) \cdot \cos\alpha$

所以，一个模数、齿数不变的齿轮，若其压力角不同，则其基圆的大小也不同，因而其齿廓渐开线的形状也不同。

国家标准规定分度圆压力角为标准值，一般情况下为 $\alpha = 20°$。

（4）齿顶高系数 h_a^* 和顶隙系数 c^*

为了以模数表示齿轮的几何尺寸，规定齿顶高和齿根高分别为：

$h_a = h_a^* \cdot m$，$h_f = h_a + c = (h_a^* + c^*) m$

式中，c 为顶隙（$c = c^* m$），顶隙是指齿轮啮合时一个齿轮的齿顶圆到另一个齿轮的齿根圆的径向距离。顶隙有利于润滑油的流动对于圆柱齿轮，正常齿的标准值：$h_a^* = 1.0$；$c^* = 0.25$。

通常所说的标准齿轮是指：m、α、h_a^*、c^* 都为标准值且 $e = s$ 的齿轮。

如表5-3所示为正常齿轮、标准直齿轮、圆柱齿轮的尺寸计算公式。

表5-3 正常齿轮、标准直齿轮、圆柱齿轮的尺寸计算公式

名称	符号	计算公式
齿距	p	$p = m\pi$
齿厚、齿槽宽	s、e	$s = e = \pi m/2$
齿顶高	h_a	$h_a = h_a^* m = m$
齿根高	h_f	$h_f = h_a + c = (h_a^* + c^*)m = 1.25m$
全齿高	h	$h = h_a + h_f = (2h_a^* + c^*)m = 2.25m$
分度圆直径	d	$d = mz$
齿顶圆直径	d_a	$d_a = d + 2h_a = d + 2h_a^* m) = d + 2m$
齿根圆直径	d_f	$d_f = d - 2h_f = d - 2(h_a^* + c^*)m = d - 2.5m$
基圆直径	d_b	$d_b = d\cos\alpha = mz\cos\alpha$

5.5 渐开线直齿圆柱齿轮的啮合

5.5.1 正确安装条件

标准齿轮正确安装时，齿轮的分度圆与节圆重合，啮合角 $\alpha' = \alpha = 20°$。

此时，中心距：

$$a = \frac{d'_1 + d'_2}{2} = \frac{d_1 + d_2}{2} = m\frac{z_1 + z_2}{2} \tag{5-3}$$

两轮的中心距 a 等于两轮分度圆半径之和，此即一对标准直齿圆柱齿轮的正确安装条件。此时的中心距称为标准中心距，按照标准中心距进行安装称为标准安装。

必须注意，不论齿轮是否参加啮合传动，分度圆、压力角是单个齿轮所固有的、大小确定的圆，与传动的中心距变化无关；而节圆、啮合角是两齿轮啮合传动时才有的，其大小与中心距的变化有关，单个齿轮没有节圆、啮合角。

由于渐开线齿廓具有可分离性，两轮中心距略大于正确安装中心距时仍能保持瞬时传动比恒定，但齿侧出现间隙，反转时会有冲击。

当两轮的实际中心距 a' 与标准中心距 a 不一致时，两轮的分度圆不再相切，这时节圆与分度圆不重合，实际中心距 a' 与标准中心距 a 的关系为

$$a' \cdot \cos\alpha' = a \cdot \cos\alpha \tag{5-4}$$

5.5.2 正确啮合的条件

一对渐开线齿轮在传动时，它们的齿廓啮合点都在 N_1N_2 啮合线上。因此，要使处于啮合线上的各对齿轮轮齿都能正确地进入啮合，应使两轮的法向齿距相等。由于法向齿距等于基圆齿距，所以两齿轮正确啮合时：$p_{b1} = p_{b2}$。

又因为：$p_b = \dfrac{\pi d_b}{z} = \pi d \cdot \dfrac{\cos\alpha}{z} = \pi m \cdot \cos\alpha$（$d_b = d\cos\alpha$）；

所以有：$p_{b1} = \pi m_1 \cdot \cos\alpha_1 = p_{b2} = \pi m_2 \cdot \cos\alpha_2$，即两轮正确啮合的条件为：$m_1\cos\alpha_1 = m_2\cos\alpha_2$。

由于 m 和 α 都已标准化了，所以要满足上式必须使其模数和压力角分别相等，即

$$\left.\begin{array}{c} m_1 = m_2 = m \\ \alpha_1 = \alpha_2 = \alpha \end{array}\right\} \tag{5-5}$$

式（5-5）即为一对渐开线直齿圆柱齿轮的啮合的正确啮合的条件。

于是，一对渐开线直齿圆柱齿轮的传动比又可表达成

$$i = \frac{\omega_1}{\omega_2} = \frac{n_1}{n_2} = \frac{d_{b1}}{d_{b2}} = \frac{d'_2}{d'_1} = \frac{d_2 \cos\alpha}{d_1 \cos\alpha} = \frac{d_2}{d_1} = \frac{mz_2}{mz_1} = \frac{z_2}{z_1} \tag{5-6}$$

5.5.3 连续传动的条件

1. 一对轮齿的啮合过程

图 5-7（a）中，轮 1 为主动轮，轮 2 为从动轮；$N_1 N_2$ 为啮合线。在两轮轮齿开始进入啮合时，主动轮的齿根与从动轮的齿顶接触，啮合开始点可标记为 B_2。它是从动轮的齿顶圆与啮合线 $N_1 N_2$ 的交点。随着啮合传动的进行，轮齿的啮合点沿啮合线移动，主动轮轮齿上的啮合点逐渐移向齿根，从动轮轮齿上的啮合点逐渐移向齿顶，啮合终止时主动轮的齿顶与从动轮的齿根相接触，如图 5-7（a）所示，啮合终止点标记为 B_1。从一对轮齿的啮合过程来看，啮合点实际走过的轨迹只是啮合线 $N_1 N_2$ 的一部分线段 $B_1 B_2$，故把 $B_1 B_2$ 称为实际啮合线段。当两轮齿顶圆加大，B_1 及 B_2 点接。

近啮合线与两基圆的切点 N_1、N_2，实际啮合线段变长。但因为基圆内部没有渐开线，所以 N_1、N_2 为啮合极限点，$N_1 N_2$ 是理论上可能的最大啮合线段，称作理论啮合线段。所以 $B_1 B_2$ 的长度不可能超过 $N_1 N_2$。

2. 连续传动的条件

一对齿轮的啮合只能推动从动轮转过一定的角度，而要使齿轮连续地进行转动，就必须在前一对轮齿尚未脱离啮合时，后一对轮齿能及时地进入啮合，为此，必须使 $B_1 B_2 \geqslant p_b$，如图 5-7（b）所示。若用符号 ε_α 表示 $B_1 B_2$ 与 p_b 的比值，称为重合度，则连续传动条件为：重合度大于或等于 1，即

$$\varepsilon_\alpha = \frac{\overline{B_1 B_2}}{p_b} \geqslant 1 \tag{5-7}$$

重合度越大，传动平稳性和传动能力越好。

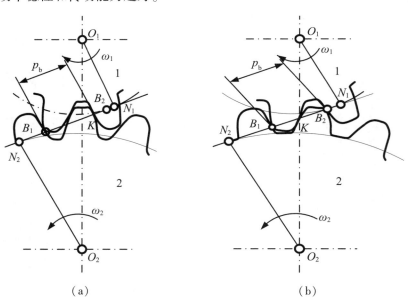

图 5-7 轮齿的啮合

渐开线轮廓的切制方法及变位齿轮简介

5.6.1 渐开线齿廓的切制方法

齿轮的齿廓加工方法有铸造、热轧、电加工和切削加工等，最常用的是切削加工法，根据切齿原理的不同，可分为成形法和范成法两种。

1. 成形法

用渐开线齿形的成形铣刀直接切出齿形的方法称为成形法，常在万能铣床上用成形铣刀加工。成形铣刀分为盘形铣刀和指形铣刀两种，如图 5-8 所示。这两种刀具的轴向剖面均做成渐开线齿轮齿槽的形状。加工时齿轮毛坯固定在铣床上，每切完一个齿槽，工件退出，分度头使齿坯转过 $360°/z$（z 为齿数）再进刀，依次切出各齿槽。

渐开线轮齿的形状是由模数、齿数、压力角三个参数决定的。为减少刀具的数量，每种模数设计八把成形铣刀，用同一把铣刀加工齿数图相近的齿轮。这样，每种模数只有八种齿数的齿轮是准确的齿廓，其余齿轮的齿廓有误差。

这种切齿方法简单，不需要专用机床，但生产效率低，精度差，故仅适用于单件生产及精度要求不高的齿轮加工。

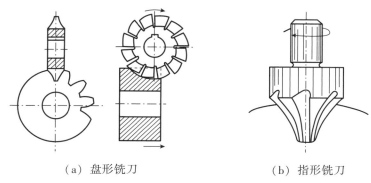

齿轮加工简要过程

（a）盘形铣刀　　　　　　　（b）指形铣刀

图 5-8　成形法加工齿轮

2. 范成法

利用一对齿轮（或齿轮与齿条）互相啮合时其齿廓互为包络线的原理来切齿的方法称为范成法，也称为展成法。应用范成法时，相啮合的齿轮中有一个做成刀具，它可以切削与它啮合的齿轮轮坯。

（1）插齿。

插齿需要在插齿机上进行。图 5-9 所示为使用不同插刀加工齿轮的示意图。

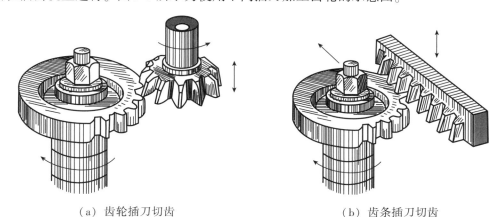

（a）齿轮插刀切齿　　　　　　　（b）齿条插刀切齿

图 5-9　使用不同插刀加工齿轮的示意图

插齿刀实质上是一个淬硬的齿轮，但齿部具有刀刃。插齿时，插齿刀沿齿坯轴线做上下往复切削运动，同时强制性地使插齿刀的转速 n_d 与齿坯的转速 n_p 保持一对渐开线齿轮啮合的运动关系，即

$$i = \frac{n_d}{n_p} = \frac{z_p}{z_d}$$ （5-8）

式中，z_d 为插齿刀齿数；z_p 为被切齿轮齿数。

这样，在啮合过程中，只要给定传动比，同一把插齿刀就能加工出与刀具模数、压力角相同且齿数 z_d 不同的渐开线齿轮。

（2）滚齿。

插齿只能间断地切削，目前广泛采用的滚齿能连续切削，生产率较高。滚齿需要在滚齿机上进行。图 5-10 所示为滚刀及其加工齿轮的情况。

滚刀形状很像螺旋。滚齿时，它的齿廓在水平工作台面上的投影为一齿条。滚刀转动就相当于该投影齿条移动，这样便按范成原理切出了轮坯的渐开线齿廓。

滚刀除旋转外，还沿轮坯的轴向逐渐移动，以便切出整个齿宽，滚切直齿轮时，为了使刀齿螺旋线方向与被切齿轮方向一致，在安装滚刀时需使其轴线与轮坯端面成一滚刀升角 λ。

范成法需要专用机床，但生产效率高，精度高，是目前齿形加工的主要方法。

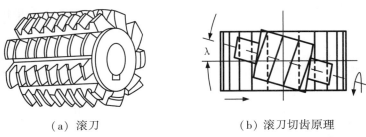

（a）滚刀　　　　　　　　　　（b）滚刀切齿原理

图 5-10　滚刀及其加工齿轮

5.6.2 根切现象、最少齿数

用范成法加工齿轮时，若齿轮齿数过少，刀具将与渐开线齿廓发生干涉，把轮齿根部渐开线切去一部分，产生根切现象（见图 5-11）。根切使轮齿齿根削弱，重合度减小，传动不平稳，应该避免。

研究表明，刀具的齿顶线超过了啮合极限点 N_1 是产生根切现象的原因。所以，要避免根切，就必须使刀具的顶线不超过 N_1 点。由几何关系推得

$$z_{\min} = \frac{2h_a^*}{\sin^2\alpha}$$ （5-9）

将 $\alpha = 20°$ 和 $h_a^* = 1$ 代入式（5-9），可知标准直齿圆柱齿轮不产生根切的最小齿数 $z_{\min} = 17$。

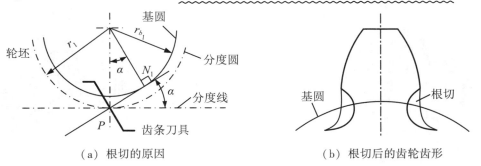

（a）根切的原因　　　　　　　　　　（b）根切后的齿轮齿形

图 5-11　范成法加工时轮齿的根切现象

5.6.3 变位齿轮简介

1. 渐开线标准齿轮的局限性

渐开线标准齿轮有很多优点，但也存在如下不足：

（1）用范成法加工时，当 $z < z_{min}$ 时，标准齿轮将发生根切。

（2）标准齿轮不适合中心距 $a' \neq a = m(z_1 + z_2)/2$ 的场合。当 $a' < a$ 时无法安装；当 $a' > a$ 时，侧隙大，重合度减小，平稳性差。

（3）小齿轮渐开线齿廓曲率半径较小，齿根厚度较薄，强度较低。

为了改善和解决标准齿轮的这些不足，工程上广泛使用变位齿轮。

2. 变位齿轮的基本概念

当被加工齿轮齿数小于 z_{min} 时，为避免根切，可采用将刀具移离齿坯，使刀具的齿顶线低于啮合极限点 N_1 的办法来切齿。这种改变刀具与齿坯位置后切出的齿轮称作变位齿轮。

刀具分度线相对齿坯移动的距离称为变位量，常用 $x \cdot m$ 表示，其中 m 为模数，x 为变位系数。刀具移离齿坯称正变位，$x>0$；刀具移近齿坯称负变位，$x<0$。图 5-12（a）虚线所示为切削标准齿轮时的刀具位置，实线所示为切削正变位齿轮时的刀具位置。图 5-12（b）表示了与标准齿轮相比时变位齿轮齿形的变化情况。

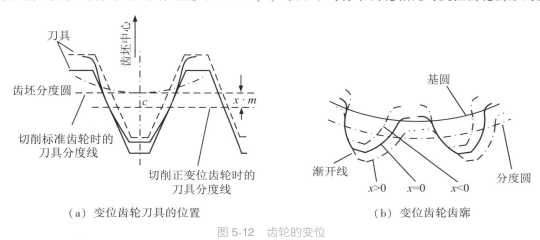

（a）变位齿轮刀具的位置　　　　　　（b）变位齿轮齿廓

图 5-12　齿轮的变位

由于分度圆和基圆仅与齿轮的 z、m、α 有关，并且加工变位齿轮的刀具仍是标准刀具，故变位齿轮的分度圆和基圆不变。

由于正变位时，刀具向外移出 $x \cdot m$ 距离，故分度圆齿厚和齿根圆齿厚增大，轮齿强度增大，加工出的齿轮齿顶高增大、齿顶圆和齿根圆增大，齿根高减小。负变位齿轮的变化恰好相反，轮齿强度削弱。

5.7 斜齿圆柱齿轮传动

5.7.1 斜齿轮齿廓的形成

前面讨论渐开线形成时，只考虑齿廓端面的情况。当考虑齿轮的宽度时，则基圆就成了基圆柱，发生线就成了发生面，发生线上的 K 点就成了发生面上的直线 KK'，当发生面沿基圆柱做纯滚动时，直线 KK' 的运动轨迹就是一个渐开面。

直齿圆柱齿轮的 KK' 与基圆柱轴线平行。当一对直齿圆柱齿轮啮合时，轮齿的接触线（由 KK' 生成）是一系列与轴线平行的直线，如图 5-13（b）所示，齿轮的前、后两端面同时进入（或退出）啮合，易引起冲击、振动和噪声，传动平稳性差。

斜齿轮齿面形成的原理和直齿轮类似，所不同的是直线 KK 与基圆轴线偏斜了一个角度 β_b [见图 5-14 （a）]，所以，*KK* 线展成的齿廓曲面为螺旋渐开面。

如图 5-14 （b）所示，斜齿轮啮合传动时，由于轮齿接触线是斜的，齿轮的前、后两端面不是同时进入（或退出）啮合，而是逐渐进入（或退出）啮合。其接触线先由短变长，再由长变短，直至脱离啮合。因此啮合较为平稳。

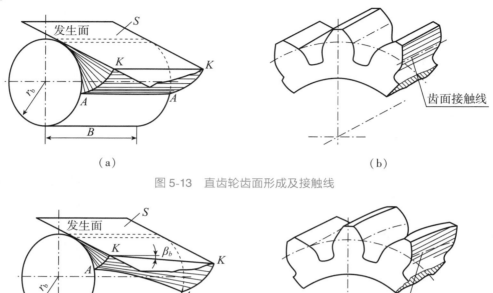

图 5-13　直齿轮齿面形成及接触线

图 5-14　斜齿轮齿面形成及接触线

5.7.2　斜齿圆柱齿轮的主要参数和几何尺寸

1. 螺旋角

图 5-15 所示为斜齿轮分度圆柱及其展开图。图 5-15 （b）中螺旋线展开所得的斜直线与轴线之间的角 β 即为分度圆柱上的螺旋角，简称螺旋角，它是反映轮齿倾斜程度的参数。

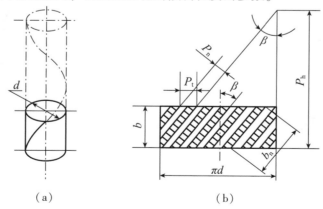

图 5-15　斜齿轮分度圆柱及其展开图

斜齿轮的轮齿的旋向分为左旋和右旋两种。

2. 端面参数与法面参数

由于斜齿轮的轮齿是螺旋形的，所以斜齿轮在端面（垂直于轴线）上的齿形与在法面（垂直于轮齿）上的齿形不同，端面上的参数与法面上的参数也不同，端面参数与法面参数分别用下标 t 和 n 以示区别，两者之间均有一定的对应关系。若 p_n 为法面上的齿距，p_t 为端面上的齿距，由图 5-15 （b）可知 $p_n = p_t \cos \beta$，因为 $p_n = \pi m_n$，$p_t = \pi m_t$，所以

$$m_n = m_t \cos \beta \tag{5-10}$$

同时，无论在法面和端面，轮齿的齿顶高、齿根高、全齿高和顶隙都是相等的。据此可推得法面压力角 α_n 和端面压力角 α_t 之间有如下关系

$$\tan \alpha_n = \tan \alpha_t \cdot \cos \beta \tag{5-11}$$

由于斜齿轮切制时，刀具是沿轮齿方向切齿的，轮齿的法向齿形与刀具标准齿形是一致的，因此国标规定斜齿轮的法向参数 m_n、α_n、h_{an}^*、c_n^* 取为标准值，即 $\alpha_n = 20°$、$h_{an}^* = 1$、$c_n^* = 0.25$、m_n 按表 5-2 取值，而端面参数为非标准值。标准斜齿轮尺寸计算公式见表 5-4。

表 5-4 标准斜齿轮尺寸计算公式

名称	符号	计算公式
齿顶高	h_a	$h_a = h_{an}^* \cdot m_n = m_n$
齿根高	h_f	$h_f = (h_{an}^* + c_n^*) \, m_n = 1.25 \, m_n$
全齿高	h	$h = (2h_{an}^* + c_n^*) \, m_n = 2.25 \, m_n$
分度圆直径	d	$d = m_t z = m_n z / \cos \beta$
齿顶圆直径	d_a	$d_a = d + 2h_a = d + 2m_n$
齿根圆直径	d_f	$d_f = d - 2h_f = d - 1.25 \, m_n$
基圆直径	d_b	$d_b = d \cos \alpha_t$
中心距	a	$a = m_n \, (z_1 + z_2) \, / \, 2 \cos \beta$

从表中可知，斜齿轮传动的中心距与螺旋角 β 有关。当一对齿轮的模数、齿数一定时，可以通过改变螺旋角 β 的方法来配凑中心距。

5.7.3 斜齿轮的当量齿数

仿形法加工斜齿轮时，铣刀是沿轮齿方向切齿的，刀具必须按斜齿轮的法向齿形来选择。在模数和压力角确定之后，齿数即为决定齿形的唯一参数。这个齿数不是斜齿轮的实际齿数，而是一个虚拟的当量齿数，与之对应的虚拟的直齿轮称为斜齿轮的当量齿轮。

如图 5-16 所示，过斜齿轮分度圆上 C 点，作斜齿轮法面剖面，得到一椭圆剖面，该剖面上 C 点附近的齿型可以视为斜齿轮的法面齿型。以椭圆上点 C 的曲率半径 ρ 作为虚拟直齿轮的分度圆半径，并设该虚拟直齿轮的模数和压力角分别等于斜齿轮的法面模数和压力角，该虚拟直齿轮即为当量齿轮，其齿数即为当量齿数，当量齿数 Z_v 由下式求得

$$Z_v = \frac{Z}{\cos^3 \beta} \tag{5-12}$$

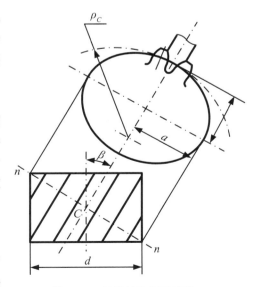

图 5-16 斜齿轮的当量齿数

用仿形法加工时，应按当量齿数选择铣刀号码。强度计算时，可按一对当量直齿轮传动近似计算一对斜齿轮传动。在计算标准斜齿轮不发生根切的齿数时，可按下式求得

$$Z_{min} = Z_{vmin} \cos^3 \beta = 17 \cos^3 \beta \tag{5-13}$$

5.7.4 斜齿圆柱齿轮的啮合

1. 正确啮合条件

斜齿轮传动在端面上相当于一对直齿圆柱齿轮传动，因此端面上两齿轮的模数和压力角应相等，由式5-10 及式 5-11 可知，其法面模数和法面压力角也应分别相等。考虑到斜齿轮传动螺旋角的关系，斜齿轮的正确啮合条件应为

$$\left.\begin{array}{c} \beta_1 = \mp\beta_2 \\ m_{n1} = m_{n2} = m_n \\ \alpha_{n1} = \alpha_{n2} = \alpha_n \end{array}\right\} \qquad (5\text{-}14)$$

式中，螺旋角大小相等，外啮合时旋向相反，取 "–" 号，内啮合时旋向相同，取 "+" 号。

2. 重合度

在计算斜齿轮重合度时，必须考虑螺旋角 β 的影响。图 5-17 所示为两个端面参数完全相同的标准直齿轮和标准斜齿轮的分度圆柱面展开图。直齿轮接触线与轴线平行，从 B 点开始啮入，从 B' 点啮出，前、后端面同时进入或退出啮合，啮合区长度为 BB'；斜齿轮接触线是斜的，由点 A 啮入，接触线逐渐增大，至 A' 啮出，啮合区长度为 $BB'+f$。可知，斜齿轮传动的啮合区长度大于直齿轮啮合区长度。参照直齿轮重合度的概念，啮合区越长，重合度越大，则斜齿轮的重合度大于直齿轮。

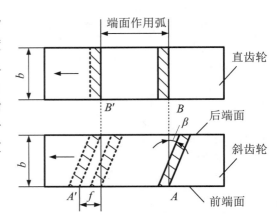

图 5-17　两个端面参数完全相同的标准直齿轮和标准斜齿轮的分度圆柱面展开图

3. 传动特点

与直齿轮传动相比较，斜齿轮的优点有：

（1）啮合性好：轮齿开始和退出啮合都是逐渐完成的，所以传动平稳，更适合高速工况。

（2）重合度大：相对提高了承载能力，延长了使用寿命。

（3）结构紧凑：标准斜齿轮的最少齿数比直齿轮少，在同样的条件下，斜齿轮传动结构更紧凑。

斜齿轮的缺点是会产生轴向推力，β 越大，传动越平稳，承载能力越强，轴向推力越大。β 不能选得太小，太小则不能充分显示斜齿轮传动的优点；但 β 太大则轴向力太大，将给支承设计带困难，为此一般取 $\beta = 8° \sim 20°$。

5.8 直齿圆锥齿轮传动

5.8.1 齿廓的形成及当量齿数

1. 齿廓的形成

圆锥齿轮的轮齿是分布在一个截锥体上的，这是圆锥齿轮区别于圆柱齿轮的特殊点之一。所以，相应于圆柱齿轮中的各有关 "圆柱"，在这里都变成了 "圆锥"，例如齿顶圆锥、分度圆锥、齿根圆锥等。

直齿圆锥齿轮齿廓曲线是一条空间球面渐开线，其形成过程与圆柱齿轮类似。不同的是，圆锥齿轮的齿面是发生面在基圆锥上做纯滚动时，其上直线 KK' 所展开的渐开线曲面 $AA'K'K$，如图 5-18 所示。因直线上任一点在空间所形成的渐开线距锥顶的距离不变，故称为球面渐开线。

由于球面无法展开成平面，制造较为困难，所以，实际上直齿圆锥齿轮的齿廓是采用背锥上的渐开线来近似代替球面渐开线。

2. 背锥与当量齿轮

所谓背锥是过锥齿轮的大端且其母线与锥齿轮分度圆锥母线垂直的圆锥。

图 5-19 上半部分中 *AOC*、*BOC* 为大、小锥齿轮的分度圆锥，*AO₁C*、*BO₂C* 为两齿轮的背锥。

将背锥展成扇形齿轮（图 5-19 下半部分），设想把扇形齿轮补足成一个完整的圆柱齿轮。该假想的圆柱齿轮称作圆锥齿轮的当量齿轮，其齿数称作圆锥齿轮的当量齿数，用 z_v 表示。

$$z_v = \frac{z}{\cos\delta} \tag{5-15}$$

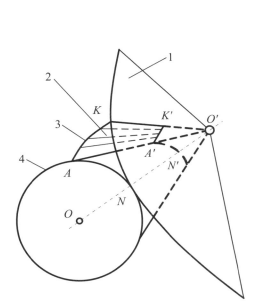

1—发生面；2—齿廓曲面；3—球面渐开线；4—基圆锥。

图 5-18　球面渐开线的形成

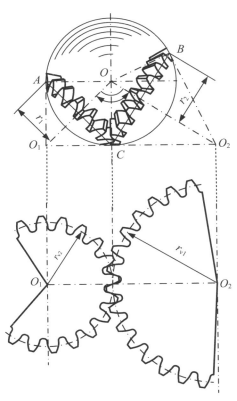

图 5-19　背锥与当量齿轮

5.8.2　基本参数和几何尺寸计算

圆锥齿轮传动现多采用等顶隙圆锥齿轮传动形式，即两轮顶隙从轮齿大端到小端都是相等的，如图 5-20 所示。

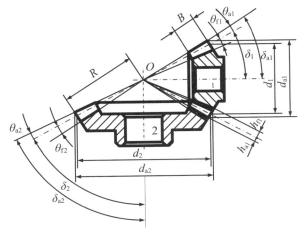

图 5-20　锥齿轮的基本参数

国家标准规定：大端参数为标准值，模数 m 按表 5-5 选取，压力角一般为 $\alpha=20°$。对于正常齿，当 $m\leq 1$ 时，$h_a^*=1$，$c^*=0.25$；当 $m>1$ 时，$h_a^*=1$，$c^*=0.2$。标准直齿圆锥齿轮几何尺寸计算公式（$\Sigma=90°$）参见表 5-6。

表 5-5　圆锥齿轮模数系列（摘自 GB12368—90）

模数 m
0.5，0.6，0.7，0.8，0.9，1，1.125，1.25，1.375，1.5，1.75，2，2.25，2.5，2.75，3，3.25，3.5，3.75，4，4.5，5，5.5，6，6.5，7，8，9，10，11，12，14，16，18

表 5-6　标准直齿圆锥齿轮几何尺寸计算公式（$\Sigma=90°$）

名称	符号	计算公式
分度圆锥角	δ	$\delta_2=\arctan(z_2/z_1)$，$\delta_1=90°-\delta_2$
分度圆直径	d	$d=mz$
锥距	R	$R=\dfrac{mz}{2\sin\delta}=\dfrac{m}{2}\sqrt{z_1^2+z_2^2}$
齿宽	B	$b\leq R/3$
齿顶圆直径	d_a	$d_a=d+2h_a\cos\delta=m(z+2h_a^*\cos\delta)$
齿根圆直径	d_f	$d_a=d-2h_f\cos\delta=m[z-(2h_a^*+c^*)\cos\delta]$
顶圆锥角	δ_a	$\delta_a=\delta+\theta_a=\delta+\arctan(h_a^*m/R)$
根圆锥角	δ_f	$\delta_f=\delta-\theta_f=\delta-\arctan[(h_{afg}^*+c^*)m/R]$

5.8.3　直齿圆锥齿轮传动的啮合

1. 正确啮合的条件

一对圆锥齿轮的啮合传动相当于一对当量圆柱齿轮的啮合传动，故两圆锥齿轮大端的模数和压力角分别相等，考虑分锥角的因素，正确啮合的条件为

$$\left.\begin{array}{l}R_1=R_2\\m_1=m_2\\\alpha_1=\alpha_2\end{array}\right\}\qquad(5\text{-}16)$$

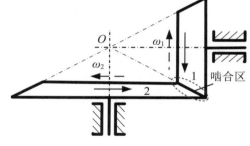

图 5-21　锥齿轮的转向

式中，R 为锥距，m 为大端模数。

2. 重合度 ε

直齿圆锥齿轮传动的重合度可近似地按当量圆柱齿轮传动的重合度计算。

3. 传动比

如图 5-19 所示，$r_1=\overline{OC}\sin\delta_1$，$r_2=\overline{OC}\sin\delta_2$，所以圆锥齿轮传动的传动比为

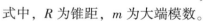

$$i_{12}=\frac{\omega_1}{\omega_2}=\frac{z_2}{z_1}=\frac{r_2}{r_1}=\frac{\sin\delta_2}{\sin\delta_1}=\tan\delta_2 \qquad(5\text{-}17)$$

4. 主、从动轮之间的转向关系

若主动轮指向啮合处，则从动轮也指向啮合处；若主动轮背离啮合处，则从动轮也背离啮合处。图 5-21 所示为一对锥齿轮传动，小齿轮的转向指向啮合处，则大齿轮的转向也指向啮合处。

5.9　蜗杆传动

5.9.1　蜗杆传动概述

1. 蜗轮、蜗杆的形成

蜗杆机构可以看成是由斜齿轮机构演变而来的。

一对斜齿轮，若其中小齿轮的螺旋角 β_1 很大，齿数 z_1 特别少（一般 $z_1 = 1 \sim 4$），轴向尺寸又有足够的长度，则它的轮齿就可能绕圆柱一周以上，变成一个螺旋，这就是蜗杆。蜗杆与大齿的轴线交错成 90° 时，将由线接触变成点接触。为了改善接触情况，将大齿轮分度圆柱上的直母线做成凹弧，圆弧与蜗杆轴同心，这样，大齿轮就部分地包住了蜗杆，成为蜗轮，蜗轮的螺旋角 β_2 较小，齿数 z_2 较大。

一般采用与蜗杆形状基本相同的滚刀，用范成法加工蜗轮。这样加工出的蜗轮和蜗杆的啮合就不再是点接触，而是线接触。

2. 蜗杆传动的类型

蜗杆传动由蜗轮、蜗杆组成，蜗杆通常为主动件。按照蜗杆的形状不同，可分为圆柱蜗杆传动、环面蜗杆传动等，如图 5-22 所示。

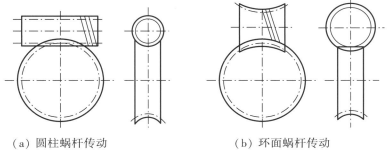

（a）圆柱蜗杆传动　　　　　　（b）环面蜗杆传动

图 5-22　蜗杆传动的类型

圆柱蜗杆机构加工方便，环面蜗杆机构承载能力较强、传动效率也较高，但其制造和安装精度要求高，成本高。在圆柱蜗杆传动中应用最广的是阿基米德蜗杆传动，这种蜗杆在端面的齿形为阿基米德螺旋线，在轴面的齿形是一个标准齿条。其加工方法与车削梯形螺纹相似，工艺性好，容易制造。

5.9.2　普通圆柱蜗杆传动的主要参数和几何尺寸

1. 蜗杆传动的主要参数

（1）中间平面。

通过蜗杆轴线并与蜗轮轴线垂直的平面称为中间平面，如图 5-23 所示，它对蜗杆为轴面，对蜗轮为端面。在中间平面内，蜗轮蜗杆传动相当于齿轮齿条传动，国家规定中间平面的参数为标准参数，即蜗杆的轴面参数、蜗轮的端面参数为标准参数。

（2）模数 m 和压力角 α。

模数和压力角是蜗杆传动中的重要参数。中间平面内的模数和压力角规定为标准值，标准压力角 $\alpha = 20°$，标准模数值如表 5-7 所示。

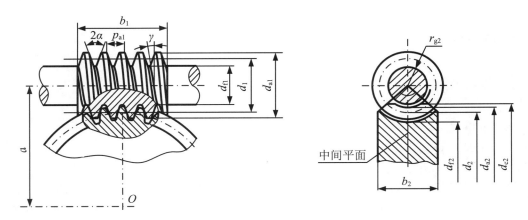

图 5-23　中间平面

表 5-7　蜗杆基本参数及配置表

单位：mm

m	d_1	z_1	q	m^3q	m	d_1	z_1	q	m^3q
1	18	1	18.000	18	6.3	63	1，2，4，6	10.000	2 500
1.25	20	1	16.000	31		112	1	17.798	4 445
	22.4	1	17.920	35	8	80	1，2，4，6	10.000	5 120
1.6	20	1，2，4	12.500	51		140	1	17.500	8 960
	28	1	17.500	72	10	90	1，2，4，6	9.000	9 000
2	22.4	1，2，4，6	11.200	90		160	1	16.000	16 000
	35.5	1	17.750	142	12.5	112	1，2，4	8.960	17 500
2.5	28	1，2，4，6	11.200	175		200	1	16.000	31 250
	45	1	18.000	281	16	140	1，2，4	8.750	35 840
3.15	35.5	1，2，4，6	11.270	352		250	1	15.625	64 000
	56	1	17.778	556	20	160	1，2，4	8.000	64 000
4	40	1，2，4，6	10.000	640		315	1	15.750	126000
	71	1	17.750	1 136	25	200	1，2，4	8.000	125000
5	50	1，2，4，6	10.000	1 250		400	1	16.000	250000
	90	1	18.000	2 2500					

（3）蜗杆头数、蜗轮齿数和传动比。

普通圆柱蜗杆和梯形螺纹十分相似，也有左旋和右旋两种，并且也有单头和多头之分。蜗杆的头数（相当于齿数）z_1 越多，则传动效率越高，但加工越困难，所以通常取 $z_1=1$、2、4 或 6。蜗轮相应也有左旋和右旋两种，并且它的旋向必须与蜗杆相同，通常为了加工方便，两者均取右旋。蜗轮的齿数 z_2 不宜太少，以免展成加工时发生根切，但齿数太多，蜗轮的直径过大，相应的蜗杆愈长、刚度愈差，所以 z_2 也不能太多，通常取 $z_2=29\sim82$。蜗杆头数 z_1 与蜗轮齿数 z_2 的推荐值如表 5-8 所示。

表 5-8　蜗杆头数 z_1 与蜗轮齿数 z_2 的推荐值

传动比 i	7～13	14～27	28～40	>40
蜗杆头数 z_1	4	2	2、1	1
蜗轮齿数 z_2	28～52	28～54	28～80	>40

（4）蜗杆分度圆直径 d_1 和蜗杆直径系数 q。

加工蜗轮时，用的是与蜗杆具有相同尺寸的滚刀，因此加工不同尺寸的蜗轮，就需要不同的滚刀。为限制滚刀的数量，并使滚刀标准化，对每一标准模数，规定了一定数量的蜗杆分度圆直径 d_1。

蜗杆分度圆直径与模数的比值称为蜗杆直径系数，用 q 表示，即

$$q = \frac{d_1}{m} \tag{5-18}$$

模数一定时，q 值增大则蜗杆的直径 d_1 增大、刚度提高。因此，为保证蜗杆有足够的刚度，小模数蜗杆的 q 值一般较大，d_1 和 q 的值见表 5-7。

（5）蜗杆导程角 γ。

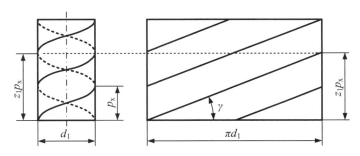

图 5-24　普通圆柱蜗杆及其分度圆柱展形图

图 5-24 所示为一普通圆柱蜗杆及其分度圆柱展开图，图中蜗杆的导程 $p_z = p_x z_1 = m\pi z_1$，轴向齿距 $p_x = \pi m$，故导程角为

$$\tan\gamma = \frac{p_z}{\pi d_1} = \frac{\pi m z_1}{\pi d_1} = \frac{z_1 m}{d_1} = \frac{z_1}{q} \tag{5-19}$$

通常螺旋线的导程角为 $3.5° \sim 27°$，导程角在 $3.5° \sim 4.5°$ 范围内的蜗杆可实现自锁，导程角大时传动效率高，但蜗杆加工难度大。

2. 蜗杆传动的几何尺寸计算

轴交角 $\Sigma = 90°$ 的普通圆柱蜗杆传动的几何尺寸计算如表 5-9 所示。

表 5-9　轴交角 $\Sigma = 90°$ 的普通圆柱蜗杆传动的几何尺寸

名称	计算公式	
	蜗杆	蜗轮
齿顶高	$h_a = m$	
齿根高	$h_f = 1.2m$	
分度圆直径	$d_1 = m q$	$d_2 = m z_2$
齿顶圆直径	$d_{a1} = m(q+2)$	$d_{a2} = m(z_2+2)$
齿根圆直径	$d_{f1} = m(q-2.4)$	$d_{f2} = m(z_2-2.4)$
顶隙	$c = 0.2m$	
齿距	$p = m\pi$	
中心距	$a = m(q+z_2)/2$	

5.9.3 普通圆柱蜗杆传动的啮合

1. 蜗杆传动的正确啮合条件

根据齿轮正确啮合条件，蜗杆轴平面上的轴面模数 m_{x1} 等于蜗轮的端面模数 m_{t2}，蜗杆轴平面上的轴面压

力角 α_{x1} 等于蜗轮的端面压力角 α_{t2} ，蜗杆导程角 γ 等于蜗轮螺旋角 β 且旋向相同，即

$$\left.\begin{array}{l} m_{x1} = m_{t2} = m \\ \alpha_{x1} = \alpha_{t2} = \alpha \\ \gamma = \beta \end{array}\right\} \tag{5-20}$$

2. 传动比

由式 5.16 可知 $z_1 = d_1 \cdot \dfrac{\tan\gamma}{m}$ ，而 $z_2 = \dfrac{d_2}{m}$ ，故蜗杆传动的传动比：

$$i = \frac{n_1}{n_2} = \frac{z_2}{z_1} = \frac{d_2}{(d_1 \tan\gamma)} \tag{5-21}$$

3. 主、从动轮之间的转向关系

蜗杆传动中，蜗杆一般为主动轮，蜗轮、蜗杆之间的转向关系如图 5-25 所示。该转向关系可以用主动轮左右手法则（或称蜗杆左右手法则）判定。

蜗杆左右手法则：

①根据蜗杆旋向，左旋用左手，右旋用右手。

②四指代表蜗杆转向，掌心向着蜗杆的轴线。

③大拇指的反方向即为蜗轮啮合点的速度方向。

4. 齿面间滑动速度 v_s

蜗杆传动即使在节点 C 处啮合，齿廓之间也有较大的相对滑动，滑动速度 v_s 沿蜗杆螺旋线方向。设蜗杆圆周速度为 v_1 、蜗轮的圆周速度为 v_2 ，由图 5-26 可得

$$v_s = \sqrt{v_1^2 + v_2^2} = \frac{v_1}{\cos\gamma} \ (\text{m/s}) \tag{5-22}$$

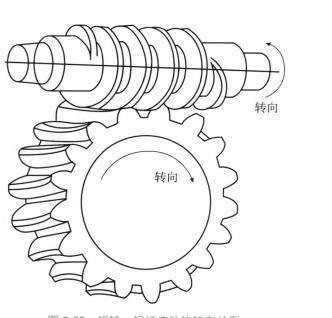

图 5-25　蜗轮、蜗杆传动的转向关系

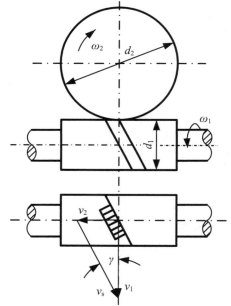

图 5-26　滑动速度

5. 蜗杆传动的效率

闭式蜗杆传动的功率损失包括啮合摩擦损失、轴承摩擦损失和润滑油被搅动的油阻损失。因此总效率为啮合效率 η_1 、轴承效率 η_2 、油的搅动和飞溅损耗效率 η_3 的乘积，其中啮合效率 η_1 是主要的， η_2 、 η_3 不大，一般取 $\eta_2\eta_3 = 0.95 \sim 0.96$ ，总效率为

$$\eta = (0.95 \sim 0.96) \frac{\tan\gamma}{\tan(\gamma + \rho_v)} \tag{5-23}$$

式中，γ 为普通圆柱蜗杆分度圆上的导程角，ρ_v 为当量摩擦角，由表 5-10 算出当量摩擦系数 f_v 后，再由 $\rho_v = \arctan f_v$ 算出 ρ_v。

在开始设计时，为了近似地求出蜗轮轴上的转矩 T_2 则总效率 η 常按以下数值估取：$z_1 = 1$，$\eta = 0.70 \sim 0.75$；$z_1 = 2$，$\eta = 0.75 \sim 0.82$；$z_1 = 4$，$\eta = 0.87 \sim 0.92$。

表 5-10　当量摩擦系数 f_v 当量摩擦角 ρ_v

蜗轮材料	蜗杆齿面硬度	计算公式
锡青铜	≥45HRC	$f_v = 0.0615 - 0.0166 v_s + 0.0018 v_s^2$
	<45HRC	$f_v = 0.0739 - 0.0204 v_s + 0.0029 v_s^2 - 0.0001 v_s^3$
无锡青铜	≥45HRC	$f_v = 0.1098 - 0.0481 v_s + 0.0121 v_s^2 - 0.0011 v_s^3$

注：1. v_s 为滑动速度，单位：m/s。

2. 蜗轮材料为灰铸铁时，可按无锡青铜计算 f_v。

5.10　齿轮传动的设计计算

5.10.1　齿轮传动的受力分析

1. 标准直齿圆柱齿轮轮齿受力分析

图 5-27 所示为一对标准安装的齿轮在节点 c 处接触。若略去摩擦力则轮齿间总的作用力为沿啮合线的法向力 F_n，可将其分解为两个相互垂直的分力：圆周力 F_t 和径向力 F_r。

（1）力的大小：

$$\left. \begin{array}{l} F_n = \dfrac{F_t}{\cos\alpha} \\[2mm] F_{t1} = \dfrac{2T_1}{d_1} \\[2mm] F_{r1} = F_{t1}\tan\alpha \end{array} \right\} \tag{5-24}$$

$$T_1 = 9.55 \times 10^6 \frac{P}{n_1} \tag{5-25}$$

上述式中：圆周力 F_t 和径向力 F_r 的单位均为 N，T_1 小齿轮上的转矩（N·mm），d_1 为小齿轮的分度圆直径（mm），α 为压力角，P 为传递的功率（kW），n_1 为小轮的转速（r/min）。

（2）各力之间的关系：

$$F_{t1} = -F_{t2}；\quad F_{r1} = -F_{r2} \tag{5-26}$$

式中的"−"号表示两个力的方向相反。

（3）各分力的方向：主动轮上的圆周力 F_{t1} 与啮合点的速度方向相反、从动轮上的圆周力 F_{t2} 与啮合点的速度方向相同；两轮的径向力 F_{r1}、F_{r2} 分别由作用点指向各自的轮心。

2. 标准斜齿圆柱齿轮轮齿受力分析

图 5-28 为斜齿轮轮齿受力情况，轮齿所受的法向力 F_n 可分解为圆周力 F_t、径向力 F_r 和轴向力 F_a 这三个相互垂直的分力。

（1）力的大小：

$$F_t = \frac{2T_1}{d_1}$$

$$F_r = \frac{F_t \tan\alpha_n}{\cos\beta}$$

$$F_a = F_t \cdot \tan\beta$$

（5-27）

（2）各力之间的关系：

$$F_{t1} = -F_{t2}; \quad F_{r1} = -F_{r2}; \quad F_{a1} = -F_{a2}$$

（5-28）

（3）各分力的方向：圆周力 F_t、径向力 F_r 方向的判断方法与前述直齿轮相同。轴向力 F_a 的作用方向用"主动轮左（右）手法则"判断，如图 5-29 所示。

主动轮左右手法则：①根据主动轮轮齿的旋向，左旋用左手，右旋用右手；②四指代表主动轮的转向，握住主动轮轴线；③大拇指所指即为主动轮所受轴向力 F_{a1} 的方向。

主动轮上轴向力的方向确定后，从动轮上的轴向力则与主动轮上的轴向力大小相等、方向相反。

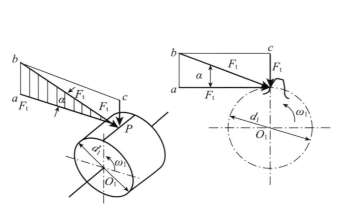

图 5-27　直齿圆柱齿轮传动的作用力

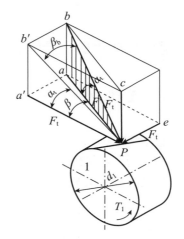

图 5-28　斜齿圆柱齿轮传动受力分析

用图 5-29 来表示斜齿轮的受力方向时，图形复杂，作图较困难。通常多采用图 5-30（a）或图 5-30（b）所示的方法来表示。图中 ⊙ 表示箭头，说明作用力方向垂直纸面向外；⊗ 表示箭尾，说明作用力的方向垂直纸面向内。

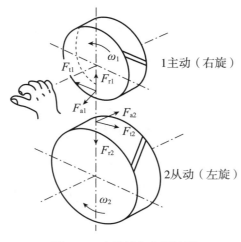

图 5-29　主动轮左右手法则

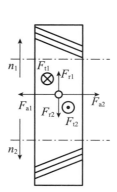

（a）在非圆视图上的表示法

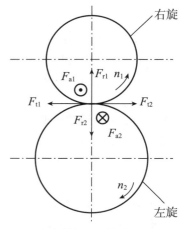

（b）在端视图上的表示法

图 5-30　斜齿轮传动的受力方向的常用表示法

3. 标准直齿圆锥齿轮轮齿受力分析

锥齿轮沿齿宽方向从大端到小断逐渐缩小，轮齿刚度也逐渐变小，所以锥齿轮的载荷沿齿宽分布不均，为了简化计算，通常采用当量齿轮的概念，将一对直齿圆锥齿轮传动转化为一对当量直齿圆柱齿轮传动进行强度计算。一般以齿宽中点处的当量直齿圆柱齿轮作为计算基础。

如图 5-31 所示为一对圆锥齿轮传动中主动轮的受力情况。作用在直齿圆锥齿轮齿面上的法向力 F_n 可视为集中作用在齿宽中点分度圆直径上，即作用在分度圆锥的平均直径 d_{m1} 处。轮齿所受的法向力 F_n 可分解为圆周力 F_t、径向力 F_r 和轴向力 F_a 这三个相互垂直的分力。

（1）力的大小：

$$\left.\begin{array}{l} F_{t1} = \dfrac{2T_1}{d_{m1}} \\[2mm] F_{r1} = F_{t1}\tan\alpha \cdot cos\delta_1 \\[2mm] F_{a1} = F_{t1}\tan\alpha \cdot \sin\delta_1 \end{array}\right\} \tag{5-29}$$

式中 d_{m1} 为小齿轮齿宽中点的分度圆直径 。

（2）各力之间的关系：

$$F_{t1} = -F_{t2}；\quad F_{r1} = -F_{a2}；\quad F_{a1} = -F_{r2} \tag{5-30}$$

（3）各分力的方向：F_t、F_r 方向的判断方法与直齿轮相同，两轮轴向力的方向均为小端指向大端。

4. 普通圆柱蜗杆传动的受力分析

蜗杆传动的受力分析和斜齿轮相似。齿面上的法向力 F_n 可分解为三个互相垂直的分力为：圆周力 F_t、径向力 F_r、轴向力 F_a。

（1）力的大小：如图 5-32 所示，作用于蜗杆和蜗轮上的各分力之间满足式（5-28）、式（5-29）

$$\left.\begin{array}{l} F_{t1} = \dfrac{2T_1}{d_1} \\[2mm] F_{t2} = \dfrac{2T_2}{d_2} \\[2mm] F_{r1} = F_{t2}\tan\alpha \end{array}\right\} \tag{5-31}$$

$$T_2 = T_1 i \eta \tag{5-32}$$

式中 T_1 和 T_2 分别为作用在蜗杆和蜗轮上的转矩（N·mm），η 为蜗杆传动的效率。

（2）各力之间的关系：

$$F_{t1} = -F_{a2}；\quad F_{a1} = -F_{t2}；\quad F_{r1} = -F_{r2} \tag{5-33}$$

（3）各分力方向：圆周力 F_t、径向力 F_r 的判断方法与前述相同；轴向力 F_{a1} 方向用"主动轮左右手法则"判断，方法同斜齿圆柱齿轮 。蜗轮的受力方向可待蜗杆的受力方向判定以后，由式（5-30）得出。

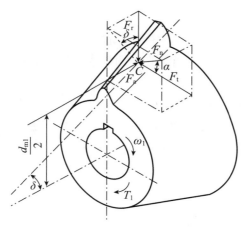

图 5-31　直齿圆锥齿轮传动的受力分析图

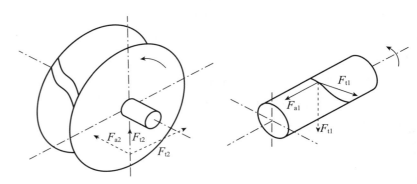

图 5-32　蜗杆传动的受力分析

5.10.2　材料、热处理的选择

1. 齿轮的材料、热处理

对齿轮材料的基本要求是：齿面要硬，齿芯要韧。

齿轮的材料主要是钢材，特殊场合也使用其他材料，如铸铁、工程塑料等。

一般多采用锻件或轧制钢材。当齿轮较大（例如直径大于 400~600mm）而轮坯不易锻造时，可采用铸钢，开式低速传动可采用灰铸铁，球墨铸铁有时可代替铸钢。

钢制齿轮常用的热处理方法有表面淬火、渗碳淬火、正火、渗氮、调质、正火等。表 5-11 列出了常用齿轮材料及其力学性能。

表 5-11　常用齿轮材料及其力学性能

类别	牌号	热处理	硬度	主要特点及应用范围
优质碳素钢	45	正火	162~217 HBS	工艺简单易实现，适用于因条件限制不便调质的大齿轮及不太重要的齿轮，低速轻载
		调质	217~255 HBS	适用于低速中载
		表面淬火	40~50 HRC	齿面承载能力高，可不磨齿，用于高速中载或低速重载，承受较小冲击
合金钢	40Cr	调质	241~286 HBS	综合力学性能好，中速中载，耐冲击
		表面淬火	48~55 HRC	齿面较硬，可不磨齿，用于高速中载或低速重载，耐冲击
	35SiMn	调质	200~260 HBS	同 40Cr
		表面淬火	45~55 HRC	同 40Cr
	20Cr	渗碳淬火	56~62 HRC	齿面承载能力高，芯部韧性好，变形大，需磨齿，用于高速重载，耐大冲击
	38CrMoAlA	调质后氮化	>65 HRC	齿面硬，变形小，可不磨齿，不耐冲击
铸钢	ZG340-640	正火	169~229 HBS	中速中载，大直径
	ZG35SiMn	正火	163~217 HBS	中速中载，大直径，耐冲击
		调质	197~248 HBS	中速中载，大直径，耐冲击
球墨铸铁	QT600-3	—	190~270 HBS	低速轻载
	QT700-2	—	225~305 HBS	

功率 $P<20$ kW 的传动为轻载，$20kW \leqslant P \leqslant 50kW$ 的传动为中载，$P>50kW$ 的传动为重载。节圆上的线速度 $v<3m/s$ 的传动为低速传动，$3m/s \leqslant v \leqslant 15m/s$ 的传动为中速传动，$v>15m/s$ 的传动为高速传动。

由表 5-11 可知，调质和正火处理后的齿面硬度为软齿面，表面淬火和渗碳淬火处理后齿面硬度为硬齿面。一般要求的齿轮传动可采用软齿面齿轮。

若两轮均为软齿面，考虑到小齿轮齿根较薄且受载次数较多，为使配对的大小齿轮寿命相当，通常小齿轮齿面硬度比大齿轮齿面硬度高出 20~50HBS，斜齿轮相差大一点，直齿轮相差小一点。

对于高速、重载或重要的齿轮传动，可采用硬齿面齿轮组合，齿面硬度可大致相同。为了提高抗胶合性能，建议小轮和大轮采用不同牌号的钢来制造。

表 5-12 列出了齿轮副工作齿面硬度组合及应用场合。

表 5-12　齿轮副工作齿面硬度组合及应用场合

硬度组合类型	齿轮种类	热处理		工作齿面硬度举例		应用场合
		小齿轮	大齿轮	小齿轮硬度	大齿轮硬度	
两轮均为软齿面	直齿	调质	正火	240~270 HBS	180~220 HBS	用于一般的传动装置和重载中低速固定式传动装置中
			调质	260~290 HBS	220~240 HBS	
			调质	280~310 HBS	240~260 HBS	
			调质	300~330 HBS	260~280 HBS	
	斜齿	调质	正火	240~270 HBS	160~190 HBS	
			正火	260~290 HBS	180~210 HBS	
			调质	270~300 HBS	200~230 HBS	
			调质	300~330 HBS	230~260 HBS	
两轮均为硬齿面	直齿、斜齿	表面淬火	表面淬火	45~50 HRC	45~50 HRC	用于尺寸要求较小、寿命和承载能力要求较高的传动装置中
		渗碳		56~62 HRC	56~62 HRC	

2. 蜗杆、蜗轮的材料选择

选择蜗杆和蜗轮材料组合时，不但要求有足够的强度，而且要有良好的减摩、耐磨和抗胶合能力。实践表明，较理想的蜗杆副材料是青铜蜗轮齿圈匹配淬硬磨削的钢制蜗杆。

（1）蜗杆材料。

对一般蜗杆可采用 45、40 等碳钢调质处理（硬度为 210~230HBS）。对中速中载传动，蜗杆常用 45 钢、40Cr 等，表面经高频淬火使硬度达 45~55HRC。对高速重载传动，蜗杆常用低碳合金钢（如 20Cr 等），经渗碳后，表面淬火使硬度达 56~62HRC。

（2）蜗轮材料。

常用的蜗轮材料为铸造锡青铜（$ZCuSn_{10}Pb_1$，$ZCuSn_6Zn_6Pb_3$）、铸造铝铁青铜（$ZCuAl_{10}Fe_3$）及灰铸铁 HTl50、HT200 等。锡青铜的抗胶合、减摩及耐磨性能最好，但价格高，常用于 $v_s \geqslant 3m/s$ 的重要传动。一般场合可用铝铁青铜，灰铸铁用于 $v_s \leqslant 2m/s$ 的不重要场合。

5.10.3 失效形式及设计准则

1. 齿轮的常见失效形式

齿轮传动的失效主要是指齿轮轮齿的破坏，齿轮的其他部分在实际工程中极少破坏。

常见的失效形式有轮齿折断、齿面点蚀、齿面磨损、齿面胶合、齿面塑性变形等，表 5-13 列举了这些失效形式的特征、发生环境、发生部位或原因及防止失效的措施。

表 5-13　常见轮齿失效形式、特征、发生环境、发生部位或原因及防止措施

失效形式		示意图	特征	发生环境	发生部位或原因	防止措施
轮齿折断			在变动的弯曲应力条件下发生疲劳折断或短时严重过载发生突然折断	主要发生在闭式硬齿面齿轮传动中	轮齿的根部	（1）降低齿根处应力集中；（2）强化处理和良好的热处理工艺
齿面损坏	点蚀		在变动的接触应力条件下，轮齿表面的金属出现点状疲劳脱落	主要发生在闭式软齿面传动中	节线附近偏向齿根处。节线处属单齿啮合区接触应力较大；节线处相对滑动速度低，不易形成润滑油膜	（1）限制齿面的接触应力；（2）提高齿面硬度、降低齿面的表面粗糙度值；（3）采用黏度高的润滑油及适宜的添加剂
	磨损		灰尘、金属屑等杂物进入啮合区，使齿廓显著变形变薄	主要发生在开式齿轮传动中，润滑油不洁的闭式传动中也可能发生	齿面	（1）提高齿面硬度；（2）降低表面粗糙度；（3）润滑油定期清洁和更换；（4）变开式为闭式
	胶合		两齿面金属直接接触并相互间粘连，当两齿面相对运动时，较软的齿面沿滑动方向被撕下而形成沟纹	主要发生在高速重载或润滑不良的低速重载传动中，是蜗杆传动的主要失效形式	齿面	（1）采用抗胶合能力强的润滑油；（2）提高齿面硬度；（3）改善润滑与散热条件；（4）降低齿面的表面粗糙度值
	塑性变形		在过大的摩擦力作用下齿面材料处于屈服状态，产生沿摩擦力方向的塑性流动，主动轮出现凹陷（图中右边），从动轮出现凸棱（图中左边）	主要发生在低速重载和起动频繁的软齿面齿轮传动中	齿面	（1）提高齿面硬度；（2）采用高黏度的润滑油

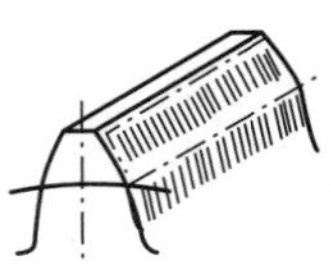

2. 齿轮传动设计准则

轮齿的失效形式很多，它们相互联系，相互影响，但在一定条件下，必有一种为主要失效形式。在进行齿轮传动的设计计算时，应根据可能发生的主要失效形式，确定相应的设计准则。

齿轮传动的设计计算包括设计计算和校核计算，需要计算来帮助设计出主要参数的为设计计算，已知主要参数，需计算来检验是否满足设计要求的为校核计算。

（1）对于软齿面的闭式齿轮传动。

由于齿面抗点蚀能力差，润滑条件良好，齿面点蚀将是主要的失效形式。在设计计算时，通常按齿面接触疲劳强度设计，再按齿根弯曲疲劳强度校核。

（2）对于硬齿面的闭式齿轮传动。

齿面抗点蚀能力强，齿根疲劳折断将是主要失效形式。在设计计算时，通常按齿根弯曲疲劳强度设计，再按齿面接触疲劳强度校核。

（3）对于开式齿轮传动。

其主要失效形式将是齿面磨损。但由于磨损的机理比较复杂，目前尚无成熟的设计计算方法。因为轮齿

磨损后容易发生断齿，所以设计准则是先按齿根弯曲疲劳强度设计，再考虑磨损量，将所求得的模数增大10%~20%。

（4）对蜗杆传动。

由于蜗轮无论在材料的强度和结构方面均较蜗杆弱，所以失效多发生在蜗轮轮齿上，设计时只需要对蜗轮进行承载能力计算。又由于闭式传动极少发生齿根折断的情况，所以不计算齿根弯曲疲劳强度。闭式蜗杆传动一般只需对蜗轮进行齿面接触疲劳强度设计，再进行热平衡验算。

5.10.4　齿轮传动的精度

1. 精度等级

齿轮在制造、安装中，总要产生误差。这些误差将产生三个方面的影响：①相啮合的齿轮在一转范围内，实际转角和理论转角不一致，影响运动的准确性；②出现速度波动，引起振动、冲击等，影响传动平稳性；③齿向误差造成载荷的不均匀性。

GB10095—88 规定了渐开线圆柱齿轮传动的精度等级和公差，GB11365—89 规定了锥齿轮传动的精度等级和公差，GB10089—88 规定了蜗杆传动的精度等级和公差。三个标准将精度等级分为 12 个级别，1 级最高，12 级最低，其中常用为 6~9 级。

按误差特性和它们对传动性能的影响，将各项公差分为三个组，如表 5-14 所示，根据使用要求不同，允许各项公差组选用不同的精度等级，但在同一公差组内，各项公差与极限偏差应保持相同的精度等级。

表 5-14　齿轮公差组及其对传动性能的影响

公差组	误 差 特 性	对传动性能的影响
I	以一转为周期的误差（运动精度）	传动的准确性
II	以一转内多次周期性出现的误差（平稳性精度）	传动的平稳性
III	齿向误差（接触精度）	载荷分布的均匀性

齿轮及蜗杆传动的精度等级，应根据齿轮传动的用途、使用条件、传递的功率、圆周速度以及经济性等技术要求选择。具体选择时可参考表 5-15。

锥齿轮传动的圆周速度按齿宽中点分度圆直径计算。

表 5-15　常用精度等级及其应用

精度等级	圆周速度 v/（m·s⁻¹）				应用举例
	直齿圆柱	斜齿圆柱	直齿锥齿轮	蜗杆传动	
6	≤15	≤30	≤9	>5	用于要求运转精确或高速重载。如飞机、汽车、机床中的重要齿轮；中等精度机床分度机构和发动机调整器中的蜗杆传动
7	≤10	≤20	≤6	≤5	高速中载或中速重载下的齿轮传动，如标准系列减速器齿轮；中速中载下的蜗杆传动，中等精度运输机械中蜗杆传动
8	≤5	≤9	≤3	≤3	一般机械中的重要齿轮，如汽车和机床中的一般齿轮，农业机械中的重要齿轮；低速或间歇工作的蜗杆传动
9	≤3	≤6	≤2.5	≤1.5	工作要求不高的场合。如农业机械中的一般齿轮，开式蜗杆传动

注：蜗杆传动中的圆周速度是指蜗轮的圆周速度。

2. 侧隙

为了保证齿轮副在啮合传动时，不因工作温升造成热变形而卡死，也不因齿轮副换向时有过大的空行程而产生冲击振动和噪声，要求齿轮副的齿侧间隙在法向（传力方向）留有一定的间隙，称为侧隙。

圆柱齿轮的侧隙由齿厚的上下偏差和中心距极限偏差来保证。齿厚极限偏差有14种，按偏差数值大小为序，依次用字母C、D、E、……、S表示。D为基准（偏差为0）C为正偏差，E~S为负偏差。

锥齿轮的侧隙由最小法向侧隙的种类和法向侧隙公差的种类来保证。最小法向侧隙有六种，分别用字母a、b、c、d、e和h表示，a值最大，依次递减，h为0。法向侧隙公差有五种，分别用字母A、B、C、D和H表示。

蜗杆传动的侧隙仅由最小法向侧隙的种类来保证。最小法向侧隙有八种，分别用字母a、b、c、d、e、f、g和h表示，a值最大，依次递减，h为0。

在高速、高温、重载条件下工作的传动齿轮，采用较大的侧隙；对于一般齿轮传动，采用中等大小的侧隙；对经常正、反转，转速不高的齿轮，采用较小的侧隙。

3. 齿轮精度等级和侧隙的标注

在齿轮零件图上的参数表栏内，应标注齿轮精度等级和齿厚偏差的字母代号，如图5-33所示。

若图5-33（a）中三个公差组的精度等级同为7级时，可简单表示成"7-GM GB10095-88"。

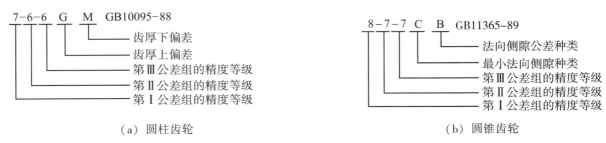

（a）圆柱齿轮　　　　　　　　　　　　　　　（b）圆锥齿轮

图5-33　精度等级和侧隙的标注

5.10.5　齿轮传动的设计计算步骤

1. 强度计算的目的

强度计算的目的在于保证齿轮传动在工作载荷的作用下，在预定的工作条件下不发生各种失效。

针对不同的失效形式，目前在应用上有齿根弯曲疲劳强度计算和齿面接触疲劳强度计算两种方法。根弯曲疲劳强度计算的目的主要是防止轮齿折断；齿面接触疲劳强度计算的目的主要是防止齿面点蚀。防止其余形式的失效可仿上述两种计算方法进行条件性计算。如蜗杆传动的失效形式主要是胶合与磨损，其强度计算方法是依据齿面接触疲劳强度和齿根弯曲疲劳强度的计算方法，综合考虑各种因素，在实验的基础上对许用应力进行修正而得出的。

由于蜗杆传动的效率低，因而发热量大，在闭式传动中，如果不及时散热，将使润滑油温度升高、黏度降低、油被挤出、加剧齿面磨损，甚至引起胶合。因此，对闭式蜗杆传动要进行热平衡计算，以便在油的工作温度超过许可值时，采取有效的散热方法。

强度计算应根据前述设计准则进行。

2. 设计计算的步骤

（1）圆柱齿轮、圆锥齿轮的计算步骤。

①根据实际工作条件，传动类型、选择适当的精度、材料及热处理方式，并计算相应的许用应力；

②根据设计准则确定设计计算公式与校核计算公式；

③确定载荷系数、齿宽系数、齿轮的齿数及主动轮的扭矩等公式中的参数；

④进行设计计算，求出满足强度要求的参数计算值，如模数计算值、中心距计算值等；

⑤确定基本参数，计算主要几何尺寸等。（注意此时模数应取标准值，斜齿轮的中心距可通过改变螺旋角

并取整获得）；

⑥校核计算；

⑦若校核通过则计算齿轮的圆周速度，验看所选精度是否合适；

⑧ 进行结构设计，绘制齿轮工作图。

（2）蜗杆传动的计算步骤。

①合理选择传动的精度、材料，并确定许用应力值；

②确定载荷系数，由表5-8按传动比选择蜗杆齿数，计算蜗轮齿数，并取整数；

③根据蜗杆齿数，估计总效率值，并计算蜗轮转矩；

④按蜗轮齿面接触强度计算接触系数（$m^2 d_1$），并由表5-7确定模数 m 及蜗杆直径系数 q 值；

⑤确定传动的基本参数并计算蜗杆传动尺寸；

⑥计算热平衡方程，给出适当的散热措施建议；

⑦选择蜗杆蜗轮的结构，并画出工作图。

5.10.6 强度计算的公式及说明

直齿圆柱齿轮的强度计算方法是其他各类齿轮传动计算方法的基础，斜齿圆柱齿轮、直齿圆锥齿轮等强度计算，都是折合成当量直齿圆柱齿轮来进行计算的。

1. 各种类型的传动的计算公式

各种类型的传动的计算公式见表5-16。

表 5-16 各种类型传动的计算公式一览表

齿轮类型		齿面接触疲劳强度（MPa）		齿根弯曲疲劳强度（MPa）	
直齿圆柱齿轮	校核公式	$\sigma_H = \dfrac{335}{a}\sqrt{\dfrac{KT_1(u\pm1)^3}{ub}} \leqslant [\sigma_H]$	(5-34)	$\sigma_F = \dfrac{2KT_1}{bm^2 z_1}\cdot Y_{FS} \leqslant [\sigma_F]$	(5-35)
	设计公式	$a \geqslant 48(u\pm1)\sqrt[3]{\dfrac{KT1}{\psi_a u [\sigma_H]^2}}$	(5-36)	$m \geqslant \sqrt[3]{\dfrac{4KT_1}{\psi_a z_1^2(u\pm1)}\cdot\dfrac{Y_{FS}}{[\sigma_F]}}$	(5-37)
斜齿圆柱齿轮	校核公式	$\sigma_H = \dfrac{312}{a}\sqrt{\dfrac{(u\pm1)^3 KT_1}{bu}} \leqslant [\sigma_H]$	(5-38)	$\sigma_F = \dfrac{1.6KT_1 cos\beta}{bm_n^2 z_1}\cdot Y_{FS} \leqslant [\sigma_F]$	(5-39)
	设计公式	$a \geqslant 46(u\pm1)\sqrt[3]{\dfrac{KT1}{\psi_a u [\sigma_H]^2}}$	(5-40)	$m_n \geqslant \sqrt[3]{\dfrac{3.1KT_1}{\psi_a z_1^2(u\pm1)}\cdot\dfrac{Y_{FS}}{[\sigma_F]}}$	(5-41)
直齿圆锥齿轮	校核公式	$\sigma_H = \dfrac{335}{(R-0.5b)}\sqrt{\dfrac{KT_1(u^2\pm1)^3}{ub}} \leqslant [\sigma_H]$	(5-42)	$\sigma_F = \dfrac{2KT_1 Y_{FS}}{bm^2 z_1(1-0.5\psi_R)^2} \leqslant [\sigma_F]$	(5-43)
	设计公式	$R \geqslant 48\sqrt{u^2+1}\sqrt[3]{\dfrac{KT_1}{(1-0.5\psi_R)^2\psi_R u [\sigma_H]^2}}$	(5-44)	$m \geqslant \sqrt[3]{\dfrac{4KT_1}{z_1^2(1-0.5\psi_R)^2\psi_R\sqrt{u^2\pm1}}\cdot\dfrac{Y_{FS}}{[\sigma_F]}}$	(5-45)
蜗杆传动	校核公式	$\sigma_H = \dfrac{510}{d_2}\sqrt{\dfrac{KT_2}{d_1}} \leqslant [\sigma]_H$	(5-46)		
	设计公式	$m^2 d_1 \geqslant \left(\dfrac{510}{z_2[\sigma]_H}\right)^2 KT_2$	(5-47)		
	热平衡计算式	$t_1 = \dfrac{1000P_1(1-\eta)}{K_s A}+t_0 \leqslant 80°$	(5-48)		

（1）本表的公式只适用于表5-15所列的常用精度等级，若属更高的精度等级，请参照机械设计手册相关资料进行设计。

（2）表中的齿轮均为钢制齿轮，蜗杆传动为青铜蜗轮配钢蜗杆。表中各公式的"±"号，"+"号用于外啮合，"－"号用于内啮合。

（3）K 为载荷系数。引入的目的是考虑工作时载荷性质、载荷沿齿向分布情况以及动载荷的影响。蜗杆传动 $K=1.1\sim1.4$，蜗杆圆周速度小于 $3m/s$ 且载荷平稳、7级以上精度时取小值，否则取大值。其余传动类型的 K 值参照表5-17选取。

（4）σ_H、σ_F 分别为齿面最大接触应力和齿根最大弯曲应力（MPa）。

（5）$[\sigma_H]$、$[\sigma_F]$ 分别为许用接触应力和许用弯曲应力（MPa）。

①圆柱齿轮、圆锥齿轮的 $[\sigma_H]$ 和 $[\sigma_F]$ 按下式计算

$$\left.\begin{array}{l}[\sigma_H]=\dfrac{\sigma_{Hlim}}{S_H}\\[3mm][\sigma_F]=\dfrac{\sigma_{Flim}}{S_F}\end{array}\right\}\tag{5-49}$$

式5-46中：σ_{Hlim}、σ_{Flim} 分别为弯曲疲劳强度极限（MPa）和接触疲劳强度极限（MPa）（见表5-18）；S_H、S_F 分别为接触疲劳强度安全系数和弯曲疲劳强度安全系数（见表5-19）。

②一对齿轮啮合，两齿面接触应力相等，但两轮的许用接触应力 $[\sigma_H]$ 可能不同，在计算中可代入 $[\sigma_H]_1$ 与 $[\sigma_H]_2$ 中的较小值。

③通常两齿轮的复合齿形系数 Y_{FS1} 和 Y_{FS2} 不同，材料许用弯曲应力 $[\sigma_F]_1$ 和 $[\sigma_F]_2$ 也不等，在计算中可代入 $\dfrac{Y_{FS1}}{[\sigma_F]_1}$ 和 $\dfrac{Y_{FS2}}{[\sigma_F]_2}$ 两个比值中较大的值。

④蜗杆传动许用接触应力 $[\sigma_H]$（见表5-20）。若蜗轮用铝铁青铜或铸铁制造时，其失效形式主要是胶合。表中的许用接触应力是根据抗胶合条件拟定的，因而许用接触应力与滑动速度有关。计算时，应先估计滑动速度初选一许用接触应力值进行试算，试算后的结果如与估计值相当则计算合格。

（6）T_1、T_2 分别为主动轮、从动轮的转矩，单位为 $N \cdot mm$；由式（5-22）、式（5-29）计算。

（7）u 为大轮与小轮的齿数比，u 恒大于1。减速传动时，齿数比等于传动比。

（8）b 为齿宽，单位为 mm；圆柱齿轮小齿轮的齿宽 b_1 应比大齿轮齿宽 b_2 略大，$b_1=b_2+（4\sim6）$ mm。这是为了保证接触齿宽。

（9）ψ_a、ψ_R 分别为圆柱齿轮和圆锥齿轮的齿宽系数

$$\left.\begin{array}{l}\psi_a=\dfrac{b}{a}\\[3mm]\psi_R=\dfrac{b}{R}\end{array}\right\}\tag{5-50}$$

设计中常用它对齿宽 b 做必要的限制。ψ_a、ψ_R 的值如表5-21所示。

（10）z_1 为小齿轮的齿数（或蜗杆的头数）、z_2 为大齿轮（或蜗轮）的齿数。

①大小齿轮的齿数选择应符合传动比 i 的要求。齿数取整可能会影响传动比数值，但总的传动比误差应有所控制，一般控制在5%以内。

②对于软齿面闭式齿轮传动，传动尺寸主要取决于接触疲劳强度，而弯曲疲劳强度往往比较富裕。这时，在传动尺寸不变并满足弯曲疲劳强度要求的前提下，小齿轮齿数取大一些可改善传动平稳性；通常选取 $z_1=20\sim40$。

③对于硬齿面闭式齿轮传动，应具有足够大的模数以保证齿根弯曲疲劳强度，传动尺寸（分度圆）不变时，模数大则齿数应取小值，所以齿数一般可取 $z_1=17\sim21$。

④对于开式齿轮，为提高耐磨性，要求有较大的模数，因而齿数应尽量少，一般取 $z_1=17\sim20$；对于高速

齿轮或对噪声有严格要求的齿轮传动应使取 $z_1 \geq 25$。

⑤重要的传动或重载高速传动，大小轮齿互为质数，这样轮齿磨损均匀，有利于提高寿命。

⑥蜗杆 z_1 按表5-8选取。

（11）Y_{FS} 为复合齿形系数。考虑了齿形、根部应力等因素。直齿圆柱齿轮 Y_{FS} 可由下面的公式计算：

$$Y_{FS} = \frac{z}{0.269z - 0.841} \tag{5-51}$$

斜齿圆柱齿轮、圆锥齿轮用当量齿数 z_v 代替式中的 z 计算。

（12）在蜗杆传动的热平衡计算式中，P_1 为蜗杆传递的功率，单位为kW；η 为传动总效率；t_0 为周围空气温度，单位为℃；t_1 为润滑油的工作温度，单位为℃；A 为散热面积，单位为 m^2；K_S 为箱体表面传热系数。

① t_0 一般可按常温情况下取 $t_0 = 20℃$。

② t_1 一般限制在 $60℃ \sim 70℃$，最高不超过 $80℃$；如果超过 $80℃$，则需采取强制散热措施。

③散热面积 A 按下式估算

$$A = 0.33 \left(\frac{a}{100}\right)^{1.75} \quad (m^2) \tag{5-52}$$

④根据通风条件，一般取 $K_S = 10 \sim 17 W/(m^2 \cdot ℃)$，通风条件好时取大值。

⑤常用散热措施有增大散热面积（在箱体外壁加散热片）、在蜗杆轴上装风扇［见图5-34（a）］、在箱体内铺设冷却水管（用循环水冷却）［见图5-34（b）］、压力喷油循环润滑（将高温润滑油抽到箱体外，经过冷却后，再喷射到传动的啮合部位）［见图5-34（c）］。

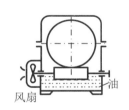
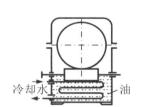
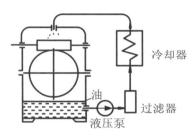

（a）在蜗杆轴上装风扇　　　（b）加冷却装置　　　（c）用循环油冷却

图5-34　蜗杆传动的散热方法

表5-17　载荷系数 K

载荷状态	工作机举例	原动机		
		电动机	多缸内燃机	单缸内燃机
平稳轻微冲击	均匀加料的运输机、发电机、透平鼓风机和压缩机等。	1~1.2	1.2~1.6	1.6~1.8
中等冲击	不均匀加料的运输机、重型卷扬机、球磨机、多缸往复式压缩机等	1.2~1.6	1.6~1.8	1.8~2.0
较大冲击	冲床、剪床、钻机、轧机、挖掘机、重型给水泵、破碎机等	1.6~1.8	1.9~2.1	2.2~2.4

注：①斜齿、圆周速度低、传动精度高、齿宽系数小时，取小值。

②直齿、圆周速度高、传动精度低时，取大值。

③齿轮在轴承间不对称布置时取大值。

表 5-18　齿轮强度极限 σ_{Flim}、σ_{Hlim}（MPa）

材料	热处理	齿面硬度	σ_{Flim}	σ_{Hlim}
碳素钢	正火	150~215HBS	60+0.5HBS	203.2+0.985HBS
	调质	170~270HBS	140+0.16HBS	348.3+HBS
合金钢	调质	200~350HBS	140+0.4HBS	366.7+1.33HBS
碳素铸钢	正火	150~200HBS	65+0.3HBS	140.5+0.974HBS
	调质	170~230HBS	105+0.3HBS	300+0.834HBS
合金铸钢	调质	200~350HBS	150+0.4HBS	290+1.3HBS
碳素钢，合金钢	表面淬火	48~58HRC	HRC≤52：5HRC+110	550+12HRC
			HRC>52：375	
合金钢	渗碳淬火	58~63HRC	440	1500

表 5-19　安全系数 S_F、S_H

使用要求	失效概率	使用场合	S_F	S_H
高可靠度	1/10000	特殊工作条件下要求可靠度很高的齿轮	2	1.50~1.60
较高可靠度	1/1000	长期连续运转和较长的维修间隔；可靠性要求较高，一旦失效可能造成严重的经济损失或安全事故	1.6	1.25~1.30
一般可靠度	1/100	通用齿轮和多数工业用齿轮，对设计寿命和可靠度有一定要求	1.25	1.00~1.10

表 5-20　蜗轮的许用接触应力

单位：MPa

蜗轮材料	锡青铜蜗轮 $[\sigma_H]$			
	铸造方法	适用的滑动速度 $v_s/(m\cdot s^{-1})$	蜗杆齿面硬度 ≤350HBS	蜗杆齿面硬度 >45HRC
$ZCuSn_{10}Pb_1$	砂型	≤12	180	200
	金属型	≤25	200	220
$ZCuSn_6Zn_6Pb_3$	砂型	≤10	110	125
	金属型	≤12	135	150

铝铁青铜及铸铁蜗轮 $[\sigma_H]$								
蜗轮材料	蜗杆材料	滑动速度 $v_s/(m\cdot s^{-1})$						
		0.5	1	2	3	4	6	8
$ZCuAl_{10}Fe_3$	淬火钢	250	230	210	180	160	120	90
HT150、HT200	渗碳钢	130	115	90	–	–	–	–
HT150	调质钢	110	90	70	–	–	–	–

表 5-21　齿宽系数 ψ_a、ψ_R

齿宽系数	轻型齿轮传动	中型齿轮传动	重型齿轮传动
ψ_a	0.2~0.4	0.4~0.6	0.8
ψ_R	0.25~0.3		

注：齿轮对称布置时 ψ_a 取大值，悬臂布置时 ψ_a 取小值。

5.11 齿轮传动设计计算实例分析

5.11.1 精压机圆柱齿轮减速器中的齿轮传动设计

1. 设计数据与设计内容

由第 3 章可知，该齿轮传动传动比 $i=3$，中等冲击，减速器高速轴所需传递的功率 $P=7.125kW$；由第 4 章可知，V 带传动的传动比由 2.5 变成 2.52，则减速器高速轴的实际转速也将改变也由 578r/min 变成了 571.43 r/min。

设计内容包括选择各齿轮材料及热处理方法、精度等级；确定其主要参数及几何尺寸及结构等。

由于斜齿圆柱齿轮传动的平稳性和承载能力都优于直齿圆柱齿轮传动，因此，传动类型选斜齿圆柱齿轮传动；本齿轮传动设计无特殊要求，选软齿面。

2. 按闭式软齿面斜齿轮设计

（1）选择齿轮精度、材料及热处理方式。

一般要求，由表 5-15，初选 8 级精度；

小齿轮 40Cr，调质，硬度为 241~286 HBS，取 270HBS；

大齿轮 ZG35SiMn，调质，硬度 197~248 HBS，取 220HBS。

【说明】

①本实例的传动属中速轻载，但有冲击，由表 5-11 可知，两轮均需要选合金钢。

②两个齿轮均为斜齿轮软齿面时，应使硬度差 ≥ 40~50HBS；现 $HBS_1-HBS_2=270-220=50$，合适；同时硬度差也应符合表 5-12 中对调质斜齿轮的硬度配对要求：270~300HBS 配 200~230HBS。

（2）计算许用应力。

①由表 5-18，求强度极限 σ_{Flim}、σ_{Hlim}：

$$\sigma_{Hlim1}=366.7+1.33\ HBS_1=366.7+1.33\times270=725.8\ （MPa）$$

$$\sigma_{Flim1}=140+0.4\ HBS_1=140+0.4\times270=248\ （MPa）$$

$$\sigma_{Hlim2}=290+1.3HBS_2=290+1.3\times220=576\ （MPa）$$

$$\sigma_{Flim2}=150+0.4HBS_2=150+0.4\times220=240\ （MPa）$$

② 由表 5-19，取安全系数：$S_H=1.25$；$S_F=1.6$。

③由式（5-46）可得

$$[\sigma_{H1}]=\frac{\sigma_{Hlim1}}{S_H}=\frac{725.8}{1.25}=580.64\ （MPa）$$

$$[\sigma_{H2}]=\frac{\sigma_{Hlim2}}{S_H}=\frac{576}{1.25}=460.8\ （MPa）$$

$$[\sigma_{F1}]=\frac{\sigma_{Flim1}}{S_F}=\frac{248}{1.6}=155\ （MPa）$$

$$[\sigma_{F2}]=\frac{\sigma_{Flim2}}{S_F}=\frac{240}{1.6}=150\ （MPa）$$

【说明】

精压机一旦失效可能造成严重的经济损失或安全事故，所以选择较高可靠度的搭配方案。

（3）该传动为闭式软齿面，按齿面接触疲劳强度设计。

①确定载荷系数 K：由表 5-17 可知，载荷状态为较大冲击，取中间值 $K=1.7$。

②确定齿宽系数 ψ_a：由表 5-21 可知，应采用轻型齿轮传动，对称布置，取 $\psi_a=0.35$。

③计算小齿轮上的转矩：

$$T_1 = 9.55 \times 10^6 \frac{P}{n_1} = 9.55 \times 10^6 \frac{7.125}{571.43} = 1.19 \times 10^5 (\text{N} \cdot \text{mm})$$

④ 确定齿数：选小齿轮齿数 $z_1 = 27$，则大齿轮齿数 $z_2 = iz_1 = 3 \times 27 = 81$。

⑤由表 5-16 中式（5-37）初算中心距：

$$a \geq 46(u+1) \sqrt[3]{\frac{K_{T1}}{\psi_a u [\sigma_H]^2}} = 46 \times (3+1) \times \sqrt[3]{\frac{1.7 \times 1.19 \times 10^5}{0.35 \times 3 \times 460.8^2}} = 178.13(\text{mm})$$

⑥计算法面模数：初取螺旋角 $\beta = 15°$，由表 5-4 可得

$$m_n = \frac{2a\cos\beta}{z_1 + z_2} = \frac{2 \times 178.13 \times \cos15°}{27 + 81} = 3.19 \ (\text{mm})$$

由表 5-2 取 $m_n = 4\text{mm}$。

⑦确定中心距：

$$a = \frac{m_n(z_1 + z_2)}{2\cos\beta} = \frac{4 \times (27 + 81)}{2 \times \cos15°} = 223.62 \ (\text{mm})，取 a = 224\text{mm}。$$

⑧确定螺旋角：

$$\beta = \arccos\frac{m_n(z_1 + z_2)}{2a} = \arccos\frac{4 \times (27 + 81)}{2 \times 224} = 15.34°$$

⑨计算分度圆直径：

$$d_1 = \frac{m_n z_1}{\cos\beta} = \frac{4 \times 27}{\cos15.34°} = 111.99(\text{mm})$$

$$d_2 = id_1 = 3 \times 111.99 = 335.97(\text{mm})$$

⑩计算齿宽 b_1、b_2：由式（5-47）得

$$b = \psi_a a = 0.35 \times 224 = 78.4 \ (\text{mm})$$

取 $b_1 = 85\text{mm}$，$b_2 = 80\text{mm}$。

【说明】

①一般情况下，小齿轮齿数取 20～40 中间偏小的值，若需要结构更紧凑，可取更小。

②因 $[\sigma_{H2}] < [\sigma_{H1}]$，故取 $[\sigma_H] = [\sigma_{H2}] = 460.8 \text{MPa}$。

③斜齿轮可利用螺旋角凑中心距，故其中心距可圆整（分度圆直径不可圆整），但直齿圆柱齿轮的中心距不可圆整，只能保留计算值。

④螺旋角在 8°～20°范围内选，故初选中间偏大一点的值。

⑤小齿轮的齿宽 b_1 比大齿轮齿宽 b_2 大 5mm，符合 $b_1 = b_2 + （4～6）\text{mm}$。

（4）校核齿根弯曲疲劳强度。

①确定复合齿形系数，计算当量齿数。

$$z_{v1} = \frac{z_1}{\cos^3\beta} = \frac{27}{\cos^3 15.34°} = 30.10$$

$$z_{v2} = \frac{z_2}{\cos^3\beta} = \frac{84}{\cos^3 15.34°} = 90.31$$

则由式（5-48）得

$$Y_{FS1} = \frac{z_{v1}}{0.269z_{v1} - 0.841} = \frac{30.10}{0.269 \times 30.10 - 0.841} = 4.15$$

$$Y_{FS2} = \frac{z_{v2}}{0.269z_{v2} - 0.841} = \frac{90.31}{0.269 \times 90.31 - 0.841} = 3.85$$

②按表 5-16 中式（5-39）校核齿根弯曲疲劳强度：

$$\sigma_{F1} = \frac{1.6KT_1\cos\beta}{bm_n^2 z_1} \cdot Y_{FS1} = \frac{1.6 \times 1.7 \times 1.19 \times 10^5 \cos15.34°}{80 \times 4^2 \times 27} \times 4.15 = 37.48 < [\sigma_{F1}] = 155 \text{（MPa）}$$

$$\sigma_{F2} = \sigma_{F1}\frac{Y_{FS2}}{Y_{FS1}} = 37.48 \times \frac{3.85}{4.15} = 34.77 < [\sigma_{F2}] = 150 \text{（MPa）}$$

故安全。

（5）计算齿轮的圆周速度。

$$v = \frac{\pi \times d_1 \times n_1}{60 \times 1000} = \frac{\pi \times 111.99 \times 571.43}{60000} = 3.35 \text{（m/s）}$$

对照表 5-15，8 级精度较为合适。

（6）齿轮结构设计。

（略）

3. 按闭式硬齿面斜齿轮设计

（1）选择齿轮精度、材料及热处理方式。

一般要求，由表 5-15，初选 8 级精度。

小齿轮选用 40Cr，表面淬火，齿面硬度为 48～55HRC，取 50HRC。

大齿轮选用 35SiMn，表面淬火，齿面硬度为 45～55HRC，取 50HRC。

【说明】

①本实例的传动属中速轻载，但有冲击，由表 5-11 可知，两轮均需要选合金钢。

②硬齿面两轮的硬度要相当，由表 5-12 可知，大、小齿轮工作齿面硬度配对应选 45～50HRC 配 45～50HRC。

（2）计算许用应力。

①由表 5-18，求强度极限 σ_{Flim}、σ_{Hlim}：

$$\sigma_{Hlim1} = \sigma_{Hlim2} = 550 + 12HRC_1 = 550 + 12 \times 50 = 1150 \text{（MPa）}$$

$$\sigma_{Flim1} = \sigma_{Flim2} = 110 + 5HRC_1 = 110 + 5 \times 50 = 360 \text{（MPa）}$$

② 由表 5-19，取安全系数：$S_H = 1.25$；$S_F = 1.6$。

③由式（5-46）得

$$[\sigma_{H1}] = [\sigma_{H2}] = \frac{\sigma_{Hlim1}}{S_H} = \frac{1150}{1.25} = 920 \text{（MPa）}$$

$$[\sigma_{F1}] = [\sigma_{F2}] = \frac{\sigma_{Flim1}}{S_F} = \frac{360}{1.6} = 225 \text{（MPa）}$$

精压机一旦失效可能造成严重的经济损失或安全事故，所以选择较高可靠度的搭配方案。

（3）该传动为闭式硬齿面，按齿根弯曲疲劳强度设计。

①确定载荷系数 K：由表 5-17 可知，载荷状态为较大冲击，取中间值 $K = 1.7$。

②确定齿宽系数 ψ_a：由表 5-21 可知，应选用轻型传动，对称布置，取 $\psi_a = 0.35$。

③计算小齿轮上的转矩：$T_1 = 9.55 \times 10^6 \frac{P}{n_1} = 9.55 \times 10^6 \frac{7.125}{571.43} = 1.19 \times 10^5 \text{（N·mm）}$。

④确定齿数：取 $z_1 = 19$，则 $z_2 = iz_1 = 3 \times 19 = 57$。

⑤确定复合齿形系数：初取螺旋角 $\beta = 15°$。

计算当量齿数：

$$z_{v1} = \frac{z_1}{\cos^3\beta} = \frac{19}{\cos^3 15°} = 21.08$$

$$z_{v2} = \frac{z_2}{\cos^3\beta} = \frac{57}{\cos^3 15°} = 63.25$$

则由式（5-48）得

$$Y_{FS1} = \frac{z_{v1}}{0.269z_{v1}-0.841} = \frac{21.08}{0.269\times21.08-0.841} = 4.36$$

$$Y_{FS2} = \frac{z_{v2}}{0.269z_{v2}-0.841} = \frac{63.25}{0.269\times63.25-0.841} = 3.91$$

⑥初算法面模数：

$$\frac{Y_{FS1}}{[\sigma_{F1}]} = \frac{4.36}{225} = 0.019 ; \quad \frac{Y_{FS2}}{[\sigma_{F2}]} = \frac{3.91}{225} = 0.017$$

因 $\frac{Y_{FS1}}{[\sigma_{F1}]} > \frac{Y_{FS2}}{[\sigma_{F2}]}$，所以应以小齿轮为设计依据。

由表5-16中式（5-38）得

$$m_n \geqslant \sqrt[3]{\frac{3.1KT_1}{\psi_a z_1^2(u+1)} \cdot \frac{Y_{FS1}}{[\sigma_F]_1}} = \sqrt[3]{\frac{3.1\times1.7\times1.19\times10^5}{0.35\times19^2\times(3+1)}\times0.019} = 2.87 \text{（mm）}$$

取 $m_n = 3$ mm。

⑦确定中心距：

$$a = \frac{m_n(z_1+z_2)}{2\cos\beta} = \frac{3\times(19+57)}{2\times\cos15°} = 118.02 \text{（mm）}$$

取 $a = 118$ mm。

⑧确定螺旋角：

$$\beta = \arccos\frac{m_n(z_1+z_2)}{2a} = \arccos\frac{3\times(19+57)}{2\times118} = 14.96°$$

与初选值相差不大，无需修正 Y_{FS1}、Y_{FS2}。

⑨计算分度圆直径：

$$d_1 = \frac{m_n z_1}{\cos\beta} = \frac{3\times19}{\cos14.96°} = 59.00 \text{（mm）}$$

$$d_2 = \frac{m_n z_2}{\cos\beta} = \frac{3\times57}{\cos14.96°} = 177.00 \text{（mm）}$$

⑩计算齿宽 b_1、b_2：

由式（5-47）

$$b = \psi_a a = 0.35\times118 = 41.3 \text{（mm）}$$

取 $b_2 = 45$ mm，$b_1 = 50$ mm。

【说明】

①一般情况下，小齿轮齿数取17～21的中间值，若需要结构更紧凑，可取更小。

②斜齿轮可利用螺旋角凑中心距，故其中心距可圆整（分度圆直径不可圆整），但直齿圆柱齿轮的中心距不可圆整，只能保留计算值。

③螺旋角在8°～20°范围内选，故初选中间偏大一点的值。

④小齿轮的齿宽 b_1 比大齿轮齿宽 b_2 大5mm，符合 $b_1 = b_2 +$ （4～6）mm。

（4）校核齿面接触疲劳强度。

由式（5-35）得

$$\sigma_H = \frac{312}{a}\sqrt{\frac{KT_1(u+1)^3}{ub}} = \frac{312}{118}\sqrt{\frac{1.7\times1.19\times10^5\times(3+1)^3}{3\times45}} = 818.83 \leqslant [\sigma_H] = 920 \text{（MPa）}$$

故安全。

（5）计算齿轮的圆周速度。

$$v=\frac{\pi d_1 n_1}{60\times1000}=\frac{\pi\times59.00\times571.43}{60000}=1.77\ （m/s）$$

对照表5-15，8级精度合适。

（6）齿轮的结构设计。

（略）

4. 按闭式软齿面直齿圆柱齿轮设计

（1）选择齿轮精度、材料及热处理方式

一般要求，由表5-15，初选8级精度。

小齿轮40Cr，调质，硬度为241~286 HBS，取260HBS。

大齿轮ZG35SiMn，调质，硬度197~248 HBS，取240HBS。

【说明】

①本实例的传动属低速轻载，但有冲击，由表5-11可知，两轮均需要选合金钢。

②两齿轮均为直齿轮软齿面时应使$1<HBS_1-HBS_2\leq20~25HBS$；现$HBS_1-HBS_2=260-240=20$，合适；同时硬度差也应符合表5-12中直齿轮软齿面硬度配对要求：260~290HBS 配220~240HBS。

（2）计算许用应力。

①由表5-18，求强度极限σ_{Flim}、σ_{Hlim}：

$$\sigma_{Hlim1}=366.7+1.33\,HBS_1=366.7+1.33\times260=712.5\ （MPa）$$
$$\sigma_{Flim1}=140+0.4\,HBS_1=140+0.4\times260=244\ （MPa）$$
$$\sigma_{Hlim2}=290+1.3\,HBS_2=290+1.3\times240=602\ （MPa）$$
$$\sigma_{Flim2}=150+0.4\,HBS_2=150+0.4\times240=246\ （MPa）$$

②由表5-19，取安全系数：$S_H=1.25$；$S_F=1.6$。

③由式（5-46）得

$$[\sigma_{H1}]=\frac{\sigma_{Hlim1}}{S_H}=\frac{712.5}{1.25}=570\ （MPa）$$

$$[\sigma_{H2}]=\frac{\sigma_{Hlim2}}{S_H}=\frac{602}{1.25}=481.6\ （MPa）$$

$$[\sigma_{F1}]=\frac{\sigma_{Flim1}}{S_F}=\frac{244}{1.6}=152.5\ （MPa）$$

$$[\sigma_{F2}]=\frac{\sigma_{Flim2}}{S_F}=\frac{246}{1.6}=153.75\ （MPa）$$

【说明】

精压机一旦失效可能造成严重的经济损失或安全事故，所以选择较高可靠度。

（3）该传动为闭式软齿面，按齿面接触疲劳强度设计。

①确定载荷系数K：由表5-17可知，载荷状态为较大冲击、直齿，取$K=1.8$。

②确定齿宽系数ψ_a：由表5-21可知，应选用轻型传动，对称布置，取$\psi_a=0.35$。

③计算小齿轮上的转矩：$T_1=9.55\times10^6\frac{P}{n_1}=9.55\times10^6\frac{7.125}{571.43}=1.19\times10^5$（N·mm）。

④确定齿数：选小齿轮齿数$z_1=28$，则大齿轮齿数$z_2=iz_1=3\times28=84$。

⑤由表5-16中式（5-33）初算中心距：

$$a\geq48(u+1)\sqrt[3]{\frac{KT_1}{\psi_a u[\sigma_H]^2}}=48\times(3+1)\times\sqrt[3]{\frac{1.8\times1.19\times10^5}{0.35\times3\times481.6^2}}=183.96\ （mm）$$

⑥计算模数：由表5-3可知

$$m = \frac{2a}{z_1 + z_2} = \frac{2 \times 183.96}{28 + 84} = 3.28 \text{（mm）}$$

由表5-2取 $m = 4\text{mm}$。

⑦确定中心距：

$$a = \frac{m(z_1 + z_2)}{2} = \frac{4 \times (28 + 84)}{2} = 224 \text{（mm）}$$

⑧计算分度圆直径：

$$d_1 = mz_1 = 4 \times 28 = 112\text{mm}; \quad d_2 = id_1 = 3 \times 112 = 336 \text{（mm）}$$

⑨计算齿宽 b_1、b_2：由式（5-47）得

$$b = \psi_a a = 0.35 \times 224 = 78.4 \text{（mm）}$$

取 $b_2 = 80\text{mm}$，$b_1 = 85\text{mm}$。

【说明】

①因 $[\sigma_{H2}] < [\sigma_{H1}]$，故取 $[\sigma_H] = [\sigma_{H2}] = 481.6$（MPa）。

②一般情况下，小齿轮齿数取20~40中偏小的值，若需要结构更紧凑，可取更小。

③ 小齿轮的齿宽 b_1 比大齿轮齿宽 b_2 大5mm，符合 $b_1 = b_2 + （4~6）$ mm。

（4）校核齿根弯曲疲劳强度。

①确定复合齿形系数。

由式（5-48）得

$$Y_{FS1} = \frac{z_1}{0.269z_1 - 0.841} = \frac{28}{0.269 \times 28 - 0.841} = 4.18$$

$$Y_{FS2} = \frac{z_2}{0.269z_2 - 0.841} = \frac{84}{0.269 \times 84 - 0.841} = 3.86$$

②按表5-16中式（5-32）校核齿根弯曲疲劳强度。

$$\sigma_F = \frac{2KT_1}{bm^2 z_1} \cdot Y_{FS} = \frac{2 \times 1.8 \times 1.19 \times 10^5}{80 \times 4^2 \times 28} \times 4.18 = 49.96 < [\sigma_{F1}] = 152.5\text{（MPa）}$$

$$\sigma_{F2} = \sigma_{F1}\frac{Y_{FS2}}{Y_{FS1}} = 49.96 \times \frac{3.86}{4.18} = 46.14 < [\sigma_{F2}] = 153.75\text{（MPa）}$$

故安全。

（5）计算齿轮的圆周速度。

$$v = \frac{\pi \times d_1 \times n_1}{60 \times 1000} = \frac{\pi \times 112 \times 571.43}{60000} = 3.35 \text{（m/s）}$$

对照表5-15，8级精度较为合适。

（6）齿轮结构设计。

（略）

5. 按闭式硬齿面直齿圆柱齿轮设计

（1）选择齿轮精度、材料及热处理方式。

一般要求，由表5-15，初选8级精度。

小齿轮选用40Cr，表面淬火，齿面硬度为48~55HRC，取50HRC。

大齿轮选用35SiMn，表面淬火，齿面硬度为45~55HRC，取50HRC。

【说明】

①本实例的传动属中速轻载，但有冲击，由表5-11可知，两轮均需要选合金钢。

②硬齿面两轮的硬度要相当，由表5-12可知，大小齿轮工作齿面硬度配对应选45~50HRC 配 45~50HRC。

（2）计算许用应力

①由表（5-18），求强度极限 σ_{Flim}、σ_{Hlim}：

$$\sigma_{Hlim1} = \sigma_{Hlim2} = 550 + 12HRC_1 = 550 + 12 \times 50 = 1150 \ （MP_a）$$

$$\sigma_{Flim1} = \sigma_{Flim2} = 110 + 5HRC_1 = 110 + 5 \times 50 = 360 \ （MP_a）$$

② 由表（5-19），取 安全系数：$S_H = 1.25$；$S_F = 1.6$。

③由式（5-46）得

$$[\sigma_{H1}] = [\sigma_{H2}] = \frac{\sigma_{Hlim1}}{S_H} = \frac{1150}{1.25} = 920 \ （MPa）$$

$$[\sigma_{F1}] = [\sigma_{F2}] = \frac{\sigma_{Flim1}}{S_F} = \frac{360}{1.6} = 225 \ （MPa）$$

【说明】

精压机一旦失效可能造成严重的经济损失或安全事故，所以选择较高可靠度。

（3）该传动为闭式硬齿面，按齿根弯曲疲劳强度设计。

①确定载荷系数 K：查表 5-17，按较大冲击、直齿，取 $K = 1.8$。

②确定齿宽系数 ψ_a：由表 5-20，轻型传动，对称布置，取 $\psi_a = 0.35$。

③计算小齿轮上的转矩：$T_1 = 9.55 \times 10^6 \frac{P}{n_1} = 9.55 \times 10^6 \frac{7.125}{571.43} = 1.19 \times 10^5 \ （N \cdot mm）$。

④确定齿数：取 $z_1 = 19$，则 $z_2 = iz_1 = 3. \times 19 = 57$。

⑤确定复合齿形系数。

则由式（5-48）得

$$Y_{FS1} = \frac{z_1}{0.269z_1 - 0.841} = \frac{19}{0.269 \times 19 - 0.841} = 4.45$$

$$Y_{FS2} = \frac{z_2}{0.269z_2 - 0.841} = \frac{57}{0.269 \times 57 - 0.841} = 3.93$$

⑥初算模数：

$$\frac{Y_{FS1}}{[\sigma_{F1}]} = \frac{4.45}{225} = 0.020 ; \quad \frac{Y_{FS2}}{[\sigma_{F2}]} = \frac{3.93}{225} = 0.017$$

因 $\frac{Y_{FS1}}{[\sigma_{F1}]} > \frac{Y_{FS2}}{[\sigma_{F2}]}$，所以应以小齿轮为设计依据。

由表 5-16 中式（5-34）

$$m \geqslant \sqrt[3]{\frac{4KT_1}{\psi_a z_1^2 (u+1)} \cdot \frac{Y_{FS}}{[\sigma_F]}} = \sqrt[3]{\frac{4 \times 1.8 \times 1.19 \times 10^5}{0.35 \times 19^2 \times (3+1)} \times 0.020} = 3.24 \ （mm）$$

取 $m = 4mm$。

⑦确定中心距：

$$a = \frac{m(z_1 + z_2)}{2} = \frac{4 \times (19 + 57)}{2} = 152 \ （mm）$$

⑧计算分度圆直径：

$$d_1 = mz_1 = 4 \times 19 = 76 \ （mm） ; \quad d_2 = id_1 = 3 \times 76 = 228 \ （mm）$$

⑨计算齿宽 b_1、b_2：由式（5-47）

$$b = \psi_a a = 0.35 \times 152 = 53.2 \ （mm）$$

取 $b_2 = 55mm$，$b_1 = 60mm$。

【说明】

①般情况下，小齿轮齿数取 17~21 的中间值，若需要结构更紧凑，可取更小。

② 小齿轮的齿宽 b_1 比大齿轮齿宽 b_2 大 5mm，符合 $b_1 = b_2 + $ （4~6） mm。

（4）校核齿面接触疲劳强度。

由式（5-31）得

$$\sigma_H = \frac{335}{a}\sqrt{\frac{KT_1(u+1)^3}{ub}} = \frac{335}{152}\sqrt{\frac{1.8 \times 1.19 \times 10^5 \times (3+1)^3}{3 \times 55}} = 635.27 \leq [\sigma_H] = 920 \text{（MPa）}$$

故安全。

（5）计算齿轮的圆周速度。

$$v = \frac{\pi d_1 n_1}{60 \times 1000} = \frac{\pi \times 76 \times 571.43}{60000} = 2.27 \text{（m/s）}$$

对照表 5-15，8 级精度较为合适。

（6）齿轮的结构设计。

（略）

5.11.2 精压机圆锥齿轮传动设计

1.设计数据与设计内容

精压机传动系统中的圆锥齿轮传动是开式传动，用于提供推料机构及顶料机构的动力。开式直齿圆锥齿轮传动高速轴转速 $n_1 = 190.48\text{r/min}$，传递功率 $P = 1\text{kW}$，传动比 $i = 3.8$。因传递功率很小，设计时无特殊要求。

设计内容如下：

（1）选择精度、齿轮材料及热处理方式。

因要求较低，由表 5-15，初选 9 级精度。

小齿轮牌号为 45，热处理方式为调质，硬度为 217~255 HBS，取 240HBS。

大齿轮牌号为 45，热处理方式为正火，硬度为 162~217 HBS，取 215HBS。

【说明】

①本处的传动属低速轻载，无特殊要求，两轮均可按表 5-11 选碳素钢。

②小齿轮取 240HBS，大齿轮取 210HBS，$\text{HBS}_1 - \text{HBS}_2 = 240 - 215 = 25$，合适；符合表 5-12 中对调质的直齿轮的硬度配对要求（240~270HBS 配 180~220HBS）。

（2）计算许用应力。

①由表 5-18，求强度极限 σ_{Flim}、σ_{Hlim}：

$$\sigma_{Hlim1} = 348.3 + \text{HBS}_1 = 348.3 + 240 = 588.3 \text{（MPa）}$$

$$\sigma_{Flim1} = 140 + 0.16\text{HBS}_1 = 140 + 0.16 \times 240 = 178.4 \text{（MPa）}$$

$$\sigma_{Hlim2} = 203.2 + 0.985\text{HBS}_2 = 203.2 + 0.985 \times 215 = 415.0 \text{（MPa）}$$

$$\sigma_{Flim2} = 60 + 0.5\text{HBS}_2 = 60 + 0.5 \times 215 = 167.5 \text{（MPa）}$$

② 由表 5-19，取安全系数：$S_H = 1.1$；$S_F = 1.25$。

③由式（5-46）得

$$[\sigma_{H1}] = \frac{\sigma_{Hlim1}}{S_H} = \frac{588.3}{1.1} = 534.8 \text{（MPa）}$$

$$[\sigma_{H2}] = \frac{\sigma_{Hlim2}}{S_H} = \frac{415.0}{1.1} = 377.3 \text{（MPa）}$$

$$[\sigma_{F1}] = \frac{\sigma_{Flim1}}{S_F} = \frac{178.4}{1.25} = 142.8 \text{（MPa）}$$

$$[\sigma_{F2}] = \frac{\sigma_{Flim2}}{S_F} = \frac{167.5}{1.25} = 134.0 \text{（MPa）}$$

【说明】

推料机构及顶料机构按一般可靠度要求。

（3）该传动为开式传动，按齿根弯曲疲劳强度设计。

①确定载荷系数 K：查表 5-17，载荷状态为轻微冲击，取 $K=1.2$。

②确定齿宽系数 ψ_R：由表 5-20，取 $\psi_R=0.3$。

③计算小齿轮上的转矩：$T_1 = 9.55 \times 10^6 \dfrac{P}{n_1} = 9.55 \times 10^6 \times \dfrac{1}{190.48} = 5.01 \times 10^4 (\text{N} \cdot \text{mm})$

④确定齿数：取小齿轮齿数 $z_1=17$，则大齿轮齿数 $z_2=iz_1=3.8 \times 17=64.6$，取 $z_2=65$。

实际传动 $i = \dfrac{z_2}{z_1} = \dfrac{65}{17} = 3.82$，与所要求相差不大，可用。

⑤确定复合齿形系数：由表 5-6 计算得

$$\delta_2 = \text{arctg} \frac{z_2}{z_1} = \text{arctg} \frac{65}{17} = 75.34°$$

$$\delta_1 = 90° - \delta_2 = 90° - 75.34° = 14.66°$$

则当量齿数：

$$z_{v1} = \frac{z_1}{\cos\delta_1} = \frac{17}{\cos 14.66°} = 17.57$$

$$z_{v2} = \frac{z_2}{\cos\delta_2} = \frac{65}{\cos 75.34°} = 256.83$$

则 由式（5-48）

$$Y_{FS1} = \frac{z_{v1}}{0.269 z_{v1} - 0.841} = \frac{17.57}{0.269 \times 17.57 - 0.841} = 4.52$$

$$Y_{FS2} = \frac{z_{v2}}{0.269 z_{v2} - 0.841} = \frac{256.83}{0.269 \times 256.83 - 0.841} = 3.76$$

⑥初算模数：

$$\frac{Y_{FS1}}{[\sigma_{F1}]} = \frac{4.52}{142.8} = 0.032 ; \quad \frac{Y_{FS2}}{[\sigma_{F2}]} = \frac{3.76}{134.0} = 0.028$$

因 $\dfrac{Y_{FS1}}{[\sigma_{F1}]} > \dfrac{Y_{FS2}}{[\sigma_{F2}]}$，所以应以小齿轮为设计依据。

由表 5-16 中式（5-42）得

$$m \geqslant \sqrt[3]{\frac{4KT_1}{z_1^2(1-0.5\psi_R)^2 \psi_R \sqrt{u^2+1}} \cdot \frac{Y_{FS}}{[\sigma_F]}} = \sqrt[3]{\frac{4 \times 1.2 \times 5.01 \times 10^4}{17^2 \times (1-0.5 \times 0.3)^2 \times 0.3 \times \sqrt{3.8^2+1}} \times 0.032} = 3.15 \text{（mm）}$$

考虑磨损，m 加大 20%，$m=2.76 \times (1+0.2)=3.78$，

取 $m=4$ mm。

⑦计算分度圆直径：

$$d_1 = mz_1 = 4 \times 17 = 68 \text{（mm）} ; \quad d_2 = id_1 = 3.8 \times 68 = 258.4 \text{（mm）}$$

⑧计算外锥距，由表 5-5 得：

$$R = \frac{m}{2} \sqrt{z_1^2 + z_2^2} = \frac{4}{2} \times \sqrt{17^2 + 65^2} = 134.37 \text{（mm）}$$

⑨计算齿宽：

由式（5-47）

$$b = \psi_R R = 0.3 \times 134.37 = 40.31 \text{（mm）}$$

取 $b_1 = b_2 = 42$ mm。

【说明】

①小齿轮齿数取 17~25 中的偏小值，是考虑模数可以取得更大一些 。

②直齿锥齿轮传动的大、小齿轮齿宽相同。

（4）计算齿轮的圆周速度。

计算齿宽中点处的直径：

$$d_{m1} = d_1(1-0.5\psi_R) = 68 \times (1-0.5 \times 0.3) = 57.8 \quad (mm)$$

$$v_m = \frac{\pi d_{m1} n_1}{60 \times 1000} = \frac{\pi \times 57.8 \times 190.48}{60000} = 0.58 \quad (m/s)$$

对照表 5-15，应选用 9 级精度。

【说明】

直齿圆锥齿轮的圆周速度，指的是它在齿宽中点处的圆周速度。

（5）齿轮的结构设计。

（略）

5.11.3 链板输送机中蜗杆传动的设计

1. 设计数据与设计内容

在精压机机组中，闭式蜗杆传动用于链板式输送机。载荷具有轻微冲击，两班制工作，单向传动，传动比 $i = 29$。蜗杆轴传递的功率 $P = 2.97kW$，蜗杆转速 $n_1 = 710r/min$。

设计内容包括选择蜗杆传动的材料、热处理方法、许用应力、制造精度、主要参数和几何尺寸、结构、校核其传动效率，并进行热平衡计算。

2. 设计步骤及说明

（1）选择精度、材料、热处理方式，确定蜗轮许用应力。

由表 5-15 可知，中等精度运输机械蜗杆传动精度应为 7 级。

按中速中载传动，蜗杆选用 45 钢，表面淬火，齿面硬度 50HRC；蜗轮选用锡青铜 $ZCuSn_{10}Pb_1$。

由表 5-19 可知，初估 $v_s \leqslant 12m/s$，铸造方法选砂型，则对于齿面硬度 50HRC 的蜗杆，$[\sigma_H] = 200MPa$。

（2）确定载荷系数、选择蜗杆头数 z_1、和蜗轮齿数 z_2。

①取 $K = 1.2$（推荐 $K = 1.1 \sim 1.4$）。

②由 $i = 29$，查表 5-8，取 $z_1 = 2$，则 $z_2 = iz_1 = 29 \times 2 = 58$。

【说明】

表 5-8 中，针对 $i = 29$ 可选 $z_1 = 2$，为提高传动效率，在此选用双头蜗杆传动。

（3）估计总效率值，并计算蜗轮转矩。

①由 $z_1 = 2$，初取 $\eta = 0.82$。

② $T_2 = T_1 i\eta = 9.55 \times 10^6 \frac{P_1 i\eta}{n_1} = 9.55 \times 10^6 \times \frac{2.97 \times 29 \times 0.82}{710} = 9.50 \times 10^5 (N \cdot mm)$

（4）按蜗轮齿面接触强度计算接触系数。

由式（5-44）

$$m^2 d_1 \geqslant \left(\frac{510}{z_2[\sigma]_H}\right)^2 KT_2 = \left(\frac{500}{58 \times 200}\right)^2 \times 1.2 \times 9.50 \times 10^5 = 2118.02 \quad (mm^3)$$

（5）确定模数及蜗杆直径系数 q。

由表 5-7 取：$m^2 d_1 = 2500 > 2118.02$，$m = 6.3mm$，$d_1 = 63mm$，$q = 10$。

（6）确定几何尺寸。

蜗轮分度圆直径：

$$d_2 = mz_2 = 6.3 \times 58 = 365.4 \quad (mm)$$

确定中心距：

$$a = \frac{d_1 + d_2}{2} = \frac{63 + 365.4}{2} = 214.2 \quad (mm)$$

（7）验算滑动速度及蜗轮圆周速度。

计算蜗杆的圆周速度：

$$v_1 = \frac{\pi d_1 n_1}{60 \times 1000} = \frac{\pi \times 63 \times 710}{60 \times 1000} = 2.34 \ （m/s）$$

按表5-9计算蜗杆导程角 γ：

$$\gamma = \arctan \frac{z_1}{q} = \arctan \frac{2}{10} = 11.31°$$

按式（5-19）计算齿面间滑动速度 v_s：

$$v_s = \frac{v_1}{\cos\gamma} = \frac{2.34}{\cos 11.31°} = 2.39 \ （m/s）$$

v_s 在原初估值 $v_s \leqslant 12m/s$ 范围内，速度合适。

由 $v_2 = \sqrt{v_s^2 - v_1^2} = \sqrt{2.39^2 - 2.34^2} = 0.49m/s$，参照表5-15，应采用7级精度。

（8）热平衡计算。

①由 $v_s = 2.39m/s$ 及表5-10算得

$$f_v = 0.0615 - 0.0166 v_s + 0.0018 v_s^2 = 0.0615 - 0.0166 \times 2.39 + 0.0018 \times 2.39^2 = 0.0321$$

$\rho_v = \arctan（0.0321）= 1.84°$

按式（5-20）计算传动效率：

$$\eta = （0.95 \sim 0.97）\frac{tg\gamma}{tg(\gamma + \rho_v)} = （0.95 \sim 0.97）\times \frac{tg 11.31°}{tg(11.31° + 1.84°)} = 0.81 \sim 0.83$$

与估计值相符，不必重算。

②计算油温

有效散热面积：

$$A = 0.33 \left(\frac{a}{100}\right)^{1.75} = 0.33 \times \left(\frac{214.2}{100}\right)^{1.75} = 1.25 \ （m^2）$$

$$t_1 \geqslant \frac{1000 P_1(1 - \eta)}{K_s A} + t_0 = \frac{1000 \times 2.97 \times (1 - 0.8)}{12 \times 1.25} + 20 = 53.9℃ < 60℃ \sim 70℃$$

故合格。

【说明】

按通风条件不佳考虑，K_S 取了 $10 \sim 17W/（m^2 \cdot ℃）$ 中的偏小值。

（9）其余尺寸参数、结构设计。

（略）

5.12　齿轮的结构设计与润滑

5.12.1　齿轮的结构设计

前面各节中介绍的只是轮齿部分。与带传动中的带轮一样，作为一个完整的齿轮零件，除了轮齿以外还必须有轮缘、轮辐及轮毂等部分。若轮缘、轮辐和轮毂部分设计不当，这些部位也会出现破损，例如轮缘开裂、轮辐折断、轮毂破坏等。轮缘、轮辐和轮毂部分的设计属于齿轮的结构设计，对于中等模数的传动齿轮，这几个部分一般是参考毛坯制造方法、根据经验关系来设计的。

1. 锻造齿轮

对于齿轮齿顶圆直径小于500mm的齿轮，一般采用锻造毛坯，并根据齿轮直径的大小常采用表5-22所示的几种结构形式。

（1）齿轮轴：当齿轮的齿根直径与轴径很接近时，可以将齿轮与轴作成一体的，称为齿轮轴。齿轮与轴的材料相同，可能挥造成材料的浪费并增加加工工艺的难度。

（2）实心式齿轮：齿顶圆直径 $d_a \leq 160mm$（当轮缘内径 D 与轮毂外径 D_3 相差不大时，而轮毂长度要大于等于 1.6 倍的轴径尺寸）时可以采用这种结构。采用实心式结构时请注意，齿根与键槽顶部距离 e 不能过小，如果圆柱齿轮 $e<2m$、圆锥齿轮 $e<1.6m$，就要采用齿轮轴结构。

（3）腹板式结构：齿顶圆直径 $d_a \geq 160mm$ 时，为了减轻重量、节约材料、减少锻出辐条，常采用腹板式结构。对于腹板式结构，当 d_a 接近 500mm 时，可以在腹板上开出减轻孔，一般也不设加强筋，而是将腹板作的厚一些。此时，轮毂长度一般不应小于齿轮宽度，可以略大一些，结构布置上轮毂可以对称，也可以偏向一侧。表中圆柱齿轮的轮毂即为对称布置，圆锥齿轮轮毂则偏向一侧。

2.铸造齿轮

铸造齿轮的结构如表 5-23 所示。

当齿顶圆直径 d_a 大于 500mm，或 d_a 小于 500mm 但形状复杂不便于锻造时，常采用铸造毛坯，其中 d_a 大于 300mm 时可以做成带加强肋的腹板结构；当 d_a 大于 300mm 时常做成轮辐结构。

5.12.2 蜗杆蜗轮的结构

1.蜗杆结构

蜗杆螺旋部分的直径不大，常和轴做成一个整体，称为蜗杆轴，螺旋部分可以车制，也可以铣制。铣制蜗杆没有退刀槽，且轴的直径可以大于蜗杆的齿根圆直径，所以刚度较大。车制蜗杆时由于留有退刀槽而使轴径小于蜗杆根圆直径，削弱了蜗杆的刚度。蜗杆及蜗轮的结构如表 5-24 所示。

2.蜗轮结构：

常用的蜗轮结构形式有以下几种。

（1）整体浇注式：主要用于铸铁蜗轮或尺寸很小的青铜蜗轮。

（2）齿圈式：这种结构由青铜齿圈及铸铁轮芯所组成，齿圈与轮芯多用 H7/r6 配合，并加装 4~6 个紧定螺钉（或用螺钉拧紧后将头部锯掉）以增强联接的可靠性。螺钉直径取作 $1.2~1.5m$，m 为蜗轮的模数，螺钉拧入深度为 $0.3~0.4B$，B 为蜗轮宽度。为了便于钻孔，应将螺孔中心线由配合缝向材料较硬的轮芯部分偏移 $2~3mm$。这种结构多用于尺寸不太大或工作温度变化较小的地方，以免热胀冷缩影响配合的质量。

（3）螺栓联接式：可用普通螺栓联接，或用铰制孔用螺栓联接，螺栓的尺寸和数目可参考蜗轮的结构尺寸而定，然后做适当的校核。这种结构拆装比较方便，多用于尺寸较大或易磨损的蜗轮。

（4）拼铸式：这是在铸铁轮芯上加铸青铜齿圈，然后切齿，只用于成批制造的蜗轮。

表 5-22　锻造齿轮的结构尺寸

名称	结构形式		结构尺寸
	圆柱齿轮	圆锥齿轮	
齿轮轴			—
实心式			圆柱齿轮 $e>2m$；锥齿轮 $e>1.6m$ 时（m 为模数）

续表

名称	结构形式		结构尺寸
	圆柱齿轮	圆锥齿轮	
腹板式	 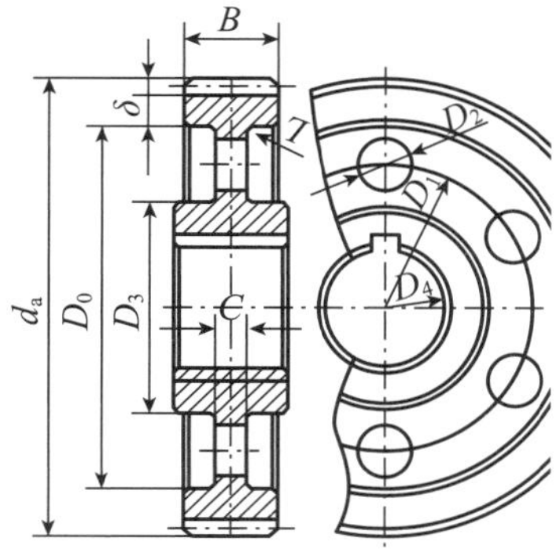	 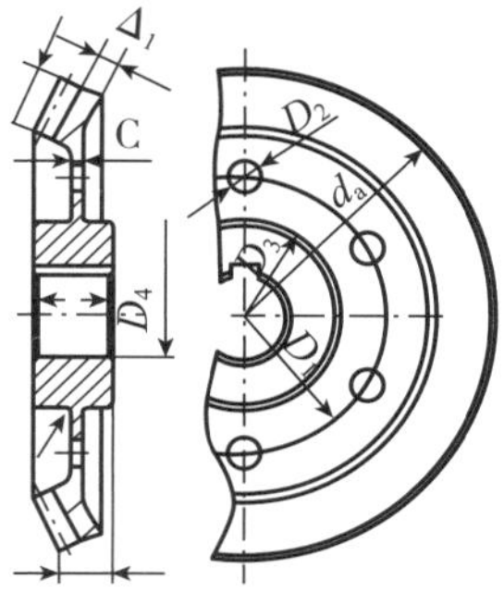	$D_1 \approx (D_0 + D_3)/2$； $D_2 \approx 0.3(D_0 - D_4)$； $D_3 \approx 1.6 D_4$； $l \approx (1 \sim 1.2) D_4$ $r \approx 5$mm； 圆柱齿轮： $\delta = (3 \sim 5) m_n$； $C \approx (0.2 \sim 0.3) B$； 圆锥齿轮： $\Delta_1 = (0.1 \sim 0.2) B$ $C \approx (3 \sim 4) m$； 常用齿轮的 C 值不应小于 10mm； J 由结构设计而定 （m 为模数，斜齿轮用 m_n）

表 5-23　铸造齿轮的结构尺寸

名称	结构形式	结构尺寸
轮辐式圆柱齿轮	 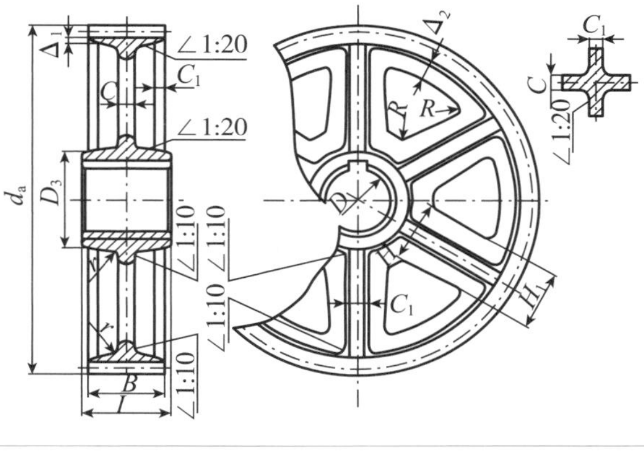	铸钢：$D_3 \approx 1.6 D_4$； 铸铁：$D_3 \approx 1.7 D_4$； 圆柱齿轮： $D_1 \approx (D_0 + D_3)/2$； $\Delta_1 = (3 \sim 4) m_n \geqslant 8$mm $\Delta_2 = (1 \sim 2) \Delta_1$； 铸钢：$H \approx 0.8 D_4$； 铸铁：$H \approx 0.9 D_4$； $H_1 \approx 0.8 H$； $C \approx H/5$； $C_1 \approx H/6$； $R \approx 0.5 H$； $1.4 D_4 > l \geqslant B$； 轮辐数常取 6； 圆锥齿轮： 加强肋的厚度 $C_1 \approx 0.8 C$； 其他结构尺寸与锻造齿轮腹板式相同
带加强筋的腹板式锥齿轮	 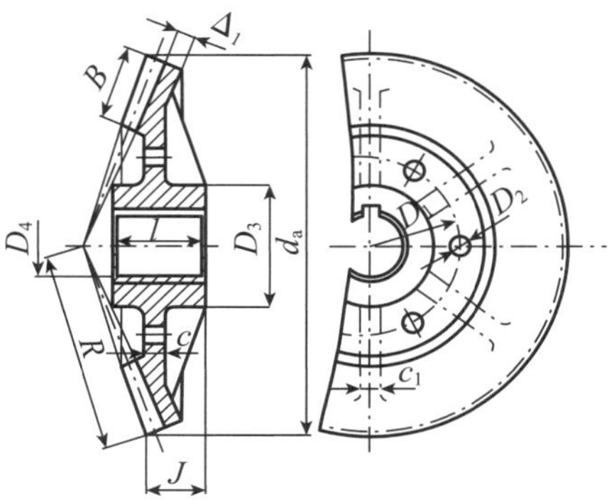	

表 5-24　蜗杆及蜗轮的结构尺寸

名称	结构形式	结构尺寸
蜗杆	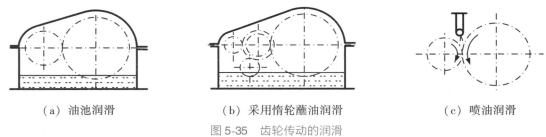	b_1 同表 5-9； L 由结构设计定
蜗轮	（a）整体浇注式　（b）齿圈式　（c）螺栓联接式　（d）拼铸式	$\theta = 90° \sim 130°$ 齿圈厚度 $C = 1.6m + 1.5mm$ （m 为模数）

5.12.3 齿轮传动的润滑

开式齿轮传动通常采用人工定期润滑。可采用润滑油或润滑脂。

一般闭式齿轮传动的润滑方式根据齿轮的圆周速度 v 的大小而定。当 $v \leqslant 12m/s$ 时多采用油池润滑［见图 5-35（a）］，当齿轮浸入油池一定的深度，齿轮运转时就把润滑油带到啮合区，同时也甩到箱壁上，借以散热。当 v 较大时，浸入深度约为一个齿高；当 v 较小，如 $0.5 \sim 0.8m/s$ 时，浸入深度可达到齿轮半径的 1/6。

在多级传动中，当几个大齿轮直径不等时，可以采用惰轮蘸油润滑［见图 5-35（b）］。

当 $v > 12m/s$ 时，不宜采用油池润滑，这是因为：①圆周速度过高，齿轮上的油大多被甩出去而没有到达啮合区；②搅油过于激烈，使油加速升温，降低其润滑性能；③会搅起箱底沉淀的杂质，加速齿轮的磨损。此时最好采用喷油润滑［见图 5-35（c）］，用油泵将润滑油直接喷到啮合区。

（a）油池润滑　　　　（b）采用惰轮蘸油润滑　　　　（c）喷油润滑

图 5-35　齿轮传动的润滑

5.13　轮系

5.13.1 轮系的功用及类型

在实际机械中，为了获得很大的传动比或者为了将输入轴的一种转速变换为输出轴的多种转速等，常采用一系列互相啮合的齿轮来传递运动和动力。这种由一系列齿轮组成的传动系统称为轮系。

在机械中，轮系的应用十分广泛，利用轮系：①可使一个主动轴带动几个从动轴，以实现分路传动或获得多种转速；②可以实现较远轴之间的运动和动力的传递；③可以获得较大的传动比；④可实现运动的合成或分解等。

根据轮系运动时各轮几何轴线的位置是否固定可将轮系分为定轴轮系与周转轮系两类。

传动时所有齿轮的轴线相对于机架都是固定不动的轮系称为定轴轮系，如图 5-36 所示。如果轮系中有一个齿轮的轴线是绕其他齿轮的轴线转动的称为周转轮系，如图 5-37 所示，齿轮 2 的轴线绕齿轮 1 的轴线转动。如果在轮系中，兼有定轴轮系和周转轮系两个部分，则称作混合轮系。

若轮系中包含锥齿轮及蜗杆传动，则该轮系称为空间轮系，如图 5-36 所示的轮系；若轮系中只包含圆柱齿轮，所有齿轮的轴线都平行，则该轮系称为平面轮系，如图 5-37 所示的轮系。

若轮系中同时包含定轴轮系和周转轮系或多个周转轮系串联在一起时，则称作复合轮系。

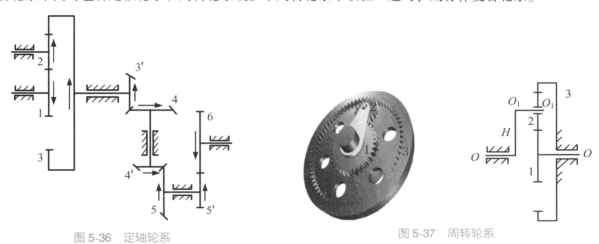

图 5-36　定轴轮系　　　　　　　　　　　图 5-37　周转轮系

5.13.2　定轴轮系传动比的计算

在轮系中，输入轴与输出轴的角速度（或）转速之比称为轮系的传动比，用 i_{ab} 表示，下标 a、b 为输入轴和输出轴的代号。为了完整的描述 a、b 两构件的运动关系，计算传动比时不仅要确定两构件的角速度比的大小，而且要确定他们的转向关系。也就是说轮系传动比的计算包括两方面内容：一是传动比数值的大小，二是两轴的相对转动方向。

1. 定轴轮系传动比数值大小的计算

下面以图 5-36 为例介绍传动比数值的计算。

齿轮 1、2、3、$5'$、6 为圆柱齿轮，$3'$、4、$4'$、5 为圆锥齿轮。z_1、z_2、……表示各轮的齿数，n_1、n_2、……表示各轮的转速。设齿轮 1 为主动轮（首轮），齿轮 6 为从动轮（末轮），其轮系的传动比为：$i_{16} = n_1 / n_6$。

由前面几节内容可知，一对互相啮合的定轴齿轮的转速比等于其齿数反比，故有

$$齿轮 1、2：i_{12} = \frac{n_1}{n_2} = \frac{z_2}{z_1}$$

$$齿轮 2、3：i_{23} = \frac{n_2}{n_3} = \frac{z_3}{z_2}$$

$$齿轮 3'、4：i_{3'4} = \frac{n_{3'}}{n_4} = \frac{z_4}{z_{3'}}$$

$$齿轮 4'、5：i_{4'5} = \frac{n_{4'}}{n_5} = \frac{z_5}{z_{4'}}$$

齿轮 $5'$、6： $i_{5'6} = \dfrac{n_{5'}}{n_6} = \dfrac{z_6}{z_{5'}}$

同一轴上装有两个齿轮称为双联齿轮，双联齿轮的转速相同，故 $n_3 = n'_3$，$n_4 = n'_4$，$n_5 = n'_5$。观察分析以上式子可以看出，n_2、n_3（n'_3）、n_4（n'_4）、n_5（n'_5）几个参数在这些式子的分子和分母中各出现一次。我们的目的是求 i_{16}，我们将上面的式子连乘起来，于是可以得到

$$i_{16} = i_{12} \cdot i_{23} \cdot i_{3'4} \cdot i_{4'5} \cdot i_{5'6} = \frac{n_1 n_2 n_3 n_4 n_5}{n_2 n_3 n_4 n_5 n_6} = \frac{n_1}{n_6} = \frac{z_2 z_3 z_4 z_5 z_6}{z_1 z_2 z_{3'} z_{4'} z_{5'}}$$

所以 $i_{16} = \dfrac{n_1}{n_6} = \dfrac{z_3 z_4 z_5 z_6}{z_1 z_{3'} z_{4'} z_{5'}}$。

注意轮系中的齿轮2，在齿轮1、2中为从动轮，在齿轮2、3中为主动轮，其齿数 z_2 在分子和分母中各出现一次相抵消，对传动比的大小没有影响（对传动比的有影响），称为过桥齿轮。

上式表明，定轴轮系传动比数值的大小等于组成该轮系的各对啮合齿轮传动比的连乘积，或者说等于各对啮合齿轮中所有从动轮齿数连乘积与所有主动轮齿数连乘积之比。

推广到一般情况，设齿轮1为主动轮（首轮），齿轮 k 为从动轮（末轮），测定轴轮系始末两轮传动比数值计算的一般公式为

$$i_{1k} = \frac{n_1}{n_k} = \frac{轮1至轮k间所有从动轮齿数的乘积}{轮1至轮k间所有主动轮齿数的乘积} = \frac{z_2 z_3 z_4 \cdots z_k}{z_1 z_{2'} z_{3'} \cdots z_{(k-1)'}} \tag{5-53}$$

2. 定轴轮系转向关系的确定

（1）箭头法。

在图 5-36 所示的轮系中，用箭头方向代表齿轮可见一侧的圆周速度方向。因为任何一对啮合齿轮其节点处圆周速度都相同，所以表示两轮转向的箭头应同时指向或背离节点。

设首轮1（主动轮）的转向已知（图中为向下），则其他齿轮转向关系如图 5-36 所示。

当首轮和末轮的轴线相平行时，两轮转向的同异可以用传动比的正负表达。两轮转向相同传动比为"+"；当两轮转向相反传动比为"−"。

图 5-36 中，首轮1、末轮6的转向相同，则 $i_{16} = \dfrac{n_1}{n_6} = \dfrac{z_3 z_4 z_5 z_6}{z_1 z_{3'} z_{4'} z_{5'}}$。若设齿轮5为主动轮（首轮），齿轮1为从动轮（末轮），因两轮转向相反，则 $i_{51} = \dfrac{n_5}{n_1} = -\dfrac{z_1 z_{3'} z_{4'}}{z_3 z_4 z_5}$。

注意：轴线不平行的两个齿轮的转向没有相同或相反的意义，只能在图中用箭头法表达其转向。

（2）计算法。

对平面轮系，可用计算法确定其转向关系。在平面轮系中，每出现一对外啮合齿轮，齿轮的转向改变一次。如果有 m 对外啮合齿轮，可以用 $(-1)^m$ 表示传动比的正负号。

因此，对平面轮系，式（5-53）又可写成

$$i_{1k} = \frac{n_1}{n_k} = (-1)^m \frac{轮1至轮k间所有从动轮齿数的乘积}{轮1至轮k间所有主动轮齿数的乘积} = (-1)^m \frac{z_2 z_3 z_4 \cdots z_k}{z_1 z_{2'} z_{3'} \cdots z_{(k-1)'}} \tag{5-54}$$

计算法只适用于平面轮系，箭头法对任何一种轮系都适用。

例 5.1 图 5-38 所示的轮系中，已知各轮齿数 $z_1 = 18$，$z_2 = 36$，$z_{2'} = 20$，$z_3 = 80$，$z_{3'} = 20$，$z_4 = 18$，$z_5 = 30$，$z_{5'} = 15$，$z_6 = 30$，$z_{6'} = 20$（右旋），$z_7 = 30$，$z_{7'} = 2$（右旋），$z_8 = 80$，轮1为主动轮，$n_1 = 1440 \text{r/min}$，其转向如图所示，试求传动比 i_{18}、i_{15}、i_{17}。

解：①求 i_{18}，首轮为轮1，末轮为轮8，轮1至轮8之间不仅包含圆柱齿轮，还包含了锥齿轮及蜗杆传动，应按空间轮系用箭头法确定各轮转向。

从轮2开始，顺次标出各对啮合齿轮的转动方向，其中，蜗杆传动部分要用主动轮左右手法则，如图5-38 所示。

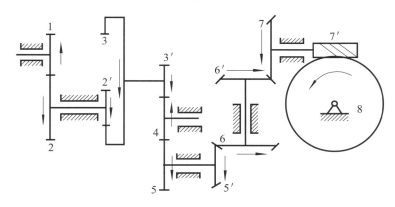

图 5-38 定轴轮系传动比的计算

传动比大小由式（5-53）计算

$$i_{18}=\frac{n_1}{n_8}=\frac{z_2 z_3 z_4 z_5 z_6 z_7 z_8}{z_1 z_2{}' z_3{}' z_4{}' z_5{}' z_6{}' z_7{}'}=\frac{36\times80\times18\times30\times30\times30\times80}{18\times20\times20\times18\times15\times20\times2}=1440$$

轮 1 与轮 8 的轴线不平行，其传动比不能用正负表达，转向关系也只能用箭头法表示（见图 5-38）。

②求 i_{17}，轮 1 至轮 7 之间包含锥齿轮，必须用箭头法确定各轮转向，但轮 1 与轮 7 的轴线是平行的，所以其转向关系可用传动比的正负表达，由图 5-38 可知，轮 1 与轮 7 转向相反，i_{17} 为负

$$i_{17}=\frac{n_1}{n_7}=-\frac{z_2 z_3 z_4 z_5 z_6 z_7}{z_1 z_2{}' z_3{}' z_4{}' z_5{}' z_6{}'}=-\frac{36\times80\times18\times30\times30\times30}{18\times20\times20\times18\times15\times20}=-36$$

③求 i_{15}，轮 1 至轮 5 之间只包含圆柱齿轮，且轮 1 和轮 5 轴线平行，所以可用式（5-54）确定 i_{15} 的大小及转向关系

$$i_{15}=(-1)^m \frac{z_2 z_3 z_4 z_5}{z_1 z_2{}' z_3{}' z_4{}'}=(-1)^3 \frac{36\times80\times18\times30}{18\times20\times20\times18}=-12$$

5.13.3 周转轮系传动比的计算

1.基本概念

在图 5-39 所示的周转轮系中，齿轮 1 和 3 以及构件 H 各绕固定的几何轴线 O_1、O_3（与 O_1 重合）及 O_H（也与 O_1 重合）转动，齿轮 2 空套在构件 H 的小轴上。当构件 H 转动时，齿轮 2 一方面绕自己的几何轴线 O_2 转动（自转），同时又随构件 H 绕固定的几何轴线 O_H 转动（公转），这是一个周转轮系。

在周转轮系中，轴线位置变动的齿轮，即做自转又做公转的齿轮，称为<u>行星轮</u>；支持行星轮做自传和公转的构件称为<u>行星架</u>；轴线位置固定且与行星轮啮合的齿轮则称为<u>中心轮</u>，中心轮与行星架的几何轴线必须重合。由一个行星轮、一个行星架和两个中心轮构成的周转轮系称为<u>基本周转轮系</u>，基本周转轮系是传动比计算的基本单元。

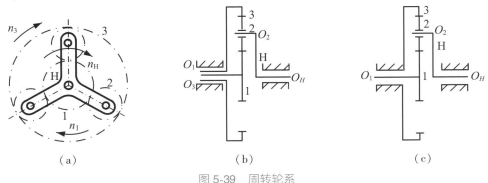

（a）　　　　　　　　（b）　　　　　　　　（c）

图 5-39 周转轮系

　　为了使转动时的惯性力平衡以及减轻轮齿上的载荷，常采用几个完全相同的行星轮均匀地分布在中心轮的周围同时进行传动，如图 5-39 所示，图中使用了 3 个相同的行星轮。因为这种行星轮的个数对研究周转轮系的运动没有任何影响，所以在机构简图中可以只画出一个，如图 5-39（b）所示。

　　根据基本的周转轮系的自由度数目，可以将其划分为两大类。如图 5-39（b）所示的周转轮系中，两个中心轮都能转动，该机构的活动构件 $n=4$，低副 $P_L=4$，高副 $P_H=2$，机构的自由度 $F=2$，需要两个原动件才能使其具有确定运动，这种周转轮系称为差动轮系。如图 5-39（c）所示的周转轮系中，只有一个中心轮 1 能转动，中心轮 3 是固定的，该机构的活动构件 $n=3$，低副 $P_L=3$，高副 $P_H=2$，机构的自由度 $F=1$，只需一个原动件就能使其具有确定运动，这种周转轮系称为行星轮系。

2. 周转轮系传动比的计算

　　周转轮系和定轴轮系的根本区别在于周转轮系中有着转动的行星架，使得行星轮既有自转又有公转，不是简单的定轴运动，因此不能直接用定轴轮系传动比的计算公式求解行星轮系的传动比。

　　根据相对运动原理，如果给整个周转轮系加上一个绕轴线 O_H 转动，大小与 n_H 相同而方向与 n_H 相反的公共转速（$-n_H$）后，则各构件之间的相对运动关系不变，但此时行星架的绝对转速为 $n_H-n_H=0$，即行星架相对变为"静止不动"了，于是周转轮系就转化为一个假想的定轴轮系，从而可用求轴轮系传动比的方法求出周转轮系的传动比。利用相对运动原理将周转轮系转化为定轴轮系的方法称为转化机构法，转化后的假想定轴轮系称为转化轮系，如图 5-40 所示。

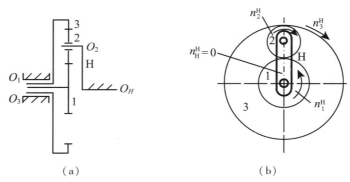

图 5-40　转化轮系

　　若周转轮系中行星架的代号为"H"，则转化轮系中所有构件转速的代号必须在右上角标记"H"，表示转化轮系中的这些转速是各构件对行星架 H 的相对转速。如图 5-40 中 n_H^H、n_1^H、n_2^H、n_3^H，其中 $n_H^H=n_H-n_H=0$，$n_1^H=n_1-n_H$，$n_2^H=n_2-n_H$，$n_3^H=n_3-n_H$。

　　转化轮系中齿轮 1 和齿轮 3 的传动比 i_{13}^H 可由为式（5-54）得出

$$i_{13}^H=\frac{n_1^H}{n_3^H}=\frac{n_1-n_H}{n_3-n_H}=(-1)^1\frac{z_2z_3}{z_1z_2}=-\frac{z_3}{z_1}$$

　　推广到一般情形，设基本周转轮系中心轮分别为 a、b，行星架为 H，则转化轮系的传动比为

$$i_{ab}^H=\frac{n_a^H}{n_b^H}=\frac{n_a-n_H}{n_b-n_H}=\pm\frac{a\ 至\ b\ 所有从动轮齿数的乘积}{a\ 至\ b\ 所有主动轮齿数的乘积} \tag{5-55}$$

应用式（5-55）时应注意以下几点：

　　①式中的"±"号，空间轮系用箭头法确定，平面轮系用计算法 $(-1)^m$（m 为 a、b 之间外啮合齿轮的对数）确定；式中"±"号不仅表明转化轮系中两中心轮的转向关系，而且直接影响 n_a、n_b、n_H 之间的数值关系，进而影响传动比计算结果的正确性，因此不能漏判或错判；

　　②n_a、n_b、n_H 均为代数值，使用公式时要带相应的"±"。如，可先设某构件的转向为"+"再由相应的转向关系推出其他构件转向的符号；

　　③式中"±"不表示周转轮系中轮 a 的转速 n_a 与轮 b 的转速 n_b 之间的转向关系，仅表示转化轮系中 n_a^H、n_b^H 之间的转向关系。

　　例 5.2　图 5-41 所示的轮系中，已知 $n_1=200$ r/min，$n_3=50$ r/min，$z_1=15$，$z_2=25$，$z_{2'}=20$，$z_3=60$，

求：①n_1 与 n_3 转向相同时 n_H 的大小和方向；②n_1 与 n_3 转向相反时 n_H 的大小和方向。

解： 图 5-41 表明该轮系为平面轮系，可用计算法确定 n_1^H 与 n_3^H 的转向关系，在此，$m=1$。

由式（5-55）得

$$i_{ab}^H = \frac{n_1^H}{n_3^H} = \frac{n_1 - n_H}{n_3 - n_H} = (-1)^m \frac{z_2 z_3}{z_1 z'_2} = -\frac{25 \times 60}{15 \times 20} = -5$$

即

$$\frac{n_1 - n_H}{n_3 - n_H} = -5$$

（1）当 n_1 与 n_3 转向相同时，设 n_1 为正值，则 n_3 也为正值，将 n_1 及 n_3 带符号代入上式得

$$\frac{200 - n_H}{50 - n_H} = -5$$

解得 $n_H = 75$ r/min，由于 n_H 为正，故其转向与 n_1 相同。

（2）当 n_1 与 n_3 转向相反时，设 n_1 为正值，则 n_3 为负值，将 n_1 及 n_3 带符号代入得

$$\frac{200 - n_H}{-50 - n_H} = -5$$

解得，$n_H = -8.33$ r/min，由于 n_H 为负，其转向与 n_1 相反。

例 5.3 图 5-42 所示为圆锥齿轮组成的差动轮系，已知 $z_1 = 60$，$z_2 = 40$，$z_{2'} = z_3 = 20$，若 n_1 与 n_3 均为 120 r/min，但转向相反（如图中实线箭头所示），求 n_H 的大小和方向。

解： 该轮系为空间基本周转轮系，用箭头法确定 n_1^H 与 n_3^H 的转向关系。在图 5-42 中，将行星架 H 固定，画出转化轮系各轮的转向（用虚线箭头表示）。

因 n_1^H 与 n_3^H 转向相同，由式（5-55）得

$$i_{13}^H = \frac{n_1^H}{n_3^H} = \frac{n_1 - n_H}{n_3 - n_H} = +\frac{z_2 z_3}{z_1 z'_2}$$

设 n_1 为正，则由题意可知 n_3 为负，将 $n_1 = 120$ r/min，$n_3 = -120$ r/min，代入上式，得：$\dfrac{120 - n_H}{-120 - n_H} = \dfrac{40}{60}$

解得，$n_H = 600$ r/min，由于 n_H 为正，故其转向与 n_1 相同。

注意： 本例中的行星齿轮 2-2' 的轴线和行星架 H 的轴线不平行，不能用式（5-55）来计算 n_2。

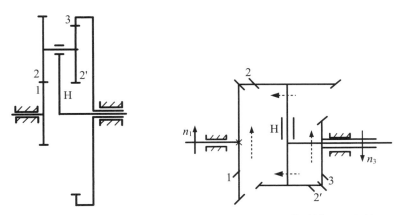

图 5-41 例 5.2 平面轮系示意图　　　图 5-42 例 5.3 差动轮系示意图

5.13.4 复合轮系传动比的计算

在机械中，经常用到由几个基本周转轮系或定轴轮系和周转轮系组合而成的复合轮系。由于整个复合轮系不可能转化成一个定轴轮系，所以不能只用一个公式来求解，而应当将复合轮系中的定轴轮系部分和周转

轮系部分区分开分别计算，复合轮系传动比计算的方法和步骤如下。

1. 分清轮系

分清轮系就是要分清复合轮系中哪些部分属于定轴轮系，哪些部分属于周转轮系。若一系列相啮合齿轮的几何轴线都是固定不动的，则这些齿轮便构成定轴轮系。若某齿轮的几何轴线绕另一齿轮的几何轴线转动（行星轮），则该处便含有基本周转轮系。

找基本周转轮系的一般方法是：先找出行星轮；其次，找出行星架，支撑行星轮的构件就是行星架；最后，找出中心轮，轴线与行星架的回转轴线重合且与行星轮相啮合的定轴齿轮就是中心轮。

2. 分别列式

即分别列出各定轴轮系和基本周转轮系传动比的计算关系式。注意找出定轴轮系与基本周转轮系之间的联接关系，找出各个基本周转轮系之间的联接关系，并尽量利用行星轮系来列出计算关系式。

3. 联立求解

即根据轮系各部分列出的计算式，进行联立求解。

例 5.4 如图 5-43 所示，已知各轮齿数为：$z_1 = 20$，$z_2 = 40$，$z_{2'} = 20$，$z_3 = 30$，$z_4 = 80$，求传动比 i_{1H}。

解：

（1）分清轮系。

由图可知该轮系是由定轴轮系和基本周转轮系复合而成。齿轮 1、2 构成定轴轮系，3 为行星轮，2' 为中心轮、4 和行星架 H 构成基本周转轮系，它们的联系为双联齿轮 2 – 2'。

（2）分别列式。

①在基本周转轮系 3，2'、4，H 中：由式（5-55）得

$$i_{2'4}^H = \frac{n_2 - n_H}{n_4 - n_H} = -\frac{z_4}{z_{2'}} = -\frac{80}{20} = -4$$

因为 $n_4 = 0$，故 $\frac{n_2 - n_H}{0 - n_H} = -4$。等式左边分子分母同除 n_H，则有 $\frac{\frac{n_2}{n_H} - \frac{n_H}{n_H}}{\frac{0 - n_H}{n_H}} = -4$，即 $\frac{i_{2H} - 1}{0 - 1} = -4$，化简得 $i_{2H} = 5$。

②在定轴轮系 1、2 中：$i_{12} = \frac{n_1}{n_2} = -\frac{z_2}{z_1} = -\frac{40}{20} = -2$

（3）联立求解。

由①、② 不难求出 $i_{1H} = i_{12} \cdot i_{2H} = (-2) \times 5 = -10$

例 5.5 图 5-44 所示的轮系中，已知 $z_1 = 18$，$z_3 = 63$，$z_{3'} = 80$，$z_4 = 20$，$z_{4'} = 33$，$z_5 = 21$，$z_6 = 66$，试求传动比 i_{5H}。

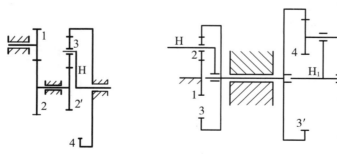

图 5-43　例 5.4 轮系示意图　　　　图 5-44　例 5.5 轮系示意图

解：

（1）分清轮系 2，1、3，H。

该轮系分为两部分，分别是以 H 为行星架的行星轮系 2，1、3，H 和以 H_1 为行星架的周转轮系，两部分

的联系为双联齿轮 3 - 3′。

在以 H_1 为行星架的周转轮系中，又可分出三个基本周转轮系：以 4 - 4′，3′、5、H_1 组成的差动轮系，以 4 - 4′，3′、6、H_1 组成的行星轮系和以 4′、5、6、H_1 组成的行星轮系。

（2）分别列式。

①在行星轮系 2，1、3，H 中，求出 n_H 和 n_3 的关系：

$$i_{31}^{H} = \frac{n_3^H}{n_1^H} = \frac{n_3 - n_H}{n_1 - n_H} = (-1)^m \frac{z_2 z_3}{z_1 z_2} = (-1)^1 \frac{63}{18}，\text{即}\frac{n_3 - n_H}{0 - n_H} = -3.5$$

可得

$$\frac{n_3}{n_H} = 4.5 \qquad\qquad (a)$$

②在行星轮系 4′，5、6，H_1 中求出 n_{H1} 和 n_5 的关系：

$$i_{56}^{H1} = \frac{n_5^{H1}}{n_6^{H1}} = \frac{n_5 - n_{H1}}{n_6 - n_{H1}} = (-1)^m \frac{z_6}{z_5} = -\frac{80}{20}，\text{即}\frac{n_5 - n_{H1}}{0 - n_{H1}} = -4$$

可得

$$\frac{n_5}{n_{H1}} = 5 \qquad\qquad (b)$$

③在行星轮系 4-4′，3′、6，中求出 n_3 和 n_{H1} 的关系（$n_3 = n_3′$）：

$$i_{36}^{H1} = \frac{n_3^{H1}}{n_6^{H1}} = \frac{n_3 - n_{H1}}{n_6 - n_{H1}} = (-1)^m \frac{z_4 z_6}{z_3′ z_4′} = (-1)^0 \frac{20 \times 72}{60 \times 30}，\text{即}\frac{n_3 - n_{H1}}{0 - n_{H1}} = \frac{4}{5}$$

可得

$$\frac{n_3}{n_{H1}} = \frac{1}{5} \qquad\qquad (c)$$

（3）联立求解。

联解式（a）、式（b）、式（c），得

$$i_{5H} = \frac{n_5}{n_{H1}} \cdot \frac{n_{H1}}{n_3} \cdot \frac{n_3}{n_H} = 5 \times 5 \times 4.5 = 112.5$$

思考与练习题

1. 填空题

5-1　标准齿轮是指_____，标准中心距是指_____。

5-2　当采用_____法切制渐开线齿轮齿廓时，可能会产生根切。

5-3　一对渐开线斜齿圆柱齿轮的正确啮合条件是_____。

5-4　一对渐开线直齿圆柱齿轮的重合度 $\varepsilon = 1.3$ 时，说明在整个啮合过程中，双齿啮合区占整个啮合时间的_____%，单齿对啮合占整个啮合时间的_____%。

5-7　标准安装的一对渐开线直齿圆柱齿轮传动，其传动比不仅与_____半径成反比，也与_____半径成反比，还与_____半径成反比。

5-8　一对蜗杆传动正确啮合条件是_____。

5-9　渐开线斜齿圆柱齿轮的标准参数在_____面上。

5-10　基本参数相同的正变位齿轮与标准齿轮比较，其分度圆不变，齿顶圆_____，齿根高_____。

5-11　决定渐开线直齿圆柱齿轮几何尺寸的五个基本参数是_____，其中参数_____是标准值。

5-14　蜗杆机构中的标准参数在_____面上，在此平面内相当于_____啮合传动。

5-15 齿轮的主要失效形式有_____、_____、_____、_____、_____。

5-16 在闭式传动中，软齿面齿轮主要失效形式是_____，硬齿面齿轮的主要失形式是_____

5-17 齿轮传动点蚀主要发生在_____处。

5-18 渐开线直齿圆锥齿轮的当量齿数是_____，渐开线斜齿圆柱齿轮的当量齿数是_____。

5-19 闭式软齿面齿轮传动，一般应按_____强度进行设计，然后再校核_____强度。

5-20 直齿圆锥齿轮传动的强度计算方法是以_____的当量圆柱齿轮为计算基础的。

5-21 对于闭式软齿面齿轮传动，齿数宜适当取多，其目的是_____。

5-22 对闭式蜗杆传动热平衡计算，其主要目的是防止温升过高导致_____。

5-23 行星轮系的自由度_____，差动轮系的自由度_____。

5-24 增加蜗杆头数，可以_____传动效率，但蜗杆头数太多，将会给_____带来困难。

5-25 过桥齿轮对_____并无影响，但却能改变从动轮的_____。

2. 选择题

5-26 渐开线直齿圆柱齿轮传动的可分性是指（   ）不受中心距变化的影响。

  A. 节圆半径   B. 传动比   C. 啮合角

5-27 一对渐开线齿轮传动，其压力角为（   ），啮合角为（   ）。

  A. 基圆上的压力角   B. 节圆上的压力角

  C. 分度圆上的压力角   D. 齿顶圆上的压力角

5-28 在蜗杆传动中，用（   ）来计算传动比 i 是错误的。

  A. $i=\dfrac{\omega_1}{\omega_2}$ B. $i=\dfrac{z_2}{z_1}$ C. $i=\dfrac{n_1}{n_2}$ D. $i=\dfrac{d_2}{d_1}$

5-29 渐开线直齿圆柱直轮传动的重合度是实际啮合线与（   ）的比值。

  A. 齿距   B. 基圆齿距   C. 齿厚   D. 齿槽宽

5-30 根据渐开线特性，渐开线齿轮的齿廓形状取决于（   ）的大小。

  A. 基圆   B. 分度圆   C. 齿顶圆   D. 齿根圆

5-31 两个模数和齿数均不相同的标准直齿圆柱齿轮，比较它们的模数大小，应对比（   ）尺寸。

  A. 齿顶圆直径 B. 齿高   C. 齿根圆直径 D. 分度圆

5-32 标准直齿圆柱齿轮，其齿数（   ）时，基圆直径比齿 根圆直径大。

  A. $z<42$ B. $z=42$ C. $z>42$

5-33 一对外啮合斜齿圆柱齿轮传动，两轮除模数、压力角必须分别相等外，螺旋角应满足（   ）。

  A. $\beta_1=\beta_2$ B. $\beta_1+\beta_2=90°$ C. $\beta_1=-\beta_2$

5-34 欲保证一对直齿圆柱齿轮连续传动，其重合度 ε 应满足（   ）。

  A. $\varepsilon=0$ B. $1>\varepsilon>0$ C. $\varepsilon\geqslant1$

5-35 要实现两相交轴之间的传动，可采用（   ）传动。

  A. 直齿圆柱齿轮 B. 斜齿圆柱齿轮 C. 直齿锥齿轮   D. 蜗杆蜗轮

5-36 蜗杆传动中间平面的参数为（   ）。

  A. 蜗杆的轴向参数和蜗轮的端面参数 B. 蜗轮的轴向参数和蜗杆的端面参数

  C. 蜗杆和蜗轮的端面参数   D. 蜗杆和蜗轮的轴向参数

5-37 在其他条件都相同的情况下，蜗杆头数增多，则（   ）。

  A. 传动效率降低 B. 传动效率提高 C. 对传动效率没有影响

5-38 标准直齿锥齿轮（   ）处的参数为标准值。

  A. 大端   B. 齿宽中点   C. 小端

5-39 一对相互啮合的齿轮传动，小齿轮齿面硬度大，大齿轮齿面硬度小，在传递动力时（　　　）。

    A. 小齿轮齿面最大接触应力较大　　　　　B. 大齿轮齿面最大接触应力较大

    C. 两齿轮齿面最大接触应力相等　　　　　D. 需根据齿数、材料对比最大接触应力

5-40 两对齿轮的工作条件、材料、许用应力均相同，则两对齿轮的（　　　）。

    A. 接触强度和弯曲强度均相同　　　　　　B. 接触强度和弯曲强度均不同

    C. 接触强度不同和弯曲强度相同　　　　　D. 接触强度相同和弯曲强度不同

5-41 一对圆柱齿轮，通常把小齿轮的齿宽做得比大齿轮的宽一些，其目的是（　　　）。

    A. 使小齿轮的弯曲强度比大齿轮的高一些

    B. 便于安装，保证接触线长度

    C. 使传动平稳，提高效率

    D. 使小齿轮每个齿啮合次数

5-42 在闭式齿轮传动中，高速重载齿轮传动的主要失效形式为（　　　）。

    A. 轮齿疲劳折断　　　B. 齿面磨损　　　C. 齿面疲劳点蚀　　　D. 齿面胶合

5-43 由直齿和斜齿圆柱齿轮组成的减速器，为使传动平稳，应将直齿圆柱齿轮布置在（　　　）。

    A. 高速级　　　　　　　　　　　　　　　B. 低速级

    C. 高速级或低速级　　　　　　　　　　　D. 无法判断

5-44 齿轮传动中，保证齿根弯曲应力 $\sigma_F \leqslant [\sigma]_F$，主要是为了避免齿轮的（　　　）失效。

    A. 轮齿折断　　　　　B. 齿面磨损　　　C. 齿面胶合　　　D. 齿面点蚀。

5-45 齿轮传动中，提高其抗点蚀能力的措施之一是（　　　）。

    A. 提高齿面硬度　　　B. 降低润滑油黏度　　　C. 减小分度圆直径　　　D. 减少齿数

5-46 在蜗杆传动中，引进特性系数 q 的目的是（　　　）。

    A. 便于蜗杆尺寸的计算　　　　　　　　　B. 容易实现蜗杆传动中心距的标准化

    C. 提高蜗杆传动的效率　　　　　　　　　D. 减少蜗轮滚刀的数量，利于刀具标准化

5-47 闭式齿轮传动，润滑方式的选择主要取决于（　　　）。

    A. 齿轮直径　　　　　B. 齿轮宽度　　　C. 圆周速度　　　D. 传动的功率

5-48 渐开线齿轮变位后（　　　）。

    A. 分度圆及分度圆上的齿厚仍不变

    B. 分度圆及分度圆上的齿厚都改变了

    C. 分度圆不变但分度圆上的齿厚改变了

    D. 分度圆上的齿厚不变但分度圆改变了

5-49 阿基米德蜗杆的（　　　）模数应符合标准数值。

    A. 法向　　　　　　　B. 端面　　　　　C. 轴向　　　　　D. 无

5-50 增加斜齿轮传动的螺旋角，将引起（　　　）。

    A. 重合度减小，轴向力增加　　　　　　　B. 重合度减小，轴向力减小

    C. 重合度增加，轴向力减小　　　　　　　D. 重合度增加，轴向力增加

3. 判断题

5-51 渐开线齿轮传动中，啮合点处的压力角等于啮合角。　　　　　　　　　　　　　　（　　　）

5-52 齿轮上齿厚等于齿槽宽的齿轮是标准齿轮。　　　　　　　　　　　　　　　　　（　　　）

5-53 一对直齿圆柱齿轮正确啮合的条件是两轮齿的大小、形状都相同。　　　　　　　（　　　）

5-54 齿数少于17的直齿圆柱齿轮一定会发生根切。　　　　　　　　　　　　　　　　（　　　）

5-55 斜齿圆柱齿轮的当量齿数，既然是齿数，必须取整数。　　　　　　　　　　　　（　　　）

5-56 锥齿轮传动用于传递两相交轴之间的运动和动力。　　　　　　　　　　　　　　（　　　）

5-57 蜗杆传动连续、平稳，因此适合传递大功率的场合。　　　　　　　　　　　　　（　　　）

5-58 蜗杆传动的传动比 $i_{12} = \dfrac{z_2}{z_1} = \dfrac{d_2}{d_1}$。 （　　）

5-59 齿轮分为软齿面齿轮和硬齿面齿轮，其界限值是硬度为 350HBS。 （　　）

5-60 齿轮的轮圈、轮辐、轮毂等部位的尺寸通常是由强度计算得到。 （　　）

5-61 一对直齿圆柱齿轮传动，从齿顶到齿根接触时的齿面法向力 F_n 相同。 （　　）

5-62 对润滑良好的闭式软齿面，齿面点蚀不是设计中主要考虑的失效方式。 （　　）

5-63 一对圆柱齿轮传动，当其他条件不变时，将齿轮传动所受的载荷增大为原载荷的 4 倍，则其齿面接触应力也将增大为原应力的 4 倍。 （　　）

5-64 将行星轮系转化为定轴轮系后，其各构件间的相对运动关系发生了变化。 （　　）

5-65 所谓过桥齿轮就是在轮系中不起作用的齿轮。 （　　）

5-66 i_{13}^H 为行星轮系中 1 轮对 3 轮的传动比。 （　　）

5-67 使用行星轮系可获得大传动比。 （　　）

5-68 中心距 a 不变时，提高一对齿轮接触疲劳强度的有效方法是加大模数 m。 （　　）

5-69 在一对标准圆柱齿轮传动中，模数相同轮齿的弯曲强度也相同。 （　　）

5-70 齿轮传动中，若材料不同，则小齿轮和大齿轮的接触应力也不同。 （　　）

4. 简答题

5-71 渐开线圆柱齿轮几何尺寸计算的基本参数有哪些？哪些具有标准值？标准值为多少？

5-72 轮齿的失效形式有哪些？闭式和开式传动的失效形式有哪些不同？

5-73 齿轮传动的设计准则通常是按哪些失效形式决定的？

5-74 斜齿圆柱齿轮啮合传动和锥齿轮啮合传动各有哪些特点？其强度计算与直齿轮强度计算有何异同？

5-75 齿轮结构类型哪几种？确定类型主要考虑什么因素？

5-76 现有四个标准渐开线直齿圆柱齿轮，其模数和齿数分别为 $m_1 = 5$ mm，$z_1 = 20$；$m_2 = 4$ mm，$z_2 = 25$；$m_3 = 4$ mm，$z_3 = 50$；$m_4 = 3$ mm，$z_4 = 60$，请回答如下问题：

（1）轮 2 和轮 3 哪个齿廓较平直？为什么？

（2）哪个齿轮的齿最高？为什么？

（3）哪个齿轮的尺寸最大？为什么？

（4）齿轮 1 和 2 能正确啮合吗？为什么？

5-77 齿轮材料选择的要求有哪些？硬齿面齿轮副和软齿面齿轮副对材料及其热处理各有哪些要求？

5-78 斜齿轮设计计算中为什么要引入当量齿轮和当量齿数的概念？

5-79 试叙述斜齿轮端面参数与法面参数之间的关系，哪个面的参数为标准值？为什么？

5-80 蜗杆传动中为何常以蜗杆为主动件？

5-81 直齿圆柱齿轮、直齿圆锥齿轮和蜗杆传动（轴线垂直）的正确啮合条件是什么？

5-82 斜齿轮传动有哪些优点？可用哪些方法来调整斜齿轮传动的中心距？

5-83 何为齿轮中的分度圆？何为节圆？二者的直径是否一定相等或一定不相等？

5-84 一个标准渐开线直齿轮，当齿根圆和基圆重合时，齿数为多少？若齿数大于上述值时，齿根圆和基圆哪个大？

5-85 蜗杆的头数 z_1 及升角 λ 对啮合效率各有何影响？

5-86 要提高轮齿的抗弯疲劳强度和齿面抗点蚀能力有哪些可能的措施？

5-87 齿轮传动中为何两轮齿面要有一定的硬度差？

5-88 渐开线直齿圆柱齿轮的分度圆和节圆有何区别？在什么情况下，分度圆和节圆是相等的？

5-89 为了实现定传动比传动，对齿轮的齿廓曲线有什么要求？

5-90 渐开线齿廓的啮合特性有哪些？

5. 分析计算题

5-91 已知一渐开线标准直齿圆柱齿轮的齿数 $z = 25$，齿顶圆直径 $d_a = 135$ mm，求该齿轮的模数。

5-92 已知一对渐开线标准外啮合圆柱齿轮传动，其小齿轮的齿数 $z_1 = 21$ mm，传动比 $i = 4$，齿高 $h = 18$ mm，试求该对齿轮的分度圆直径、齿顶圆直径、基圆直径以及齿厚和齿槽宽。

5-93 已知一对渐开线标准外啮合圆柱齿轮传动，其模数 $m = 5$ mm，传动比 $i_{12} = 9/5$，中心距 $a = 350$ mm，试求两轮的齿数、分度圆直径、齿顶圆直径、基圆直径以及齿厚和齿槽宽。

5-94 图 5-45 所示为圆锥—圆柱齿轮传动装置。轮 1 为主动轮，轮 1、2 为斜齿圆柱齿轮。为使轴 A 上各齿轮的轴向力能相互抵消一部分。试在图中：

（1）标出每一根轴的转动方向。

（2）标出斜齿轮 1、2 的螺旋线方向。

（3）另外作图画出作用在斜齿轮 2 和锥齿轮 3 上的各分力方向。

5-95 试分析如图 5-46 所示齿轮传动各齿轮所受的力（用受力图表示出各力的作用位置及方向）。

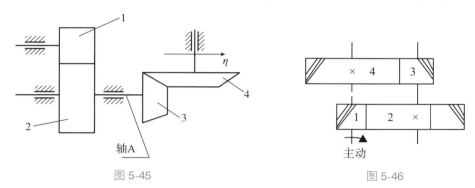

图 5-45　　　　　　　　　　　图 5-46

5-96 已知在某一级蜗杆传动中，蜗杆为主动轮，转动方向如图 5-47 所示，蜗轮的螺旋线方向为右旋。试将两轮的轴向力 F_{a1}、F_{a2}、圆周力 F_{t1}、F_{t2}、蜗杆的螺旋线方向和蜗轮的转动方向标在图中。

5-97 图 5-48 所示为一锥齿轮—蜗杆传动装置，输出轴的转向如图，为使轴 A 上各齿轮的轴向力能相互抵消一部分。试在图中标明蜗杆 1 转动方向及蜗轮 2 的螺旋线方向。

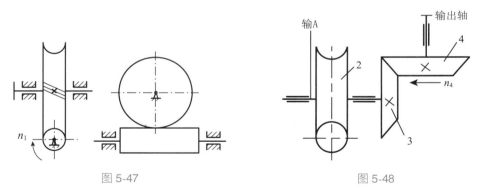

图 5-47　　　　　　　　　　　图 5-48

5-98 试设计小型航空发动机中的一斜齿圆柱齿轮传动，已知功率 $P_1 = 130$ kW，转速 $n_1 = 11640$ r/min，齿数 $z_1 = 23$，$z_2 = 73$，工作寿命 $L_h = 100$ h，小齿轮作悬臂布置，工作情况系数 $K_A = 1.25$。

5-99 试设计一单级蜗杆减速器，传递功率 $P_1 = 8.5$ kW，主动轴转速 $n_1 = 1460$ r/min，传动比 $i = 20$，载荷平稳，单向工作，长期连续运转，润滑情况良好，工作寿命 $L_h = 15000$ h。

5-100 在图 5-49 所示的轮系中，已知 $z_1 = 15$，$z_2 = 25$，$z_2' = 15$，$z_3 = 30$，$z_3' = 15$，$z_4 = 30$，$z_4' = 2$（右旋），$z_5 = 60$，$z_5' = 20$（$m = 4$ mm），若 $n_1 = 500$ r/min，求齿条 6 线速度 v 的大小和方向。

5-101 在图 5-50 所示的圆锥齿轮组成的行星轮系中，已知各齿轮的齿数 $z_1 = 20$，$z_2 = 30$，$z_2' = 50$，$z_3 = 80$，$n_1 = 50$ r/min。求 n_H 的大小和方向。

5-102 如图 5-51 所示的电动三爪卡盘的传动轮系中，已知各轮齿数为 $z_1 = 6$，$z_2 = z_2' = 25$，$z_3 = 57$，$z_4 = 56$。求传动比 i_{14}。

5-103 如图 5-52 所示轮系中，已知 $z_1 = z_2 = 25$，$z_2' = z_3' = 20$，$z_3 = 30$。设各轮模数相同，并为标准齿轮传

动，求轮 4 的齿数 z_4 及传动比 i_{1H}。

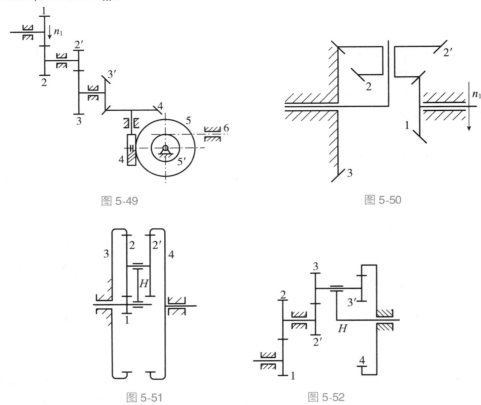

图 5-49   图 5-50

图 5-51   图 5-52

5-104   在图 5-53 所示轮系中，已知各轮齿数为 $z_1 = z_3 = 30$，$z_2 = 90$，$z_2' = 25$，$z_3' = 40$，$z_4 = 25$，试求传动比 i_{1H}。

5-105   在图 5-54 所示轮系中，已知各轮齿数为 $z_1 = 20$，$z_2 = 30$，$z_2' = 36$，$z_3 = 42$，$z_3' = 20$，$z_5 = 60$，试求传动比 i_{1H}。

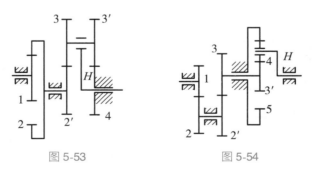

图 5-53   图 5-54

5-106   资料查询与讨论

2013 年 1 月 26 日，我国研制的新一代军用大型运输机运-20 首飞成功；2017 年 5 月 5 日，我国自行研制、具有自主知识产权的大型喷气式客机 C919 在上海浦东国际机场完成首飞（2021 年 3 月 1 日，中国东方航空与中国商飞公司在上海正式签署了 C919 大型客机购机合同，首批引进 5 架，东航将成为全球首家运营 C919 大型客机的航空公司）；2020 年 7 月，AG600 "鲲龙" 水陆两栖飞机成功实现首飞。我国一系列国产机型相继问世，说明在过去多年的积累和挫折后，中国已经具备了设计建造国产大飞机的能力，这将改变全球航空界的格局。

齿轮在飞机中应用广泛，活塞螺旋桨飞机，涡轮螺旋桨飞机均存在减速齿轮箱，即使是喷气飞机在很多辅助设备中也使用齿轮。请结合本章内容，查询并讨论齿轮在运输机上的用途和特点。

第6章

机械联接

本章重点介绍了机械联接中最常用的螺纹联接和键联接。螺纹联接部分介绍了螺栓及螺栓联接的类型和应用特点、螺旋副的效率和自锁、螺纹联接的预紧和防松、提高螺纹联接强度的措施，并重点阐述了单个螺栓联接的强度计算；键联接部分介绍了各种键联接的类型及特点，对普通平键联接的选择和计算也做了充分阐述。根据本章内容组织学生查询并讨论世界深井的发展现状与中国深井的发展历史，查询并讨论深井可能采用的套筒机械联接方式。

6.1 引言

组成机械的各个部分需要用各种联接零件或各种方法组合起来，日常生活中我们经常遇到各种联接，比如常用的自行车、摩托车、汽车，它们都是用联接零件通过一定方法将各部分联接起来的典型例子。按个数计算，联接零件是各种机械中使用最多的零件，部分机械中联接零件占零件总数的50%以上。

联接零件一般为标准件，所以机械设计中如无特殊原因，都应该选用标准的联接零件，如螺栓、螺钉、螺母、垫圈、键等。这样不但可以降低生产成本，缩短开发新产品的周期，而且便于使用和修理。

常用机械联接可以分为可拆卸联接与不可拆卸联接。可拆卸联接在拆开时不必破坏联接件和被联接件，不可拆卸联接在拆开时至少要破坏联接件和被联接件中的一个。常用的可拆卸联接有螺栓联接、花键联接、销联接、型面联接等，不可拆卸联接有焊接、铆接、粘接等。

在设计被联接零件时，同时需要确定采用的联接类型。联接类型的选择是以使用要求及经济要求为根据的。通常由于制造及经济上的原因多采用不可拆卸联接；为达到结构、安装、运输、维修的要求多采用可拆卸联接，不可拆卸联接通常比可拆卸联接的成本更为低廉。

在具体选择联接类型时，还必须考虑到联接的加工条件和被联接零件的材料、形状及尺寸等因素。例如，板件与板件的联接，多选用螺纹联接、焊接、铆接或胶接；杆件与杆件的联接，多选用螺纹联接或焊接；轴与轮毂的联接则经常选用键、花键联接或过盈联接等。有时也可综合使用两种联接，例如胶—焊联接、胶—铆联接，以及键与过盈配合同时使用的联接等。

专用精压机机组中零件与零件之间、零件与部件之间、部件与部件之间使用了大量的可拆联接和不可拆联接，如专用精压机中减速器中的联接（见图6-1）、专用精压机连杆、曲轴处的联接（见图6-2）、链式输送机中链条的销联接（见图6-3）、焊接而成的链式输送机的头轮机架（见图6-4）。

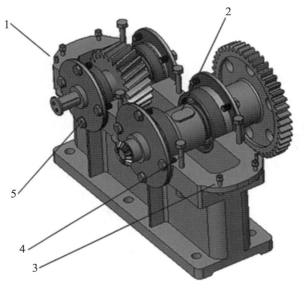

1—定位销；2—键；3—箱体与箱盖螺栓联接；
4—轴承旁螺栓；5—端盖螺栓

图 6-1　专用精压机减速器中的联接

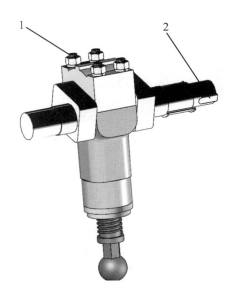

1—双头螺柱联接；2—键联接。

图 6-2　专用精压机中连杆、曲轴处的联接

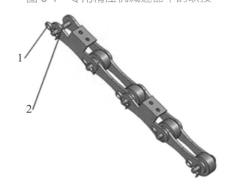

1—开口销；2—销轴

图 6-3　链式输送机中链条的销联接

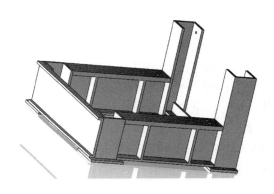

图 6-4　焊接而成的链式输送机的头轮机架

6.2　螺纹联接

　　用带螺纹的零件构成的联接称为螺纹联接。螺纹联接的特点是结构简单、装拆方便、互换性好、成本低廉、工作可靠和形式灵活多样，可反复拆开而不必破坏任何零件，因而应用广泛。利用螺纹件还可以组成螺旋副，传递运动和动力，称为螺旋传动，其功用虽不同于螺纹联接，但在受力和几何关系等方面与螺纹联接有许多相似之处。

6.2.1　机械中的常用螺纹

1.螺纹的形成

　　如图 6-5 所示，将二直角边长度分别为 πd 和 L 的三角形绕在直径为 d 的圆柱体外表面上，当一直角边与圆柱体的底边重合时，斜边即在圆柱体表面形成一条螺旋线。取一个三角形平面，使其通过圆柱体的轴线并使该平面的一条边与圆柱体的母线重合，当该平面沿螺旋线运动时，则三角形平面在空间便形成三角形螺纹；如果选取的是矩形平面，则得到的是矩形螺纹。

　　按螺纹旋线绕行的方向，有右螺纹和左螺纹之分。只在有特殊需要时，才采用左螺纹，比如煤气罐等危险设备中使用的螺纹。

按螺纹的线数（也称头数），可分为单线螺纹和多线螺纹。

2. 螺纹的主要参数

现以三角形螺纹为例，结合图 6-6 说明圆柱螺纹的主要几何参数。

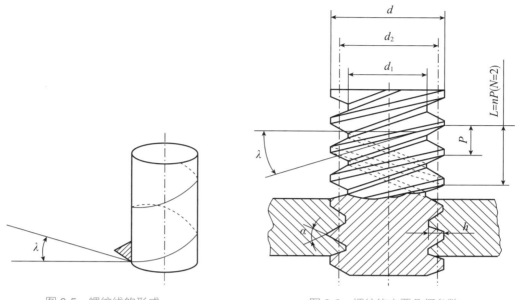

图 6-5　螺纹线的形成　　　　　　图 6-6　螺纹的主要几何参数

（1）大径 d ：螺纹的最大直径，也就是公称直径。

（2）小径 d_1 ：即螺纹的最小直径，在强度计算中常作为危险剖面的计算直径。

（3）中径 d_2 ：轴向平面内螺纹的牙厚等于槽宽处的一个假想的圆柱体的直径，近似 $d_2 = \dfrac{d + d_1}{2}$。

（4）螺距 p ：螺纹相邻两牙在中径上对应两点的轴向距离。

（5）线数 n ：螺纹的螺旋线数量，也称螺纹头数。

（6）导程 L ：同一螺旋线上的相邻两牙在中径线上对应两点间的轴向距离。对于单线螺纹 $s=p$ ，对于线数为 n 的多线螺纹 $s=np$ 。

（7）升角 ψ ：中径 d_2 圆柱上，螺旋线的切线与垂直于螺纹轴线的平面的夹角。

（8）牙型角 α ：螺纹牙型两侧边的夹角。

粗牙螺纹基本尺寸如表 6-1 所示。

表 6-1　粗牙螺纹基本尺寸

单位：mm

公称直径 D、d	中径 D_2 或 d_2	小径 D_1 或 d_1	公称直径 D、d	中径 D_2 或 d_2	小径 D_1 或 d_1
8	7.188	6.647	24	22.051	20.752
10	9.026	8.376	30	27.727	26.211
12	10.863	10.106	36	33.402	31.670
16	14.701	13.835	42	39.077	37.129
20	18.376	17.294	48	44.752	44.587

3. 螺旋副的效率和自锁

现以矩形螺纹为例进行分析。

（1）螺旋副的效率。

螺旋副是由外螺纹（螺杆）和内螺纹（螺母）组成的运动副，经过简化可以把螺母看作一个滑块（重物）沿螺杆的螺旋表面运动，如图 6-7（a）所示。

将矩形螺纹沿中径 d_2 处展开，得一倾斜角为 λ（即螺纹升角）的斜面，斜面上的滑块代表螺母，螺母和螺杆的相对运动可以看作滑块在斜面上的运动。

如图 6-7（b）所示为滑块在斜面上匀速上升时的受力图，F_Q 为轴向载荷，F 为转动螺母时作用在螺纹中径上的水平推力，F_N 为法向反力，摩擦力 $F_f = f \cdot F_N$，f 为摩擦系数，F_R 为 F_N 与 F_f 的合力，ρ 为 F_R 与 F_N 的夹角，称为摩擦角，$\rho = \arctan f$。

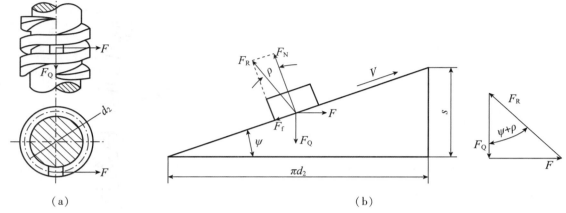

图 6-7　螺纹的受力分析

根据平衡条件，做力封闭图得

$$F = F_Q \tan(\lambda + \rho)$$

所以，转动螺母所需的转矩为

$$T_1 = F\frac{d_2}{2} = \frac{F_Q d_2}{2}\tan(\lambda + \rho) \tag{6-1}$$

螺母旋转一周所需的输入功为：$W_1 = 2\pi T_1$；此时螺母上升一个导程 s，其有效功为 $W_2 = F_Q \cdot s$。因此螺旋副的效率为

$$\eta = \frac{W_2}{W_1} = \frac{F_Q \cdot s}{2\pi T_1} = \frac{F_Q \pi d_2 \tan\lambda}{2\pi \dfrac{F_Q d_2}{2}\tan(\lambda + \rho)} = \frac{\tan\lambda}{\tan(\lambda + \rho)} \tag{6-2}$$

对于非矩形螺纹，式（6-1）、式（6-2）中的摩擦角 ρ 用当量摩擦角 ρ_V 替换，于是可以得到以下的关系式。

螺纹力矩：

$$T_1 = \frac{F_Q d_2}{2}\tan(\lambda + \rho_V) \tag{6-3}$$

螺旋副效率：

$$\eta = \frac{\tan\lambda}{\tan(\lambda + \rho_V)} \tag{6-4}$$

（2）螺旋副的自锁。

物体在摩擦力的作用下，无论驱动力多大都不能使其运动的现象，称为自锁。

如图 6-7（b）所示，使置于斜面上的滑块下滑的驱动力为 F_Q，摩擦力 F_f 应与图示方向相反，以起到阻止滑块下滑的作用。若滑块在摩擦力的作用下无论驱动载荷 F_Q 有多大都不能使其下滑，则滑块已经自锁。

F_Q 沿滑动方向的投影为 $F_Q \sin\lambda$，摩擦力 $F_f = f \cdot F_N = \tan\rho \cdot F_Q \cos\lambda$，自锁时有

$$F_Q \sin\lambda \leqslant \tan\rho \cdot F_Q \cos\lambda$$

即

$$\tan\lambda \leqslant \tan\rho$$

所以，螺旋副的自锁条件为

$$\lambda \leqslant \rho \qquad\qquad (6-5)$$

当 $\lambda = \rho$ 时，表明螺旋副处于临界自锁状态，当 $\lambda < \rho$ 时，其值越小自锁性越强。

对于非矩形螺纹，螺旋副的自锁条件为

$$\lambda \leqslant \rho_V$$

4. 机械中的常用螺纹

根据螺纹在轴向剖面内的形状不同，一般将机械中的常用螺纹分为三角形螺纹、矩形螺纹、梯形螺纹及四锯齿形螺纹，其外形和剖面结构如图 6-8、图 6-9 所示。

（a）三角形螺纹

（b）矩形螺纹

（c）梯形螺纹

（d）锯齿形螺纹

图 6-8　常用螺纹的外形

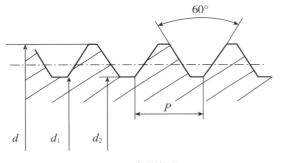
（a）三角形螺纹

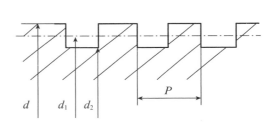
（b）矩形螺纹

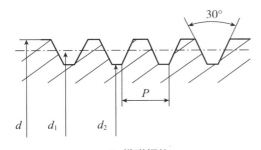
（c）梯形螺纹

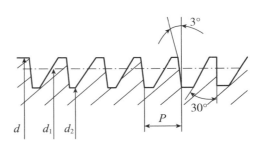
（d）锯齿形螺纹

图 6-9　常用螺纹的剖面结构

四种常用螺纹中除三角形螺纹用于联接外，其余均用于传动。

在我国国家标准中，把牙型角 $\alpha = 60°$ 的三角形米制螺纹称为普通螺纹，是联接螺纹的基本形式，牙根强度高，具有良好的自锁性能。同一公称直径的普通螺纹可以有多种螺距，其中螺距最大的螺纹称为粗牙螺纹，其余的称为细牙螺纹。一般联接多采用粗牙螺纹，粗牙螺纹应用最广。细牙螺纹螺距小、深度浅，因此自锁性比粗牙螺纹好，适合受冲击、振动和变载荷的联接，但不耐磨，容易滑扣，适合于薄壁零件的联接，细牙螺纹也常用作微调机构的调整螺纹。

矩形螺纹的牙型为正方形，牙型角 $\alpha = 0°$，牙厚为螺距的一半，效率高，但牙根强度弱，精确制造困难，螺纹副磨损后，间隙难以补偿与修复，对中精度会降低。

梯形螺纹的牙型角 α=30°，牙根强度高，螺纹的工艺性好；内外螺纹以锥面贴合，对中性好，不易松动；用剖分式螺母，可以调整和消除间隙，与矩形螺纹比，效率较低。

锯齿形螺纹的牙型为不等腰梯形，牙型角 α=33°（承载面斜角为3°、非承载面的斜角为30°），综合了矩形螺纹效率高和梯形螺纹牙根强度高的特点，但只能单向传递动力。精压机连杆中的调节螺杆由于只在一个方向上承受大的冲压力，故采用了锯齿形螺纹。

6.2.2　螺纹联接件及螺纹联接的类型

1. 螺纹联接件

螺纹联接件的品种很多，但是从结构等方面来说，常用的有以下几种。

（1）螺栓。

螺栓是工程和日常生活中应用最为普遍、广泛的紧固件之一。

为了满足工程上的不同需要，螺栓的头部有各种不同形状，有六角头［见图6-10（a）］、内六角头［见图6-10（b）］和方头［见图6-10（c）］等，我们最常见的是六角头。

（2）双头螺柱。

如图6-10（d）所示，双头螺栓的两端都制有螺纹，两端的螺纹可以相同，也可以不同，其安装方式是一端旋入被联接件的螺纹孔中，另一端用来安装螺母。

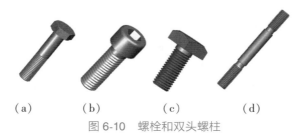

（a）　　　　（b）　　　　（c）　　　　（d）

图 6-10　螺栓和双头螺柱

3. 螺钉

螺钉的头部有各种形状，为了明确表示螺钉的特点，所以通常以其头部的形状来命名，如盘头螺钉［见图6-11（a）］、内六角圆柱螺钉［见图6-11（b）］、沉头螺钉［见图6-11（c）］、滚花螺钉［见图6-11（d）］、自攻螺钉［见图6-11（e）］和吊环螺钉［见图6-11（f）］等。但是需要注意的是，在许多情况下，螺栓也可以用作螺钉。

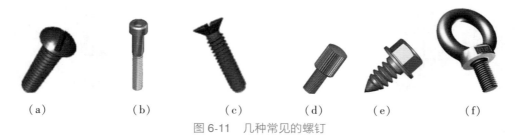

（a）　　　（b）　　　（c）　　　（d）　　　（e）　　　（f）

图 6-11　几种常见的螺钉

4. 紧定螺钉

紧定螺钉主要用于小载荷的情况下，例如，传递圆周力、防止传动零件的轴向窜动等情况。紧定螺钉的工作面是在末端，根据传力的大小，末端的形状有平端、锥端、圆柱端等，头部的形状也有开槽、内六角等，常用紧定螺钉如图6-12所示。

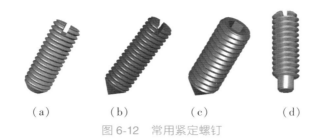

图 6-12　常用紧定螺钉

5. 螺母

螺母是和螺栓相配套的标准零件，其外形为六角形的螺母最为常用，按其厚度可分为厚、标准和扁三种不同类型，其中以标准厚度应用最广。图 6-13（a）、图 6-13（b）、图 6-13（c）分别为厚六角形螺母、标准六角形螺母和扁六角形螺母。另外，还有圆形螺母［见图 6-13（d）］及其他特殊的形状的螺母，如凸缘螺母［见图 6-13（e）］、盖形螺母［见图 6-13（f）］、蝶形螺母［见图 6-13（g）］等。

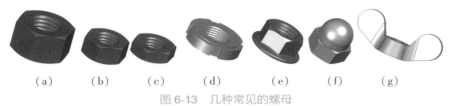

图 6-13　几种常见的螺母

6. 垫圈

垫圈是标准件之一，品种最多，其中应用最多、最常见的是平垫圈［见图 6-14（b）］和弹簧垫圈［见图 6-14（a）］两种。平垫圈的目的主要是增加支承面积，同时对支承面起保护作用。弹簧垫圈主要是用于防止螺母和其他紧固件自动松脱。所以凡是有振动的地方又未采取其他防松措施时，原则上都应该加装弹簧垫圈。

除了以上两类垫圈外，还有一些特殊的垫圈，如开口垫圈［见图 6-14（c）］、方斜垫圈［见图 6-14（d）］、止动垫圈［见图 6-14（e）］及圆螺母专用止动垫圈［见图 6-14（f）］等，在需要的时候可查阅设计手册。

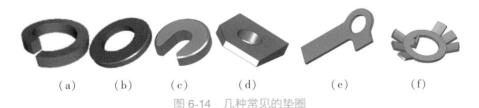

图 6-14　几种常见的垫圈

在选用标准紧固件时，我们应该视具体情况，对联接结构进行分析比较后合理选择。另外，我们需要注意，螺纹紧固件一般分精制螺纹紧固件和粗制螺纹紧固件两种，在机械工业中主要选择使用精制螺纹紧固件。

2. 螺纹联接的主要类型

根据螺纹联接的不同结构，可将螺纹联接分为螺栓联接、双头螺柱联接、螺钉联接和紧定螺钉联接。

（1）螺栓联接。

螺栓联接又分为普通螺栓联接和铰制孔用螺栓联接（见图 6-15）。

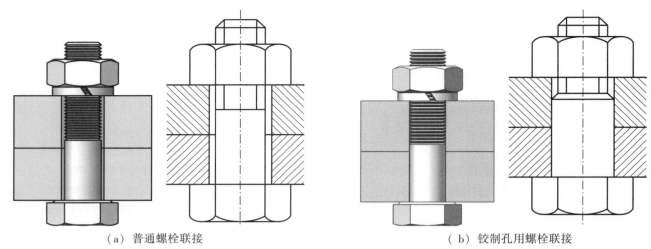

（a）普通螺栓联接   （b）铰制孔用螺栓联接

图 6-15　螺栓联接

①普通螺栓联接。

螺栓与孔之间留有间隙，孔的直径大约是螺栓公称直径的 1.1 倍，螺栓联接工作前必须进行有效预紧。孔壁上不制作螺纹，通孔的加工精度要求较低，结构简单，装拆方便，应用十分广泛。无论该联接承受的是轴向力还是横向力，该联接下的螺栓只受拉力，所以，普通螺栓又称为受拉螺栓。

②铰制孔用螺栓联接。

铰制孔用螺栓联接（也称配合螺栓联接）的被联接件通孔与螺栓的杆部之间采用基孔制过渡配合，螺栓兼有定位销的作用能精确固定被联接件的相对位置，并能承受较大的横向载荷。这种联接对孔的加工精度要求较高，需精确铰制。铰制孔用螺栓联接成本稍高，一般用于需要精确定位或需承受大横向载荷的特定场合。因为该联接中主要承受剪切力，所以铰制孔用螺栓又称为受剪螺栓。

（2）双头螺柱联接。

双头螺柱联接用于结构上不能采用螺栓联接的位置，例如，被联接件之一太厚不宜制成通孔，材料又比较软（如铝镁合金壳体），且需要经常拆卸，如图 6-16 所示。

（3）螺钉联接。

螺钉直接拧入被联接件的螺纹孔中，不必用螺母，结构简单紧凑，与双头螺柱联接相比外观整齐美观，如图 6-17 所示。但当要经常拆卸时，易使螺纹孔磨损，导致被联接件报废，故多用于受力不大，不需经常拆卸的场合。

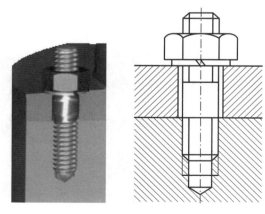

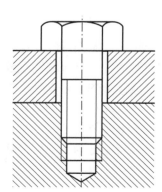

图 6-16　双头螺柱联接   图 6-17　螺钉联接

（4）紧定螺钉联接。

紧定螺钉联接是利用拧入零件螺纹孔中的螺钉末端顶住另一零件的表面或顶入相应的凹坑中，以固定两个零件的相对位置，并可同时传递不太大的力或力矩。如图 6-18（b）所示属于平端紧定螺钉，使用这种紧定螺钉联接不伤零件表面；如图 6-18（c）所示属于锥端紧定螺钉，使用这种紧定螺钉联接通常应在被联接件上预制一锥凹坑。

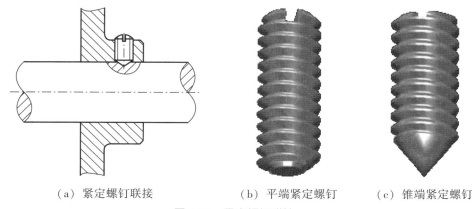

（a）紧定螺钉联接　　　　（b）平端紧定螺钉　　　　（c）锥端紧定螺钉

图 6-18　紧定螺钉联接

6.2.3　螺纹联接的预紧与防松

1. 螺纹联接的预紧

在实际上，绝大多数螺纹联接在装配时都必须拧紧，联接在承受工作载荷之前预先受到的作用力，称为预紧力。预紧的目的在于增强联接的可靠性和紧密性，以防止受载后被联接件间出现缝隙和发生相对滑移。

预紧力的具体数值应根据载荷性质、联接刚度等具体条件确定，并根据预紧力的大小计算出预紧力矩。由于拧紧力矩 T（$T = FL$）的作用，使螺栓和被联接件之间产生预紧力 F_0。因为拧紧时螺母的拧紧力矩 T 等于螺旋副间的摩擦阻力矩 T_1 和螺母环形端面与被联接件支撑面间的摩擦阻力矩 T_2 之和，如图 6-19 所示，即

$$T = T_1 + T_2$$

螺旋副间的摩擦力矩为

$$T_1 = F_0 tg(\psi + \varphi_v) \frac{d_2}{2}$$

螺母与支撑面间的摩擦阻力矩为

$$T_2 = \frac{1}{3} f_c F_0 \frac{D_0^3 - d_0^3}{D_0^2 - d_0^2}$$

所以

$$T = \frac{1}{2} F_0 \left[d_2 tg(\psi + \varphi_v) + \frac{2}{3} f_c (\frac{D_1^3 - d_0^3}{D_1^2 - d_0^2}) \right] \tag{6-6}$$

对于 M10～M64 的粗牙普通螺纹的钢制螺纹，螺纹升角 $\psi = 1°42' \sim 3°2'$，螺纹中径 $d_2 = 0.9d$，螺旋副的当量摩擦角 $\varphi_v = \arctan 1.155 f$（$f$ 为摩擦系数，无润滑时，$f = 0.1 \sim 0.2$），螺栓孔直径 $d_0 = 1.1d$，螺母环形支撑面的外径 $D_0 = 1.5d$，螺母与支撑面间的摩擦系数 $f_c = 0.15$，将上述各参数代入式（6-6）整理后得

$$T \approx 0.2 F_0 d \tag{6-7}$$

对于一定公称直径 d 的螺栓，当要求的预紧力 F_0 已知时，可按式 6-7 确定扳手的拧紧力矩 T。一般标准扳手的长度 $L \approx 15d$，若拧紧力为 F，则 $T = FL$，由式（6-7）可得 $F_0 \approx 75F$。假定 $F = 200N$，则 $F_0 = 15000N$。如果用这个预紧力去拧紧 M12 以下的钢制螺栓，就很可能过载拧断。因此，对于重要的联接，应尽可能

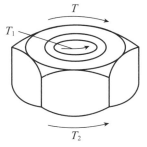

图 6-19　螺旋副的拧紧力矩

不采用直径过小的螺栓，必须使用时，应严格控制其预紧力。

控制预紧力的方法很多，通常借助测力矩扳手或定力矩扳手，如图6-20所示，利用控制力矩的方法来控制预紧力的大小。测力矩扳手的工作原理是根据扳手上的弹性元1，在拧紧力的作用下所产生的弹性变形来指示拧紧力矩的大小。定力矩扳手的工作原理是当拧紧力矩超过规定值时，弹簧3被压缩，扳手卡盘1与圆柱销2之间打滑，如果继续转动手柄，卡盘不再转动，拧紧力矩的大小可利用螺钉4调整弹簧了压紧力来加以控制。

此外，如需精确控制预紧力，也可采用测量螺栓伸长量的办法控制预紧力。

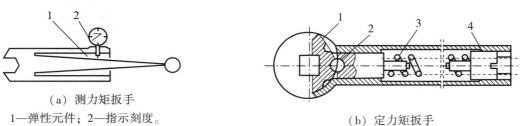

（a）测力矩扳手
1—弹性元件；2—指示刻度。

（b）定力矩扳手
1—扳手卡盘；2—圆柱销；3—弹簧；4—螺钉。

图6-20　测力矩扳手与定力矩扳手

2. 螺纹防松

螺栓联接在实际工作中，所受的外载荷一般有振动、变化，而且螺栓材料在高温时有蠕变，这样会造成螺纹副间的摩擦力减少，从而使螺纹联接松动，经反复作用，螺纹联接就会松弛而失效。因此，必须进行防松，否则会影响正常工作，造成事故。

防松的根本问题在于消除（或限制）螺纹副之间的相对运动，或增大相对运动的难度。防松的方法根据其工作原理可分为摩擦防松、机械防松、永久防松。

常用的防松方法主要有摩擦防松方法和机械防松方法，如图6-21、图6-22所示。

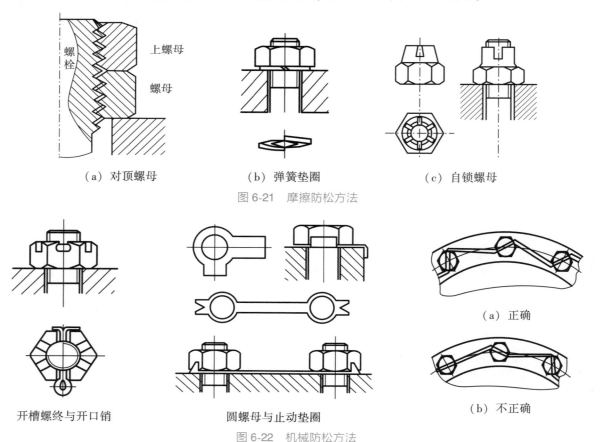

（a）对顶螺母　　　　（b）弹簧垫圈　　　　（c）自锁螺母

图6-21　摩擦防松方法

开槽螺终与开口销　　　圆螺母与止动垫圈　　　（a）正确

（b）不正确

图6-22　机械防松方法

6.2.4 螺栓联接的结构设计

在进行螺栓的设计之前,我们先要进行螺栓组的结构设计。螺栓组联接结构设计主要目的在于合理地确定联接结合面的几何形状和螺栓的布置形式,力求各螺栓和联接结合面间受力均匀,便于加工和装配。为此,设计时,应考虑以下几方面的问题。

1. 接合面形状设计

如图 6-23 所示,为了便于加工和便于对称布置螺栓,通常都设计成轴对称的简单几何形状。接合面较大时采用环状、条状结构,以减少加工面,且提高联接的平稳性和刚度。

2. 螺栓分布排列设计

螺栓分布排列设计应使各螺栓受力合理、便于划线和装拆并使联接紧密,主要设计原则如下。

(1)对称布置螺栓,使螺栓组的对称中心和联接接合面的形心重合,从而保证联接接合面受力比较均匀[见图 6-24(a)]。

(2)当采用铰制孔用螺栓联接组时,不要在平行于工作载荷的方向上成排地布置八个以上的螺栓,以免载荷分布过于不均[见图 6-24(b)]。

(3)当螺栓组联接的载荷是弯矩或转矩时,应使螺栓的位置适当靠近联接接合面的边缘,以减少螺栓的受力[见图 6-24(c)]。

(4)分布在同一圆周上的螺栓数目应取成偶数,以便于分度和划线,同一螺栓组中螺栓的材料、直径和长度均应相同[见图 6-24(d)]。

(5)螺栓排列应考虑扳手空间,给予螺栓合理的间距和边距[见图 6-24(e)]。

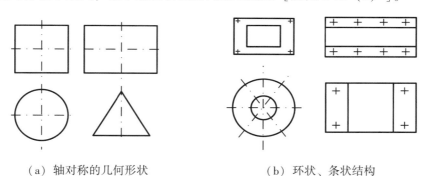

(a)轴对称的几何形状　　　　　　　(b)环状、条状结构

图 6-23　结合面形状设计

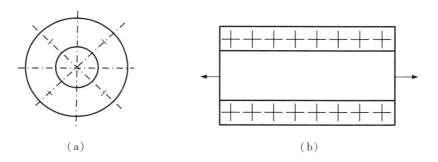

(a)　　　　　　　　　　　　　　(b)

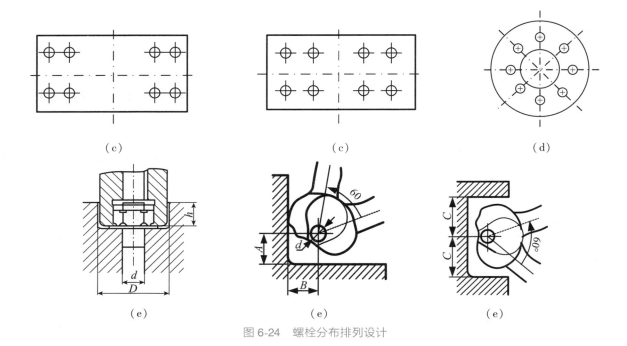

图 6-24　螺栓分布排列设计

6.2.5 螺纹联接件的材料与许用应力

（1）材料。

国家标准中对螺纹联接标准件的材料的使用无硬性规定，只有推荐材料。但是，规定了必须达到的性能等级。国家标准规定的螺栓、螺钉、螺柱及螺母所能使用的性能等级及推荐材料如表 6-2 所示。

螺栓、螺钉、螺柱的性能等级由两部分数字组成，利用小数点分开。前面的数字表示公称抗拉强度的百分之一，后面的数字表示屈服强度 σ_s 与公称抗拉强度 σ_B 的比值的 10 倍。螺母性能等级只用一位数字表示，其为公称抗拉强度的百分之一。

不同的国标号，不同的直径，国家标准规定的性能等级不同。在机械设计中，一般要给出所选择螺栓的性能等级国标号，列于明细表中，便于统计采购。

表 6-2　螺纹联接的性能等级及推荐材料

螺栓 螺钉 螺柱	性能等级	3.6	4.6	4.8	5.6	5.8	6.8	8.8	9.8	10.6	12.9
	推荐材料	低碳钢	低碳钢或中碳钢					低碳合金钢中碳钢		中碳钢合金钢	合金钢
相配 螺母	性能等级	4（$d>$M16） 5（$d\leqslant$M16）			5	5	6	8	9	19	12

若所设计的螺纹联接不属标准件，可按表 6-3 确定螺纹紧固件材料的力学性能。

表 6-3　螺纹紧固件材料的力学性能

钢号	Q215	Q235	35	45	40Cr
强度极限 σ_b	340~420	410~470	540	650	750~1000
屈服极限 σ_s	220	240	320	360	650~900

（2）许用应力与安全系数。

紧螺纹联接的安全系数及螺纹联接的许用应力如表 6-4、表 6-5 所示。

表 6-4 紧螺栓联接的安全系数 S（不能严格控制预紧力时）

材料	静载荷		变载荷	
	M6~ M16	M16~ M30	M6~ M16	M16~ M30
碳素钢	4~3	3~2	10~6.5	6.5
合金钢	5~4	4~2.5	7.6~5	5

表 6-5 螺纹联接的许用应力

紧螺栓联接的受载情况	许用应力	
受轴向载荷、横向载荷	$[\sigma] = \dfrac{\sigma_s}{S}$；控制预紧力时 $S=1.2\sim1.5$； 不能严格控制预紧张力时，S 严格按照表 6-4	
铰制孔用螺栓受横向载荷	静载荷	$[\tau] = \dfrac{\sigma_s}{2.5}$ $[\sigma_P] = \dfrac{\sigma_s}{1.25}$（被联接件为钢） $[\sigma_P] = \dfrac{\sigma_B}{2\sim2.25}$（被联接件为铸铁）
	变载荷	$[\tau] = \dfrac{\sigma_s}{3.5\sim5}$ $[\sigma_P]$ 按静载荷的 $[\sigma_P]$ 值降低 20%~30%

6.2.6 螺纹联接的强度计算

螺栓组的结构设计完成之后，对于重要的螺栓联接都应该进行强度计算，针对不同零件的不同失效形式，应分别拟定不同的计算方法，失效形式是计算的依据和出发点。

螺栓的主要失效形式有：①受拉螺栓的螺栓杆发生疲劳断裂；②受剪螺栓的螺栓杆和孔壁间可能发生压溃或被剪断；③ 经常装拆时会因磨损而发生滑扣现象。标准螺栓与螺母的螺纹及其他各部分尺寸是根据等强度原则及使用经验设计的，不需要每项都进行强度计算。通常螺栓联接的计算是确定螺纹的小径 d_1，然后依据标准选定螺纹公称直径 d 及螺距 p 等。

按螺栓的个数多少，螺栓联接可分为单个螺栓联接和螺栓组联接（同时使用若干个螺栓）。前者计算较为简单，是设计的基础；后者是工程中的实用，可通过受力分析找出受力最大的螺栓，并求出力的大小，然后按单个螺栓进行计算。

螺栓的联接形式、载荷的性质不同，螺栓的强度条件就不同。为此螺栓联接可分为松联接和紧联接，其中紧联接应用较多，按外力的方向可分为受横向和受轴向载荷作用，前者按联接的结构又可分为普通螺栓联接和铰制孔用螺栓联接。下面我们分别进行讨论。

1. 松螺栓联接

如图 6-25 所示松螺栓联接中的吊钩螺栓，工作前不拧紧，无预紧力，只有工作载荷 F 起拉伸作用，工作载荷即为螺栓的受力。

强度条件为

$$\sigma = \frac{F}{\frac{\pi}{4}d_1^2} \leqslant [\sigma] \tag{6-8}$$

设计公式

$$d_1 \geqslant \sqrt{\frac{4F}{\pi[\sigma]}} \tag{6-9}$$

式中，σ 为所受的拉应力（MPa）；d_1 为 螺纹的小径（mm）；$[\sigma]$ 为许用拉应力（MPa）；σ_s 为材料屈服极限（MPa）。

2. 紧螺栓联接

（1）仅受预紧力的螺栓联接。

如图 6-26 所示的仅受预紧力的螺栓联接是用普通螺栓来承受横向载荷的。螺纹拧紧后，螺栓上作用有预紧力 F_0，F_0 在被联接件的结合面上形成正压力，进而产生摩擦力，由摩擦力平衡横向载荷 F_Σ，螺栓上仅受预紧力。

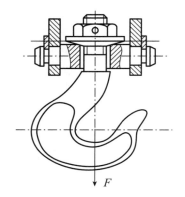

图 6-25　松螺栓联接中的吊钩螺栓

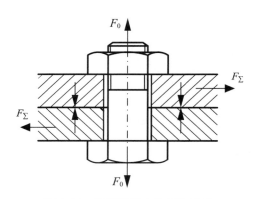

图 6-26　仅受预紧力的螺栓联接

这种螺栓联接在拧紧螺母时，螺栓杆除沿轴向受预紧力 F_0 的拉伸作用外，还受到螺纹力矩的扭转作用。为了简化计算，可将螺栓所受到的轴向拉力增大 30%，以考虑扭转剪应力的影响。

强度条件为

$$\sigma = \frac{1.3F_0}{\frac{\pi d_1^2}{4}} \leqslant [\sigma] \qquad (6-10)$$

设计公式

$$d_1 \geqslant \sqrt{\frac{1.3 \times 4F_0}{\pi[\sigma]}} \qquad (6-11)$$

由式（6-11）可知，要求出 d_1，必须先求出预紧力 F_0

螺栓预紧后，由预紧力 F_0 在结合面间产生的摩擦力应大于或等于横向外载荷，这样才不至于使两被联接件滑动，造成联接失效。

于是有

$$fF_0zi \geqslant K_sF_\Sigma \quad \text{或} \quad F_0 \geqslant \frac{K_sF_\Sigma}{fzi} \qquad (6-12)$$

式中，f 为结合面的摩擦系数，i 为结合面数，K_s 为安全系数，$K_s = 1.1 \sim 1.3$，F_0 为预紧力（N），z 为螺栓个数，F_Σ 为横向外载荷（N）。

（2）同时受预紧力和工作拉力的螺栓联接。

这种螺栓联接比较常见，图 6-27 所示为受轴向载荷的气缸盖螺栓组联接。

由于螺栓和被联接件都是弹性体，在受有预紧力的基础上，因为两者弹性变形的相互制约，故螺栓所受的总拉力并不等于预紧力 F_0 和工作拉力 F 之和，而是满足以下公式：

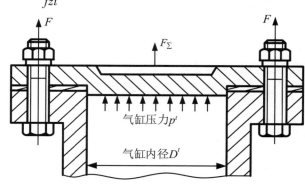

图 6-27　受轴向载荷的气缸盖螺栓组联接

$$\begin{cases} F_2 = F_0 + CF \\ F_2 = F_1 + F \end{cases} \tag{6-12}$$

式中，F_2 为总拉力（N），F_1 为残余预紧力（N），C 为螺栓的相对刚度，常用值如表 6-6 所示。

表 6-6　螺栓的相对刚度

垫片类型	金属垫片或无垫片	皮革垫片	铜皮石棉垫片	橡胶垫片
C	0.2~0.3	0.7	0.8	0.9

为保证联接的紧密性，以防止联接受载后结合面间产生缝隙，应使残余预紧力 $F_1 \geqslant 0$。
残余预紧力 F_1 的推荐值如表 6-7 所示。

表 6-7　残余预紧力 F_1 的推荐值

联接性质		残余预紧力 F_1
一般联接	工作载荷稳定	$F_1 = (0.2 \sim 0.6)F$
	工作载荷不稳定	$F_1 = (0.6 \sim 1.0)F$
有紧密性要求的联接		$F_1 = (1.5 \sim 1.8)F$
地脚螺栓联接		$F_1 \geqslant F$

在螺栓的强度计算之前，应先根据螺栓受载情况，求出单个螺栓的工作拉力 F，再根据联接的工作要求，选定预紧力 F_0，根据式（6-12）便可求出螺栓受的总拉力 F_2。考虑到螺栓工作时，可能需要补充拧紧，在螺纹部分会产生扭转切应力，所以将总拉力 F_2 增大 30% 作为计算载荷，则强度条件为

$$\sigma_{ca} = \frac{1.3 F_2}{\frac{\pi}{4} d_1^2} \leqslant [\sigma] \tag{6-13}$$

设计公式为

$$d_1 \geqslant \sqrt{\frac{1.3 \times 4 F_2}{\pi [\sigma]}} \tag{6-14}$$

3. 受剪螺栓联接

如图 6-28 所示为铰制孔螺栓联接，在被联接件的结合面处螺栓杆受剪切，螺栓杆与孔壁之间受挤压，应分别按照挤压强度和剪切强度计算。

螺栓杆与孔壁的剪切强度条件为

$$\tau = \frac{F}{\frac{\pi}{4} d_0^2} \leqslant [\tau] \tag{6-15}$$

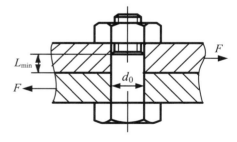

图 6-28　铰制孔螺栓联接

设计公式为

$$d_0 \geqslant \sqrt{\frac{4F}{\pi [\tau]}} \tag{6-16}$$

螺栓与孔壁接触表面的挤压强度条件为

$$\sigma_P = \frac{F}{d_0 L_{min}} \leqslant [\sigma_P] \tag{6-17}$$

设计公式为

$$d_0 \geqslant \frac{F}{L_{min} [\sigma_P]} \tag{6-18}$$

式中，F 为横向载荷（N），d_0 螺杆或孔的直径（mm），L_{min} 为被联接件中受挤压孔壁的最小长度（mm），$[\tau]$ 为螺栓许用剪应力（MPa），$[\sigma_p]$ 为螺栓或被联接件中较弱者的许用挤压应力（MPa）。

6.2.7 提高螺栓联接强度的措施

螺栓联接的强度主要取决于螺栓强度，而影响螺栓强度的因素有许多，主要有以下几点。

1. 降低螺栓的刚度、增加被联接件的刚度

由式（6-12）可知，螺栓的相对刚度 C 越大，在其他条件不变的情况下，总拉力 F_2 越大，螺栓联接的强度越低。所以，为了降低螺栓的相对刚度，可降低螺栓的刚度并增加被联接件的刚度。而改变螺栓的长度或形状，可降低螺栓的刚度，如图 6-29 所示将螺栓做成腰杆状或空心状，采用密封圈进行密封，使被联接件直接接触以增加被联接件的刚度（见图 6-30）。

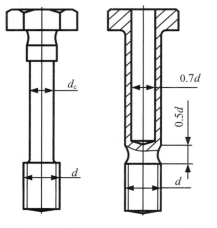

图 6-29　腰杆状与空心状螺栓

图 6-30　采用密封圈

2. 改善螺纹牙间的载荷分布不均现象

在联接承受轴向载荷作用时，工作中的螺栓牙受拉伸长，螺母牙受压缩短，伸与缩的螺距变化差以紧靠支承面处第一圈为最大，应变最大，应力最大，其余各圈依次递减。试验证明，约有三分之一的载荷集中在第一圈螺纹上，以后各圈递减，在第八圈以后螺纹几乎不承受载荷，旋合螺纹的变形如图 6-31 所示。所以采用圈数过多的加厚螺母，并不能提高联接的强度。

改善载荷不均匀的措施，原则上是减小螺栓与螺母二者承受载荷时螺距的变化差，尽可能使螺纹各圈承受载荷接近均等，常用方法如下。

（1）采用悬置螺母。

如图 6-32（a）所示，由于此时螺母的旋合段受拉，可使螺母螺距的拉伸变形与螺栓螺距的拉伸变形相协调，从而减少两者的螺距的变化之差，使螺纹牙上的载荷分布趋于均匀。

（2）采用环槽螺母。

如图 6-32（b）所示，其基本原理同悬置螺母基本一致，但其效果没有悬置螺母好。

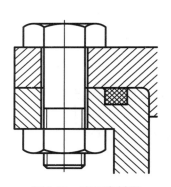

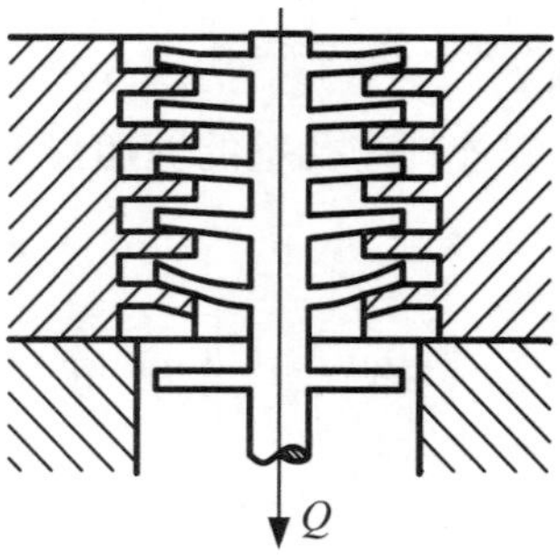

图 6-31　旋合螺纹的变形

（3）采用内斜螺母。

如图 6-32（c）所示，由于螺母旋入端制有 $10°\sim15°$ 的内斜角，使得螺栓上原来受力较大的下面几圈螺纹牙的受力点外移，因而螺纹牙的刚度减小，容易弯曲变形，从而使螺栓下面几圈的载荷向上转移，达到螺纹牙间载荷分布趋于均匀。

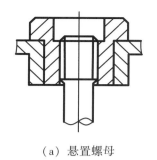

（a）悬置螺母

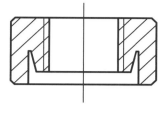

（b）环槽螺母

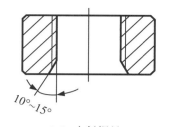

（c）内斜螺母

图 6-32　改善螺纹牙载荷不均匀的措施

3. 避免或减小附加应力

附加应力是指由于制造、装配或不正确设计而在螺栓中产生的额附加弯曲应力。为此，联接的支承面必须进行加工，保证设计、制造、安装时螺栓轴线与被联接件的接合面垂直。如图 6-33（a）所示为专用精压机主机机架使用的螺钉联接，支承面设计成锪平的凸台；如图 6-33（b）所示为专用精压机主机减速器上使用的螺栓联接，支承面采用加工过的沉孔；如图 6-33（c）所示为链式输送机头轮机架，它使用了槽钢用的斜垫圈以保证螺栓不因歪斜而产生附加弯曲应力。

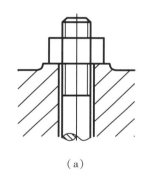

（a）

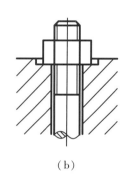

（b）

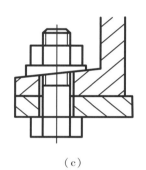

（c）

图 6-33　避免或减小附加应力

4. 减小应力集中的措施

为了减少应力集中，可以采用加大圆角等措施，如图 6-34 所示。

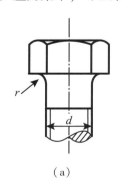

（a）

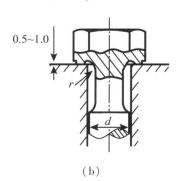

（b）

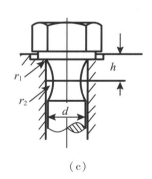

（c）

图 6-34　减小应力集中的措施

5. 采用合理的制造工艺

采用冷墩螺栓头部和滚压螺纹的工艺方法，可以显著提高螺栓的疲劳强度。这是因为冷墩和滚压工艺不切断材料纤维，使金属流线的走向合理，而且有冷作硬化的效果，并使表层留有残余应力，因而滚压螺纹的疲劳强度可较切削螺纹的疲劳强度提高 30%~40%。如果热处理后再滚压螺纹，其疲劳强度可提高 70%~100%，这种冷墩和滚压工艺还具有材料利用率高、生产效率高和制造成本低等优势。

此外，在工艺上采用氮化、氰化、喷丸等处理都是提高螺纹联接件疲劳强度的有效方法。

键联接、花键联接及销联接

可拆卸式机械联接除了螺纹联接以外，还有多种其他联接方式，比如键联接、花键联接、销联接等，下面分别简单介绍这些内容。

6.3.1 键联接

键是一种标准件，通常用于联接轴与轴上旋转零件与摆动零件，起周向固定零件的作用，以传递旋转运动和扭矩，而导键、滑键、花键还可用作轴上移动的导向装置，键联接的主要类型有平键、半圆键、楔键、切向键。

1. 平键

（1）普通平键。普通平键用于静联接，即轴与轮毂间无相对周向移动。两侧面为工作面，靠键与键槽的挤压力传递扭矩；轴上的键槽用盘铣刀或指状铣刀加工，轮毂槽用拉刀或插刀加工。普通平键联接如图 6-35 所示。

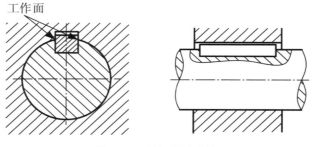

图 6-35　普通平键联接

普通平键分为以下几种：圆头（A 型）、方头（B 型）、单圆头（C 型），如图 6-36 所示。

圆头平键的轴槽是用指状铣刀加工的，键在槽中固定良好，但槽在轴上引起较大的应力集中。方头平键的键槽是用盘铣刀加工的，在轴上引起的应力集中较小，但不利于键的固定，尺寸大的键要用紧定螺钉压紧在槽中。单圆头平键用于轴端与轮毂的联接。普通平键应用最广，它适用于高精度、高速或冲击、变载荷情况下的静联接。

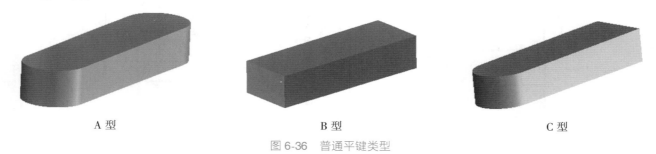

A 型　　　　　　　　　　　　　　B 型　　　　　　　　　　　　　　C 型

图 6-36　普通平键类型

（2）薄型平键。键高约为普通平键的 60%~70%，也分为圆头、方头、单圆头三种，通常用于薄臂结构、空心轴等径向尺寸受限制的联接。

（3）导向平键与滑键。用于动联接，即轴与轮毂之间有相对轴向移动的联接，导向平键［见图 6-37（a）］不动，轮毂轴向移动。滑键［见图 6-37（b）］随轮毂移动。

平键联接装拆方便，对零件对中性无影响，容易制造，作用可靠，多用于高精度联接，但只能圆周固定，不能承受轴向力。

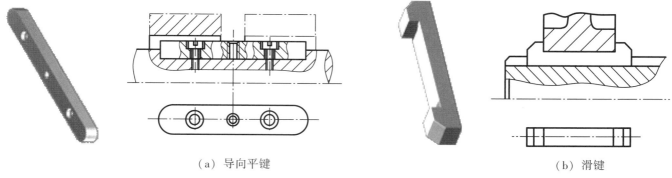

（a）导向平键　　　　　　　　　　　（b）滑键

图 6-37　导向平键与滑键

2. 半圆键

键的截面呈小半圆形，键能在键槽中绕几何中心摆动，键的侧面为工作面，工作时靠其侧面的挤压来传递扭矩。轴槽用与半圆键形状相同的铣刀加工。其特点是工艺性好，装配方便，适用于锥形轴与轮毂的联接，轴槽对轴的强度削弱较大，只适宜轻载联接，半圆键如图 6-38 所示。

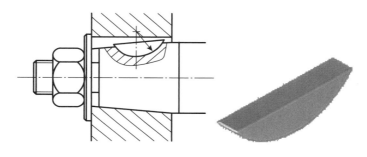

图 6-38　半圆键

3. 楔键联接

普通楔键的上、下面为工作表面，有 1∶100 斜度，侧面有间隙，工作时打紧，靠上下面摩擦传递扭矩，并可传递小部分单向轴向力。楔键联接适用于低速轻载、精度要求不高的场合，它的对中性较差，力有偏心，不宜高速和精度要求高的联接，变载下易松动。钩头只用于轴端联接，如在中间用键槽应比键长 2 倍才能装入，楔键联接如图 6-39 所示。

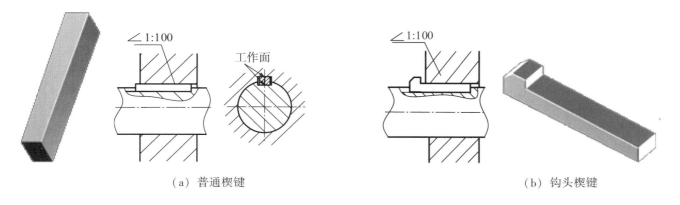

（a）普通楔键　　　　　　　　　　　（b）钩头楔键

图 6-39　楔键联接

4. 切向键

一个切向键由两个斜度为 1∶100 的楔键联接组合而成。上、下两面为工作面，布置在圆周的切向。工作面的压力沿轴的切向作用，靠工作面与轴及轮毂相挤压来传递扭矩，能传递很大的转矩。

一个切向键只能传递一个方向的转矩，若要传递两个方向的转矩，必须用两个切向键，沿周向成120°~130°分布，切向键联接如图6-40所示。

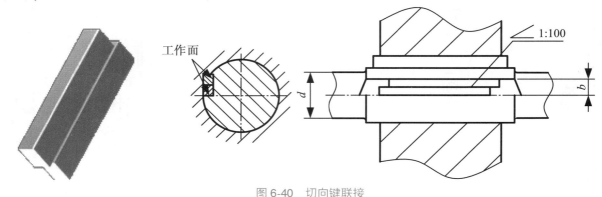

图6-40　切向键联接

5. 键联接设计

键联接的设计主要包括键的选择和强度计算。

（1）键的选择。

键的选择包括类型选择和尺寸选择两方面内容，选择键联接的类型时，应考虑的因素大致有：载荷的类型，所需传递的转矩的大小，对于轴毂对中性的要求，键在轴上的位置（在轴的端部还是中部），联接于轴上的带毂零件是否需要沿轴向滑移及滑移距离的长短，键是否要具有轴向固定零件的作用或承受轴向力等。

平键的主要尺寸为键宽b、键高h和键长L。设计时，键的剖面尺寸可根据轴的直径d按手册推荐选取，键的长度一般略短于轮毂长度，但所选定的键长应符合标准中规定的长度系列，如表6-8所示。

表6-8　普通平键和普通楔键的主要尺寸

轴的直径	6~8	>8~10	>10~12	>12~17	>17~22	>22~30	>30~38
键宽b×键高h	2×2	3×3	4×4	5×5	6×6	8×7	10×8
轴的直径	>38~48	>44~50	>50~58	>58~65	>65~75	>75~85	>85~95
键宽b×键高h	12×8	14×9	16×10	18×11	20×12	22×14	25×8
键的长度系列	6、8、10、12、14、16、18、20、22、25、28、32、36、40、45、50、56、63、70、80、90、100、110、125、140、180、200、220、250……						

（2）键联接强度计算。

平键联接传递扭矩时，受力情况如图6-41所示，键的侧面受挤压，剖面a-a受剪切。对于标准键联接，主要失效形式是键、轴槽、毂槽三者中较弱零件的工作面被压溃（对于静联接）或磨损（对于动联接）。因此，采用常见材料组合和按标准选取的平键联接，只需按工作面上的挤压应力（对于动联接常用压强）进行强度计算。

在计算中，假设载荷沿键的长度和高度均布。则其强度条件为

$$\sigma_p = \frac{4T}{dhl} \leqslant [\sigma_p] \tag{6-19}$$

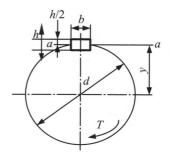

图6-41　平键联接的
受力情况

式（6-19）中，T为传递的转矩（N·mm），d为轴的直径（mm），l为键的工作长度（mm），圆头平键$l = L - b$，方头平键$l = L$，这里L为键的公称长度（mm），b为键的宽度（mm），$[\sigma_p]$为键联接中挤压强度最低的零件（一般为轮毂）的许用挤压应力（MPa），其值可查表6-9，对于动联接则以许用压强$[p]$代替$[\sigma_p]$。

如果验算结果强度不够，可适当增加键和轮毂的长度，但键的长度一般不应该超过2.5d，否则，挤压应

力沿键的长度方向分布不均匀，也在联接处相隔 180 度布置两个平键。考虑到载荷分布的不均匀性，双键联接的强度只按 1.5 个键计算。

表 6-9 键联接的许用挤压应力 $[\sigma_p]$ 和压强 $[p]$

联接的工作方式	联接中较弱零件的材料	$[\sigma_p]$ 或 $[p]$		
		静载荷	轻微冲击	冲击载荷
静联接用 $[\sigma_p]$	钢	125~150	100~120	60~90
	铸铁	70~80	50~60	30~45
动联接用 $[p]$	钢	50	40	30

6.3.2 花键联接

花键联接是由多个键齿与键槽在轴和轮毂孔的周向均布而成。花键齿侧面为工作面，适用于动、静联接。花键联接如图 6-42 所示。

1. 花键联接的结构特点

①齿较多、工作面积大、承载能力较强；②键均匀分布，各键齿受力较均匀；③齿槽线、齿根应力集中小，对轴的强度削弱减少；④轴上零件对中性好；⑤导向性较好；⑥加工需专用设备、制造成本高。

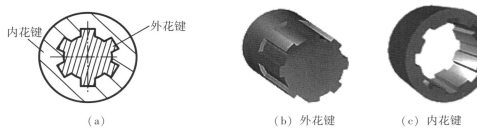

（a）　　　　　　　　　（b）外花键　　　　　（c）内花键

图 6-42 花键联接

2. 花键联接类型

按齿形可分为以下几类（见图 6-43）。

（1）矩形花键联接。

按新标准为内径定心，定心精度高，定心稳定性好，配合面均要研磨，磨削消除热处理后变形，应用广泛。

（2）渐开线花键联接。

定心方式为齿形定心，当齿受载时，齿上的径向力能自动定心，有利于各齿均载，应用广泛，应根据实际情况优先考虑。

（3）三角形花键联接。

齿数较多，齿较小，对轴强度削弱小。适于轻载、直径较小时及轴与薄壁零件的联接应用较少。

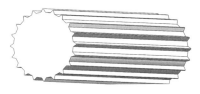

（a）矩形花键　　　　　　　（b）渐开线花键　　　　　　　（c）三角形花键

图 6-43 花键类型

6.3.3 销联接

销联接也是工程中常用的一种重要联接形式，主要用来固定零件之间的相对位置，当载荷不大时也可以用作传递载荷的联接，同时可以作为安全装置中的过载剪断元件。

销联接的类型有以下几种：

定位销［图6-44（a）］，主要用于零件间位置定位，常用作组合加工和装配时的主要辅助零件。

联接销［图6-44（b）］，主要用于零件间的联接或锁定，可传递不大的载荷。

安全销［图6-44（c）］，主要用于安全保护装置中的过载剪断元件。

圆锥销［图6-44（d）］，1：50锥度，可自锁，定位精度高，允许多次装拆，且便于拆卸。

另外还有许多特殊形式的销，如带螺纹锥销，开尾锥销弹性销［图6-44（e）］，槽销和开口销等多种形式。

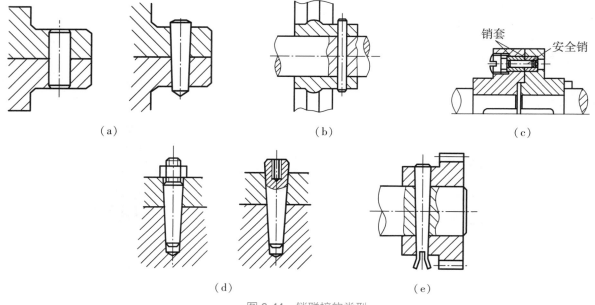

图6-44　销联接的类型

销联接在工作中通常受到挤压和剪切，设计时，可以根据联接结构的特点和工作要求来选择销的类型、材料和尺寸，必要时进行强度校核计算。

6.4　机械联接实例设计与分析

6.4.1 大带轮与减速器高速轴的键联接设计与计算

1.已知数据

精压机主机传动系统中大带轮与减速器高速轴的联接采用的是键联接，由第5章可知，该轴受转矩 $T_1 = 1.19 \times 10^5 \text{N·mm}$，有冲击载荷，但传至此处已不大。轴段直径 $d_1 = 35\text{mm}$，轴长 $l_1 = 48\text{m}$，轴和键的材料均为45钢，带轮材料为铸铁。

2.计算步骤及结果

（1）键的类型与尺寸选择。

①因为该键用于轴端与毂的联接，所以采用单圆头平键。

②尺寸选择。

由表6-8可知，轴段直径 $d_1 = 35mm$，选键的截面为 $b \times h = 12 \times 8$，轴长 $l_1 = 48mm$，取键的长度 $L = 45mm$，因此键的型号为：键 C12×8 GB1096-79。

（2）键的校核计算。

按强度最弱的材料铸铁查表6-9得键联接的许用挤压应力 $[\sigma_p] = 45MPa$。

键的工作长度 $l = L - b/2 = 45 - 6 = 39mm$。

则由式（6-19）得

$$\sigma_p = \frac{4T}{dhl} = \frac{4 \times 1.19 \times 10^5}{35 \times 8 \times 39} = 38.17MPa < [\sigma_p]$$

所以该联接满足强度要求。

6.4.2 连杆盖与连杆体之间的螺纹联接

1. 设计数据

如图6-45所示，连杆盖与连杆体之间的螺纹联接由四个 M10 的双头螺柱联接构成，四个螺柱均匀分布，用对顶螺母防松。

连杆和滑块的重力及其产生的摩擦力是该联接的主要载荷。滑块极限位置时螺柱轴线与重力方向的夹角约为 40°，滑块与导轨的摩擦系数约为 0.1。综合考虑各种因素，螺柱所受工作拉力按 1500N 计算。

2. 计算步骤及结果

（1）确定许用应力 $[\sigma]$。

查国家标准 GB/T 901 得知螺柱的性能等级为 4.8 级，故其屈服强度 $\sigma_s = 320MPa$。

由表6-1查得 M10 时，$d_1 = 8.376mm$；由表6-4，取 $S = 4$。

则由表6-5可知：

$$[\sigma] = \frac{\sigma_s}{S} = \frac{320}{4} = 80(MPa)$$

图 6-45　连杆盖与连杆体之间的螺纹联接

（2）计算螺栓的总拉力。

每个螺栓所受的工作载荷为 $F = 375N$，由表6-7按工作载荷不稳定，取 $F_1 = 0.8F$。

由式（6-12），每个螺柱所受的总拉力为

$$F_2 = F_1 + F = 0.8F + F = 0.8 \times 375 + 375 = 675 \ (N)$$

（3）校核强度。

由式（6-13）得

$$\sigma_{ca} = \frac{1.3F_2}{\frac{\pi d_1^2}{4}} = \frac{1.3 \times 450}{\frac{\pi 8.376^2}{4}} = 42.47(MPa) \ < [\sigma]$$

故满足强度要求。

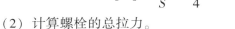

思考与练习题

1. 选择题

6-1　若螺纹的直径和螺旋副的摩擦系数一定，则拧紧螺母时的效率取决于螺纹的_____。

　　A. 螺距和牙型角　　　B. 升角和头数　　　C. 导程的牙型斜角　　　D. 螺距和升角

6-2　计算采用三角形螺纹的紧螺栓联接的拉伸强度时，考虑拉伸和扭转的复合作用，应将拉伸载荷增加到原来的_____倍。

A. 1. 1　　　　　B. 1. 3　　　　　C. 1. 25　　　　　D. 0. 3

6-3　采用普通螺栓联接凸缘联轴器，在传递扭矩时，_____。

　　A. 螺栓的横截面受剪切　　　　　　　　B. 螺栓与螺栓孔配合面受挤压

　　C. 螺栓同时受挤压和剪切　　　　　　　D. 螺栓受拉伸和扭转作用

6-4　当两个被联接件之一太厚，不易制成通孔，且联接不需经常拆卸时，往往采用_____。

　　A. 螺栓联接　　　　B. 螺钉联接　　　　C. 双头螺柱联接　　　　D. 紧定螺钉联接

6-5　用于联接的螺纹牙型为三角形，这是因为其（　　　　）。

　　A. 螺纹强度高

　　B. 传动效率高

　　C. 防震性能好

　　D. 螺纹副的摩擦属于楔面摩擦，摩擦力大，自锁性好

6-6　普通螺栓联接中的松联接和紧联接之间的主要区别是：松联接的螺纹部分不承受_____。

　　A. 拉伸作用　　　　B. 扭转作用　　　　C. 剪切作用　　　　D. 弯曲作用

6-7　外载荷是轴向载荷的紧螺栓联接，设预紧力为 F_0，外载荷为 F，则螺栓受的总拉力 F_2_____。

　　A. $= F_0 + F$　　　　B. $< F_0 + F$　　　　C. $> F_0 + F$

6-8　在下列四种具有相同公称直径和螺距并采用相同配对材料的传动螺旋副中，传动效率最高的是_____螺旋副。

　　A. 单线矩形　　　　B. 单线梯形　　　　C. 双线矩形　　　　D. 双线梯形

6-9　键联接的主要用途是使轴与轮毂之间_____。

　　A. 沿轴向固定并传递轴向力　　　　　　B. 沿轴向可作相对滑动并具有导向作用

　　C. 沿周向固定并传递扭矩　　　　　　　D. 安装与拆卸方便

6-10　设计键联接时，键的截面尺寸通常根据_____按标准选择。

　　A. 所传递转矩的大小　B. 所传递功率的大小　C. 轮毂的长度　　　　D. 轴的直径

6-11　楔键联接的主要缺点是_____。

　　A. 键的斜面加工困难　　　　　　　　　B. 键安装时易损坏

　　C. 键楔紧后在轮毂中产生初应力　　　　D. 轴和轴上零件对中性差

6-12　平键联接能传递的最大扭矩为 T，现要传递的扭矩为 $1.5T$，则应_____。

　　A. 把键长 L 增大到 1.5 倍　　　　　　B. 把键宽 b 增大到 1.5 倍

　　C. 把键高 h 增大到 1.5 倍　　　　　　D. 安装一对平键

6-13　为了不严重削弱轴和轮毂的强度，两个切向键最好布置成_____。

　　A. 在轴的同一母线上　　　　　　　　　B. 180 度

　　C. 120~130 度　　　　　　　　　　　　D. 90 度

6-14　半圆键的主要优点是_____。

　　A. 对轴的强度削弱较轻

　　B. 键槽的应力集中较小

　　C. 工艺性好、安装与拆卸方便

6-15　切向键的斜度是做在_____上的。

　　A. 轮毂键槽底面　　　B. 轴的键槽底面　　　C. 一对键的接触面　　　D. 键的侧面

2. 判断题

6-16　在螺栓联接中，加上弹性垫圈或弹性元件可提高螺栓的疲劳强度。　　　　　　　　（　　　）

6-17　承受横向载荷的紧螺栓联接中，螺栓必受到工作剪力。　　　　　　　　　　　　　（　　　）

6-18　当承受冲击或振动载荷时，用弹性垫圈作螺纹联接的防松效果较差。　　　　　　　（　　　）

6-19　增加螺栓的刚度，减少被联接件的刚度，有利于提高螺栓联接疲劳强度。　　　　　（　　　）

6-20 螺栓在工作时受到的总拉力等于残余预紧力与轴向工作载荷之和，而减小预紧力是提高螺栓疲劳强度的有效措施之一。 （ ）

6-21 半圆键是靠键侧面与键槽间挤压和键的剪切传递载荷的。 （ ）

6-22 楔键是靠侧面来工作的。 （ ）

6-23 与楔键联接相比，平键联接主要优点是装拆方便、对中性好，所以应用较为广泛。 （ ）

6-24 选用普通平键时，键的截面尺寸与长度是由强度条件确定的。 （ ）

6-25 采用双平键联接时，通常在轴的圆周相隔 90°～120° 位置布置。 （ ）

3. 填空题

6-26 普通螺纹的公称直径指的是螺纹的＿＿＿＿＿＿＿＿，计算螺纹的摩擦力矩时使用的是螺纹的＿＿＿＿＿＿，计算螺纹的危险截面时使用的是螺纹的＿＿＿＿＿。

6-27 螺纹升角增大，则联接的自锁性＿＿＿＿＿，传动效率＿＿＿＿＿，牙型角增大，则联接的自锁性＿＿＿＿＿，传动效率＿＿＿＿＿。

6-28 在承受横向载荷或转矩的普通紧螺栓组联接中，螺栓杆受＿＿＿＿＿应力作用；而在铰制孔用螺栓组联接中，螺栓杆受＿＿＿＿＿应力作用。

6-29 被联接件受横向载荷作用时，若采用普通螺栓联接，则靠＿＿＿＿＿来传递载荷；螺栓可能发生的失效形式为＿＿＿＿＿。若采用铰制孔用螺栓联接，则靠＿＿＿＿＿来传递载荷；螺栓可能发生的失效形式为＿＿＿＿＿。

6-30 三角形螺纹常用于＿＿＿＿＿，而矩形螺纹、梯形螺纹常用于＿＿＿＿＿。

6-31 螺纹联接防松的实质是＿＿＿＿＿。

6-32 采用凸台或沉头孔作为螺栓头或螺母支撑面是为了＿＿＿＿＿。

6-33 螺旋副的自锁条件是＿＿＿＿＿。

6-34 三角螺纹的压型角 α = ＿＿＿＿＿，适用于＿＿＿＿＿；梯形螺纹的压型角 α = ＿＿＿＿＿，适用于＿＿＿＿＿。

6-35 平键联接中，＿＿＿＿＿是工作面，楔键联接中，＿＿＿＿＿是工作面。平键联接中＿＿＿＿＿和＿＿＿＿＿用于动联接。

6-36 平键联接的主要失效形式有工作表面＿＿＿＿＿（静联接），工作表面＿＿＿＿＿（动联接），个别情况下出现键的剪断。

6-37 在平键联接中，静联接应验算＿＿＿＿＿强度，动联接应验算＿＿＿＿＿。

4. 分析与思考题

6-38 分析比较普通螺纹、管螺纹、梯形螺纹和锯齿形螺纹的特点，各举一例说明它们的应用。

6-39 将承受轴向变载荷联接螺栓的光杆部分做得细些有什么好处？

6-40 分析活塞式空气压缩机汽缸盖联接螺栓在工作时的受力变化情况，它的最大应力，最小应力如何得出？当汽缸内的最高压力提高时，它的最大应力、最小应力将如何变化？

6-41 为什么采用两个平键时，一般布置在沿圆周相隔 180° 的位置；采用两个楔键时，相隔 90°～120°；而采用两个半圆键时，却布置在轴的同一母线上？

6-42 普通平键按构造可分为几种？各有什么优缺点？若公称长度为 L，键宽为 b，则在强度计算中，键的工作长度 l 与 L 之间关系如何？

6-43 花键联接与平键联接比较有哪些优缺点？

6-44 销的功用有哪些？

5. 计算题

6-45 如图 6-46 所示单个铰孔用螺栓联接中，已知作用在联接上的横向载荷 F = 20KN，螺栓及板 A 均为 35 号钢，其 σ_s = 340MPa，板 B 为灰铸铁，其 σ_b = 180MPa。取螺栓的 S_p = 1.25，S_τ = 2.5，铸铁的 S_p = 1.25。其余尺寸如图所示（单位均为 mm）。试校核该联接的强度。

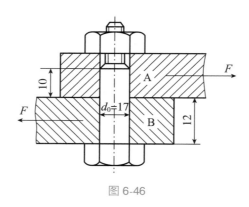

图 6-46

6-46　凸缘联轴器，用六个普通螺栓联接，螺栓分布在 $D = 100mm$ 的圆周上，接合面摩擦系数 $f = 0.16$，防滑系数 $K_s = 1.2$，若联轴器传递扭矩为 300N·m，试求螺栓直径（螺栓 $[\sigma] = 120MPa$）。

6-47　已知减速器中某直齿圆柱齿轮安装在轴的两个支撑点间，齿轮和轴的材料都是锻钢，用键构成静联接。齿轮的精度为 7 级，装齿轮处的轴径为 70mm，齿轮轮毂宽度为 100mm，需传递的转矩为 2200N·m，载荷有轻微冲击。试设计此键联接。

6-48　受轴向载荷的紧螺栓联接，被联接钢板间采用橡胶垫片。已知螺栓预紧力 $F_0 = 15\ 000N$，当受轴向工作载荷 $F = 10\ 000N$ 时，求螺栓所受的总拉力及被联接件之间的残余预紧力。

6-49　资料查询与讨论

苏联在 1970 年在科拉半岛的超深钻孔 SG-3 钻探深度达到 12262 米，为世界垂直深度最深钻探井。2008 年，卡塔尔的阿肖辛油井深度达到了 12289 米；2012 年，埃克森美孚石油公司的 Z-44 Chayvo 油井深度达到了 12376 米。油井是根据油藏的位置，油气圈闭的情况来确定井位的。这些深井说明人类有能力钻探到万米以上。

中国四川自贡燊海井开凿于清道光三年（1823 年），道光十五年（1835 年）凿成，历时 13 年，井深 1001.42 米，是世界上第一口超千米的大井。自贡在近两千年的盐业生产过程中，遗存有一大批古井、天车，1914 年仅自流井就有"水火"两井共 960 眼，而废井则有 11800 多眼。燊海井的开凿成功不是偶然的，它是随卓筒井的出现而兴起于北宋庆历（1041—1048）年间的"冲击式顿钻凿井法"日臻成熟的必然结果，这一传统的钻井技术仅就设备而言，至燊海井开凿期，就已形成了由木制碓架、井架（天车）、天地辊（滑轮）、大地车（绞车）组成的一套完整的体系，这套设备体系、即使在今天看来，也足够科学和完善。

2020 年 10 月 24 日，中国西北油田"顺北 53-2H 井"顺利完钻，完钻井深 8874.4 米，创造亚洲最深定向井纪录。2021 年 2 月 4 号由中国石油宝鸡石油机械有限责任公司自主研制的国内首套同升式高钻台九千米钻机顺利生产出厂，这标志着中国超深井自动化钻井向高效便捷迈出重要一步。2021 年 1 月 14 日，由我国自主研发建造的全球首座十万吨级深水半潜式生产储油平台"深海一号"能源站在山东烟台交付启航，"深海一号"能源站由上部组块和船体两部分组成，按照"30 年不回坞检修"的高质量设计标准建造，设计疲劳寿命达 150 年，可抵御百年一遇的超强台风。能源站搭载近 200 套关键油气处理设备，同时在全球首创半潜平台立柱储油技术。中集"蓝鲸 1 号"由中集来福士自主研发设计，拥有自主知识产权的海上半潜式钻井平台，适用于全球深海作业，2017 年 2 月 13 日交付使用；蓝鲸 1 号，最大作业水深 3658 米，最大钻井深度则能达 15250 米。"蓝鲸 2 号"代表全球海洋钻井平台的最高设计水平，中国这两座海上钻井平台的技术，均达到世界一流水准。无论是陆上还是海上，中国深井已能"批量化制造"。

请查询并讨论一个典型五开结构井的井身结构，其钻井深度可达 6000 米，结合本章内容，请查询并讨论其可能采用的套筒联接方式。

第 7 章

轴系零部件

本章围绕实例，简明介绍了轴系零部件（轴、轴承、联轴器、离合器）的功用、特点、类型及应用场合；简明介绍了各轴系零、部件类型的选择及结构设计要点；重点阐述了轴的设计与校核，滚动轴承的代号、失效形式及寿命计算。根据本章所学知识，查询讨论中国高铁与中国汽车行业的历史与发展，查询讨论最新轴承技术和标准。

7.1 引言

轴系是机器中重要的组成部分，其主要功用是支撑旋转的机械零件（如齿轮、带轮等），并传递运动和动力。轴系零部件包括轴、支承轴的轴承、联接轴的联轴器、轴毂联接所用的键等。我们把轴及其相关的零部件，统称为轴系零部件。

在精压机中，轴系零部件应用较多，如主机传动系统减速器中的轴及轴承（见图 7-1），主机连杆机构中的立轴和曲轴等（见图 7-2），链式输送机头轮轴及联轴器等（见图 7-3）。

1—高速轴；2—轴承；3—低速轴。

图 7-1　减速器中的轴及轴承

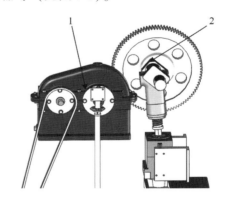

1—立轴；2—曲轴。

图 7-2　立轴和曲轴

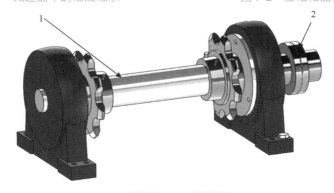

1—头轮轴；2—联轴器。

图 7-3　链式输送机头轮轴及联轴器

169

7.2 轴的设计与校核

7.2.1 概述

1. 轴设计的主要内容

轴是轴系零部件中的核心，其设计的好坏对整个轴系乃至整个机器都至关重要。

轴的设计主要有以下两方面内容。

其一是指轴的结构设计，即根据给定的轴的功能要求，确定轴上零件的安装、定位以及轴的制造工艺等方案，如合理地确定轴的形状和尺寸。

其二是指轴的工作能力校核，它主要包含三方面内容：为防止轴的断裂和塑性变形对轴进行强度校核；为防止轴过大的弹性变形对轴进行刚度校核；为防止轴发生共振破坏对轴进行振动稳定性校核。实际设计时应根据具体情况有选择地进行校核。一般机械设备中的轴，如精压机组中减速器的齿轮轴，只需进行强度校核即可；对工作时不允许有过大的变形的轴，如机床主轴，还应进行刚度校核；对高速运转或载荷做周期性变化的轴，除了要进行前两项的校核外，还应按临界转速条件进行轴的稳定性校核。

如果轴的结构设计不合理，不仅会影响轴的工作能力和轴上零件的工作可靠性，还会增加轴的制造成本，并导致轴上零件装配困难，因此轴的结构设计是轴设计中的重要内容。

2. 轴的分类

按受载情况常用的轴一般可分为三种：只承受弯矩而不承受转矩（或转矩小至忽略不计）的轴称为心轴（见图 7-4，送料机构中推料板的销轴）；既承受弯矩，又承受转矩的轴称为转轴（见图 7-1，精压机减速器中的轴）；只承受转矩，不承受弯矩（或弯矩小至忽略不计）的轴称为传动轴（见图 7-5，汽车发动机与后桥之间的传动轴）。

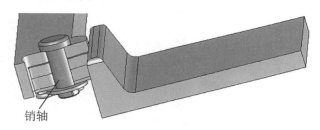

图 7-4　推料板的销轴图

销轴

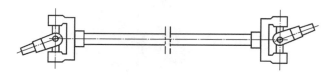

图 7-5　汽车上的传动轴

按轴的轴线形状可把轴分为曲轴（各轴段轴线不在同一直线上，如精压机连杆机构中的曲轴）和直轴（各轴段轴线在同一直线上）。直轴又分为光轴和阶梯轴，其中，阶梯轴（见图 7-6）由于轴上零件易于定位和装配、受力强度好，有时为了减轻重量或提高轴的刚度制成空心轴（见图 7-7），本章仅以应用较广泛的实心阶梯轴为例，进行有关的讨论。

对于减速器高速轴系（见图 7-6），一般把安装传动零件的轴段称为轴头，把安装轴承的轴段称为轴颈，阶梯轴的台阶处称为轴肩，其余部分称为轴身。一些特别情况，如宽度较窄、直径比两侧都大的轴身称为轴环。

3. 轴的材料

轴的常用材料是碳钢和合金钢。

优质碳钢因为可以用热处理的办法提高其耐磨性和抗疲劳强度，所以在重要的或高速运转的轴中应用最为广泛，其中最常用的是 45 号钢。不重要或低速轻载运转的轴也可以使用 Q235、Q275 等普通碳钢制造。

合金钢比碳钢具有更高的力学性能和更好的淬火性能。因此，在传递大动力，并要求减小尺寸与质量、提高轴的耐磨性，以及处于高温条件下工作的轴，常采用合金钢，如 40Cr、20Cr 等。但合金钢对应力集中比较敏感，且价格较贵。

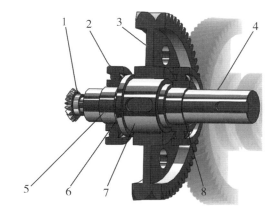

1—锥齿轮；2—轴承；3—齿轮；4—轴身；5—轴环；
6—轴颈；7—轴头；8—轴肩。

图 7-6　阶梯轴

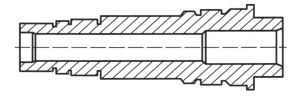

图 7-7　空心轴

轴的各种热处理（如高频淬火、渗碳、氮化、氰化等）以及表面强化处理（喷丸、滚压）对提高轴的疲劳强度有显著效果。但必须注意，由于碳钢与合金钢的弹性模量基本相同，钢材的种类和热处理工艺对其弹性模量的影响很小，因此采用合金钢和用热处理工艺的方法来提高轴的刚度并无实效。

高强度铸铁和球墨铸铁由于容易制作成复杂的形状，而且价廉、吸振性和耐磨性好、对应力集中的敏感性较低，故常用于制造外形复杂的轴。

7.2.2 轴的结构设计

轴的结构设计包括定出轴的合理外形和全部结构尺寸。

轴的结构主要取决于以下因素：轴在机器中的安装位置及形式，轴上载荷的性质、大小、方向及分布情况，轴上安装的零件的类型、尺寸、数量以及和轴联接的方法，轴的加工工艺等。

由于影响轴结构的因素较多，所以轴没有标准的结构形式。设计时，必须针对不同情况进行具体分析。但不论什么具体条件，总的设计原则是轴和装在轴上的零件要有准确的工作位置、轴上的零件便于装拆和调整、轴具有良好的制造工艺性等。

1. 轴的结构设计的一般步骤

轴的结构设计一般步骤为拟定轴上零件装配方案→考虑轴上零件的周向定位和轴向定位→最小直径的确定→其余各轴段直径的确定→各轴段长度的确定→考虑结构工艺性。

2. 轴的结构设计要点

（1）装配方案的拟定。

拟定轴上零件的装配方案时，应根据轴上零件的结构特点，先定出主要零件的装配方向、顺序和相互关系，再根据轴的具体工作条件辅以相应的定位结构及定位零件，最后确定出轴的基本结构。拟定装配方案时，一般应先考虑几个方案，进行分析比较后选优。

（2）轴上零件的轴向定位。

为了防止轴上零件受力时发生沿轴向的相对运动，轴上零件必须进行必要的轴向定位，以保证其正确的工作位置。轴上零件的轴向定位可以用轴肩、套筒、圆螺母、轴端挡圈等来保证，具体轴上零件的轴向定位与固定方法见表 7-1。

（3）关于最小直径的确定。

最小直径 d_{min} 通常可按轴所受的扭矩初步估算：

$$d_{min} \geqslant A_0 \sqrt[3]{\frac{P}{n}}（\text{mm}）\tag{7-1}$$

式中，P 为轴所传递的功率（kW），n 为轴的转速（r/min），A_0 为计算系数，轴常用几种材料的 A_0 及 $[\tau]$ 值见表 7-2。

若计算的轴段有键槽，则会削弱轴的强度，此时应将计算所得的直径适当增大，若有一个键槽，则将 d_{min} 增大 5%~7%，若同一剖面有两个键槽，则增大 10%。

表 7-1 轴上零件的轴向定位与固定方法

定位与固定方法	简　图	特点与应用
轴肩、轴环		结构简单、可靠，能承受较大轴向力。轴肩处会因为轴的截面突变引起应力集中。轴肩高度 $h = 0.07d + （1～2）$ mm，轴环的宽度 $b \geq 1.4h$
套筒		结构简单、可靠。适用于轴上两零件间的定位和固定，轴上不需开槽、钻孔。可将零件的轴向力不经轴而直接传到轴承上
圆螺母		固定可靠，能承受较大的轴向力。需要防松措施，结构有圆螺母配止动垫片和双圆螺母两种形式。结构较复杂。当螺纹位于承载轴段时，轴的疲劳强度会削弱
轴端挡圈		只能用于轴的端部。可承受较大的轴向力和剧烈的振动、冲击载荷，需采取防松措施
弹性挡圈		结构简单、紧凑，只能承受较小的轴向力，可靠性差。当挡圈位于承载轴段时，轴的强度削弱较严重
锁紧挡圈		结构简单，不能承受大的轴向力。在有冲击、振动的场合，应采取防松措施
圆锥面		轴和轮毂间无径向间隙，装拆方便，能承受冲击载荷，多用于轴端零件的定位与固定。锥面加工较麻烦。轴向定位不准确

表 7-2 轴常用几种材料的 A_0 及 [τ] 值

轴的材料	Q235	35	45	40Cr，35SiMn，2Cr13，20CrMnTi
A_0	149~126	135~112	126~103	112~97
[τ]	15~25	20~35	25~45	35~55

注：当轴所受弯矩较小或只受转矩时，A_0 取小值；否则取大值。

在实际设计中，轴的最小直径亦可采用经验公式取定，或参考同类机械用类比的方法确定。如在一般减速器中，高速输入轴的直径可按与之相联的电动机轴的直径 D 估算，即

$$d_{\min} = (0.8 \sim 1.2) \, D \qquad (7-2)$$
$$d_{\min} = (0.3 \sim 0.4) \, a \qquad (7-3)$$

若最小直径处为安装联轴器的轴段，则应先选出联轴器，按联轴器的标准孔径来套选最小直径。

（4）其余注意事项。

①轴肩可分为定位轴肩和非定位轴肩两类。为了使零件能靠紧轴肩而得到准确可靠的定位，轴肩处的过渡圆角半径 r 必须小于与之相配的零件毂孔端部的倒角 C，零件倒角 C 的推荐值见表 7-3。

滚动轴承的定位轴肩高度必须低于轴承内圈端面的高度，以便拆卸轴承，其轴肩的高度应查相关手册中轴承的安装尺寸。结构设计时重要传动零件定位轴肩的位置拟定非常关键。

非定位轴肩是为了加工和装配方便而设置的，其高度无严格的规定，可取为 1~2mm。

表 7-3 零件倒角 C 的推荐值

直径 d/mm	6~10		10~18	18~30	30~50		50~80	80~120	120~180
C/mm	0.5	0.6	0.8	1.0	1.2	1.6	2.0	2.5	3.0

②因套筒与轴的配合较松，若轴的转速较高时，不宜采用套筒定位。

③当轴上两零件间距离较大不宜使用套筒定位时，可采用圆螺母定位。

④圆螺母及其止动垫片、轴端挡圈、轴用弹性挡圈、锁紧挡圈是标准件，其结构安装尺寸注意查相关国家标准。

⑤在确定其余各轴段直径时，按轴上零件的装配方案和定位要求，从 $d_{\min}$ 处起逐一确定各段轴的直径。安装标准件轴段的直径，如滚动轴承、联轴器、密封圈等，应比照标准件的内径选取相同的直径。

⑥为了使齿轮、轴承等有配合要求的零件装拆方便，减少配合表面的擦伤，在配合轴段前应采用较小的直径；为了便于装配零件（特别是与过盈配合处）并去掉毛刺，轴端应制出 45° 的倒角。

⑦需要磨削的轴段，应留有砂轮越程槽；需要切制螺纹的轴段，应留有退刀槽（见图 7-8），它们的尺寸可参看标准或手册。

（a）砂轮越程槽　　　（b）退刀槽

图 7-8 越程槽与退刀槽

⑧确定各轴段长度时，应尽可能使结构紧凑，同时还要保证零件所需的装配或调整空间。为了保证轴向定位可靠，与齿轮和联轴器等零件相配合部分的轴段长度一般应比轮毂长度短 2~3mm，这段长度可以称为压紧空间。

⑨为了减少装夹工件的时间，在同一轴上，不同轴段的键槽应布置（或投影）在轴的同一母线上（见图 7-9）。为了减少加工刀具种类和提高生产率，轴上直径相近的圆角、倒角、键槽宽度、砂轮越程槽宽度和退刀槽宽度等应尽可能采用相同的尺寸。

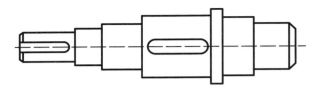

图 7-9　不同轴段的键槽布置在同一母线上

7.2.3 轴的强度校核计算

在进行轴的强度校核计算时，应根据轴的具体受载及应力情况，采取相应的计算方法。

1. 传动轴

对于仅仅承受扭矩的传动轴，只需按扭转强度条件计算，即

$$\tau_T = \frac{T}{W_T} \approx \frac{T}{0.2d^3} \leqslant [\tau] \text{ MPa} \tag{7-4}$$

式中，τ_T 为扭转切应力（MPa），T 为轴传递的转矩（N·mm），W_T 为轴的抗扭截面系数（mm³），$[\tau]$ 为许用扭转切应力（MPa），轴常用几种材料的 A_0 及 $[\tau]$ 值见表 7-2。

2. 心轴

对于只承受弯矩的心轴，只需按弯曲强度条件计算，即

$$\sigma = \frac{M}{W} \approx \frac{M}{0.1d^3} \leqslant [\sigma] \tag{7-5}$$

式中，σ 为弯曲应力（MPa），M 为轴承受的弯矩（N·mm），W 为轴的抗弯截面系数（mm³），$[\sigma]$ 为许用扭转切应力（MPa）。

对于转动心轴，弯矩在轴截面上引起的应力是对称循环变应力，许用应力为 $[\sigma_{-1}]$。对于固定心轴，考虑起动、停车等的影响，弯矩在轴截面上引起的应力可视为脉动循环变应力，所以在应用式（7-5）时，其许用应力应为 $[\sigma_0]$，$[\sigma_{-1}]$ 和 $[\sigma_0]$ 需查看材料手册。

3. 转轴

对于既承受弯矩又承受扭矩的轴（转轴），应按弯扭合成强度条件进行计算，弯扭合成强度条件对轴进行强度校核计算的步骤一般为：

作出轴的空间受力简图→作出轴的水平面受力简图→作出轴的水平面弯矩图→作出轴的垂直面受力简图→作出轴的垂直面的弯矩图→计算轴的合成弯矩并作出轴的合成弯矩图→计算轴的扭矩折算弯矩并作出折算弯矩图→作出轴的计算弯矩图→校核轴的强度。

轴的合成弯矩计算为

$$M = \sqrt{M_H{}^2 + M_V{}^2} \tag{7-6}$$

式中，M 为合成弯矩（N·mm），M_H 为水平面弯矩（N·mm），M_V 为垂直面弯矩（N·mm）。

轴的扭矩折算弯矩计算为

$$M_T = \alpha T \tag{7-7}$$

式中，M_T 为折算弯矩（MPa），α 为考虑扭矩和弯矩应力状况不同时的折算系数，又称循环特征差异的系数，T 为轴传递的转矩（N·mm）。

通常，对转轴而言，弯矩所产生的弯曲应力是对称循环的变应力，而扭转所产生的扭转切应力则常常不是对称循环的变应力，故在求折算弯矩时，必须考虑两者循环特性的差异。当轴双向转动时，其扭转切应力为对称循环变应力，扭转切应力与弯曲应力的应力状况相同，取 $\alpha = 1$。当轴单向转动时，其扭转切应力为脉动循环变应力，扭转切应力与弯曲应力的应力状况不相同，对强度的影响也不如对称循环变应力强烈，取 $\alpha \approx 0.6$，若扭转切应力为静应力则取 $\alpha \approx 0.3$。

轴的当量弯矩为

$$M_{ca} = \sqrt{M^2 + M_T^2} \tag{7-8}$$

轴的当量弯矩确定后，即可针对某些危险截面（即计算弯矩大而直径可能不足的截面）作强度校核计算

$$\sigma_{ca} = \frac{M_{ca}}{W} \approx \frac{M_{ca}}{0.1d^3} \leq [\sigma_{-1}]_b \tag{7-9}$$

式中，σ_{ca} 为轴某截面的计算应力（MPa），$[\sigma_{-1}]_b$ 为轴的许用弯曲应力（MPa）。

7.3　轴承类型与选择

7.3.1　概述

轴承是轴系中的重要部件，其功用是支撑轴及轴上零件并保证轴的旋转精度，减少转动轴与固定支承间的摩擦和磨损。根据轴承中摩擦性质的不同，可把轴承分为滚动轴承和滑动轴承两大类。

滚动轴承依靠主要元件间的滚动接触来支承转动零件，属于滚动摩擦，而滑动轴承属于滑动摩擦。滚动轴承摩擦阻力小，起动容易，功率消耗少，而且已经标准化，选用、润滑、维护都很方便，因而在一般机器中得到了更为广泛的应用。

滑动轴承承载能力高，噪声低，径向尺寸小，油膜有一定的吸振能力。但一般情况下摩擦大、磨损严重。特殊构造的滑动轴承设计、制造、维护费用较高。由于滑动轴承具有一些独特的优点，使得它在某些场合仍占有重要地位。目前滑动轴承主要应用于滚动轴承难以满足工作要求的场合，如工作转速特高、要求对轴的支承位置特别精确、特重型、承受巨大的冲击和振动载荷、根据装配要求必须做成剖分式（如精压机主机中曲轴使用的轴承）、在特殊的工作条件下（如在水中或腐蚀性介质中工作）、安装轴承的径向空间尺寸受到限制。

轴承加工简要过程

7.3.2　滚动轴承的结构组成与类型

1. 滚动轴承的结构组成

滚动轴承是一个组合标准件（部件），其基本结构如图 7-10 所示。它主要由内圈、外圈、滚动体和保持架四部分组成，内圈装在轴颈上，外圈装在机座或零件的轴承孔内。多数情况下，外圈不转动，内圈与轴一起转动。在滚动轴承内、外圈上都有凹槽滚道，它起着降低接触应力和限制滚动体轴向移动的作用。当内外圈之间相对旋转时，滚动体沿着滚道滚动，保持架使滚动体均匀分布在滚道上，并减少滚动体之间的碰撞和磨损。

滚动轴承的核心零件为滚动体，滚动体的大小和数量直接影响轴承的承载能力，它是必不可少的元件，常见的滚动体结构类型有钢球、圆柱滚子、圆锥滚子、滚针、鼓形滚子，如图 7-11 所示。

1—保持架；2—滚动体；3—外圈；4—内圈。
图 7-10　滚动轴承的结构组成

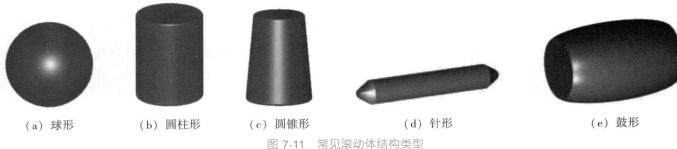

| （a）球形 | （b）圆柱形 | （c）圆锥形 | （d）针形 | （e）鼓形 |

图 7-11　常见滚动体结构类型

有时为了简化结构，降低成本造价，可根据需要而省去内圈、外圈，甚至省去保持架等。这时滚动体直接与轴颈和座孔滚动接触。例如，自行车上的滚动轴承就是这样的简易结构。

2. 滚动轴承的类型

滚动轴承的分类依据主要是其承受载荷的方向和滚动体的种类。

（1）按滚动轴承的承载方向分类。

滚动轴承的承载方向与接触角的大小有关，滚动轴承滚动体与外圈滚道接触点（线）处的法线 N-N 与半径方向的夹角 α 叫作轴承的接触角，如图 7-12（c）所示。接触角 α 越大，轴承轴向载荷的承受能力也就越大。

根据其接触角的大小，可以把滚动轴承分成三大类，即向心轴承、推力轴承和向心推力轴承。

向心轴承 ［见图 7-12（a）］ 的接触角 $\alpha = 0°$，从理论上讲，只能承受径向载荷。但由于制造误差，其中有的类型可以承受不大的轴向载荷。

推力轴承 ［见图 7-12（b）］ 的接触角 $\alpha = 90°$，只能承受轴向载荷。轴承有两个套圈，分别称为轴圈和座圈。轴圈与轴颈相配合也常常称为动圈，座圈与机座相配合也常常称为定圈。

向心推力轴承 ［见图 7-12（c）］ 的接触角 $0° < \alpha \leqslant 45°$，能同时承受径向载荷和轴向载荷。

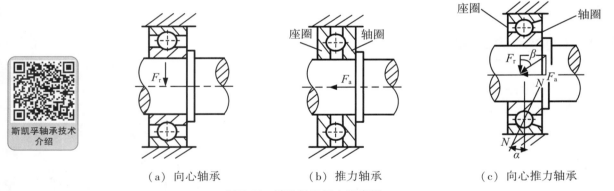

| （a）向心轴承 | （b）推力轴承 | （c）向心推力轴承 |

图 7-12　滚动轴承受力示意图

（2）按滚动体形状分类。

按滚动体形状可将轴承分为球轴承和滚子轴承。图 7-11 中除球形滚动体外，其余均为滚子滚动体。在外廓尺寸相同的条件下，滚子轴承比球轴承承载能力高，球轴承比滚子轴承转动灵活。常用滚动轴承的类型及特性见表 7-4。

表 7-4 中提到的游隙是指滚动体和内、外圈之间允许的最大位移量，游隙分为轴向游隙和径向游隙。游隙的大小对轴承寿命、噪声、温升等有很大影响，应按使用要求进行游隙的选择或调整。

表 7-4 中提到的偏移角是指轴承内、外圈轴线相对倾斜时所夹锐角。偏移角大的轴承，内、外圈同轴心的调整能力（调心性能）好。

7.3.3　滚动轴承的代号及选用

1.滚动轴承的代号

滚动轴承代号由基本代号、前置代号和后置代号组成，用字母和数字表示（见表7-5）。

（1）基本代号。

基本代号是表示轴承主要特征的基础部分，也是应着重掌握的内容。基本代号共五位，分别表示轴承的内径、尺寸系列和类型。

①内径代号用两个数字表示，一般情况下，内径代号×5＝内径，特殊情况下，代号00、01、02、03分别表示内径为10、12、15、17。

②尺寸系列代号也用两个数字表示。第一个数字为宽度系列代号，表达的是内径相同外径也必须相同的情况下，受力大的轴承按宽度增加的尺寸系列，分为特宽（3，4）、宽（2）、正常（1）、窄（0）等系列。第二个为直径系列代号，表达的是内径相同而允许外径不同的情况下，受力大的轴承采用大直径的滚动体时，外径增加的尺寸系列，分为特轻（0，1）、轻（2）、中（3）、重（4）等系列。

宽度系列代号为0时，通常可省略，如6206，06为内径代号，表示该轴承内径为30mm，尺寸系列代号为02，其中，宽度系列代号为0（省略），直径系列代号2，表示该轴承为轻窄系列。但对圆锥滚子轴承和调心滚子轴承不能省略0。

③类型代号用基本代号右起第五位数字表示（对圆柱滚子轴承和滚针轴承等，轴承名称、类型及代号用字母表示）。具体代号见表7-4，应记住常用的轴承代号：3、5、6、7、N五类。

（2）前置、后置代号。

前置、后置代号是轴承在结构形状、尺寸、公差、技术要求等有改变时，在基本代号左右添加的补充代号。

前置代号用字母表示，用以说明成套轴承部件的特点，一般轴承无需做此说明，则前置代号可省略。

表7-4　常用滚动轴承的类型及特性

轴承名称、类型及代号	结构简图及承载方向	极限转速	允许角偏差	特性与应用
调心球轴承 10000		中	2°～3°	主要承受径向载荷，可承受少量的双向轴向负荷。外圈滚道为球面，具有自动调心性能。适用于多支点轴、弯曲刚度不足的轴以及难于精确对中的轴
调心滚子轴承 20000		中	0.5°～2°	主要承受径向载荷，其承载能力比调心球轴承约大一倍，也能承受少量的轴向载荷。外圈滚道为球面，具有调心性能。适用于多支点轴、弯曲刚度小的轴及难以精确对中的支承，并且抗振动与冲击
圆锥滚子轴承 30000		中	2′	能承受较大的径向载荷和单向的轴向载荷，极限转速较低。内外圈可分离，安装时可调整轴承的游隙，一般成对使用。适用于转速不太高，轴的刚性较好的场合
双列深沟球轴承 40000		中	2′～10′	主要承受径向负荷，也能承受一定的双向轴向负荷。它比深沟球轴承具有更大的承载能力

续表

轴承名称、类型及代号	结构简图及承载方向	极限转速	允许角偏差	特性与应用
推力球承单列 51000 推力球承双列 52000		低	不允许	推力球轴承的套圈与滚动体可分离，单向推力球轴承只能承受单向轴向负荷，两个圈的内孔不一样大，内孔较小的与轴配合，内孔较大的与机座固定。双向推力球轴承可以承受双向轴向负荷，中间圈与轴配合，另两个圈为松圈。常用于轴向负荷大、转速不高的场合
		低	不允许	
深沟球轴承 60000		高	8′～16′	主要承受径向负荷，也可同时承受少量双向轴向负荷，工作时内外圈轴线允许偏斜。摩擦阻力小，极限转速高，结构简单，价格便宜，应用最广泛。但承受冲击载荷能力较差，适用于高速场合
角接触球轴承 7000C（α＝15°） 7000AC（α＝25°） 7000B（α＝40°）		较高	2′～10′	能同时承受径向负荷与单向的轴向负荷，公称接触角 α 有 15°、25°、40°三种，α 越大，轴向承载能力也越大。适用于转速较高，同时承受径向和轴向负荷的场合
推力圆柱滚子轴承 8000		低	不允许	能承受很大的单向轴向负荷，但不能承受径向负荷。它比推力球轴承承载能力更大，极限转速很低，适用于低速重载场合
圆柱滚子轴承 N0000		较高	2′～4′	只能承受径向负荷，承载能力比同尺寸的球轴承大，承受冲击载荷能力大，对轴的偏斜敏感，允许偏斜较小，用于刚性较大的轴上，并要求支承座孔能很好地对中
滚针轴承 NA0000		低	不允许	径向尺寸紧凑且承载能力很大，价格低廉。不能承受轴向负荷，摩擦系数较大，不允许有偏斜。常用于径向尺寸受限制而径向负荷又较大的装置中

表 7-5 滚动轴承的代号

前置代号	基本代号					后置代号							
	五	四	三	二	一								
		尺寸系列代号											
轴承部件代号	类型代号	宽度系列代号	直径系列代号	内径代号		内部结构代号	密封与防尘结构代号	保持架及其结构代号	特殊轴承材料代号	公差等级代号	游隙代号	多轴承配置代号	其他代号

注：基本代号下面的一至五表示代号自右向左的位置序数。

后置代号用字母或字母与数字的组合来表示，按不同的情况可以紧接在基本代号之后或者用"/"符号隔开，表 7-5 中所列后置代号的内容很多，下面介绍几个常用的代号。

①内部结构代号：表示同一类型轴承的不同内部结构，用字母紧跟着基本代号表示，如 70000C、

70000AC、70000B 分别表示接触角为 15°，25° 和 40° 的角接触球轴承。

②轴承的公差等级代号分为 2 级、4 级、5 级、6 级、6x 级和 0 级，共 6 个级别，依次由高级到低级，其代号分别为/P2、/P4、/P5、/P6、/P6x 和/P0。其中 6x 级仅适用于圆锥滚子轴承，0 级为普通级，在轴承代号中不标出。

③常用的轴承径向游隙代号分为 1 组、2 组、0 组、3 组、4 组和 5 组，共 6 个组别，径向游隙依次由小到大。0 组游隙是常用的游隙组别，在轴承代号中不标出，其余的游隙组别在轴承代号中分别用/C1、/C2、/C3、/C4、/C5 表示。

例：7215C/P4 表示内径为 75mm，直径系列为 2（轻），宽度系列代号为 0（窄，可省略），公称接触角 $\alpha = 15°$，公差等级为 4 级，游隙组为 0 组的角接触球轴承；30313 表示内径 65mm，直径系列为 3（中），宽度系列代号为 0（窄，不可省略），公差等级为 0 级（普通级），游隙组为 0 组的圆锥滚子轴承；N407/P5/C5 表示内径 35mm，直径系列为 4（重），宽度系列代号为 0（窄，可省略），公差等级为 5 级，游隙组为 5 组的圆柱滚子轴承。

2. 滚动轴承的选用

选择滚动轴承时先选择类型，再选择尺寸。

（1）滚动轴承的类型选择。

正确选择滚动轴承类型时应考虑以下因素：

①轴承所受的载荷大小、方向。

轴承所受的载荷大小、方向是选择轴承类型的主要依据。通常，由于球轴承主要元件间的接触是点接触，适合于中小载荷及载荷波动较小的场合工作。滚子轴承主要元件间的接触是线接触，宜用于承受较大的载荷。

若轴承承受纯轴向载荷，一般选用推力轴承；若轴承承受纯径向载荷，一般选用深沟球轴承、圆柱滚子轴承或滚针轴承；若轴承在承受径向载荷的同时，还承受不大的轴向载荷时，可选用深沟球轴承或接触角不大的角接触球轴承或圆锥滚子轴承；若轴向载荷较大时，可选用接触角较大的角接触球轴承或圆锥滚子轴承，或者选用向心轴承和推力轴承组合在一起的结构，分别承担径向载荷和轴向载荷。

②轴承的转速。

转速较高、载荷较小或要求旋转精度较高时，宜选用球轴承；转速较低、载荷较大或有冲击载荷时，宜选用滚子轴承。推力轴承的极限转速很低，工作转速较高时，若轴向载荷不很大，可采用角接触球轴承承受纯轴向载荷。

③轴承的调心性能。

当轴的中心线与轴承座中心线不重合而有角度误差时，或因轴受力弯曲或倾斜时，会造成轴承的内、外圈轴线发生偏斜。这时，应采用有一定调心性能的调心球轴承或调心滚子轴承。对于支点跨距大、轴的弯曲变形大或多支点轴，也可考虑选用调心轴承。

④轴承的安装和拆卸。

当轴承座没有剖分面而必须沿轴向安装和拆卸轴承部件时，应优先选用内外圈可分离的轴承（如圆柱滚子轴承，滚针轴承、圆锥滚子轴承等）。当轴承在长轴上安装时，为了便于装拆，可以选用其内圈孔为圆锥孔的轴承。

⑤经济性要求。

一般情况下，滚子轴承比球轴承价格高，深沟球轴承价格最低，常被优先选用。轴承精度愈高，则价格愈高，若无特殊要求，轴承的公差等级一般选用普通级。

（2）尺寸系列、内径等的选择。

尺寸系列包括直径系列和宽（高）度系列，选择轴承的尺寸系列时，主要考虑轴承受载大小。此外，也要考虑结构的要求。就直径系列而言，载荷很小时，一般可以选择超轻或特轻系列；载荷很大时，可考虑选择重系列；一般情况下，可先选用轻系或中系列，待校核后再根据具体情况进行调整。对于宽度系列，一般情况下可选用窄系列，若结构上有特殊要求时，可根据具体情况选用其他系列。轴承内径大小的确定是在轴的结构设计中完成的。

7.3.4 滑动轴承的摩擦状态、类型与结构

1. 滑动轴承的摩擦状态

根据摩擦面间是否存在润滑剂的情况，滑动轴承的摩擦分为干摩擦、边界摩擦（边界润滑）、液体摩擦（液体润滑）及混合摩擦（混合润滑），如图 7-13 所示。

干摩擦即摩擦表面间无边界膜，无润滑剂。金属直接接触的摩擦，应尽量避免。在工程实际中，并不存在真正的干摩擦，因为任何零件的表面不仅会因氧化而形成氧化膜，而且多少也会被润滑油所湿润或受到"油污"。在机械设计中，通常都把这种未经人为润滑的摩擦状态当作"干"摩擦处理。

边界摩擦即摩擦表面间有边界膜的摩擦。当两个受油污染的表面在载荷作用下靠得非常紧时，在金属表面形成一层薄膜，保证它与金属不会黏着，这种薄膜称为边界膜。边界摩擦也可称为边界润滑，是必须保证的润滑状态。

摩擦面间的油膜厚度大到足以将两个表面的不平度凸峰完全分开的摩擦状态称为液体摩擦。在这种状态下，摩擦只是在液体内的分子间进行，摩擦物体的表面没有磨损。液体摩擦是理想的润滑状态。

在摩擦表面，有些部位呈现干摩擦，有些部位呈现边界摩擦，而有些部位呈现液体摩擦，即滑动表面间处于边界润滑或混合润滑状态。这种状态称为混合摩擦（混合润滑），也可称为不完全液体摩擦。

（a）干摩擦　　　　　（b）边界摩擦　　　　　（c）液体摩擦　　　　　（d）混合摩擦

图 7-13　滑动轴承的摩擦状态

大多数轴承实际处在混合润滑状态即边界润滑与液体润滑同时存在的状态。

2. 滑动轴承的类型

（1）按轴承工作时的摩擦状态不同，滑动轴承可分为液体摩擦滑动轴承、不完全液体摩擦滑动轴承。

液体摩擦滑动轴承的轴颈和轴承的工作表面被一层润滑油膜隔开而没有直接接触，轴承的阻力只是润滑油分子之间的摩擦，所以摩擦系数很小，一般仅为 0.001~0.008。这种轴承的寿命长、效率高，但要求有较高的制造精度，并需要在一定的条件下才能实现液体摩擦。

不完全液体摩擦滑动轴承的轴颈与轴承工作表面之间虽有润滑油的存在，但在表面局部凸起部分仍发生金属的直接接触。因此摩擦系数较大，一般为 0.1~0.3，容易磨损，但结构简单，对制造精度和工作条件的要求不高，故在机械中得到广泛使用。

大多数轴承实际处在混合润滑状态，即属于不完全液体摩擦滑动轴承。

（2）按滑动轴承承受载荷方向的不同，滑动轴承可分为径向滑动轴承和推力滑动轴承。径向滑动轴承主要承受径向载荷 F_R，如图 7-14 所示，推力滑动轴承主要承受轴向载荷 F_A，如图 7-15 所示。

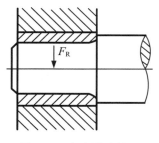 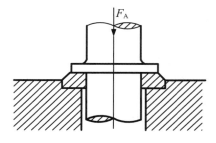

图 7-14　径向滑动轴承　　　　　　　图 7-15　推力滑动轴承

3. 径向滑动轴承的结构

滑动轴承的结构通常由两部分组成，分别是由钢或铸铁等强度较高材料制成的轴承座和由铜合金、铝合金或轴承合金等减摩材料制成的轴瓦。

径向滑动轴承有两种结构形式，分别是整体式和剖分式。

如图 7-16 所示为常见的整体式滑动轴承结构，套筒式轴瓦（或轴套）压装在轴承座中（对某些机器，也可直接压装在机体孔中）。润滑油通过轴套上的油孔和内表面上的油沟进入摩擦面，这种轴承结构简单、制造方便，刚度较大，但是轴瓦磨损后间隙无法调整，轴颈只能从端部装入。因此，它仅适用于轴颈不大，低速轻载的机械。

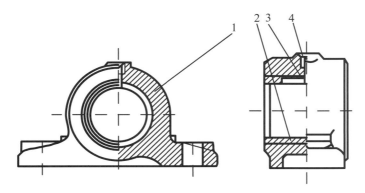

1—轴承座；2—整体轴套；3—油孔；4—螺纹孔。

图 7-16　整体式滑动轴承

如图 7-17 所示为剖分式滑动轴承结构，它由轴承座、轴承盖、剖分式轴瓦、螺栓等组成。多数轴承的剖分面是水平的［见图 7-17（a）］，也有斜开的［见图 7-17（b）］。选用时应保证轴承所受径向载荷的方向在垂直于剖分面的轴承中心线左右各 35° 范围以内。为了安装时盖与座之间准确定位，轴承盖和轴承座的剖分面上应做出阶梯形的榫口。剖分式滑动轴承装拆方便，轴瓦磨损后间隙可以调整，应用广泛，并已标准化。

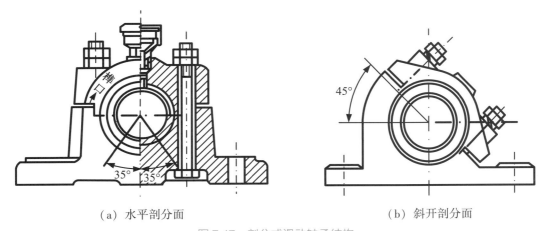

（a）水平剖分面　　　　　　　　　　　　　（b）斜开剖分面

图 7-17　剖分式滑动轴承结构

精压机主机中的曲轴就分别采用了剖分式和整体式两种结构的滑动轴承，如图 7-18 所示。

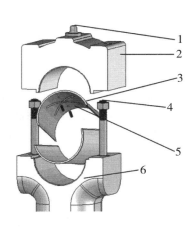
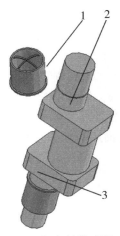

（a）剖分式滑动轴承 　　　　　　　（b）整体式滑动轴承
1—油嘴；2—轴承盖；3—部分轴瓦；　　　1、3—轴端整体式滑动轴承；2—曲轴
4—双头螺柱；5—轴瓦固定螺丝；6—连杆体

图 7-18　精压机中曲轴上滑动轴承

4. 推力滑动轴承的结构

推力滑动轴承轴颈的结构形式有空心式、单环式和多环式三种，如表 7-6 所示。

表 7-6　推力滑动轴承的结构尺寸

空心式	单环式	多环式
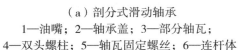		
d_2 由轴的结构设计拟定 $d_1 = (0.4 \sim 0.6) d_2$ 若结构无上限，应取 $d_1 = 0.5 d_2$	d_1、d_2 由轴的结构设计拟定	d 由轴的结构设计拟定 $d_2 = (1.2 \sim 1.6) d$ $d_1 = 1.1 d$ $h = (0.12 \sim 0.15) d$ $h_0 = (2 \sim 3) h$

由于支承面上各点的线速度不同，离中心越远的点，相对滑动速度越大，则磨损越快，从而使实心轴颈端面上的压力分布极不均匀，靠近中心处的压强极大，对润滑极为不利。因此一般机器中多采用空心轴颈和环式轴颈。单环式是利用轴颈的环形端面承载，从而可以利用纵向油槽输入润滑油，结构简单，润滑方便，广泛用于低速、轻载的场合。多环轴颈不仅能承受双向轴向载荷，且承载能力较大。

5. 轴瓦

（1）轴瓦的结构。

与轴颈配合的零件称为轴瓦，是直接与轴颈接触的部分，它的工作面既是承载表面又是摩擦表面，故轴瓦是滑动轴承中最重要的零件。

径向滑动轴承轴瓦的结构如图 7-19 所示，有整体式、剖分式和分块式轴瓦三种。整体式轴瓦（也称轴套）用于整体式滑动轴承；剖分式轴瓦用于剖分式滑动轴承；为了便于运输、装配和调整，大型滑动轴承一般采用分块式轴瓦。

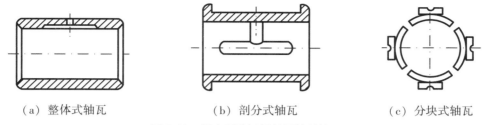

（a）整体式轴瓦　　　　　（b）剖分式轴瓦　　　　　（c）分块式轴瓦

图 7-19　径向滑动轴承轴瓦的结构

剖分式轴瓦由上下两半组成，如图 7-18（a）所示。

要求较高的剖分式轴瓦常常在内表面附有轴承衬，为使轴瓦与轴承衬贴附良好，轴瓦内表面可制出各种形式的榫头、凹沟或螺纹，如图 7-20 所示。

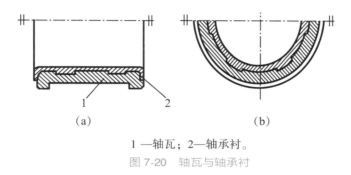

（a）　　　　　　　　　　　　（b）

1—轴瓦；2—轴承衬。

图 7-20　轴瓦与轴承衬

（2）轴瓦的定位。

轴瓦和轴承座不允许有相对移动。为了防止袖瓦沿轴向和周向移动，可将其两端做出凸缘来做轴向定位，如图 7-20 所示的轴瓦，也可用紧定螺钉（见图 7-21）或销钉（见图 7-22）给轴瓦定位。

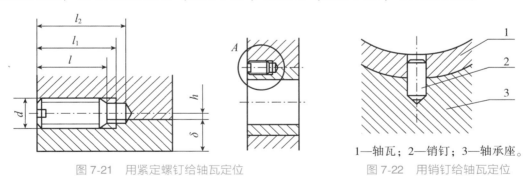

1—轴瓦；2—销钉；3—轴承座。

图 7-21　用紧定螺钉给轴瓦定位　　　　　图 7-22　用销钉给轴瓦定位

6. 油孔及油沟

为了把润滑油导入整个摩擦面之间，在轴瓦上应开有油孔和油槽，油孔用于供应润滑油，油沟用于输送和分布润滑油，润滑油通过轴承盖上的油嘴、油孔和轴瓦上的油沟流入轴承的润滑摩擦面。油孔和油槽应开设在非承载区，否则会降低油膜的承载能力。

常见油槽的形状如图 7-23 所示，油沟的长度均较轴承宽度短，以便在轴瓦两端留出封油面，防止润滑油从端部大量流失。

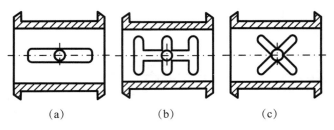

(a)　　　　　　　(b)　　　　　　　(c)

图 7-23　常用油槽的形状

当载荷方向变动范围超过 180°时，应使用周向油沟。它设在轴承宽度中部，把轴承分为两个独立部分；当宽度相同时，设有周向油沟的轴承承载能力低于设有轴向油沟的轴承。如图 7-24 所示，虚线表示轴向油沟的承载能力，实线表示周向油沟的承载能力。

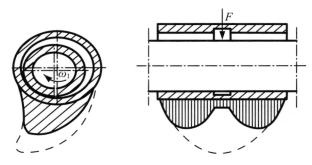

图 7-24　轴向油沟、周向油沟的承载能力示意图

7.3.5　轴承的润滑

保证良好的润滑是维护保养轴承的主要手段。润滑可以降低摩擦阻力，减轻磨损，同时还具有降低接触应力、冷却、缓冲吸振及防腐蚀等作用。

1. 润滑剂及其选择

润滑剂分为润滑油、润滑脂和固体润滑剂三类。

（1）润滑油。

润滑油是轴承中应用较广的润滑剂，目前使用的润滑油多为矿物油。润滑油最重要的物理性能是黏度，它也是选择润滑油的主要依据。

黏度标志着液体流动的内摩擦性能。黏度越大，内摩擦阻力越大，液体的流动性就越差，黏度的大小可用动力黏度（又称绝对黏度）或运动黏度来表示。

动力黏度的定义：设长、宽、高各为 1m 的液体（见图 7-25），使两平行平面 a 和 b 产生 1m/s 的相对滑动速度所需的力 F_f 为 1N，则认为这种液体具有 1 黏度单位的动力黏度，以 η 表示，其单位是 Ns/m^2，或 $Pa \cdot s$（帕秒）。

动力黏度 η 与同温度下该液体密度 ρ 的比值称为运动黏度，以 υ 表示，其单位为 m^2/s。

工业上多用运动黏度标定润滑油的黏度，国标 GB443—84 规定润滑油在 40℃时运动黏度的平均值作为润滑油的牌号。

润滑油的内摩擦力小，便于散热冷却。选用润滑油时，要综合考虑速度、载荷和工作情况。对于载荷大、温度高的轴承应选用黏度大的油；对于载荷小、速度高的轴承宜选黏度较小的润滑油。

油的黏度随温度的升高而变小，随压力的升高而增大。一般而言，压力在 5MPa 以下时，压力对黏度的影响很小，可以忽略不计，但压力在 100MPa 以上时，需要考虑压力对黏度的影响。

（2）润滑脂。

润滑脂是在润滑油中添加稠化剂（如钙、钠、铝、锂等金属）后形成的胶状润滑剂。因为它稠度大，不宜流失，所以承载能力较大，但它的物理、化学性质不如润滑油稳定，摩擦功耗也大，机械效率较低，故不宜在温度变化大或高速条件下使用。

目前使用最多的是钙基润滑脂，它有耐水性，常用于60℃以下的各种机械设备中的轴承润滑。钠基润滑脂可用于115℃～145℃以下，但抗水性较差。锂基润滑脂性能优良，抗水性好，在−20℃～150℃范围内广泛使用，可以代替钙基、钠基润滑脂。

（3）固体润滑剂。

固体润滑剂主要用于滑动轴承，常用的固体润滑剂有石墨和二硫化钼，一般在超出润滑油和润滑脂使用范围才使用它们，例如在特高温、低温或在低速重载条件下的滑动轴承，采用添加二硫化钼的润滑剂，能获得良好的润滑效果。目前固体润滑剂的应用已逐渐广泛，如将固体润滑剂调和在润滑油中使用，用于提高其润滑性能，减少摩擦损失，提高轴承使用寿命。也可以将它们涂覆、烧结在摩擦表面形成覆盖膜，或者用固结成型的固体润滑剂嵌装在轴承中使用，又或者将它们混入金属或塑料粉末中烧结成型使用。

滚动轴承使用的润滑剂有油润滑和脂润滑两类。一般情况下，滚动轴承多使用润滑脂，它可以形成强度较高的油膜，承受较大的载荷，缓冲和吸振能力好，黏附力强，可以防水，不需要经常更换和补充，同时密封结构简单。在轴径圆周速度 $v < 4\sim5$ m/s 时适用。滚动轴承的装脂量为轴承内部空间的 $1/3\sim2/3$。

滑动轴承按不同的工作条件，三类润滑剂均可使用。一般多使用润滑油，低速或带有冲击的机器使用润滑脂。

2. 润滑方法

为了保证轴承良好的润滑状态，除了合理选择润滑剂之外，合理选择润滑方法也是十分重要的。

（1）润滑油。

润滑油的润滑方法有间歇供油和连续供油两种。

间歇供油只适用于低速不重要的轴承或间歇工作的轴承，如用油壶定期向润滑孔内注油，对于重要的轴承必须采用连续供油的方法。

滑动轴承的连续供油方法有油杯滴油润滑、浸油润滑（将部分轴承直接浸到油池中润滑）、飞溅润滑（利用下端浸在油池中的转动件将润滑油溅出来润滑）和压力循环润滑。

如图 7-26 所示为用油芯式油杯滴油润滑，它利用毛细管作用将油引到轴承工作表面上。

如图 7-27 所示为压力循环润滑，压力循环润滑是一种强制润滑方法。润滑油泵将高压力的油经油路导入轴承，润滑油经轴承两端流会油池，构成循环润滑。这种润滑方法供油量充足，润滑可靠，并有冷却和冲洗轴承的作用，但结构复杂、费用较高，常用于重载、高速和载荷变化较大的轴承当中。

滑动轴承的润滑方法可根据系数 k 选定

$$k = \sqrt{pv^3} \tag{7-10}$$

式中，p 为平均压力（MPa），v 为轴颈的线速度（m/s）。

当 $k \leqslant 2$ 时，用润滑脂、油杯润滑；$k = 2\sim16$ 时，用油杯滴油润滑；$k = 16\sim32$ 时，用油环或飞溅润滑；$k > 32$ 时，用压力润滑。

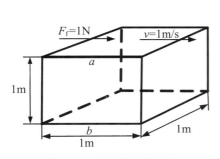

图 7-25　动力黏度的定义

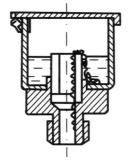

图 7-26　油芯式油杯滴油润滑

图 7-27　压力循环润滑

滚动轴承的连续供油方法主要有油浴润滑、滴油润滑、油雾润滑和喷油润滑。当转速不超过 10000r/min 时，可以采用简单的油浴润滑。高于 10000r/min 时，搅油损失增大，引起油液和轴承严重发热，应该采用滴油、油雾或喷油润滑。具体选择可依据如表 7-7 所示的速度因数 $D_m n$ 来决定（D_m 为轴承的平均直径，单位为 mm；n 为轴承的转速，单位为 r/min）。

表 7-7　滚动轴承适用的转速

单位：r/min

轴承类型	脂润滑	油润滑			
		油浴润滑	滴油润滑	油雾润滑	喷油润滑
深沟球轴承	300000	500000	600000	1000000	2500000
角接触球轴承	300000	500000	500000	900000	2500000
圆柱滚子轴承	300000	400000	400000	1000000	2000000
圆锥滚子轴承	250000	350000	350000	450000	—
推力球轴承	70000	100000	200000	—	—

（2）润滑脂。

润滑脂只能间歇供给，常用的润滑脂油杯如图 7-28 所示。图 7-28（a）为旋盖注油油杯，图 7-28（b）为压注油杯。旋盖注油油杯靠旋紧杯盖将杯内润滑脂压入轴承工作面，压注油杯靠油枪压注润滑脂至轴承工作面。

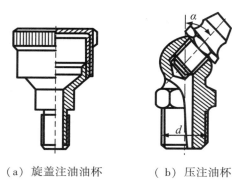

（a）旋盖注油油杯　　　　（b）压注油杯

图 7-28　润滑脂油杯

7.4 滚动轴承的校核计算

7.4.1 滚动轴承失效形式和设计准则

1.失效形式

（1）疲劳点蚀。

滚动轴承在运转过程中，相对于径向载荷方向，不同方位处的载荷是不同的，如图 7-29 所示，与径向载荷相反方向上有一个径向载荷为零的非承载区。因为滚动体与套圈滚道的接触传力点也随时都在变化（内圈或外圈的转动以及滚动体的公转和自转），所以滚动体和套圈滚道的表面受到脉动循环变化的接触应力。在这种接触变应力的长期作用下，金属表层会出现麻点状剥落现象，这就是疲劳点蚀。疲劳点蚀是轴承正常工作状态时的主要失效形式。发生点蚀破坏后，在运转时会出现较强的振动、噪声和发热现象，最后导致金属表层失效而滚动轴承不能正常工作。

（2）塑性变形。

在实际工作时，有许多轴承并非都是工作在正常状态，例如许多轴承就工作在低速重载工况下，甚至有些基本不旋转。当轴承不回转、缓慢摆动或低速转动（$n \leqslant 10\mathrm{r}/\mathrm{min}$）时，一般不会产生疲劳损坏。但过大的静载荷或冲击载荷会使套圈滚道与滚动体接触处产生较大的局部应力，在局部应力超过材料的屈服极限时将产生较大的塑性变形，从而导致轴承失效。

此外轴承还可能发生其他多种的失效形式，如磨损、胶合、锈蚀和滚动体破碎等，但这些失效形式一般可以通过合理使用与维护来避免。

2. 设计准则

由于滚动轴承的正常失效形式是点蚀破坏，所以对于一般转速的轴承，轴承的设计准则就是以防止点蚀引起的过早失效而进行疲劳点蚀计算，在轴承计算中称为寿命计算。

对于不转动、摆动或低速转动的轴承，为防止塑性变形，应以静强度计算为依据，称为轴承的静强度计算，本章不讨论静强度计算。

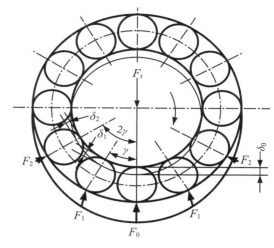

图 7-29　滚动轴承的径向载荷

以磨损和胶合为主要失效形式的轴承，由于影响因素复杂，目前还没有相应的计算方法，只能采取适当的预防措施。

7.4.2　滚动轴承疲劳寿命的校核计算

1. 寿命计算中的基本概念

（1）轴承寿命。

所谓轴承寿命，是指轴承点蚀破坏之前，轴承的运转的总转数或相应的运转小时数。

（2）基本额定寿命。

若对同一批轴承（结构、尺寸、材料及加工工艺完全相同），在相同的工作条件下进行寿命实验，则每个滚动轴承的疲劳寿命会相差很大。但是其中90%的轴承都能达到相近的寿命，工程上把这个寿命称为轴承的基本额定寿命。基本额定寿命指90%的轴承在发生点蚀破坏前所能运转的总转数（以10^6转为单位）。

对于每一个具体的轴承，它在基本额定寿命期内能正常工作的概率是90%。所以也可以说基本额定寿命是具有90%可靠度的轴承寿命。

（3）基本额定动载荷。

轴承的寿命值与所受载荷的大小密切相关。在工程实际中，通常以轴承的基本额定动载荷来衡量轴承的承载能力。轴承的基本额定动载荷是指使轴承的基本额定寿命恰好为100万转时，轴承所能承受的最大载荷值。

基本额定动载荷是通过实验得出来的。其对应的实验载荷条件为：对于向心轴承或向心推力轴承是指内圈旋转、外圈静止时的纯径向载荷，称为径向基本额定动载荷，用C_r表示；对于推力轴承是指过轴承中心的纯轴向载荷，称为轴向基本额定动载荷，用C_a表示。

不同型号的轴承有不同的基本额定动载荷值，它表征了不同型号轴承承载能力的大小，其值可在滚动轴承手册中查得。

（4）滚动轴承的当量动载荷 P。

轴承在基本额定动载荷下所具有的基本额定寿命为100万转，轴承在实际载荷下所具有的实际基本额定寿命是多少呢？显然，二者的寿命比较，必须在相同的载荷条件下进行。为此必须将轴承的实际载荷换算成与基本额定动载荷试验条件相同的载荷。

换算后的载荷称为当量动载荷，是一个假想载荷，用 P 表示，当量动载荷 P 的计算公式是

$$P = f_\mathrm{p}(XF_\mathrm{r} + YF_\mathrm{a}) \tag{7-11}$$

式中，f_p 为载荷修正系数，其值如表 7-8 所示；F_r 为轴承所受的径向载荷（N）；F_a 为轴承所受的轴向载荷（N）；X、Y 分别为径向载荷系数、轴向载荷系数，其值如表 7-9 所示。

表 7-8　载荷系数修正

载荷性质	无冲击或轻微冲击	中等冲击或中等惯性力	较大冲击
载荷系数 f_p	1.0~1.2	1.2~1.8	1.8~3.0

表 7-9　径向动载荷系数 X 和轴向动载荷系数 Y

轴承类型 名称	轴承类型 代号	相对轴向载荷 Fa/C_{0r}	$Fa/Fr \leqslant e$ X	$Fa/Fr \leqslant e$ Y	$Fa/Fr > e$ X	$Fa/Fr > e$ Y	判断系数 e
圆锥滚子轴承	30000	—	1	0	0.4	（Y）	（e）
深沟球轴承	60000	0.014 0.028 0.056 0.084 0.11 0.17 0.28 0.42 0.56	1	0	0.56	2.30 1.99 1.71 1.55 1.45 1.31 1.15 1.04 1.00	0.19 0.22 0.26 0.28 0.30 0.34 0.38 0.42 0.44
角接触球轴承	70000C	0.015 0.029 0.058 0.087 0.120 0.170 0.290 0.440 0.580	1	0	0.44	1.47 1.40 1.30 1.23 1.19 1.12 1.02 1.00 1.00	0.38 0.40 0.43 0.46 0.47 0.50 0.55 0.56 0.56
角接触球轴承	70000AC	—	1	0	0.41	0.87	0.68
角接触球轴承	70000B	—	1	0	0.35	0.57	1.14

注：（1）C_{0r} 是轴承基本额定静载荷，具体可以查阅手册或产品样本。

（2）表中括号内的系数 Y 和 e 的详值应查轴承手册，对不同型号的轴承，有不同的值。

2. 滚动轴承疲劳寿命计算

根据对滚动轴承寿命实验数据的拟合处理，可得滚动轴承的寿命计算公式为

$$L_h = \frac{10^6}{60n}\left(\frac{f_t C}{P}\right)^{\varepsilon}　（h）\tag{7-12}$$

式中，L_h 为滚动轴承基本额定寿命（h），C 为滚动轴承的基本额定动载荷（N），P 为滚动轴承的当量动载荷（N），F_r、F_a 分别是滚动轴承的径向载荷和轴向载荷，n 为滚动轴承的工作转速（r/min）。ε 为计算指数，对于球轴承，$\varepsilon = 3$；对于滚子轴承，$\varepsilon = 10/3$。f_t 为温度修正系数，其值如表 7-10 所示。

表 7-10 温度修正系数

轴承工作温度/℃	120	125	150	175	200	225	250	300	350
温度系数 f_t	1.00	0.95	0.90	0.85	0.80	0.75	0.70	0.60	0.50

3. 向心推力轴承的轴向载荷计算

（1）向心推力轴承的内部轴向力。

由于向心角接触轴承有接触角，故轴承在受到径向载荷作用时，承载区内滚动体的法向力分解，产生一个轴向分力 F_s（见图 7-30）。F_s 是在径向载荷作用下派生的轴向力，通常称为内部轴向力，其大小按照表 7-11 所示公式计算。内部轴向力 F_s 的方向沿轴向，由轴承外圈的宽边指向窄边。

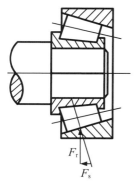

图 7-30　内部轴向力

表 7-11　向心推力轴承的内部轴向力

圆锥滚子轴承	角接触球轴承
$F_s = F_r / (2Y)$	$F_s = eF_r$

注：Y 对应表 7-9 中 $F_a/F_r > e$ 的 Y 值；e 查表 7-9。

（2）向心推力轴承的安装方式。

由于向心推力轴承会产生附加的内部轴向力，所以应该成对使用。由此产生两种不同的安装方式，一种为正装，又称"面对面"安装［见图 7-31（a）］，另一种为反装，又称"背靠背"安装［见图 7-31（b）］。

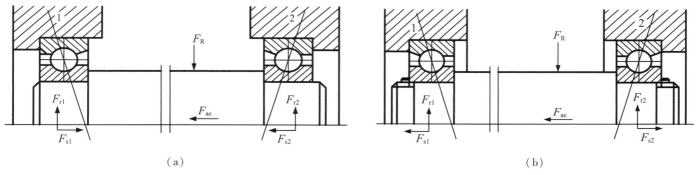

（a）　　　　　　　　　　　　　　　（b）

图 7-31　向心推力轴承的安装方式及载荷的分布

为了分析的方便，经常将轴承的正装或反装绘成简化示意图。如图 7-32（a）、（b）为角接触球轴承的简化示意图，图 7-32（c）、（d）为圆锥滚子轴承的简化示意图。

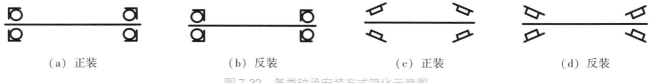

（a）正装　　　　　　（b）反装　　　　　　（c）正装　　　　　　（d）反装

图 7-32　各类轴承安装方式简化示意图

（3）向心推力轴承的轴向载荷计算。

计算向心推力轴承所受到的实际轴向载荷 F_a 时，除了要考虑外加轴向载荷 F_{ae} 以外，还应考虑内部轴向力 F_s 的影响。

现以"面对面"安装方式为例，说明轴向载荷 F_a 的计算。

如图 7-31（a）所示，F_{ae} 为外加轴向力，F_{s1}、F_{s2} 为内部轴向力。轴和轴承内圈一般采用紧配合，可视为一体，轴承外圈与机架视为一体。

现 F_{s2} 与 F_{ae} 方向一致，其合力方向指向左面，F_{s1} 朝向另一方向，方向指向左面。

假设 $F_{s2}+F_{ae}>F_{s1}$，则轴有左移的趋势。在轴承 1 处，轴与轴承内圈将滚动体向轴承外圈挤压，压紧力为 $F_{s2}+F_{ae}-F_{s1}$，此时，我们说轴承 1 被压紧，可称其为压紧端，压紧端的轴向力为外部压紧力与内部轴向力之和，即 $F_{a1}=（F_{s2}+F_{ae}-F_{s1}）+F_{s1}=F_{s2}+F_{ae}$；而轴承 2 的滚动体未受到任何外部轴向压力，与轴承外圈有分离的趋势，此时，我们说轴承 2 被放松，可称其为放松端，放松端的轴向力仅为其内部轴向力，即 $F_{a2}=F_{s2}$。

同理，假设 $F_{s2}+F_{ae}<F_{s1}$，则轴有右移的趋势。在轴承 2 处，轴与轴承内圈将滚动体向轴承外圈挤压，压紧力为 $F_{s1}-（F_{s2}+F_{ae}）$，此时，轴承 2 被压紧，压紧端的轴向力为外部压紧力与内部轴向力之和，即为 $F_{a2}=[F_{s1}-（F_{s2}+F_{ae}）]+F_{s2}=F_{s1}-F_{ae}$；轴承 1 的滚动体未受到任何外部轴向压力，其滚动体与轴承外圈有分离的趋势，即轴承 1 被放松，放松端的轴向力仅为其内部轴向力，即 $F_{a1}=F_{s1}$。

综上可知，计算向心推力轴承轴向力 F_a 的方法可以归纳为：①先计算出两支点内部轴向力 F_{s1}、F_{s2} 的大小，并绘出其方向；②将外加轴向载荷 F_{ae} 及同向的内部轴向力之合力与另一内部轴向力进行比较，判明轴的移动趋势，找出"压紧"端、"放松"端；③压紧端轴承的轴向载荷等于除去其本身内部轴向力之外的其余各轴向力的代数和；④放松端轴承的轴向载荷仅为其本身的内部轴向力。

以上方法也适用于一对轴承"背靠背"安装的情况。

7.5 滚动轴承装置设计

轴承装置设计是指在对轴承进行支承设计时，如何确定轴承的定位和固定、轴承的支承结构型式及如何考虑轴承的调节、配合、装拆及轴承的润滑与密封等一系列问题。

7.5.1 轴承的轴向定位

滚动轴承的轴向定位问题实际上就是轴承内、外圈的定位与固定问题，轴承内、外圈定位与固定的方法很多，下列为几种常用的方法。

1. 滚动轴承内圈的固定方法

如图 7-33（a）所示，用轴用挡圈嵌在轴的沟槽内，主要用于轴向力不大及转速不高的轴承；

如图 7-33（b）所示，用螺钉固定的轴端挡圈紧固，可用于在高转速下承受大的轴向力，螺钉应有防松措施；

如图 7-33（c）所示，用圆螺母及止动垫圈紧固，主要用于转速高、承受较大轴向力的情况；

如图 7-33（d）所示，用锥形套定位、止动垫圈和圆螺母紧固，用于光轴、内圈为圆锥孔的轴承。

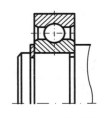  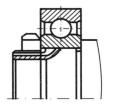 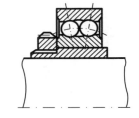

（a）轴用弹性挡圈　　　　（b）轴端挡圈　　　　（c）圆螺母　　　　（d）紧定衬套

图 7-33　滚动轴承内圈的固定方法

2. 滚动轴承外圈的固定方法

如图 7-34（a）所示，用嵌入外壳沟槽内的孔用弹性挡圈紧固，主要用于满足轴向力不大且需减小轴承装置尺寸的情况；

如图 7-34（b）所示，用轴用弹性挡圈嵌入轴承外圈的止动槽内紧固，用于外壳不便设凸肩的情况；

如图 7-34（c），所示 用轴承端盖紧固，用于转速高、承受较大轴向力的各类向心、推力和向心推力轴承。

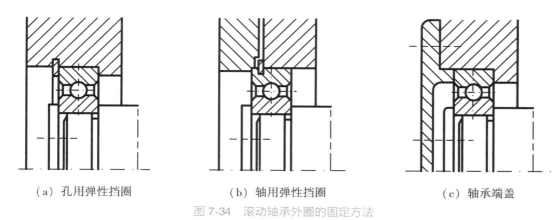

（a）孔用弹性挡圈　　　　　（b）轴用弹性挡圈　　　　　（c）轴承端盖

图 7-34　滚动轴承外圈的固定方法

7.5.2　轴承的支承结构型式

正常的滚动轴承支承应使轴能正常传递载荷而不发生轴向窜动及轴受热膨胀后卡死等现象。常用的滚动轴承支承结构型式有三种。

1. 双支点单向固定的配置形式

这种配置形式是让每个支点都对轴系进行一个方向的轴向固定。如图 7-35 所示，向右的轴向载荷由右边的轴承承担，向左的轴向载荷由左边的轴承承担。由于两支点均被轴承盖固定，故当轴受热伸长时，势必会使轴承受到附加载荷的作用，影响使用寿命。因此这种配置形式仅适合于工作温升不高且轴较短（跨距 $L \leqslant 400\mathrm{mm}$）的场合。

对于深沟球轴承还应在轴承外圈与轴承盖之间留出 $0.2 \sim 0.4\ \mathrm{mm}$ 的轴向间隙，以补偿轴的受热伸长，由于间隙较小，图上可不画出。对于向心推力轴承，热补偿间隙靠轴承内部的游隙保证。

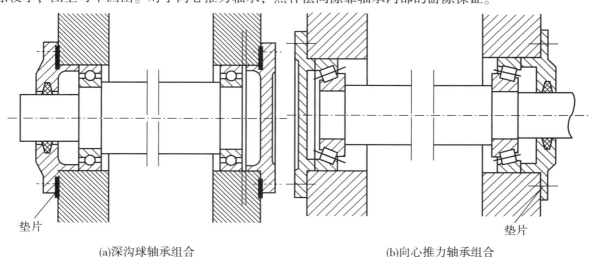

垫片　　　　　　　　　　　　　　　　　　　　　垫片

(a)深沟球轴承组合　　　　　　　　　　　(b)向心推力轴承组合

图 7-35　双支点单向固定的配置形式

2. 一支点双向固定、一支点游动的配置形式

这种配置形式是让一个轴承为固定支点，承受双向轴向力，而另一个轴承为游动支点只承受径向力，使其在轴受热伸长时可作轴向游动。

如图 7-36 所示，左端均为固定支点，右端均为游动支点。对于固定支点，轴向力不大时可采用深沟球轴承，如图 7-36（a）所示。其外圈左右两面均被固定。图中左端上半部分为外圈用轴承座孔凸肩固定的情况，这种结构使座孔不能一次镗削完成，影响加工效率和同轴度。当轴向力较小时可用孔用弹性挡圈固定外圈，如图中左端下半部分所示。同时为了承受向右的轴向力，固定支点的内圈也必须进行轴向固定。

对于游动支点，常采用深沟球轴承，如图 7-36（a）所示右端上半部分所示。当径向力大时也可采用圆柱滚子轴承，如图 7-36（a）所示右端中下半部分所示。

选用深沟球轴承时，轴承外圈与轴承盖之间留有较大间隙，使轴热膨胀时能自由伸长，但其内圈需轴向固定，以防轴承松脱。当游动支点选用圆柱滚子轴承时，因其内、外圈轴向可相对移动，故内、外圈均应轴向固定，以免外圈移动，造成过大错位。设计时应注意轴承内、外圈不要出现多余的或不足的轴向固定。

如图 7-36（b）所示，左端为固定支点，固定支点采用两个向心推力轴承对称布置，它们分别承受左右两个方向的轴向力，共同承担径向力，适用于轴向载荷较大的场合。为了便于装配调整，固定支点采用了套杯结构。此时，选择游动支点轴承的尺寸，一般应使轴承外径与套杯外径相等，以利于两轴承座孔的加工。

如图 7-36（c）所示，固定支点采用双向推力轴承，当轴向力较大时采用该配置。

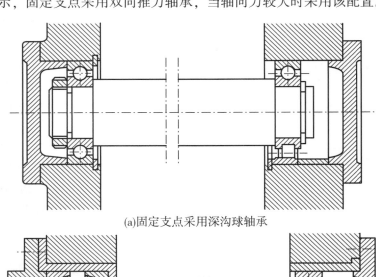

(a)固定支点采用深沟球轴承

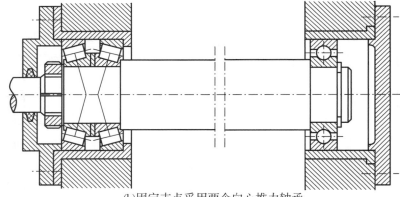

(b)固定支点采用两个向心推力轴承

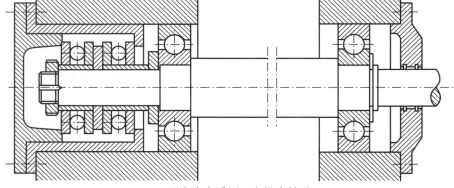

(c)固定支点采用双向推力轴承

图 7-36　一支点双向固定、一支点游动的配置形式

3. 两端游动支承的配置形式

这种配置形式两支点均设计为游动支承，如图 7-37 所示为支承人字齿轮的轴系部件，轴承的位置通过人字齿轮的几何形状确定，这时必须将两个支点设计为游动支承（图上方），而且还应保证与之相配的另一轴系部件必须是两端固定的（图下方），以便两轴都得到轴向定位。

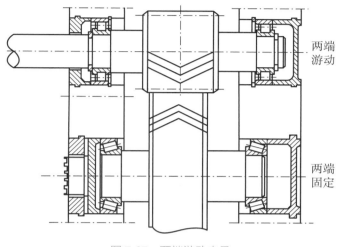

两端
游动

两端
固定

图 7-37　两端游动支承

7.5.3　轴承的调整

轴承的调整包括轴承游隙的调整和轴上零件轴向位置的调整。

1. 轴承游隙的调整

为保证轴承正常运转，通常在轴承内部留有适当的轴向和径向游隙。游隙的大小对轴承的回转精度、受载、寿命、效率和噪声等都有很大影响。若游隙过大，则轴承的旋转精度降低，噪声增大；若游隙过小，则由于轴的热膨胀使轴承受载加大，寿命缩短，效率降低。因此，轴承组合装配时应根据实际的工作状况适当地调整游隙，并从结构上保证能方便地进行调整。

调整游隙的常用方法有以下三种：

（1）垫片调整。

如图 7-35（b）所示向心推力轴承组合，通过增加或减少轴承盖与轴承座间的垫片组的厚度来调整游隙。图 7-35（a）深沟球轴承组合的补偿间隙也是靠垫片调整的。

（2）螺纹调整。

如图 7-38 所示用螺钉 1 和碟形零件 3 调整轴承游隙，螺母 2 起锁紧作用。这种方法调整方便，但不能承受大的轴向力。图 7-39 是两圆锥滚子轴承反装结构，它的轴承游隙靠圆螺母调整。

2. 轴上零件轴向组合位置的调整

某些传动零件在安装时要求处于准确的轴向工作位置，才能保证正确啮合。如图 7-39 所示的链齿轮轴组合部件，为便于齿轮轴向位置的调整，采用了套杯结构。轴承反装时，有两组垫片，套杯与轴承座之间的垫片用来调整锥齿轮的轴向位置，轴承盖与套杯之间的垫片只起密封作用。

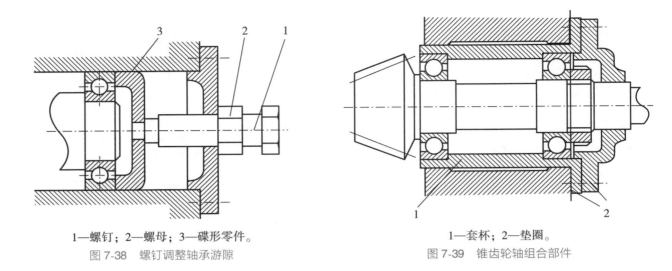

1—螺钉；2—螺母；3—碟形零件。

图 7-38　螺钉调整轴承游隙

1—套杯；2—垫圈。

图 7-39　锥齿轮轴组合部件

7.5.4　轴承的配合与装拆

　　轴承的配合是指内圈与轴的配合以及外圈与座孔的配合。由于滚动轴承是标准件，所以与其他零件配合时，轴承内孔为基准孔，外圈是基准轴，其配合代号不用标注。

　　轴承配合种类的选择应根据转速的高低、载荷的大小和温度的变化等因素来判断。若配合过松，会使旋转精度降低，振动加大；若配合过紧，可能会因为内、外圈过大的弹性变形而影响轴承的正常工作，也会使轴承装拆困难。一般来说，转速高、载荷大和温度变化大的轴承应选紧一些的配合，经常拆卸的轴承应选较松的配合，例如，转动套圈配合应紧一些，游动支点的外圈配合应松一些。与轴承内圈配合的回转轴常采用 n6、m6、k5、k6、j5、js6；与不转动的外圈相配合的轴承座孔常采用 J6、J7、H7、G7 等。

　　安装轴承时，小轴承可用铜锤轻而均匀地敲击配合套圈装入。大轴承可用压力机压入。尺寸大且配合紧的轴承可将孔件加热膨胀后再进行装配。装配时力应施加在被装配的套圈上，否则会损伤轴承。拆卸轴承时，可采用专用工具，如图 7-40 所示的轴承拆卸器。为便于拆卸，轴承的定位轴肩高度应低于内圈高度，其值可查阅轴承样本。

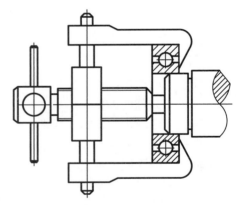

图 7-40　轴承拆卸器

7.5.5　滚动轴承的密封

　　密封的目的是防止外部的灰尘、水分及其他杂物进入轴承，并防止轴承内润滑剂的流失。滚动轴承的密封装置可分为接触式密封和非接触式密封。

　　（1）接触式密封。

　　在轴承盖内放置软材料（毛毡、橡胶、皮革等）或减摩性好的硬质材料（加强石墨、青铜等）与转动轴直接接触而起密封作用。

　　图 7-41（a）为毡圈密封。矩形剖面的毡圈放在轴承盖上的梯形槽中，与轴直接接触，结构简单，但磨损较大，主要用于工作速度 $v<4\sim5\mathrm{m/s}$、工作温度 $<90℃$ 的脂润滑场合。

　　图 7-41（b）为唇形密封圈密封。唇形密封圈由皮革或橡胶制成，放在轴承盖槽中，利用环形螺旋弹簧将密封圈的唇部压在轴上，唇朝内可防漏油，唇朝外可防尘，安装简便，使用可靠，适用于工作速度 $v<10\mathrm{m/s}$、工作温度在 $-40℃\sim100℃$ 的脂润滑或油润滑场合，另外，唇形密封圈为标准件。

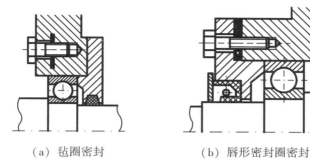

（a）毡圈密封　　　　　　　（b）唇形密封圈密封

图 7-41　接触式密封

（2）非接触式密封。

这类密封没有与轴直接接触，多用于速度较高的场合。

如图 7-42（a）所示为油沟式密封，在轴与轴承盖的通孔壁间留 0.1~0.3mm 的窄缝隙，并在轴承盖上车出沟槽，在槽内充满油脂。这种密封结构简单，用于 $v<5~6m/s$ 的场合。

如图 7-42（b）所示为迷宫式密封，将旋转和固定的密封零件间的间隙制成迷宫形式，缝隙间填入润滑油脂以加强密封效果。这种密封适合于油润滑和脂润滑的场合。

如图 7-42（c）所示为组合式密封，在油沟密封区内的轴上装上一个甩油环，当油落在环上时可靠离心力的作用甩掉再导回油箱。这种密封在高速时密封效果好。

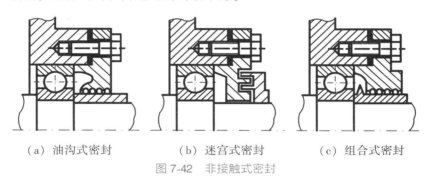

（a）油沟式密封　　　　（b）迷宫式密封　　　　（c）组合式密封

图 7-42　非接触式密封

7.6　滑动轴承校核计算

7.6.1　滑动轴承的失效形式及材料

1. 滑动轴承的失效形式

（1）轴瓦磨粒磨损。

如图 7-43（a）所示，进入轴承间隙的硬颗粒（如灰尘、砂粒等）有的嵌入轴承表面，有的游离于间隙中并随轴一起转动，它们都对轴颈和轴承表面起研磨作用。在起动、停车或轴颈发生边缘接触时，它们都加剧轴承磨损，导致轴承几何形状改变、精度丧失，轴间隙增大。

（2）轴瓦胶合。

如图 7-43（b）所示，当轴承温升过高，载荷过大，油膜破裂时，而且是在润滑油供应不足条件下，轴颈和轴的相对运动使表面材料发生黏附和迁移，从而造成轴承损坏。

（3）轴瓦点蚀。

如图 7-43（c）所示，在载荷反复作用下，轴承表面出现与滑动方向垂直的疲劳裂纹，当裂纹向轴承衬与衬背结合面扩展后，造成轴承衬材料的剥落。这与轴承衬和衬背因结合不良或结合力不足造成轴承衬的剥离有些相似，但疲劳剥落周边不规则，结合不良造成的剥离周边则比较光滑。

（a）轴瓦磨粒磨损　　　　　　　　（b）轴瓦胶合　　　　　　　　（c）轴瓦点蚀

图 7-43　滑动轴承的失效形式

以上列举了常见的几种失效形式，由于工作条件不同，滑动轴承还可出现刮伤、腐蚀、气蚀、流体侵蚀、电侵蚀和微动磨损等损伤。

2. 滑动轴承的材料

滑动轴承的轴瓦和轴承衬的材料统称为轴承材料，针对以上所述的失效形式，轴承材料性能应着重满足以下要求。

（1）良好的减摩性、耐磨性和抗胶合性。

减摩性是指材料副具有低的摩擦系数，耐磨性是指材料的抗磨性能（通常以磨损率表示），抗胶合性是指材料的耐热性和抗粘附性。

（2）良好的摩擦顺应性、嵌入性和磨合性。

摩擦顺应性是指材料通过表层弹塑性变形来补偿轴承滑动表面初始配合不良的性能。嵌入性是指材料容纳硬质颗粒嵌入，从而减轻轴承滑动表面发生刮伤或磨粒磨损的性能。磨合性是指轴瓦与轴颈表面经过短期轻载运转后，形成相互吻合的表面粗糙度的性能。

（3）足够的强度和抗腐蚀能力。

（4）良好的导热性、工艺性和经济性等。

应该指出的是，没有一种轴承材料全面具备上述性能，因而必须针对各种具体的情况，仔细进行分析后合理选用。常用的轴承材料主要有金属材料（如轴承合金、铜合金、铝基合金和铸铁等）、粉末冶金和非金属材料（如工程塑料、碳-石墨等）。

轴承合金又称巴氏合金或白合金，是锡、铅、锑和铜的合金，它以锡或铅作基体，其内含有锑锡（Sb-Sn）、铜锡（Cu-Sn）的硬晶粒。其中，硬晶粒起抗磨作用，软基体则增加材料的塑性。轴承合金的弹性模量和弹性极限都很低，在所有轴承材料中，轴承合金的嵌入性及摩擦顺应性最好，很容易和轴颈磨合，也不易与轴颈发生咬粘。但轴承合金的强度很低，不能单独制作轴瓦，只能贴附在青铜、钢或铸铁轴瓦上做轴承衬。轴承合金适用于重载、中高速的使用环境，价格较贵。

铜合金具有较高的强度，较好的减摩性和耐磨性。青铜的性能比黄铜好，是最常用的材料。青铜有锡青铜、铅青铜和铝青铜等几种，其中锡青铜的减摩性最好，应用较广。但锡青铜比轴承合金硬度高，磨合性及嵌入性差，适用于重载及中速场合。铅青铜抗黏附能力强，适用于高速、重载场合。铝青铜的强度及硬度较高，抗黏附能力较差，适用于低速、重载场合。

铝基轴承合金有相当好的耐蚀性和较高的疲劳强度，摩擦性能亦较好。这些品质使铝基合金在部分领域取代了较贵的轴承合金和青铜。铝基合金可以制成单金属零件（如轴套、轴承等），也可制成双金属零件，如双金属轴瓦以铝基合金为轴承衬，以钢作衬背。

普通灰铁或球墨铸铁，都可以用作轴承材料。由于铸铁性脆、磨合性差，故只适用于轻载低速和不受冲击载荷的场合。

粉末冶金材料是将不同的金属粉末经压制、烧结而成的多孔结构的材料。其孔隙约占体积的 10%～35%，可贮存润滑油，故又称为含油轴承。含油轴承具有自润滑性，工作时，由于轴颈转动的抽吸作用及轴承发热时润滑油的膨胀作用，使油进入摩擦表面起润滑作用；不工作时，因毛细管作用，润滑油便被吸回到轴承内部，故在相当长时间内，即使不加润滑油仍能很好地工作。但由于它韧性差，适合载荷平稳、低速和加油不方便的使用环境。

非金属材料中应用最多的是各种塑料（聚合物材料），如酚醛树脂、尼龙和聚四氟乙烯等。聚合物与许多物质不起化学反应，抗腐蚀能力特别强，也具有一定的自润滑性，因此可以在无润滑条件下工作，嵌入性好、减摩性及耐磨性都比较好。

表 7-12 列出了常用滑动轴承材料的性能及用途。

表 7-12 常用轴承材料的性能及用途

材料	牌号	$[p]$ /MPa	$[v]$ / $(m \cdot s^{-1})$	$[pv]$ / $(MPa \cdot m \cdot s^{-1})$	性能及应用
铸造青铜	$ZCuSn_{10}Pb_1$	15	10	15	磷锡青铜，用于重载、中速高温及冲击条件下工作的轴承
	$CuPb_5Sn_5Zn_5$	8	3	15	锡锌铅青铜，用于中载、中速工作的轴承
	$ZCuAl_{10}Fe_3$	15	4	12	铝铁青铜，用于受冲击载荷处，轴承温度可至300℃。轴颈需淬火
	$ZCuPb_{30}$	25	12	30	铅青铜，烧铸在钢轴瓦上做轴衬，可受很大的冲击载荷
铸锡基轴承合金	$ZSnSb_{11}Cu_6$	25（平稳）	80	20	用作轴承衬，用于重载高速，温度低于110℃的重要轴承的场合
		20（冲击）	60	15	
铸铅基轴承合金	$ZPbSb_{16}Sn_{16}Cu_2$	15	12	10	用于不剧变的重载、高速的轴承，如车床、发电机、压缩机和轧钢机等的轴承，温度低于120℃

7.6.2 不完全液体润滑滑动轴承的计算

不完全液体润滑滑动轴承靠吸附在金属表面上的一层很薄的边界油膜保护金属不发生胶合破坏，虽然这种边界油膜大大改善了两金属表面的摩擦状况，但仍不能完全避免磨损。

维持边界油膜不遭破裂，是不完全液体润滑轴承的设计依据。由于边界油膜的强度和破裂温度因受多种因素影响而十分复杂，其规律尚未完全被人们所掌握。因此目前只能采用间接的、条件性的计算方法。

1. 径向滑动轴承的计算

径向滑动轴承主要承受径向载荷的作用，径向滑动轴承的受力如图 7-44 所示。设计时，已知轴颈直径 d、转速 n 和轴承承受的径向载荷 F_r 后，按照下述步骤进行设计计算。

（1）根据工作条件和使用要求，确定轴承的结构形式，并选定轴瓦材料。

（2）确定轴承的宽度 B。轴承宽度 B 是一个重要参数，可由宽径比 φ 来选定，$\varphi = B/d$。若 φ 值小，轴承就窄，润滑油易从轴承两端流失，不易形成油膜；若 φ 值大，轴承宽，油膜易于形成，承载能力较大，但散热条件不好，又会使轴承温度升高，一般取 $\varphi = 0.5 \sim 1.5$。

（3）验算轴承的平均压力 p、轴承平均压力与圆周速度的乘积 pv 值和轴承的圆周速度 v。

①验算轴承的平均压力 p。

限制轴承平均压力 p，以保证润滑油不被过大的压力挤出，从而避免工作表面的过度磨损。

$$p = \frac{F_r}{dB} \leq [p] \quad \text{MPa} \tag{7-13}$$

式中，F_r 为轴承承受的径向载荷（N），$[p]$ 为许用平均压力（MPa），如表 7-12 所示；d、B 为轴颈直径和宽度（mm）。

②验算轴承平均压力与圆周速度的乘积 pv 值。

由于 pv 值与摩擦功率损耗成正比，它表征了轴承的发热因素。因此需要限制 pv 值，以防止轴承温升过高出现胶合破坏。

$$pv = \frac{F_r}{dB} \times \frac{\pi dn}{60 \times 1000} \approx \frac{F_r n}{19100B} \leq [pv] \quad \text{MPa} \cdot \text{m/s} \tag{7-14}$$

式中，n 为轴颈转速（r/min）；v 为轴颈圆周速度（m/s）；$[pv]$ 为轴承材料许用 pv 值，查表 7-12 可得。

③验算轴承的圆周速度 v。

当平均压力 p 较小时，并不表示局部压力一定小，考虑到载荷分布不均，即使 p 与 pv 都在许用范围内，也可能因圆周速度过大而使局部加剧磨损，故要求

$$v \leq [v] \quad (\text{m/s}) \tag{7-15}$$

式中，$[v]$ 为许用圆周速度，对应数值如表 7-12 所示。

若计算结果不能满足要求，则应重选材料或适当增大轴承的宽度 B。

对于转动的延续时间不超过停歇时间的间歇工作的轴承，若其圆周速度 $v \leq 0.1 \text{m/s}$，只需验算平均压力 p。

（4）选择轴承配合。

滑动轴承所选用的材料及尺寸经验算合格后，应选取恰当的配合，一般可选 H_9/d_9、H_8/f_7 或 H_7/f_6。

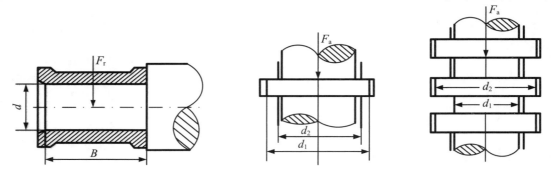

图 7-44　径向滑动轴承的受力　　　　　图 7-45　推力滑动轴承的受力

2. 推力滑动轴承的计算

推力滑动轴承承受轴向载荷的作用，推力滑动轴承的受力如图 7-45 所示。

推力滑动轴承的设计计算与径向滑动轴承相似，但由于推力滑动轴承的速度一般较低，故不需进行轴承圆周速度的验算，主要进行以下两方面的条件性验算。

（1）验算轴承的平均压力。

$$p = \frac{F_a}{A} = \frac{F_a}{z \cdot \pi (d_2^2 - d_1^2)/4} \leq [p] \quad (\text{MPa}) \tag{7-16}$$

式中，F_a 为轴向载荷（N）；z 为环的数目；$[p]$ 为许用压力，见表 7-12。

（2）验算轴承的 pv 值。

$$pv = \frac{F_a n}{60000bz} \leq [pv] \quad (\text{MPa} \cdot \text{m/s}) \tag{7-17}$$

式中，F_a 为轴向载荷（N）；z 为环的数目；b 为轴颈环形工作宽度（mm），$b = d_2 - d_1$；n 为轴颈的转速（r/min）；v 为轴颈的圆周速度（m/s）；$[pv]$ 为 pv 的许用值，见表 7-12。

由于载荷在各环间分布不均，许用压力 $[p]$ 及 $[pv]$ 值均应比单环式的降低 50%。

轴间联接

7.7.1　概述

联轴器与离合器都是用来联接两轴并传递运动和转矩的。

二者的区别是：联轴器联接的两轴只有在停车后经拆卸才能分离，而离合器联接的两轴在机器工作时就可方便地实现分离与接合。离合器的主要功能是操纵机器传动系统的断续，以便进行变速及换向等。

由于制造及安装误差，或者承载后的变形及温度变化，被联接的两轴会产生相对位置的变化即两轴产生了位移（或称误差），这往往使两轴不能保证严格的对中。

两轴的位移（误差）形式如图7-46所示。

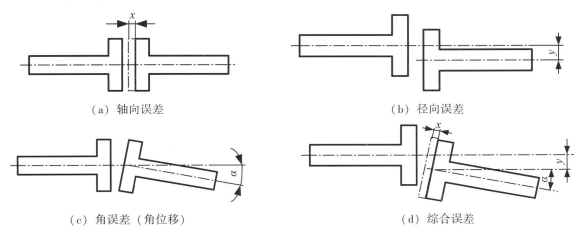

（a）轴向误差　　　　　　　　　　　　　（b）径向误差

（c）角误差（角位移）　　　　　　　　　（d）综合误差

图7-46　两轴联接的误差形式

7.7.2　常用联轴器

1. 联轴器的类型

根据联轴器的工作特性可分为以下三类。

（1）刚性联轴器。

刚性联轴器不具备自动补偿被联接两轴线相对位置误差的能力，典型产品是凸缘联轴器、套筒联轴器等。

凸缘联轴器（见图7-47）又有两种，普通凸缘联轴器和对中榫凸缘联轴器。前者用铰制孔螺栓联接两个半联轴器，靠螺栓杆承受挤压与剪切来传递转矩；后者用普通螺栓来联接两个半联轴器，靠接合面的摩擦力来传递转矩，靠一个半联轴器的凸肩与另一个半联轴器上的凹槽相配合来对中。

凸缘联轴器构造简单、成本低、可传递较大转矩，但不能补偿两轴间的相对位移，对两轴的对中性要求很高。适用于转速低、无冲击、轴的刚性大和对中性较好的使用环境。

套筒联轴器（见图7-48）结构简单，制造容易，径向尺寸小，成本低。装拆时需沿轴向移动较大距离，且只能联接两轴直径相同的圆柱形轴承。没有补偿所联两轴相对偏移的功能，而且要求两轴精确对中。一般用于中小功率传动，其中花键联接套筒联轴器可以传递很大转矩。装拆时需对被联两轴做轴向移动，给机器的维修带来不便。

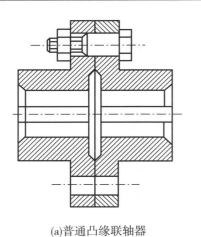

(a)普通凸缘联轴器

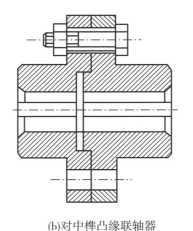

(b)对中榫凸缘联轴器

图 7-47　凸缘联轴器

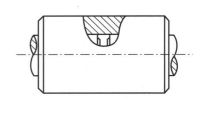

图 7-48　套筒联轴器

（2）挠性联轴器。

挠性联轴器能补偿被联接两轴线相对位置的误差。挠性联轴器又分为无弹性元件的挠性联轴器和有弹性元件的挠性联轴器。前者依靠零件之间的相对运动自由度来自动补偿两轴的误差；后者依靠弹性元件的变形来补偿被两轴的位置误差，且具有不同程度的减振、缓冲作用，改善传动系统的工作性能。

无弹性元件的挠性联轴器的典型产品是齿式联轴器和万向联轴器等。

齿式联轴器（见图 7-49）由两个具有外齿的半联轴器 1、4 和两个具有内齿的外壳 2、3 组成，外壳与半联轴器通过内、外齿的相互啮合而相联，轮齿留有较大的齿侧间隙，廓线为渐开线，外齿轮的齿顶做成球面，球面中心位于轴线上，转矩靠啮合的齿轮传递。

齿式联轴器能补偿两轴的综合位移。能传递很大的转矩，但质量较大，结构较复杂，并且工艺复杂，需润滑、密封。精度低时噪声大，价格高。适用于低速、重载场所，在重型机器和起重设备中应用较广。不适用于立轴，不宜用于高速、频繁启动和正反向运转的传动轴系。

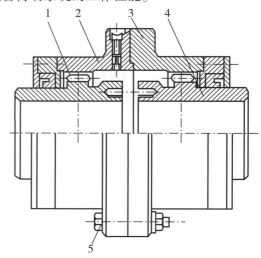

1，4—半联轴器；2，3—外壳；5—螺栓。

图 7-49　齿式联轴器

万向联轴器［见图 7-50（a）］由两个分别固定在主、从动轴上的叉形接头 1、2 和一个十字形零件（称十字头）3 组成，叉形接头和十字头是铰接的。

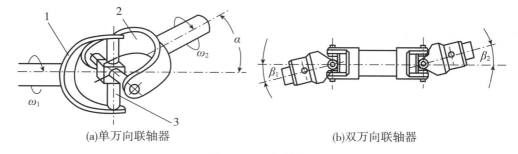

(a)单万向联轴器

(b)双万向联轴器

图 7-50　万向联轴器

万向联轴器可补偿两轴间较大的角位移，结构紧凑，维护方便，而且机器运转中夹角发生改变时仍能正常传动，广泛用于汽车、多头钻床等机器的传动系统中。但当角位移过大时，传动效率显著降低。这种联轴器的缺点为，当主动轴角速度为常数时，从动轴的角速度并不是常数，而是在一定范围内变化，因而在传动中将产生附加动载荷。

使用双万向联轴器［见图7-50（b）］可以改善单万向联轴器的情况，但安装时必须保证两边的夹角β_1=β_2，并使中间轴两端的叉形接头在同一平面内，这样才能保证主动轴角速度恒等于从动轴的角速度。

有弹性元件的挠性联轴器分为含金属弹性元件和含非金属弹性元件两种。蛇形弹簧联轴器［见图7-51（a）］含金属弹性元件，弹性好，缓冲减振能力强，承载能力大，径向尺寸较小。但蛇形弹簧加工困难，需润滑。适用于载荷不稳定或严重冲击、高温等场所。弹性柱销联轴器含非金属弹性元件，结构简单，安装、制造方便，耐久性好，也有吸振和补偿轴向位移的能力。常用于轴向窜动量较大，经常正反转，起动频繁，转速较高的场合。

一般机械设备中，如无特殊要求，常采用含非金属弹性元件的挠性联轴器。

精压机中的板链输送机使用的就是弹性柱销联轴器［见图7-51（b）］。

（3）安全联轴器。

当转矩超过所允许的极限转矩时，安全联轴器的联接件将发生折断、脱开或打滑，自动终止联轴器的传动，以保护机器中的重要零件不受损坏。安全联轴器包括销钉式、摩擦式、磁粉式、离心式和液压式等。

如图7-52所示为剪销式安全联轴器，当传递的转矩达到规定值时，销钉被剪断，使转矩和运动传递中断。剪销式安全联轴器结构简单，但要求销钉材质均匀、制造精确，适用于过载不大的传动轴系。

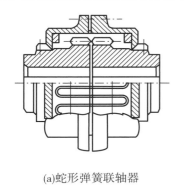
(a)蛇形弹簧联轴器

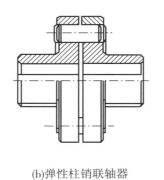
(b)弹性柱销联轴器

图7-51 有弹性元件的挠性联轴器

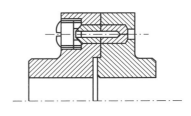
图7-52 剪销式安全联轴器

2. 联轴器的选择

常用联轴器已标准化，一般情况下只需根据有关标准和产品样本选用，包括选择联轴器的类型、尺寸（型号）及联轴器与轴的联接方式。

（1）联轴器类型的选择。

可根据传递的转矩的大小及对缓冲减振功能的要求，根据工作转速的高低和被联接两部件的安装精度，再参考各种类型联轴器的特性、制造、安装、维护和成本进行选择。

若在冲击和振动较大、载荷变化较大、频繁起动和换向的工作环境中应选用具有缓冲吸振能力的弹性联轴器；如果由于制造和装配的误差、轴受载和热膨胀变形，两轴轴线的相对位置精度较差，应选用有位移补偿能力的挠性联轴器；在高温、低温，存在油、酸、碱介质的条件下应避免选用橡胶元件的弹性联轴器；对大功率的重载传动，可选用齿式联轴器；在满足使用性能的前提下，应选用拆装方便、维护简单和成本低的联轴器。例如，刚性联轴器不仅简单，而且拆装方便，可用于低速、刚性大的传动轴。

一般的非金属弹性元件联轴器，由于具有良好的综合性能，广泛适用于一般中小功率传动。

（2）联轴器尺寸（型号）的选择。

①确定联轴器的计算转矩。由于启动时会有动载荷和运转中可能会出现过载现象，所以应当按轴上的最大转矩作为计算转矩T_{ca}，计算转矩按下式进行：

$$T_{ca}=K_A T \tag{7-18}$$

式中，K_A为工作情况系数，见表7-13；T为联轴器的名义转矩（N·m）。

②确定联轴器的型号。根据计算转矩 T_{ca} 及所选的联轴器类型，按照 $T_{ca} \leqslant [T]$ 的条件在联轴器的标准中选定联轴器型号，$[T]$ 为联轴器的许用转矩。

③校核最大转速。被联接轴的转速 n 不应超过所选联轴器的允许最高转速 n_{max}，即 $n \leqslant n_{max}$。

④协调轴孔直径。通常，每一型号的联轴器均有适用的轴径尺寸系列，被联接两轴的轴径应在此尺寸系列之中。

表 7-13   工作情况系数 K_A

工作情况及举例	电动机、汽轮机	双缸内燃机	单缸内燃机
转矩变化很小，如发电机、小型通风机、小型离心泵	1.3	1.8	2.2
转矩变化小，如透平压缩机、木工机床、运输机等	1.5	2.0	2.4
转矩变化中等，如搅拌机、增压泵、冲床等	1.7	2.2	2.6
转矩变化和冲击载荷中等，如织布机、水泥搅拌机等	1.9	2.4	2.8
转矩变化和冲击载荷大，如碎石机、挖掘机、起重机	2.3	2.8	3.2

7.7.3 常用离合器

离合器的类型很多，通常按结构类型可分为牙嵌式与摩擦式两大类。

1. 牙嵌离合器

牙嵌离合器如图 7-53 所示，由端面带齿的两个半离合器 1、2 组成，通过啮合的齿来传递转矩。其中半离合器 1 固装在主动轴上，而半离合器 2 利用导向平键安装在从动轴上，它可沿轴线移动。工作时利用操纵杆（图中未画出）带动滑环 3，使半离合器 2 做轴向移动，实现离合器的接合或分离。

牙嵌离合器沿圆柱面上的展开牙型有三角形、矩形、梯形和锯齿形，如图 7-54 所示。

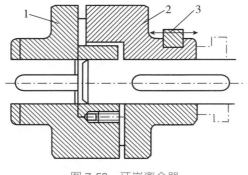

图 7-53   牙嵌离合器

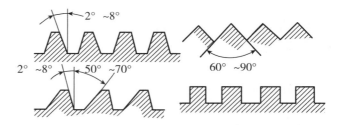

图 7-54   牙嵌离合器的各种牙型

三角形齿接合和分离容易，但齿的强度较弱，多用于传递小转矩；梯形和锯齿形强度较高，接合和分离也较容易，多用于传递大转矩的工作环境，但锯齿形齿只能单向工作，反转时工作面将受较大的轴向分力，会迫使离合器自行分离；矩形齿制造容易，但须在齿与槽对准时方能接合，因而接合困难，且接合以后，齿与齿接触面间无轴向分力作用，所以分离也较困难，故应用较少。

牙嵌离合器结构简单，外廓尺寸小，接合后两半离合器没有相对滑动，但只适合在两轴的转速差较小或相对静止的情况下接合，否则齿与齿会发生很大冲击，影响齿的寿命。

2. 摩擦离合器

利用主、从动半离合器接触表面之间的摩擦力来传递转矩的离合器，统称为摩擦离合器，是一种能在高速下接合和分离的机械式离合器。

最简单的摩擦离合器为圆盘摩擦离合器，圆盘摩擦离合器中的摩擦片有单片的也有多片的，如图 7-55 所示。

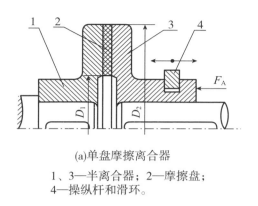 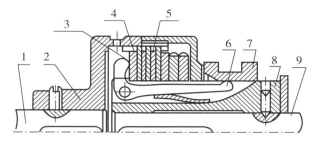

(a)单盘摩擦离合器

1、3—半离合器；2—摩擦盘；
4—操纵杆和滑环。

(b)多盘摩擦离合器

1、9—轴；2—鼓轮；3—压板；4—外摩擦片组；
5—内摩擦片组；6—曲臂压杆；7—滑环；8—内套筒。

图 7-55　圆盘摩擦离合器

单盘摩擦离合器由两个半离合器 1、3 及一个摩擦盘 2、操纵杆和滑环 4 组成，通过其半离合器和摩擦盘接触面间的摩擦力来传递转矩。半离合器 1 固装在主动轴上，半离合器 3 利用导向平键（或花键）安装在从动轴上，通过操纵杆和滑环 4 可以在从动轴上滑移。这种单片摩擦离合器结构简单、散热性好，但传递的转矩较小。当必须传递较大转矩时，可采用多片式摩擦离合器。

多盘摩擦离合器有两组摩擦片，其中外摩擦片组 4 利用外圆上的花键与鼓轮 2 相联（鼓轮 2 与轴 1 相固联），内摩擦片组 5 利用内圆上的花键与内套筒 8 相联（套筒 8 与轴 9 相固联）。当滑环 7 做轴向移动时，将拨动曲臂压杆 6，使压板 3 压紧或松开内、外摩擦片组，从而使离合器接合或分离。中间的螺母用来调节内、外摩擦片组间隙的大小。

外摩擦片和内摩擦片的结构形状如图 7-56 所示，摩擦片改为图右的碟形，使其具有一定的弹性，离合器分离时摩擦片能自行弹开，接合时也较平稳。

摩擦离合器和牙嵌离合器相比，有下列优点：不论在何种速度时，两轴都可以接合或分离；接合过程平稳，冲击、振动较小；从动轴的加速时间和所传递的最大转矩可以调节；过载时可发生打滑，以保护重要零件不致损坏。摩擦离合器的缺点为外廓尺寸较大、结构复杂、成本高；在接合、分离过程中会产生滑动摩擦，当产生滑动时不能保证被联接两轴间的精确同步转动；摩擦会发热，故发热量较大，磨损也较大。

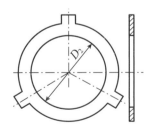 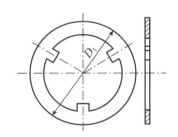 

图 7-56　摩擦盘结构图

7.8　实例设计与分析

本节将以精压机主机所用的减速器高速轴的轴系为例进行轴系零、部件的设计与分析。

7.8.1 精压机圆柱齿轮减速器中高速轴的设计

1.设计数据与设计内容

由第 3 章可知电动机轴径 $d = 38mm$，高速轴所传递的功率 $P = 7.125kW$，转速 $n = 571.43r/min$，所传递的转矩 $T_1 = 1.19 \times 10^5 N \cdot mm$；由第 4 章可知大带轮的轮毂宽度为 50mm，带轮对轴的压轴力 $Q = 1538.57N$；由第 5 章可知，高速轴上的小齿轮分度圆直径 $d = 111.99\ mm$，螺旋角为 15.34°，小齿轮的宽度为 85mm；由式 (5-27) 可算出小齿轮上的圆周力 $F_t = 2126.55\ N$，径向力 $F_r = 802.60N$，轴向力 $F_a = 583.35N$，高速轴在减速器中的位置如图 7-57 所示，高速轴与减速器的相关尺寸如图 7-58 所示，其中 r 为轴承端面至减速器内壁的距离，s 为齿轮端面至减速器内壁的距离。

设计内容包括轴的结构设计、校核计算轴的强度。

2.轴的结构设计

（1）拟定轴上零件的装配方案。

在拟定轴上零件的装配方案之前，首先应该清楚轴安装在什么场合，有几个传动零件。精压机减速器所用的高速轴安装在减速器内，所以减速器与高速轴的相关的尺寸要先计算出来（见图 7-58）。

为了更直观地考虑问题，可先把轴上的重要零件——列出，如图 7-59 所示。

接下来就要考虑如何布置传动零件及用哪种类型的轴承支撑轴，轴承的类型不同，轴的装配方案就不同。考虑到减速器传动功率较大，主机有一定的平稳性要求，传动齿轮宜采用斜齿轮，这样传动轴将受一定的轴向力，所以该处轴承选用向心推力轴承。从轴承结构与安装角度考虑，最终选用角接触球轴承，正安装。

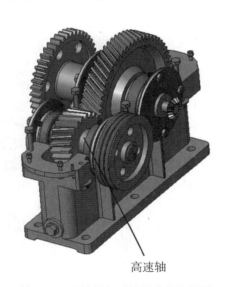

高速轴

图 7-57　高速轴在减速器中的位置图

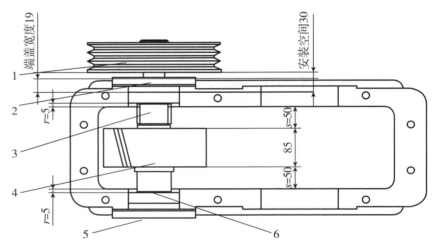

1—大带轮；2—轴承端盖（透盖）；3—轴；4—小齿轮；
5—轴承端盖（闷盖）；6—轴承。

图 7-58　减速器相关的尺寸

现在可以考虑齿轮的定位轴肩是放在如图 7-59 所示的齿轮的左边还是右边的问题，即齿轮是从轴的左端还是右端装入的问题。

如图 7-60 所示为方案 1，齿轮是从轴的右端向装入的。考虑轴上零件的定位及固定要求，加上了套筒、轴承端盖和轴端挡圈等零件。该方案从左往右安装的零部件依次是齿轮、套筒、轴承、轴承端盖、大带轮、轴端挡圈；从右往左只安装轴承及轴承端盖。

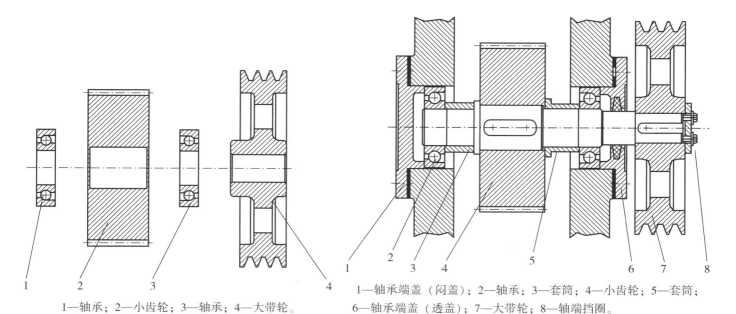

1—轴承；2—小齿轮；3—轴承；4—大带轮。

图 7-59　高速轴上的重要零件

1—轴承端盖（闷盖）；2—轴承；3—套筒；4—小齿轮；5—套筒；
6—轴承端盖（透盖）；7—大带轮；8—轴端挡圈。

图 7-60　轴上零件装配方案 1

如图 7-61 所示为方案 2，齿轮是从轴的右端向装入的。装配方案则是：齿轮、套筒、轴承、轴承端盖依次从轴的左端向右安装，轴承、轴承端盖、轴端挡圈依次从轴的右端向左安装。

比较图 7-60 及图 7-61 可知，主要传动零件的安装方向不同，轴的结构也不一样。如图 7-60 所示的装配方案比图 7-61 所示的装配方案多出一个套筒，不如后者轻巧。所以，本实例采用的是齿轮从轴的左端装入的装配方案。

为了减轻重量，齿轮右侧的定位轴肩做成轴环。套筒的作用是对轴承进行轴向定位，所以套筒所在的轴段⑦，其两端均为非定位轴肩。右边轴承的左端采用定位轴肩，其轴肩高度查相关手册。为了轴承的装配方便，该轴承右侧的轴段②应比装轴承的轴段直径要小，二者之间只需要非定位轴肩。大带轮的左端采用定位轴肩，再在其右侧加上轴端挡圈，拧上螺钉。

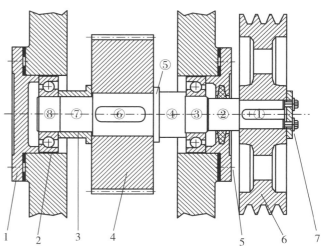

1—轴承端盖（闷盖）；2—轴承；3—套筒；4—小齿轮；
5—轴承端盖（透盖）；6—大带轮；7—轴端挡圈。

图 7-61　轴上零件装配方案 2

另外，两轴颈③、⑧的直径应相同。两轴头①、⑥应装有周向定位的键。两键槽应开在轴的同一母线上。

（2）确定轴的最小直径。

直径最小的轴段为装大带轮的轴段，可按传递扭矩来进行估算。

按式 7-1 计算，选取轴的材料为 45 号钢，调质处理。

如表 7-2 所示，该轴承受弯矩且有冲击载荷，取 $A_0 = 126$，

于是得：$d_{min} \geq A_0 \sqrt[3]{\dfrac{P}{n}} = 125 \sqrt[3]{\dfrac{7.125}{571.43}}$ mm ≈ 28.99mm，考虑装有单键，应把轴径加大 7 %，所以 $d_{min} = 28.99 \times 1.07 = 31.02$ mm，圆整为 $d_1 = 35$mm。

（3）从 d_{min} 处起逐一确定各段轴的直径。

①轴段②处为大带轮的定位轴肩，轴肩高度 $a = （0.07 \sim 0.1）\times 35 = 2.45 \sim 3.5$，取 $a = 3.5$mm，则 $d_2 = 42$mm。

②轴段③处为与轴承配合的轴段，应按轴承内径的标准系列来选取数值，取 $d_3 = 45$mm。无特殊情况时尺寸系列按正常宽度、中系列来选取，由于轴向力不大，故结构选 $\alpha = 25°$ 的 AC 型。由此，可选初轴承的型号为 7309AC。

③查相关手册，轴承的宽度为 25，定位轴肩的直径为 54mm。所以，可选轴段④的轴径 $d_4 = 54$mm。

④轴段⑧也为轴颈，取与轴段③相同的直径 $d_8 = 45$mm。

⑤轴段⑦与轴段⑧之间为非定位轴肩，轴肩高度可取 $1 \sim 2$mm，故取 $d_7 = 48$mm。

⑥轴段⑥与轴段⑦之间也为非定位轴肩，但轴段⑥为装齿轮的重要轴段，取 $d_6 = 55$mm。

⑦轴段⑤为轴环，由齿轮的定位轴肩高度 $a = (0.07 \sim 0.1) \times 55 = 3.85 \sim 5.5$，取 $a = 5$mm，则 $d_5 = 65$mm。

（4）确定各轴段的长度。

①考虑压紧空间，轴段①的长度应比大带轮轮毂长度短 $2 \sim 4$mm，现大带轮轮毂宽度为 50mm，则轴段①的长度 $l_1 = 48$mm。

②由图 7-54 可知齿轮的宽度为 85mm，考虑压紧空间 2mm，取轴段⑥的长度 $l_6 = 83$mm。

③轴环宽度 $l_5 = 1.4a = 1.4 \times 5 = 7$mm（5 为齿轮的定位轴肩高度），可取轴段⑤ $l_5 = 8$mm。

④由轴承的宽度可取轴段③的长度 $l_3 = 25 + 3 = 28$mm，其中 3 mm 考虑了 2mm 的倒角尺寸及 1mm 的将尺寸凑成偶数。

⑤同理，轴段⑧的长度 $l_8 = 25 + 3 + 2 = 30$mm，其中套筒与轴承的压紧空间取了 2mm。

⑥轴段②的长度与轴承端盖 19 mm 的宽度尺寸和大带轮与轴承端盖之间 30 mm 的拆卸空间有关，参照图 7-58 及图 7-61，$l_2 = 30 + 19 - 2 = 47$mm。其中，2mm 为倒角尺寸。

⑦轴段④ $l_4 = s + r - l_5 = 50 + 5 - 8 = 47$ mm。

⑧参照图 7-58 及图 7-61，轴段⑦ $l_7 = s + r + 2 - 2 = 50 + 5 + 2 - 2 = 55$mm，其中 2mm 为套筒与齿轮及套筒与轴承的压紧空间。

【说明】

①在选择轴承的外径系列代号时，应初选中系列。以后的计算寿命时，不论寿命不足或是太长了，均可方便地改选其他系列，减少计算量。

②重要轴段尺寸值应取尾数为 2、5、8、0 的整数。

计算完成后的尺寸标注如图 7-62 所示。

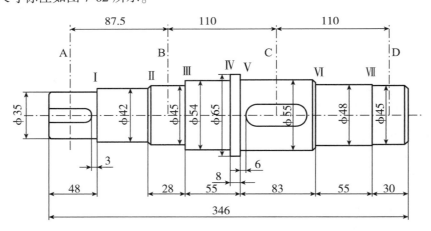

图 7-62　轴的尺寸

3. 校核计算轴的强度

由于该轴为转轴，应按弯扭合成强度条件进行计算。

（1）作轴的受力简图 [见图 7-63（a）]。

（2）作轴的垂直面受力简图 [见图 7-63（b）]。

（3）绘制垂直面弯矩图。

①求垂直面的支反力。

$$R_{V1} = \frac{Q \cdot L_1 + F_r \cdot L_2 + F_a \cdot \dfrac{d}{2}}{L} = \frac{1538.57 \times 87.5 + 802.60 \times 110 + \dfrac{583.35 \times 111.99}{2}}{220} = 1310.18\text{N}$$

$R_{V2} = Q + R_{V1} - F_r = 1538.57 + 1310.18 - 802.60 = 2046.15\text{N}$

②求垂直面弯矩。

$M_{vB} = Q \cdot L_1 = 1538.57 \times 87.5 = 134624.88(\text{N} \cdot \text{mm})$

$M_{vC1} = Q(L_1 + L_2) - R_{v2}L_2 = 1538.57 \times (87.5 + 110) - 2046.15 \times 110 = 78791.08(\text{N} \cdot \text{mm})$

$M_{vC2} = M_{vC1} + F_a \cdot \dfrac{d}{2} = 78791.08 + 583.35 \times \dfrac{111.99}{2} = 111455.76(\text{N} \cdot \text{mm})$

③绘制弯矩图〔见图 7-63（c）〕。

（4）作轴的水平面受力简图〔见图 7-63（d）〕。

（5）绘制水平面弯矩图。

①求的支反力：$R_{H1} = R_{H2} = \dfrac{F_t}{2} = \dfrac{2126.55}{2} = 1063.28\text{N}$。

②求水平面弯矩。

$M_{HC} = R_{H2} \cdot L_2 = 1063.28 \times 110 = 116960.25(\text{N} \cdot \text{mm})$

$M_{HB} = 0$

③绘制弯矩图〔见图 7-63（e）〕。

（6）绘制合成弯矩图。

①计算合成弯矩。

$M_B = \sqrt{M_{VB}^2 + M_{HB}^2} = M_{VB} = 134624.88(\text{N} \cdot \text{mm})$

$M_{C1} = \sqrt{M_{VC1}^2 + M_{HC}^2} = \sqrt{78791.08^2 + 116960.25^2} = 141023.88(\text{N} \cdot \text{mm})$

$M_{C2} = \sqrt{M_{VC2}^2 + M_{HC}^2} = \sqrt{111455.76^2 + 116960.25^2} = 161561.40(\text{N} \cdot \text{mm})$

②绘制弯矩图〔见图 7-63（f）〕。

（7）绘制扭矩当量弯矩图〔见图 7-63（g）〕。

轴单向转动，扭转切应力为脉动循环变应力，取 $\alpha \approx 0.6$，则扭矩当量弯矩：

$M_T = \alpha \cdot T = 0.6 \times 1.19 \times 10^5 = 71400(\text{N} \cdot \text{mm})$

（8）绘总当量弯矩图。

①计算总当量弯矩。

$M_{eB} = \sqrt{M_B^2 + M_T^2} = \sqrt{116960.25^2 + 71400^2} = 137031.60(\text{N} \cdot \text{mm})$

$M_{eC1} = \sqrt{M_{C1}^2 + M_T^2} = \sqrt{141023.88^2 + 71400^2} = 158068.64(\text{N} \cdot \text{mm})$

$M_{eC2} = \sqrt{M_{C2}^2 + M_T^2} = \sqrt{161561.40^2 + 71400^2} = 176635.35(\text{N} \cdot \text{mm})$

②绘制总当量弯矩图〔见图 7-63（h）〕。

（9）校核轴的强度。

轴的材料为 45 号钢，调质处理，由设计手册查得：$[\sigma_{-1}] = 60\text{MPa}$。

从总当量弯矩图可以看出，截面 B、C 为两个危险截面。

截面 B 为轴承处，$d_B = 45\text{mm}$

$\sigma_{bB} = \dfrac{M_{eB}}{W_B} = \dfrac{137031.60}{0.1 \times 45^3}\text{MPa} = 15.04\text{MPa} < 60\text{MPa}$

截面 C 为齿轮处，$d_C = 55\text{mm}$

$\sigma_{bC} = \dfrac{M_{eC2}}{W_C} = \dfrac{176635.35}{0.1 \times 55^3}\text{MPa} = 10.62\text{MPa} < 60\text{MPa}$

强度足够。

【说明】一般的轴按上述方法进行校核计算即可，对于较为重要的轴，还应按疲劳强度进行精确校核。详细方法参照有关机械手册。

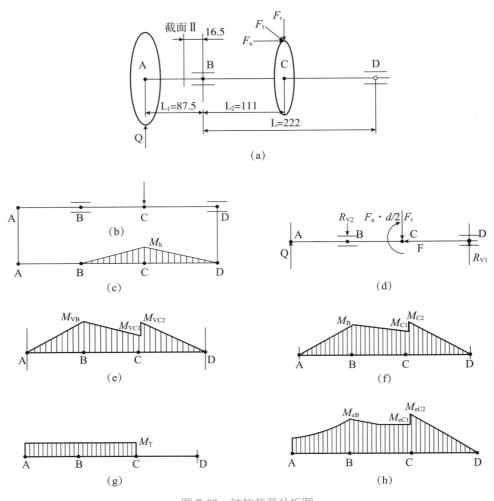

图 7-63　轴的载荷分析图

7.8.2　高速轴上的滚动轴承校核计算

1.已知数据

查相关手册，7309AC 轴承的判断系数 $e = 0.68$，当 $\dfrac{F_a}{F_r} > e$，$X = 0.41$，$Y = 0.87$；$\dfrac{F_a}{F_r} \leqslant e$，$X = 1$，$Y = 0$。基本额定动载荷 $C_r = 47.5\text{kN}$，轴承采用正安装，要求寿命为 50000 小时。

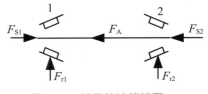

图 7-64　轴承的计算简图

2.计算步骤、结果及说明

（1）绘出轴承的计算简图（见图 7-64）。

（2）计算各轴承所受总的径向力。

由轴的计算可知：

B、D 处水平面支反力：$R_{H1} = R_{H2} = 1063.28\text{N}$

B、D 处垂直面的支反力：

$R_{V1} = 1310.18N$

$R_{V2} = 2046.15N$，$F_{r1} = \sqrt{R_{v1}^2 + R_{H1}^2} = \sqrt{1310.18^2 + 1063.28^2} = 1687.35N$

$F_{r2} = \sqrt{R_{v2}^2 + R_{H2}^2} = \sqrt{2046.15^2 + 1063.28^2} = 2305.93N$

（3）计算各轴承的内部派生轴向力。

$F_{s1} = eF_{r1} = 0.68 \times 1687.35 = 1147.40N$

$F_{s2} = eF_{r2} = 0.68 \times 2305.93 = 1568.03N$

（4）判断放松、压紧端。

$F_{s2} + F_a = 1568.03 + 583.35 = 2151.38N > F_{s1} = 1147.40N$

轴有左窜趋势，轴承 1 压紧，轴承 2 放松，则

$F_{a1} = F_{s2} + F_a = 2151.38N$

$F_{a2} = F_{s2} = 1568.03N$

（5）计算当量动载荷 P。

①对于轴承 1：$\dfrac{F_{a1}}{F_{r1}} = \dfrac{2151.38}{1687.35} = 1.28 > e = 0.68$，$X_1 = 0.41$，$Y_1 = 0.87$

$P_1 = X_1 F_{r1} + Y_1 F_{a1} = 0.41 \times 1687.35 + 0.87 \times 2151.38 = 2563.51N$

②对于轴承 2：$\dfrac{F_{a2}}{F_{r2}} = \dfrac{1568.03}{2305.93} = 0.68 = e$，不考虑轴向力，$X_2 = 1$，$Y_2 = 0$

$P_2 = X_2 F_{r2} + Y_2 F_{a2} = F_{r2} = 2305.93N$

因 $P_1 > P_2$，故按轴承 1 的当量动载荷来计算轴承寿命，即取 $P = P_1 = 2563.51N$

（6）轴承寿命校核计算。

$L_h = \dfrac{10^6}{60n}\left(\dfrac{f_t C_r}{f_P P}\right)^\varepsilon = \dfrac{10^6}{60 \times 571.43} \times \left(\dfrac{1 \times 47.5 \times 10^3}{2.5 \times 2563.51}\right)^3 = 11875.21h > 50000h$

所选轴承符合要求。

【说明】由表 7-8 查得，在较大冲击下，载荷系数修正 $f_P = 2.5$；常温下工作，温度修正系数 $f_t = 1$；本例中，所用轴承为球轴承，轴承指数为 3。

7.8.3 曲轴连杆处滑动轴承校核计算

1. 已知数据

轴瓦内径 $d = 100mm$，轴瓦工作长度 $l = 120mm$，曲轴转速 $n = 50r/min$，所受径向力 60kN。

2. 计算步骤、结果及说明

（1）选择轴瓦材料。

该轴承在强冲击条件下工作，但速度较低，由表 7-12 选轴瓦材料为 $ZCuAl_{10}Fe_3$，查得：$[p] = 15MPa$，$[pv] = 12\ MPa \cdot m/s$，$[v] = 4\ m/s$。

（2）验算轴承的平均压力 p。

$p = \dfrac{F_r}{dB} = \dfrac{60 \times 10^3}{100 \times 120} = 5MPa \leqslant [p]$

（3）验算轴承的 pv 值。

$pv \approx \dfrac{F_r n}{19100B} = \dfrac{60 \times 10^3 \times 50}{19100 \times 120} = 1.3MPa \cdot m/s \leqslant [pv]$

（4）验算轴承的圆周速度 v。

$v = \dfrac{\pi dn}{60 \times 1000} = \dfrac{\pi \times 100 \times 50}{60 \times 1000} = 0.26m/s \leqslant [v]$

核算结果表明，轴承的发热不严重，但这是基于正确安装和保证润滑条件下的结论，如果安装不正确，润滑条件不好，轴承的工作条件将显著变坏。

思考与练习题

1. 判断题

7-1 旋转的轴是转轴。 （　　）

7-2 为了提高轴的刚度，可以将轴材料由碳钢改换为合金钢。 （　　）

7-3 为了减少刀具种类，轴上直径相近的轴段上的圆角、倒角、键槽宽度、砂轮越程槽宽度和退刀槽宽度等应尽可能采用相同的尺寸。 （　　）

7-4 进行轴的设计时，轴的刚度校核计算是非常重要且是必须进行的。 （　　）

7-5 为了使轴上零件能紧靠轴肩而实现准确可靠的轴向定位，轴肩处的过度圆角半径应大于与之相配的零件毂孔端部圆角半径或倒角尺寸。 （　　）

7-6 与碳钢相比，合金钢对应力集中更为敏感，因此对用合金钢制成的轴，其表面粗糙度的控制应更为严格些。 （　　）

7-7 深沟球轴承属于向心轴承，故它只能承受径向载荷，不能承受轴向载荷。 （　　）

7-8 在同样尺寸和材料的条件下，滚子轴承的承载能力要高于球轴承，所以在载荷较大时或有冲击载荷时，应优先采用滚子轴承，对中轻载荷应优先选用球轴承。 （　　）

7-9 滚动轴承工作时，固定套圈处于承载区内某点的应力变化为对称循环。 （　　）

7-10 对单个轴承而言，能够达到或超过其基本额定寿命的概率为90%。 （　　）

7-11 直径系列代号只反映出轴承径向尺寸的变化，不反映宽度方向的变化。 （　　）

7-12 为便于轴承拆卸，实现轴承内圈轴向定位的轴肩高度应高于内圈的外径。 （　　）

7-13 根据轴承寿命计算公式算出的轴承寿命，是轴承的基本额定寿命。 （　　）

7-14 齿式联轴器能补偿两轴的综合位移。 （　　）

7-15 联轴器所联接的两个轴段的直径必须是相等的。 （　　）

2. 选择题

7-16 优质碳钢经调质处理制造的轴，验算刚度时发现不足，正确的改进方法是＿＿＿＿＿＿。

　　A. 加大直径 　　　　B. 改用合金钢 　　　C. 改变热处理方法 　　D. 降低表面粗糙度值

7-17 工作时只承受弯矩，不传递转矩的轴，称为＿＿＿＿＿＿。

　　A. 心轴 　　　　　　B. 转轴 　　　　　　C. 传动轴 　　　　　　D. 曲轴

7-18 采用＿＿＿＿＿＿的措施不能有效地改善轴的刚度。

　　A. 改用高强度合金钢 　B. 改变轴的直径 　　C. 改变轴的支承位置 　D. 改变轴的结构

7-19 转动的轴，受不变的载荷，其所受的弯曲应力的性质为＿＿＿＿＿＿。

　　A. 脉动循环 　　　　B. 对称循环 　　　　C. 静应力 　　　　　　D. 非对称循环

7-20 深沟球轴承，内径100mm，宽度系列0，直径系列2，公差等级为0级，游隙0组，其代号为＿＿＿＿＿＿。

　　A. 60220 　　　　　B. 6220/PO 　　　　C. 60220/PO 　　　　D. 6220

7-21 ＿＿＿＿＿＿是只能承受径向载荷的轴承。

　　A. 深沟球轴承 　　　B. 调心球轴承 　　　C. 角接触球轴承 　　D. 圆柱滚子轴承

7-22 角接触球轴承承受轴向载荷的能力，随接触角 α 的增大而＿＿＿＿＿＿。

　　A. 增大 　　　　　　B. 减少 　　　　　　C. 不变 　　　　　　D. 不定

7-23 下列四种轴承中，＿＿＿＿＿＿必须成对使用。

　　A. 深沟球轴承 　　　B. 圆锥滚子轴承 　　C. 推力球轴承 　　　D. 圆柱滚子轴承

7-24 滚动轴承的接触式密封是＿＿＿＿＿＿。

A. 毡圈密封　　　　　B. 油沟式密封　　　　　C. 迷宫式密封　　　　　D. 甩油密封

7-25　巴氏合金用来制造_____。

A. 单层金属轴瓦　　　B. 双层或多层金属轴瓦　　C. 含油轴承轴瓦　　D. 非金属轴瓦

7-26　非液体摩擦滑动轴承，验算 $pv < [pv]$ 是为了防止轴承_____。

A. 过度磨损　　　　　B. 过热产生胶合　　　　C. 产生塑性变形　　　D. 发生疲劳点蚀

3. 填空题

7-27　如将轴按受力方式分类，可将受_____作用的轴称为心轴，受_____作用的轴称为传动轴，受_____作用的轴称为转轴。

7-28　自行车的后轮轴是_____轴，自行车的前轮轴是_____轴，中间轴是_____轴。

7-29　轴上零件的轴向定位和固定常用的方法有_____，_____，_____和_____。

7-30　轴上零件的周向固定常用的方法有_____，_____，_____和_____。

7-31　增大轴在剖面过渡处的圆角半径，其目的是_____。

7-32　按弯曲扭转合成计算轴的应力时，折合系数 α 是考虑_____。

7-33　滚动轴承部件支承轴时，若采用双支点单向固定式，其适用条件应是工作时温升_____或轴的跨距_____的场合。

7-34　根据工作条件选择滚动轴承类型时，若轴承转速高，载荷小应选择_____轴承；在重载或冲击载荷下，最好选用_____轴承。

7-35　滚动轴承的基本额定动负荷是指_____，某轴承在基本额定动负荷作用下的基本额定寿命为_____。

7-36　一般运转的滚动轴承的主要失效形式为_____和_____。

7-37　内径 $d = 17\text{mm}$ 的轴承，其内径代号为_____；内径 $d = 15\text{mm}$ 的轴承，其内径代号为_____；内径 $d = 30\text{mm}$、中系列圆锥滚子轴承，公差等级为 P5，其代号为_____；内径 $d = 85\text{mm}$，重系列的外圈无挡边圆柱滚子轴承，公差等级 P6，其代号为_____；内径 $d = 50\text{mm}$，轻系列向心推力球轴承，$\alpha = 15°$，公差等级 P4，其代号为_____。

7-38　70000C，70000AC 和 70000B 三种轴承中，承受轴向负荷能力最大者为_____。

7-39　液体摩擦动压滑动轴承的轴瓦上的油孔、油沟的位置应开在_____。

7-40　对非液体摩擦滑动轴承，为防止边界膜破裂，轴承过度磨损，应校核_____，为防止轴承温升过高产生胶合，应校核_____。

4. 分析与设计计算题

7-41　按示例1的方式指出如图7-65所示轴系结构错误并说明原因，所指出的错误应不少于八处。

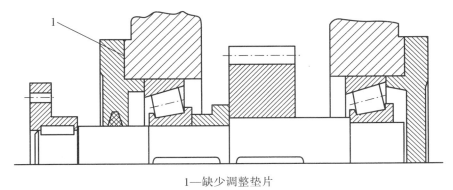

1—缺少调整垫片

图 7-65

7-42 如图 7-66 所示的轴系结构，指出其结构设计中的错误。（注：不考虑轴承的润滑的方式以及图中的倒角和圆角）

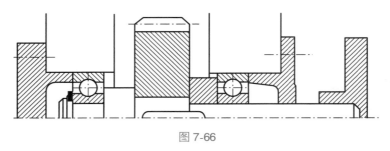

图 7-66

7-43 已知一传动轴所传递的功率 $P = 20\text{kW}$，转速 $n = 720\text{r/min}$，材料为 45 钢，求该轴所需要的最小直径。

7-44 某机械传动中装置的轴承组合如图 7-67 所示。已知 $F_{ae} = 2000\text{N}$，$F_{re} = 9000\text{N}$，轴的转速为 $n = 1500\text{r/min}$，预期工作寿命为 $L'_h = 9000\text{h}$，载荷系数为 $f_p = 1.6$，拟采用一对 30211 轴承，试判断该轴承是否合用。

注：30211 轴承的 $C_r = 86500$ N，其派生轴力按 $F_s = \dfrac{F_r}{(2Y)}$ 计算，$e = 0.345$；当 $\dfrac{F_a}{F_r} \leqslant e$，$X = 1$，$Y = 0$；当 $\dfrac{F_a}{F_r} > e$，$X = 0.4$，$Y = 1.7$。

7-45 如图 7-68 所示，齿轮轴支承在一对 7210AC 轴承上，工作在常温下，平稳运转。齿轮的受力 $F_{re} = 12000\text{N}$，$F_{ae} = 2500\text{N}$，转速 $n = 600\text{r/min}$，轴承的预期寿命 $L'_h = 3500\text{h}$，试校核该对轴承是否合格。

注：7208AC 轴承的 $C_r = 40.8\text{kN}$，$e = 0.68$；当 $\dfrac{F_a}{F_r} \leqslant e$ 时，$X = 1$，$Y = 0$；当 $\dfrac{F_a}{F_r} > e$ 时，$X = 0.41$，$Y = 0.87$。

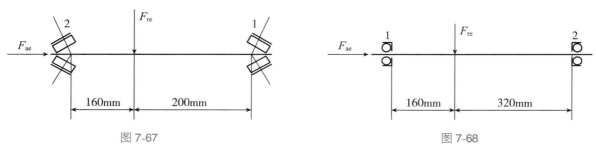

图 7-67   图 7-68

7-46 轴承是机械设备中不可或缺的核心零部件，也是一国工业发展的重要基础零部件，它是数学物理等理论加上材料科学、热处理技术、精密加工和数控技术等多学科的产物。可以不夸张地说，哪里有旋转，哪里就有轴承。轴承是重要的战略物资，"二战"期间，交战双方首批轰炸目标就包括轴承工厂。作为工业基础零件的供应商，我国的轴承厂家利润率一直较低。时至今日，西方国家仍然严禁向我国出口军用轴承以及可用于生产军用轴承的设备和仪器。

1949 年前，中国轴承制造业几乎是一片空白。机械设备配套和维修需要的轴承，基本上依靠进口，没有一家能独立生产轴承四元件（内外套、液动体和保持架）的工厂。1949 年，全国轴承年产量为 13.8 万套，到了 2018 年，全国轴承年产量达到了 1401 亿套。

请查询并讨论我国轴承制造业突飞猛进的原因，并结合本章知识，讨论一下决定轴承制造业发展的关键技术和设备有哪些，分别起到什么作用，如有能力可查询轴承企业公开技术资料、轴承产品目录、轴承附件、工具及价格，选择部分产品讨论其结构和技术。

习近平参观访问
瑞典斯凯孚轴承
公司

第8章

连杆机构的分析与设计

本章概要地介绍了平面连杆机构的特点、类型及典型应用；较详细地介绍了平面四杆机构的基本形式、演化方法及四杆机构的一些基本知识（如曲柄存在的条件、急回运动特性、行程速比系数、压力角和传动角和死点等）；重点阐述了平面四杆机构的运动设计方法。

连杆机构是若干构件通过低副联接构成的常用机构，其特征是原动件的运动必须经过一个或多个不与机架直接相连的中间构件才能传递给运动输出构件，该中间构件称为连杆。连杆机构有平面连杆机构和空间连杆机构之区分，其中，平面连杆机构中的低副通常表现为圆柱面或平面接触，其优点是承载能力高、耐磨性好和易制造。此外，平面连杆机构形式多样、可实现给定的运动规律或复杂轨迹，因此在工、农业机械及各种仪器仪表中获得了广泛应用。本实例中精压机主机的冲压机构就采用了连杆机构。

连杆机构中的构件大多呈杆状，故常称之为杆，并且连杆机构多以其所包含的构件数命名。例如，把由四个构件组成的连杆机构称为四杆机构。考虑到平面四杆机构在工程上的应用最为广泛，并且它是组成多杆机构的基础，因此，本章着重介绍平面四杆机构。

8.1 平面四杆机构的形式及应用

8.1.1 铰链四杆机构

铰链四杆机构是平面四杆机构的基本形式，它的运动副均为转动副，如图 8-1 所示。在该机构中，构件 4 称为机架，与机架 4 相连的构件 1 和 3 均被称为连架杆，联接两个连架杆的构件 2 称为连杆。若连架杆能绕其机架上的轴线做整周回转，就称其为曲柄（如构件 1），否则称其为摇杆（如构件 3）；若组成转动副的两构件能互做整周相对转动，就称该转动副为周转副（如 A、B 为周转副），否则称其为摆转副（如 C、D 为摆转副）。铰链四杆机构又分为以下三种形式。

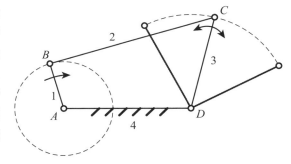

图 8-1　铰链四杆机构

1. 曲柄摇杆机构

若铰链四杆机构的两个连架杆一个是曲柄，另一个是摇杆，则称此铰链四杆机构为曲柄摇杆机构。曲柄摇杆机构既能把主动曲柄的连续的回转运动转换为从动摇杆的往复摆动，也可把主动摇杆的摆转运动转换为从动曲柄的整周回转运动。如图 8-2 所示的缝纫机踏板机构、如图 8-3 所示的搅拌机的搅拌机构以及雷达天线的俯仰机构等均为曲柄摇杆机构的应用实例。

2. 双曲柄机构

若铰链四杆机构中的两个连架杆均为曲柄，它就是双曲柄机构，如图 8-4 所示。这种机构的运动特点是，当主动曲柄以等角速度回转时，从动曲柄一般做变速回转运动。矿用惯性筛机构（见图8-5）和旋转柱塞泵机构等采用了这种机构。

　　工程上应用较多的双曲柄机构是平行四边形机构（见图8-6），这种机构的主、从动曲柄平行且长度相等。运行时，两曲柄等速、同向回转但连杆做平移运动。如图8-7所示的机车车轮联动机构及图8-8所示的摄影平台升降机构均为其应用实例。

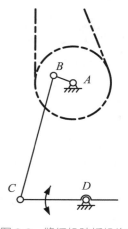

图8-2　缝纫机踏板机构

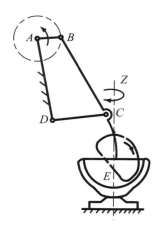

图8-3　搅拌机的搅拌机构

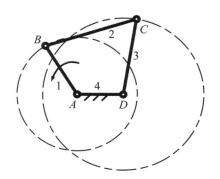

图8-4　双曲柄机构

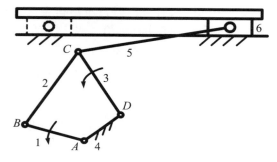

图8-5　惯性筛机构

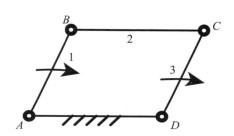

图8-6　平行四边形机构

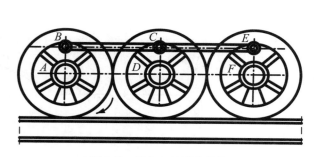

图8-7　机车车轮联动机构

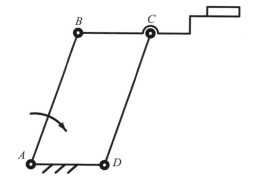

图8-8　摄影平台升降机构

3. 双摇杆机构

　　如果铰链四杆机构的两连架杆均为摇杆，则称其为双摇杆机构。鹤式起重机中的主体机构 *ABCD* 即为双摇杆机构（见图8-9），它可使悬挂重物做近似水平直线移动，从而避免因重物升降而带来的能量消耗。若双摇杆机构中的两摇杆长度相等，则称其为等腰梯形机构。如图8-10所示的汽车前轮转向机构即为等腰梯形机构。

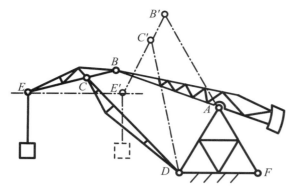

图 8-9　鹤式起重机的双摇杆机构

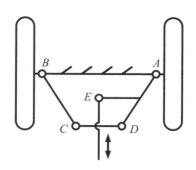

图 8-10　汽车前轮转向机构

8.1.2 平面四杆机构的演化

除了上述三种形式的铰链四杆机构之外，机械中还广泛应用其他形式的平面四杆机构，这些四杆机构可认为是铰链四杆机构通过一定的方式演化而来的。机构的演化不仅是为了满足运动方面的要求，还往往是为了改善机构受力状况以及为了满足结构设计上的要求等。各种演化而得的四杆机构虽然外形不一定相同，但它们的设计、分析方法却是相同或相似的，这就为更好地研究连杆机构提供了方便。

1. 改变构件形状与尺寸

若将图 8-11（a）的曲柄摇杆机构中的摇杆 3 改为图 8-11（b）中的弧形滑块，并使该滑块的移动导路 $\beta—\beta$ 与图 8-11（a）中铰链 C 的运动轨迹相同，这两个机构的运动形式就相同，但此时曲柄摇杆机构却演变为带弧线导轨的曲柄滑块机构。当构件 3 的长度 l_{CD} 无限长（D 点趋于无穷）时，$\beta—\beta$ 将变成直线，这时曲柄摇杆机构演变成偏置曲柄滑块机构，如图 8-11（c）所示。若曲柄滑块机构中的偏置距 $e=0$，则它就成为对心曲柄滑块机构。曲柄滑块机构在内燃机、压缩机和冲床等多种机器上有着非常广泛的应用。

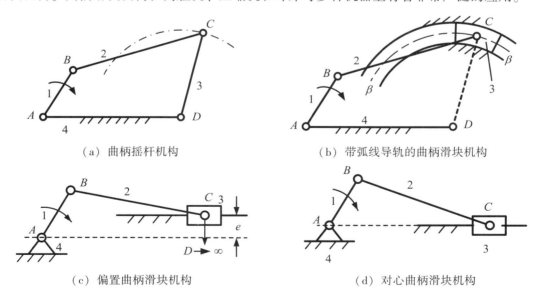

（a）曲柄摇杆机构　　　　　　　　　　（b）带弧线导轨的曲柄滑块机构

（c）偏置曲柄滑块机构　　　　　　　　（d）对心曲柄滑块机构

图 8-11　曲柄摇杆机构的演化

2. 取不同构件作机架

表 8-1 的图（a）为曲柄滑块机构，其 AB 杆为曲柄，A、B 是周转副，C 为摆转副，若将该机构中的曲柄 AB 改为机架，该机构将变成图（b）所示的导杆机构；若在图（a）中取 BC 杆为机架，则将演化出图（c）所示的曲柄摇块机构；若在图（a）中取滑块为机架，则机构演变成图（d）所示的直动滑杆机构。可见，对于同一个闭式运动链，若取其不同的构件为机架，可获得不同的机构，这种演化方法称为机构倒置法。

表 8-1　曲柄滑块机构中取不同构件作为机架的演化

机构名称	作机架的构件	机构运动简图	工程应用实例
曲柄滑块机构	4	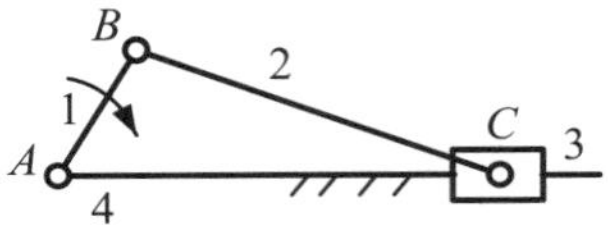 （a）	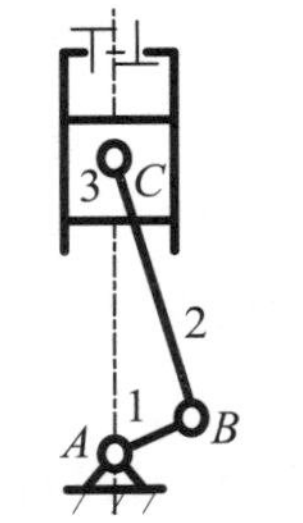 内燃机、压缩机和冲床等
导杆机构	1	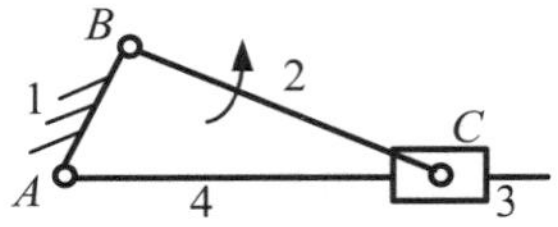 （b）	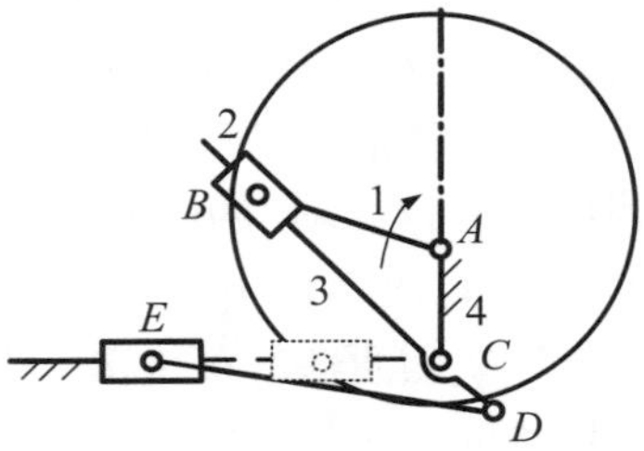 小型刨床
曲柄摇块机构	2	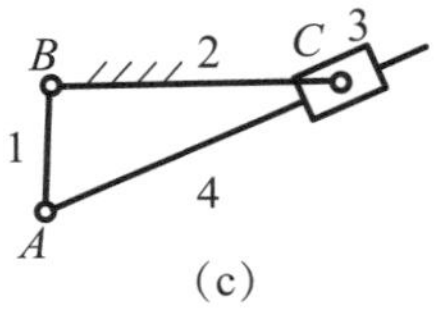 （c）	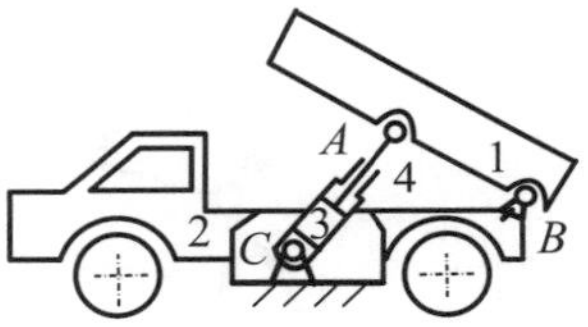 自卸汽车卸料机构
直动滑杆机构	3	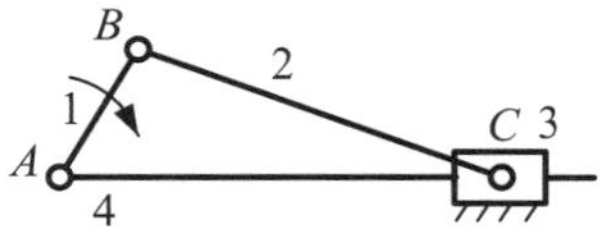 （d）	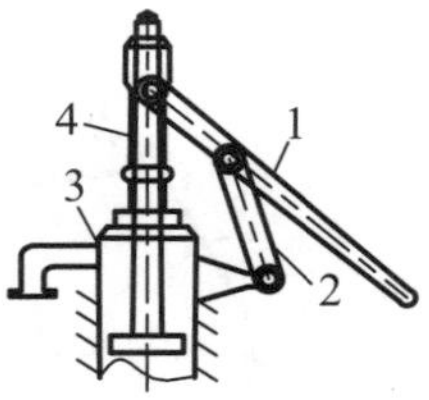 手压抽水机

3. 运动副的转换

（1）移动副的转换。

移动副的转换分为移动副平移和移动副元素互换两种形式。若将图 8-12（a）中的构件 2 与构件 3 在 D 处所构成的移动副平移至 B 处，就会得到图 8-12（b）所示的机构。移动副平移后，原构件 3 与现构件 3 之间的相对运动关系没变，两机构运动完全相同，互称为等价机构，这种演化方式称为移动副的平移。

在图 8-13（a）的导杆机构中，滑块 2 和导杆 3 组成移动副，将该移动副的元素进行互换，可得到如图 8-

13（b）所示的机构。这两个机构的运动也完全相同，也互为等价机构，这种演化方式称为移动副元素的互换。

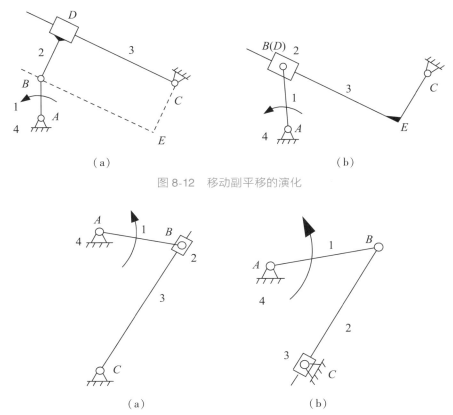

图 8-12　移动副平移的演化

图 8-13　移动副元素互换的演化

（2）转动副转换。

在机构中，将组成转动副的两元素之间的包容和被包容关系进行互换，以及两元素同比例地放大或缩小（相对转动中心不变），都不会改变机构的运动。例如，在如图 8-14（a）所示的曲柄摇杆机构中，因 AB 杆长度太短，给其加工带来较大困难，为此，可将铰链 B（或 A）放大，使其成为如图 8-14（b）所示的偏心轮机构，这时构件 1 和构件 2 之间的相对运动仍为绕 B 点的相对转动。在图 8-14（a）中，构件 2、3 之间的相对运动是以 C 点为中心的转动，若因空间位置限制，铰链 C 无法安装，可将铰链 C 放大到 D 点，并将杆件 3 改为圆弧滑块。

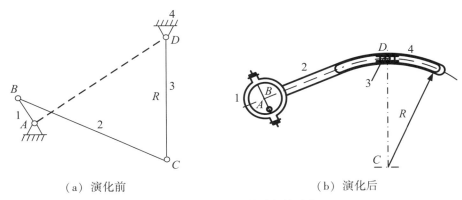

（a）演化前　　　　　　　　　　　　　　（b）演化后

图 8-14　转动副转换的机构演化

8.2 平面四杆机构的运动和动力传递特性

8.2.1 四杆机构存在曲柄的条件

平面四杆机构存在曲柄的一个重要前提是其转动副中存在周转副，为此，这里有必要先分析一下四杆机构中的转动副成为周转副的条件。

考察图 8-15 所示的铰链四杆机构，其各杆的长度分别为 a、b、c、d。要想使转动副 A 成为周转副，则 AB 应能先后通过与 AD 共线的两个位置 A_1B_1、A_2B_2。不失一般性，可设 $a \leqslant d$。根据 $\triangle B_1C_1D$ 和 $\triangle B_2C_2D$ 的边长关系，可得

$$a + d \leqslant b + c \tag{8-1}$$

$$b \leqslant (d-a) + c \quad \text{即} \quad a + b \leqslant c + d \tag{8-2}$$

$$c \leqslant (d-a) + b \quad \text{即} \quad a + c \leqslant b + d \tag{8-3}$$

将式（8-1）至式（8-3）两两相加后，可得

$$a \leqslant b, a \leqslant c, a \leqslant d$$

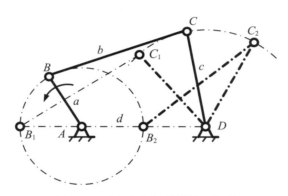

图 8-15 曲柄与机架共线的两位置

通过以上分析可知，转动副 A 成为周转副的条件是：

（1）最短杆长度+最长杆长度 ≤ 其余两杆长度之和，此谓杆长条件。

（2）组成转动副 A 的两杆中有一杆为四杆中的最短杆。

因为曲柄首先必须是连架杆，故只有当连架杆与机架形成的转动副是周转副时，机构内才会有曲柄存在。因此，在满足上述杆长条件的前提下，铰链四杆机构是否存在曲柄，还取决于其最短杆到底是作为机构中的什么构件，具体来说如下：

①当取最短杆作为连架杆时，铰链四杆机构成为曲柄摇杆机构。

②当取最短杆作为机架时，铰链四杆机构成为双曲柄机构。

③当取最短杆作为连杆时，铰链四杆机构成为双摇杆机构。

必须指出的是，如果铰链四杆机构不满足前述杆长条件，则无论将最短杆作何构件，机构中都不会有曲柄存在，该机构只能是双摇杆机构。

对于如图 8-16 所示的偏置曲柄滑块机构，采用类似的

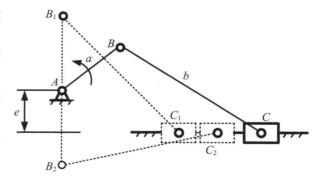

图 8-16 曲柄滑块机构的曲柄与机架共线位置

分析方法，不难得到其 AB 成为曲柄的条件：

$$a + e \leqslant b \tag{8-4}$$

式中，a 为曲柄长度，e 为滑块的偏心距，b 为连杆长度。

8.2.2 急回运动特性

在如图 8-17 所示的曲柄摇杆机构中，当主动曲柄 1 处于与连杆 2 共线的位置 B_1A 时，从动摇杆 3 处于其右极限位置 C_1D。若曲柄 1 以等角速度 ω 逆时针转过 φ_1 角，由 B_1A 转至与连杆 2 重叠的位置 B_2A（工作行程）时，摇杆 3 到达其左极限位置 C_2D；当曲柄 1 继续转过角 φ_2，由 B_2A 转回到位置 B_1A 时，摇杆 3 由左极限位置 C_2D 摆回至右极限位置 C_1D（回程）。摇杆 3 的往复摆角均为 ψ。φ_1、φ_2 分别为

$$\left.\begin{array}{l} \varphi_1 = 180° + \theta \\ \varphi_2 = 180° - \theta \end{array}\right\} \tag{8-5}$$

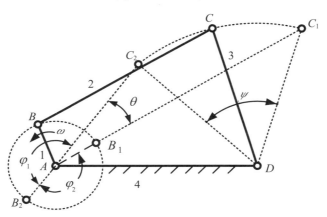

图 8-17　曲柄摇杆机构的极位夹角

式中，θ 为摇杆 3 分别处于其两极限位置时对应曲柄所夹的锐角，称之为极位夹角。

因为 $\varphi_1 > \varphi_2$，所以当曲柄 1 以等角速度 ω_1 转过这两个角度时，对应的时间 $t_1 > t_2$，且 $\varphi_1/\varphi_2 = t_1/t_2$。这样，摇杆 3 进行往复摆动的平均角速度是不等的，它们分别是

$$\left.\begin{array}{l} \omega_{m1} = \psi/t_1 \\ \omega_{m2} = \psi/t_2 \end{array}\right\} \tag{8-6}$$

显然，$\omega_{m2} > \omega_{m1}$，回程的平均速度大于工作行程的平均速度，把四杆机构的这种运动特性称为急回特性，并引入行程速比系数 K 衡量急回的程度，即

$$K = \frac{\omega_{m2}}{\omega_{m1}} = \frac{\varphi_1}{\varphi_2} = \frac{180° + \theta}{180° - \theta} \tag{8-7}$$

显然，若已知行程速比系数 K，按式（8-8）即可求得机构的极位夹角 θ

$$\theta = 180° \times \frac{K - 1}{K + 1} \tag{8-8}$$

式（8-7）表明：只要机构存在极位夹角 θ，就一定有急回运动特性，并且极位夹角 θ 愈大，K 值愈大，急回特性愈明显。

图 8-18 和 8-19 中的虚线分别表示了偏置曲柄滑块机构和摆动导杆机构的两个极限位置和极位夹角，表明这两种机构也具有急回特性，也同样可以用行程速比系数 K 来表示它们的急回特性。

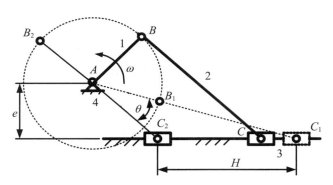

图 8-18　偏置曲柄滑块机构的急回特性

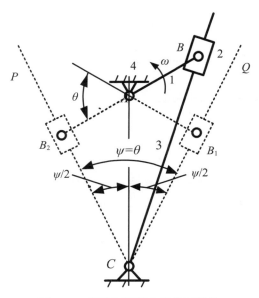

图 8-19　摆动导杆机构的急回特性

8.2.3　压力角与传动角

在生产中，人们总是希望连杆机构运转轻便、效率高，为此有必要分析机构的传力特性。如图 8-20 所示，在铰链四杆机构 $ABCD$ 中，原动件 AB 受到驱动力矩 M_d 作用，在不计摩擦、构件惯性力及重力的条件下，构件 AB 通过连杆 BC 作用在从动件 CD 上的力 F 必沿 BC 方向。把作用在从动件上的驱动力 F 与该力的作用点的速度 v_C 所夹的锐角 α 称为机构的压力角。可见，F 在 v_C 方向上的有效分力为 $F_t = F\cos\alpha$，故压力角越小，有效分力越大。换言之，压力角可作为衡量机构传力性能的一个标志。在连杆机构设计中，为了度量方便，习惯采用压力角 α 的余角（$\gamma = 90° - \alpha$）来判断机构传力性能的好坏，并把 γ 称为传动角。显然，传动角越大，传力性能越好；反之，机构传动越费劲，传动效率越低。

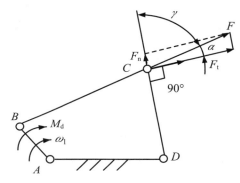

图 8-20　四杆机构的压力角

当连杆机构运动时，其压力角和传动角都是变化的。为了保证机构的正常工作，必须对最小传动角的下限进行限定。对于一般机构，通常取 $\gamma_{min} \geqslant 40°$；对颚式破碎机和冲床等，可取 $\gamma_{min} \geqslant 50°$。对于小功率控制机构和仪表，$\gamma_{min}$ 可略小于 40°。

以曲柄摇杆机构当曲柄为主动件时，最小传动角 γ_{min} 总是出现在其曲柄与机架共线的两个位置当中的一个。在图 8-15 中，用虚线表示了曲柄与机架共线的两个位置，如果该图中的 $\angle B_1C_1D$ 和 $\angle B_2C_2D$ 均为锐角，则该机构的最小传动角为

$$\gamma_{min} = \min(\angle B_1C_1D,\ \angle B_2C_2D) \tag{8-9}$$

若 $\angle B_1C_1D$ 和 $\angle B_2C_2D$ 中一个为锐角（图 8-15 中的 $\angle B_1C_1D$ 就是锐角），另一个为钝角（图 8-15 中的 $\angle B_2C_2D$ 实际上是钝角），则该机构的最小传动角为

$$\gamma_{min} = \min(\angle B_1C_1D,\ 180 - \angle B_2C_2D) \tag{8-10}$$

值得一提的是，当摆动导杆机构以曲柄为主动件时，其传动角恒为 90°，故导杆机构的传力性能比较好，这也是导杆机构的一个重要特性。

8.2.4 死点位置

在四杆机构中，若从动件上的传动角 $\gamma = 0°$，则作用在从动件上的有效驱动力矩为零，此时机构所处的位置称为"死点"。若曲柄摇杆机构以摇杆为主动件，当连杆 BC 与从动曲柄 AB 分别处于如图 8-21 所示的两共线位置 C_1B_1A、C_2B_2A 时，则连杆 BC 作用在从动曲柄 AB 上的驱动力通过曲柄的回转中心 A，此时 $\gamma = 0°$，驱动力的有效分力为 0，机构处于死点。同样地，若曲柄滑块机构以滑块为主动件，当其连杆与曲柄共线时，机构也处于死点，如图 8-22 所示。

对传动机构来说，机构处于死点是不利的，必须设法使机构顺利通过死点。一个办法是在曲柄上安装转动惯量很大的飞轮，利用惯性力使机构通过死点。例如，图 8-2 所示缝纫机踏板机构中的大带轮就起到了飞轮的作用。还可采用几组相同机构错开相位排列的办法，使这几组机构在不同时刻通过死点，图 8-23 所示的蒸汽机车车轮联动机构就是由 EFG 和 $E'F'G'$ 两组曲柄滑块机构错开 90° 相位组成的。

工程上有时要利用死点来实现某些功能。在图 8-24 所示的钻床夹具中，当在手柄 2 上施加一个力将工件夹紧后，构件 2、3 共线，机构处于死点，松手后夹具不会自行松开。图 8-25 所示为飞机起落架机构，当机轮放下时，杆 BC 与杆 CD 成一直线，此时，机轮上可能受到很大的力，但因机构处于死点，故经杆 BC 传给杆 CD 的力通过其回转中心 D，起落架不会反转，从而使飞机降落更加可靠。

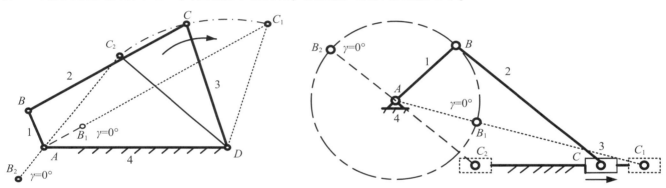

图 8-21 曲柄摇杆机构的两个死点位置 　　　　　图 8-22 曲柄滑块机构的两个死点位置

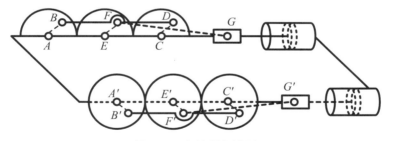

图 8-23 机构错位排列

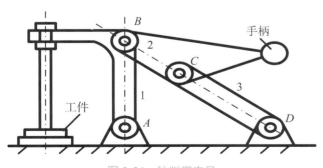

图 8-24 钻削用夹具

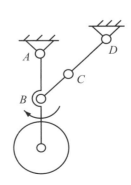

图 8-25 飞机起落架中的死点

平面四杆机构的运动设计

8.3.1 连杆机构设计的基本问题

连杆机构的设计主要包含以下三方面内容。

（1）根据给定的工作要求选定连杆机构的形式：对于平面四杆机构来说，就是要在曲柄摇杆机构、曲柄滑块机构等各种类型的机构中适当地选定一种形式。

（2）根据给定的运动要求以及其他附加的几何条件（如杆长限制）、动力条件（如传动角）等，确定机构的运动尺度（如各杆的杆长、偏距等）。

（3）根据机构的工作条件及受力状况等，确定构件的结构形式及运动副的结构。

连杆机构的运动设计主要解决两类问题：一类是实现给定的从动件运动规律，即按给定的构件位置或速度（甚至加速度）要求设计连杆机构；另一类是按照给定的点的运动轨迹设计连杆机构。

连杆机构的设计方法有作图法、解析法和实验法。作图法直观、解析法精确、实验法简便。本书只介绍前两种方法，读者如对实验法感兴趣，可参阅其他教材。

8.3.2 平面四杆机构的运动设计

1. 按给定连杆位置设计四杆机构

设计任务描述：如图 8-26 所示，给定连杆 BC 的长度和连杆的两个预定占据的位置 B_1C_1、B_2C_2，要求设计铰链四杆机构 $ABCD$。

设计的主要任务是确定处于机架上的固定铰链中心 A 和 D 的位置。不难理解，处于连杆上的两活动铰链 B、C 的轨迹是分别以固定铰链中心 A、D 为圆心、以两连架杆长度为半径的圆弧。因此，只需分别作 B_1、B_2 连线的中垂线 b_{12} 和 C_1、C_2 连线的中垂线 c_{12}，并分别在 b_{12} 和 c_{12} 上任取一点作为固定铰链中心 A 和 D 就可满足设计要求。最后，联接 AB_1C_1D 即得所求的铰链四杆机构。显然，满足要求的解有无穷多个。如果再考虑其他附加条件，如曲柄条件、构件尺寸的范围、最小传动角等，还可从这些解中找到满足附加条件的解。

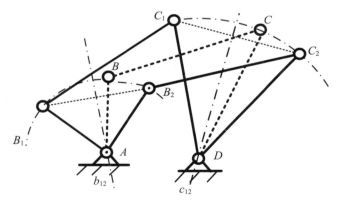

图 8-26　按连杆的两个预定位置设计四杆机构

设计任务描述：如图 8-27 所示，设给定了连杆 BC 的长度以及连杆的三个预定占据的位置 B_1C_1、B_2C_2、B_3C_3，要求设计铰链四杆机构 $ABCD$。

该问题的解答方法与给定两个连杆位置时的方法基本相同。只要分别作线段 B_1B_2、B_2B_3 的中垂线 b_{12}、b_{23}，b_{12} 和 b_{23} 的交点即是固定铰链中心 A；同理，线段 C_1C_2、C_2C_3 的中垂线 c_{12}、c_{23} 之交点即是固定铰链中心 D，联接 AB_1C_1D，即是要求的铰链四杆机构。可见，给定连杆的三个预定位置时，所求的铰链四杆机构是唯一的。

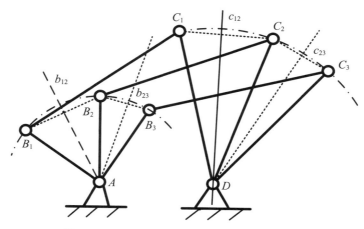

图 8-27 按连杆的三个预定位置设计四杆机构

2. 按给定行程速比系数设计四杆机构

（1）曲柄摇杆机构。

设计任务描述：已知曲柄摇杆机构的行程速比系数 K 的值、摇杆 CD 的长度及其摆角 ψ 的大小，要求设计该曲柄摇杆机构 $ABCD$。

设计方法（参考图 8-28）：

①先根据式（8-8），计算出极位夹角 θ；

②选定作图比例尺 μ_l 后，任取一点作为转动副 D 的位置，根据摇杆 CD 的长度和摆角 ψ 作出摇杆的两个极位 DC_1 和 DC_2；

③以线段 C_1C_2 为边，作 $\angle C_1C_2F = 90° - \theta$，$\angle C_1C_2F$ 的斜边 C_2F 与 C_1C_2 的垂线 C_1F 交于 F。以线段 C_2F 为直径作 $\mathrm{Rt}\triangle C_1C_2F$ 的外接圆。延长 C_2D、C_1D 分别交该圆于 M、N 点。在圆弧 C_1FM 或 C_2N 上任取一点作为曲柄的转动中心 A 的位置，联接 C_1A 和 C_2A，则必有 $\angle C_1AC_2 = \theta$。

④设 a 和 b 分别为曲柄 AB 和连杆 BC 长度，则 $l_{AC_1} = \mu_l AC_1$，$l_{AC_2} = \mu_l AC_2$，当转动中心 A 的位置确定以后，则有 $l_{AC_1} = b - a$，$l_{AC_2} = b + a$。

由此可得，曲柄和连杆的长分别为

$$
\left.
\begin{array}{l}
a = \dfrac{l_{AC_2} - l_{AC_1}}{2} \\[2mm]
b = \dfrac{l_{AC_2} + l_{AC_1}}{2}
\end{array}
\right\}
\tag{8-11}
$$

若完全用图解法求解，则可以 A 为圆心、以线段 AC_1 为半径画弧 C_1E，弧 C_1E 与 AC_2 交于点 E，则

$$
\left.
\begin{array}{l}
a = \dfrac{EC_2}{2}\mu_l = \dfrac{l_{EC_2}}{2} \\[2mm]
b = l_{AC_2} - a
\end{array}
\right\}
\tag{8-12}
$$

因转动中心 A 的位置是在圆弧上任取的，故满足要求的解有无穷多个。若设计时还补充了其他要求，如已知机架的长度，则 A 的位置唯一；若没有其他要求，应使最小传动角尽量大些，即 A 点应在圆周的上方选取。

若给定行程速比系数，要求设计偏置曲柄滑块机构，其设计方法与上述方法基本相似，具体将在本章的实例设计中进行介绍。

（2）摆动导杆机构。

设计任务描述：已知机架 AC 的长度及行程速比系数 K，要求设计导杆机构 ABC。

由图 8-19 可知，摆动导杆的摆角与机构的极位夹角相等，即 $\psi = \theta$，故在设计导杆机构时，只需确定曲

柄的长度。设计步骤如下（参见图8-19）：

①按式（8-8）计算极位夹角 θ；

②任选一点作为固定铰链中心 C 的位置，以 C 为顶点作 $\angle PCQ = \psi = \theta$；

③作 $\angle PCQ$ 的角平分线，并根据给定的机架长度定出固定铰链中心 A 的位置；

④过 A 点作线段 CQ 的垂线 AB，曲柄 AB 的长度为 $l_{AB} = \mu_l AB$。

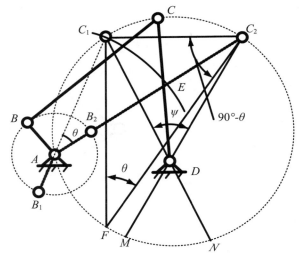

图 8-28　曲柄摇杆机构的作图设计

3. 函数机构的设计

（1）按两连架杆对应位置设计铰链四杆机构。

设计任务描述：设铰链四杆机构 $ABCD$ 的机架 AD 的长度为 d；要求使其主动连架杆 AB 和从动连架杆 CD 之间具有对应位置关系：$\varphi_{i1} \rightarrow \psi_{i3}(i = 1, 2, \cdots, n)$。下面用解析法进行求解，具体分析如下：

如图8-29所示，用矢量 a、b、c、d 分别表示铰链四杆机构 $ABCD$ 的杆长，并为该机构取直角坐标系 XOY，再将各杆矢沿 x 轴、y 轴方向进行投影，可得

$$\left.\begin{array}{l} b\cos\delta = d + c\cos\psi - a\cos\varphi \\ b\sin\delta = c\sin\psi - a\sin\varphi \end{array}\right\} \tag{8-13}$$

将式（8-13）中两方程的两边平方相加并化简，得

$$b^2 = a^2 + d^2 + c^2 + 2cd\cos\psi - 2ad\cos\varphi - 2ac\cos(\varphi - \psi) \tag{8-14}$$

令

$$\left.\begin{array}{l} R_1 = \dfrac{a^2 + d^2 + c^2 - b^2}{2ac} \\[3mm] R_2 = \dfrac{d}{c} \\[3mm] R_3 = \dfrac{d}{a} \end{array}\right\} \tag{8-15}$$

则得

$$R_1 - R_2\cos\varphi + R_3\cos\psi = \cos(\varphi - \psi) \tag{8-16}$$

若给定连架杆三组对应位置：$\varphi_{i1} \rightarrow \psi_{i3}(i = 1, 2, 3)$，将其代入式（8-16）后，可得

$$R_1 - R_2\cos\varphi_{i1} + R_3\cos\psi_{i3} = \cos(\varphi_{i1} - \psi_{i3}),\ i = 1, 2, 3 \tag{8-17}$$

求解方程组（8-17），可得 R_1、R_2 和 R_3，再将 R_1、R_2、R_3 回代式（8-15），这样就有

$$\left.\begin{array}{l} a = \dfrac{d}{R_3} \\[3mm] c = \dfrac{d}{R_2} \\[3mm] b = \sqrt{a^2 + c^2 + d^2 - 2acR_1} \end{array}\right\} \tag{8-18}$$

显然，如果给定两组对应位置 $\varphi_{i1} \rightarrow \psi_{i3}(i = 1, 2)$，理论上可求得无穷多组解。

（2）按曲柄与滑块对应位置设计曲柄滑块机构。

设计任务描述：要求设计曲柄滑块机构，使其曲柄的转角 φ 与滑块的位移 s 之间存对应关系：$\varphi_{i1} \rightarrow s_{i3}(i = 1, 2, \cdots, n)$。具体分析如下：

设曲柄长为 a，连杆长为 b，偏距为 e，取 A 点作为坐标原点，根据图8-30所示几何关系，可得

$$b^2 = (x_C - x_B)^2 + (y_C - y_B)^2 \tag{8-19}$$

而

$$x_C = s \ , \ y_C = e \ , \ x_B = a\cos\varphi \ , \ y_B = a\sin\varphi \tag{8-20}$$

可得

$$2as\cos\varphi + 2ae\sin\varphi - (a^2 - b^2 + e^2) = s^2 \tag{8-21}$$

令

$$\left.\begin{array}{l} R_1 = 2a \\ R_2 = 2ae \\ R_3 = a^2 - b^2 + e^2 \end{array}\right\} \tag{8-21}$$

则

$$R_1 s\cos\varphi + R_2 \sin\varphi - R_3 = s^2 \tag{8-23}$$

如果给定曲柄与滑块三组对应位置 $\varphi_{i1} \rightarrow s_{i3}(i = 1, \ 2, \ 3)$，代入式（8-16）可得

$$R_1 s\cos\varphi_{i1} + R_2 \sin\varphi_{i1} - R_3 = s_{i3}^2 \tag{8-24}$$

解方程组（8-24），可得 R_1、R_2 和 R_3，再把 R_1、R_2 和 R_3 回代式（8-21），有

$$\left.\begin{array}{l} a = \dfrac{R_1}{2} \\[2mm] e = \dfrac{R_2}{2a} \\[2mm] b = \sqrt{a^2 + e^2 - R_3} \end{array}\right\} \tag{8-25}$$

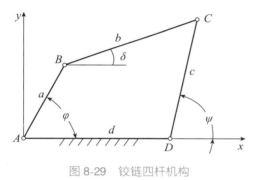

图 8-29　铰链四杆机构

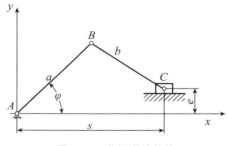

图 8-30　曲柄滑块机构

例 8.1　已知曲柄滑块机构中曲柄与滑块的对应位置为 $\varphi_1 = 60°$、$s_1 = 36\text{mm}$；$\varphi_2 = 85°$、$s_2 = 28\text{mm}$；$\varphi_3 = 120°$、$s_3 = 19\text{mm}$。试求各杆的长度。

解：将 φ 和 s 的三组对应值代入式（8-24），得

$$\left.\begin{array}{l} 36R_1\cos60° + R_2\sin60° - R_3 = 36^2 \\ 28R_1\cos85° + R_2\sin85° - R_3 = 28^2 \\ 19R_1\cos120° + R_2\sin120° - R_3 = 19^2 \end{array}\right\}$$

解之得

$$R_1 = 33.9999 \approx 34 \qquad R_2 = 130.8122 \qquad R_3 = -570.7133$$

则

$$a = R_1/2 = 17\text{mm}$$

$$b = \sqrt{a^2 + e^2 - R_3} = 29.572\text{mm}$$

$$e = R_2/2a = 3.847\text{mm}$$

8.4 实例设计与分析

实例名称：精压机中的连杆机构设计。

8.4.1 原始数据和设计要求

（1）上模做往复直线运动，具有快速下沉、等速工作进给和快速返回的特性。
（2）上模冲压机构应具有较好的传动性能，工作段的传动角 $\gamma \geqslant [\gamma] = 40°$。
（3）执行构件工作段长度 $l = 30 \sim 100\text{mm}$，对应曲柄转角 $\varphi = (1/3 \sim 1/2)\pi$。
（4）上模行程必须大于工作段长度的两倍。
（5）对行程速比系数的要求是 $K \geqslant 1.5$。

8.4.2 设计内容

分析上述要求，可将上模冲压机构的设计转化为偏置曲柄滑块机构设计问题，即已知行程速比系数 $K = 1.5$、上模行程 $H = 200\text{mm}$ 和偏距 $e = 100\text{mm}$，用作图法设计曲柄滑块机构，再验算最小传动角。

8.4.3 设计方法与步骤（图 8-31）

如图 8-31 所示为曲柄滑块机构的作图设计。
（1）根据式（8-8）求极位夹角：$\theta = 180°(K-1)/(K+1) = 36°$。
（2）根据 H 定比例尺 $\mu_1 = 1:1$，再定出：$C_1C_2 = H/\mu_l = 200\text{mm}$。
【说明】采用作图法设计机构时，一定要选择恰当的长度比例尺 μ_1，μ_1 的大小直接影响设计精度，长度比例尺 μ_1 = 实际长度/图示长度。
（3）作 $\angle C_1C_2M = 90° - 36° = 54°$ 的斜线，它与线段 C_1C_2 的垂线 C_1N 交于点 P。
（4）以线段 C_2P 为直径作圆，此圆为固定铰链 A 所在的圆。
（5）作一条与 C_1C_2 平行的直线，该直线到 C_1C_2 的距离等于给定的偏距 $e = 100\text{mm}$，此直线与上述圆的交点 A 或 A' 即为曲柄转轴的位置。
【说明】对心曲柄滑块机构的设计也可采用此方法。
（6）从图 8-31 中量出线段 AC_1 和 AC_2 的长度，结合所选的比例尺 $\mu_1 = 1:1$，利用式（8-11）便可求得曲柄和连杆的长 a 和 b。

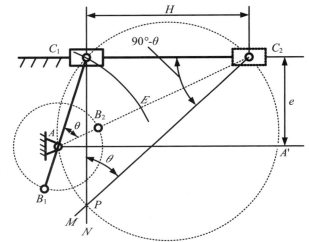

图 8-31　曲柄滑块机构的作图设计

📖🔍 思考与练习题

1.填空题

8-1　在曲柄摇杆机构中改变_____将演化出曲柄滑块机构。

8-2　平面四杆机构有无急回特性取决于_____。

8-3　平行四边形机构的极位夹角 $\theta = $ _____，行程速比系数 $K = $ _____。

8-4 曲柄滑块机构的曲柄处在与滑块移动方向垂直的位置时，其传动角 γ 为_____，导杆机构中的滑块对导杆的作用力方向始终垂直于导杆，其传动角 γ 为_____。

8-5 机构处于死点位置时，其压力角为_____，传动角为_____。

8-6 在曲柄摇杆机构中，当_____与_____处于两个共线位置之一时，出现最小传动角。

8-7 在曲柄摇杆机构中，当以_____为主动件，_____与_____构件两次共线时，机构处于死点位置。

8-8 铰链四杆机构具有两个曲柄的条件是_____。

8-9 铰链四杆机构变换机架（倒置）以后，各杆间的相对运动不变，理由是_____。

8-10 铰链四杆机构的急回特性是仅针对主动件做_____而言的。

8-11 对于双摇杆机构，最短构件与最长构件长度之和_____其余两构件长度之和。

8-12 若铰链四杆机构的最短杆与最长杆长度之和小于或等于其余两杆长度之和，当取与最短杆相邻的构件为机架时，机构为_____；当取最短杆为机架时，机构为_____；当取最短杆的对边杆为机架时，机构为_____。

8-13 曲柄长为 a、连杆长为 b 的对心曲柄滑块机构，其最小传动角等于_____。

8-14 铰链四杆机构的压力角是指在不计摩擦的情况下，连杆作用于_____上的力与该力作用点速度间所夹的锐角。

2. 简答题

8-15 在曲柄滑块机构中，当以曲柄为原动件时，是否有死点位置？为什么？

8-16 平面四杆机构存在曲柄的条件是什么？

8-17 何谓急回运动？在四杆机构中，能实现急回运动的机构有哪几种？

8-18 平面四杆机构的演化方法有哪几种？

3. 计算题

8-19 如图 8-32 所示破碎机机构中，已知破碎机的行程速比系数 $K=1.4$，动颚板 $l_{CD}=300\text{mm}$，摆角 $\varphi=35°$，动颚板处于极限位置 DC_1 时，铰链 C_1 与 A 间的距离 $l_{AC_1}=225\text{mm}$，求曲柄 AB、连杆 BC 和机架 AD 的长度。

8-20 如图 8-33 所示偏置曲柄滑块机构中，已知滑块行程为 80mm，当滑块处于两个极限位置时机构压力角分别是 30° 和 60°，试求：

（1）杆长 l_{AB}、l_{BC} 及偏距 e；

（2）该机构的行程速比系数 K；

（3）机构的最大压力角 $a_{\max}$。

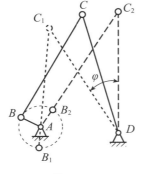

图 8-32　　　　　图 8-33

8-21 如图 8-34 所示铰链四杆机构中，已知 $l_{BC}=50\text{mm}$，$l_{DC}=35\text{mm}$，$l_{AD}=30\text{mm}$，试问：

（1）若此机构为曲柄摇杆机构，且 AB 杆为曲柄，l_{AB} 最大值为多少？

（2）若此机构为双曲柄机构，l_{AB} 的最大值为多少？

（3）若此机构为双摇杆机构，l_{AB} 应为多少？

（4）若 $l_{AB} = 15\text{mm}$，求该机构的行程速比系数 K 及最小传动角 $\gamma_{\min}$。

8-22 如图 8-35 所示为一牛头刨床的主传动机构，已知 $l_{AB} = 75\text{mm}$，$l_{DE} = 100\text{mm}$，行程速比系数 $K = 2$，刨头 5 的行程 $H = 300\text{mm}$。要求在整个行程中，刨头有较小的压力角，试设计此机构。

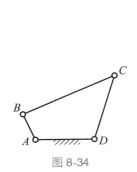

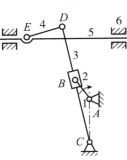

图 8-34 　　　　　　　　图 8-35

8-23 设计如图 8-36 所示的铰链四杆机构 $ABCD$。已知两连架杆 AB 和 CD 的对应位置为 $\varphi_0 = 60°$，$\varphi_{12} = \varphi_{23} = 30°$，$\psi_0 = 75°$，$\psi_{12} = \psi_{23} = 20°$，$l_{O_AO_B} = 50\text{mm}$。试用解析法求 l_{AB}、l_{O_BB} 和 l_{O_AA}。

8-24 如图 8-37 所示为摇杆滑块机构，已知滑块和摇杆的对应位置：$s_1 = 40\text{mm}$，$\varphi_1 = 60°$；$s_2 = 30\text{mm}$，$\varphi_2 = 90°$；$s_3 = 20\text{mm}$，$\varphi_3 = 120°$。试用解析法确定各构件的长度及偏心距 e。

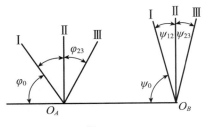

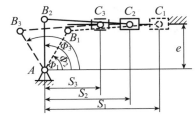

图 8-36 　　　　　　　　图 8-37

第9章 凸轮机构的分析与设计

本章概要地介绍了凸轮机构的组成、工作原理、工作特点及分类方法；介绍了推杆的几种常用运动规律及凸轮机构基本参数的确定方法；着重讨论了盘形凸轮机构的轮廓曲线设计方法以及凸轮机构的结构设计技术。

9.1 概述

9.1.1 凸轮机构组成、特点及应用

凸轮机构是由凸轮、推杆和机架等三个构件组成的高副机构，在工程中应用广泛。在如图 9-1 所示的内燃机的气门控制机构中，构件 1 为凸轮，当凸轮以恒定角速度回转时，将推动推杆 2 做往复摆动，控制气阀 3 按预期的运动规律运动。

如图 9-2 所示为自动机床的进刀机构。当具有凹槽的圆柱凸轮 1 等速转动时，凹槽推动推杆 2 做摆动，而推杆 2 再通过齿轮齿条传动控制进刀和退刀。

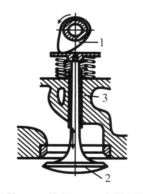
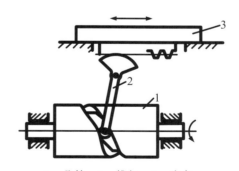

1—凸轮；2—推杆；3—内燃机缸体。　　　1—凸轮；2—推杆；3—齿条。

图 9-1　内燃机的气门控制机构　　　图 9-2　自动机床的进刀机构

从以上两个例子可以看出，凸轮是一个具有曲线轮廓或带有曲线凹槽的构件，被凸轮直接推动的构件通常称为推杆。当凸轮转动时，它通过高副接触推动推杆按预期规律做连续或间歇的往复直线移动、摆动或做其他复杂的平面运动。

凸轮机构的优点是只要适当地设计出凸轮轮廓曲线，便可使推杆实现预定运动，而且它的结构简单紧凑、工作可靠、便于实现多个运动协调与配合。因此，凸轮机构在自动机床、轻工机械、纺织机械、印刷机械、食品机械、包装机械和其他机电一体化产品中得到了广泛应用。但是，凸轮机构中的凸轮与推杆之间为点、线接触、易磨损，故它多用于传力不大的控制场合。此外，凸轮轮廓的加工比较困难。

9.1.2 凸轮机构的分类

凸轮机构的类型有很多，通常根据凸轮和推杆的形状以及推杆的运动形式对其进行分类。

1. 按凸轮的形状分

（1）盘形凸轮。它是凸轮最基本的形式，在工程中应用最为广泛。盘形凸轮是一个绕固定轴线转动而且具有变化向径的盘形构件，如图9-3（a）所示。

（2）移动凸轮。它可看成是回转中心趋于无穷远处的盘形凸轮的一部分。与盘形凸轮不同的是，移动凸轮相对于机架做直线运动，如图9-3（b）所示。

（3）圆柱凸轮。它是一个在外圆柱表面或圆柱端面上具有曲线轮廓（或凹槽）的圆柱状构件，如图9-3（c）所示。圆柱凸轮可认为是移动凸轮卷绕在圆柱外表面形成的。圆柱凸轮机构为一种空间机构。

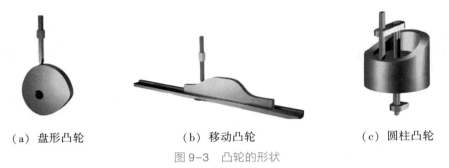

（a）盘形凸轮　　　　　　　（b）移动凸轮　　　　　　　（c）圆柱凸轮

图9-3　凸轮的形状

2. 按推杆的形状分

（1）尖顶推杆。如图9-4（a）、（d）所示的尖顶推杆能与任意复杂的凸轮轮廓保持接触，可实现任意预期的运动规律，但尖顶与凸轮间为点接触，易磨损，所以这种推杆只适用于作用力不大、速度较低的场合。

（2）滚子推杆。如图9-4（b）、（e）所示，滚子和凸轮之间为滚动摩擦，耐磨损，故滚子推杆可传递较大的载荷，因而成为推杆最常用的形式。

（3）平底推杆。如图9-4（c）、（f）所示，这种推杆的优点是压力角小、传动效率较高，而且由于平底推杆与凸轮接触处较易形成油膜，因此它常用于高速场合。

3. 按推杆运动形式分

（1）直动推杆。如图9-4（a）至（c）所示，这种推杆做往复直线运动。若推杆的轴线通过凸轮的回转轴，则称其为对心直动推杆，否则称其为偏置直动推杆。

（2）摆动推杆。如图9-4（d）至（f）所示，这种推杆做往复摆动，图9-1和图9-2所示凸轮机构均为摆动滚子推杆盘形凸轮机构。

凸轮机构常利用推杆的自重、弹簧力或凸轮上的凹槽结构等来保持凸轮与推杆始终接触。

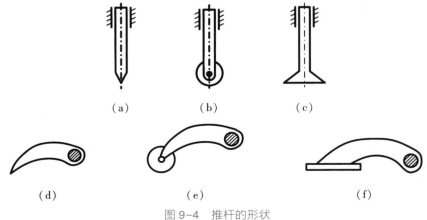

（a）　　　　　　　（b）　　　　　　　（c）

（d）　　　　　　　（e）　　　　　　　（f）

图9-4　推杆的形状

9.1.3 凸轮机构的基本参数和运动参数

如图 9-5 所示为一偏置直动尖顶推杆盘形凸轮机构，把以凸轮轮廓最小矢径 r_0 所作的圆称为基圆。当尖顶与凸轮轮廓在 A 点接触时，推杆处于起始位置（最低位置），而当凸轮以等角速度 ω 逆时针回转时，推杆的运动分为以下几个阶段。

（1）推程。凸轮轮廓上的 AB 段与推杆接触，推动推杆以一定运动规律由最低位置 A 上升至最高位置 B'，这期间凸轮所转过的角 δ_0 称为推程运动角，简称推程角。

（2）远休。当凸轮轮廓上的 BC 段与推杆接触时，因 BC 段是以凸轮回转轴 O 为圆心的圆弧，故推杆将在最高位置不动，这期间凸轮转过的角 δ_s 称为远休止角。

（3）回程。当凸轮轮廓上的 CD 段与推杆接触时，推杆将从最高处返回到最低位置，期间凸轮转过的角 δ_0' 称为回程运动角，简称回程角。

（4）近休。当凸轮轮廓上的 DA 段与推杆接触时，因 DA 段是以凸轮转轴 O 为圆心的圆弧，故推杆在最低位置静止不动，这期间凸轮转过的角 δ_s' 称为近休止角。

在凸轮做回转运动的过程中，推杆将周而复始地重复上述过程。把推杆在推程（或回程）中所移动的距离 h 称为推杆的行程。

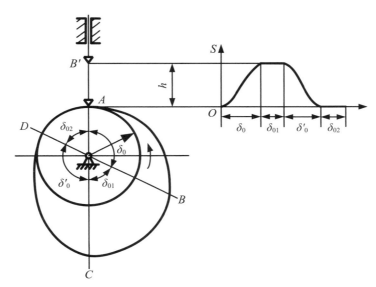

图 9-5 偏置直动尖顶推杆盘形凸轮机构

9.1.4 凸轮机构设计的基本问题

凸轮机构设计主要解决以下问题。

（1）选择凸轮机构类型，即确定凸轮的形式、推杆的形状、推杆的运动形式，以及维持推杆与凸轮始终保持接触的方式等。

（2）拟定运动规律，即根据工程应用对推杆行程和运动特性的要求，确定推杆的位移和速度（或加速度）的变化规律。

（3）确定凸轮机构的基本参数，如推杆行程、运动角、基圆半径、推杆偏距、滚子半径和推杆长度等。

（4）设计凸轮的轮廓曲线，这是凸轮机构运动设计最主要的内容。

（5）设计凸轮机构的结构，设计凸轮及推杆的结构、绘制机构的装配图和零件图。

9.2 推杆的常用运动规律

推杆的运动规律是指其位移 s、速度 v、加速度 a 随时间 t 变化的规律，凸轮的轮廓形状主要取决于推杆的运动规律。由于凸轮一般做等速转动，其转角 δ 与时间 t 成正比，所以推杆运动规律常表示为推杆的运动参数随凸轮转角变化的规律。

9.2.1 等速运动规律

所谓等速运动规律是指推杆在推程（或回程）中的速度为常数。当推杆满足等速运动规律时，它在一个行程的始、末位置存在速度突变，理论加速度为无穷大，因此，推杆将产生非常大的惯性力，致使机构产生极大的冲击，称为刚性冲击。所以，等速运动规律一般只适用于低速运行场合。图 9-6 所示为推杆在推程中的等速运动规律，表 9-1 所示为推杆的常用运动规律的解析表达式。

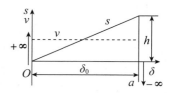

图 9-6 等速运动规律

表 9-1 推杆的常用运动规律的解析表达式

运动规律	运动方程	
	推程 $(0 \leq \delta \leq \delta_0)$	回程 $(\delta_0 + \delta_s \leq \delta \leq \delta_0 + \delta_s + \delta'_0)$
等速运动 （刚性冲出）	$s = h\delta/\delta_0$ $v = h\omega/\delta_0$ $a = 0$	$s = h - h(\delta - \delta_0 - \delta_s)/\delta'_0$ $v = -h\omega/\delta'_0$ $a = 0$
等加速等减速 （柔性冲出）	等加速段 $(0 \leq \delta \leq \delta_0/2)$ $s = 2h\delta^2/\delta_0^2$ $v = 4h\omega\delta/\delta_0^2$ $a = 4h\omega^2/\delta_0^2$	等减速段 $(\delta_0 + \delta_s \leq \delta \leq \delta_0 + \delta_s + \delta'_0/2)$ $s = h - 2h(\delta - \delta_0 - \delta_s)^2/\delta'^2_0$ $v = -4h\omega(\delta - \delta_0 - \delta_s)/\delta'^2_0$ $a = -4h\omega^2/\delta'^2_0$
	等减速段 $(\delta_0/2 < \delta \leq \delta_0)$ $s = h - 2h(\delta_0 - \delta)2/\delta_0^2$ $v = 4h\omega(\delta_0 - \delta)/\delta_0^2$ $a = -4h\omega^2/\delta_0^2$	等加速段 $(\delta_0 + \delta_s + \delta'_0/2 \leq \delta \leq \delta_0 + \delta_s + \delta'_0)$ $s = 2h(\delta_0 + \delta_s + \delta'_0 - \delta)^2/\delta'^2_0$ $v = -4h\omega(\delta_0 + \delta_s + \delta' - \delta)/\delta'^2_0$ $a = 4h\omega^2/\delta'^2_0$
余弦加速度 （柔性冲出）	$s = h\left[1 - \cos(\pi\delta/\delta_0)\right]/2$ $v = \pi h\omega\sin(\pi\delta/\delta_0)/(2\delta_0)$ $a = \pi^2 h\omega^2\cos(\pi\delta/\delta_0)/(2\delta_0^2)$	$s = h\{1 + \cos[\pi(\delta - \delta_0 - \delta_s)/\delta'_0]\}/2$ $v = -h\pi\ \omega\sin[\pi(\delta - \delta_0 - \delta_s)/\delta'_0]/(2\delta'_0)$ $a = \pi^2 h\omega^2\cos[\pi(\delta - \delta_0 - \delta_s)/\delta'_0]/(2\delta'^2_0)$
正弦加速度 （无冲击）	$s = h[(\delta/\delta_0) - \sin(2\pi\delta/\delta_0)/2\pi]$ $v = h\omega[1 - \cos(2\pi\delta/\delta_0)]/\delta_0$ $a = 2\pi h\omega^2\sin(2\pi\delta/\delta_0)/\delta_0^2$	$s = h\{1 - (\delta - \delta_0 - \delta_s)/\delta'_0 +$ $\sin[2\pi(\delta - \delta_0 - \delta_s)/\delta'_0]/2\pi\}$ $v = h\omega\{\cos[2\pi(\delta - \delta_0 - \delta_s)/\delta'_0] - 1\}/\delta'_0$ $a = -2\pi h\omega^2\sin[2\pi(\delta - \delta_0 - \delta_s)/\delta'_0]/\delta'^2_0$
五次多项式 （无冲击）	$s = h\left[(\delta/\delta_0)^3 - 15(\delta/\delta_0)^4 +\right.$ $\left. 6(\delta/\delta_0)^5\right]$ （仅列出位移表达式）	$s = h - h\{10[(\delta - \delta_0 - \delta'_s)/\delta'_s]^3 -$ $15[(\delta - \delta_0 - \delta'_s)/\delta'_s]^4 -$ $6[(\delta - \delta_0 - \delta'_s)/\delta'_s]^5\}$ （仅列出位移表达式）

9.2.2　等加速等减速运动规律

所谓等加速等减速运动规律是指推杆在推程（或回程）的前半程做等加速运动、在后半程做等减速运动。推杆满足这种运动规律时，在其行程的始、末点位置会出现有限的加速度突变，引起一定的惯性冲击，称为柔性冲击。因此，等加速等减速运动规律只适用于中速运行场合。图9-7给出了推杆在推程中的等加速等减速运动规律。

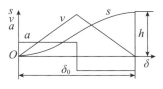

图 9-7　等加速等减速运动规律

9.2.3　余弦加速度（简谐）运动规律

当质点沿着圆周做匀速运动时，该质点在直径上的投影点的运动为简谐运动，即投影点的加速度为时间的余弦函数。推杆按简谐运动规律运动时，其所在的行程始、末位置会出现有限的加速度突变，产生柔性冲击，故这种规律也只适用于中速场合。

余弦加速度（简谐）运动规律如图9-8所示。

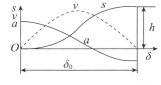

图 9-8　余弦加速度运动规律

9.2.4　正弦加速度（摆线）运动规律

图9-9所示为正弦加速度（摆线）运动规律。当推杆在推程（或回程）中满足正弦加速度运动规律时，其运动速度和加速度均不会出现突变，这就避免了前面几种运动规律的刚性冲击和柔性冲击问题，故这种规律可用于高速场合。

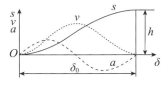

图 9-9　正弦加速度运动规律

9.2.5　五次多项式运动规律

图9-10所示为推程中满足五次多项式运动规律时的运动线图。可见，与采用正弦加速度运动规律时一样，采用五次多项式运动规律时不存在刚性冲击和柔性冲击问题，故这种规律也可用于高速运动场合。

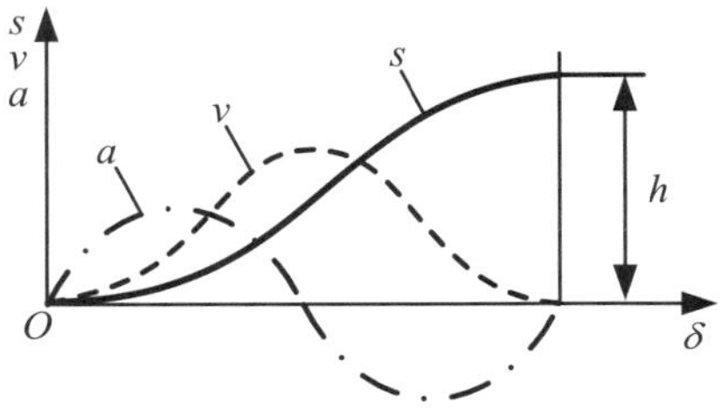

为了便于查找和选用，这里将上述几种常用运动规律的解析式及特性列于表9-1中。拟定凸轮运动规律的两点说明如下。

（1）一般中等尺寸的凸轮机构转速的大致划分是：低速（$n \leqslant 100\text{r/min}$）、中速（$100\text{r/min} < n < 200\text{r/min}$）、高速（$n \geqslant 200\text{r/min}$）。

（2）为了提高凸轮机构的工作能力和寿命及降低对凸轮的精度要求，

图 9-10　五次多项次运动规律

也为了避免采用单一运动规律时可能带来的刚性冲击和柔性冲击问题，可将常用运动规律加以改进或将多个运动规律组合起来使用，比如采用等加速等减速—等速—等加速等减速、余弦加速度运动—等速—余弦加速度运动等。

9.3　凸轮轮廓曲线的设计

一旦选定凸轮机构的形式、拟定了推杆的运动规律，并确定凸轮基圆半径等基本尺寸之后，就可以开始设计凸轮的轮廓曲线。

9.3.1　凸轮轮廓设计的基本原理

图9-11所示为反转法设计原理，一个对心直动尖顶推杆盘形凸轮机构，其凸轮以等角速度 ω 逆时针转动

推动推杆按预定的规律运动。现假想给整个机构加上一个公共角速度 $-\omega$，使整个机构以 $-\omega$ 的速度绕凸轮轴心 O 反向转动。根据相对运动原理，凸轮与推杆间的相对运动不变，但此时凸轮将静止不动，推杆则一方面将随着其移动导路以 $-\omega$ 角速度绕 O 转动，另一方面还将在移动导路内按预定规律做往复移动，即处于一种复合运动状态。在推杆的复合运动中，其尖顶始终保持与凸轮轮廓的接触。换言之，尖顶的运动轨迹就是凸轮的轮廓曲线。

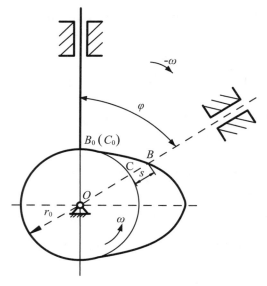

图 9-11　反转法设计原理

根据上述分析，在设计凸轮轮廓时，可假定凸轮静止不动，使推杆相对于凸轮做反向转动，同时使推杆在其导轨内做预期运动，并求出推杆在这种复合运动中的一系列位置，则推杆尖顶的轨迹就是所求的凸轮轮廓曲线。这就是凸轮轮廓设计的原理，称为"反转法"原理。凸轮轮廓曲线的设计有作图法和解析法，这两种方法在原理上均属于"反转法"。受篇幅所限，本书只介绍作图法，如果读者对解析法感兴趣，可参阅其他相关文献。

9.3.2 直动推杆盘形凸轮机构的设计

1. 直动尖顶推杆盘形凸轮机构

设计任务描述：已知凸轮的基圆半径为 r_0，凸轮以等角速度 ω 逆时针旋转，推杆的行程为 h，推杆偏置于凸轮轴心的右侧，偏距为 e，推杆运动规律是：推程采用等速运动规律，推程运动角为 δ_0；远休止运动角为 δ_s；回程采用正弦加速度运动规律，回程角为 δ'_0；近休止运动角为 δ'_s。要求设计偏置直动尖顶推杆盘形凸轮机构的凸轮廓线。

具体设计步骤如下。

（1）选取适当比例尺 μ_l 作推杆位移线图，将其横坐标分成若干等份。如图 9-12 所示，将推程分成八等份，回程分成六等份。

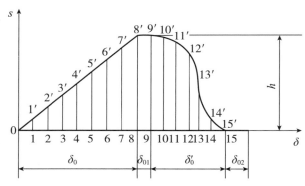

图 9-12　从动件位移线图

（2）根据 μ_l 和 r_0 画基圆，依据推杆偏距 e 及推杆偏置方向确定推杆的位置线 nn。nn 与基圆的交点 A 为推杆尖顶的初始位置，如图 9-13 所示。

（3）作出推杆随移动导路反转时所占据的一系列位置：先根据偏距 e 作偏距圆，该圆与推杆位置线 nn 相切。在基圆上，自 A 点沿 $-\omega$ 方向将基圆分成与 $s \sim \delta$ 的横坐标相对应的等分点 1、2、…，过各等分点作偏距圆的切线，这些线代表推杆导路在反转过程中依次占据的位置。

（4）根据推杆的运动规律，作出尖顶在复合运动中的一系列位置，即在切线上，从基圆起向外截取 $s \sim \delta$ 曲线相应的线段长度 $11'$、$22'$、…，得到这些线段的外端点 $1'$、$2'$、…，就是推杆复合运动中其尖顶依次占据的位置。

（5）将 1′、2′、…连成光滑曲线，即得所求凸轮轮廓曲线。

若要设计对心直动尖顶推杆盘形凸轮机构，就相当于要设计偏距 $e=0$ 的凸轮机构，设计结果如图 9-14 所示。

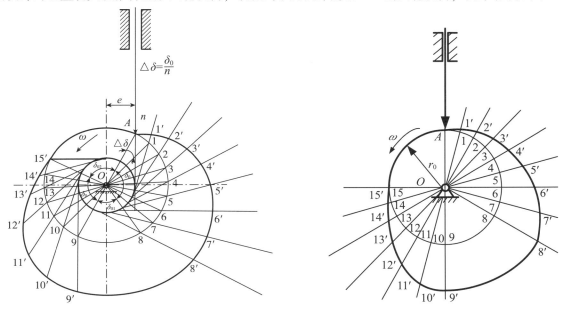

图 9-13　偏置直动尖顶推杆盘形凸轮机构　　　　图 9-14　对心直动尖顶推杆盘形凸轮机构

2. 直动滚子推杆盘形凸轮机构

当要设计滚子推杆盘形凸轮轮廓曲线来满足预定的推杆运动规律时，可先将滚子中心 A 视为尖顶推杆的尖顶，并按前述方法绘出滚子中心 A 在推杆复合运动中的轨迹 β_0，称 β_0 为凸轮的理论廓线，如图 9-15 所示；然后，分别以理论廓线上的一系列点为圆心，以滚子半径 r_r 为半径作一系列圆；最后，作这些圆的包络线 β，此包络线即为凸轮的工作廓线（又称实际廓线）。值得特别指出的是，滚子推杆盘形凸轮机构中的基圆是以理论廓线上的最小半径为半径所作的圆。

3. 直动平底推杆盘形凸轮机构

如图 9-16 所示，设计这种凸轮机构的凸轮轮廓曲线时，可首先将推杆导路的中心线与推杆平底的交点 A 视为尖顶推杆的尖顶，再按前述方法绘出滚子中心 A 在推杆复合运动中依次占据的各个位置（1′、2′、…），然后过这些位置作一系列平底，最后做这些平底的包络线，即是所要设计的凸轮的实际廓线。

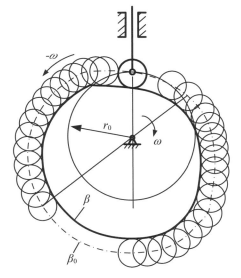

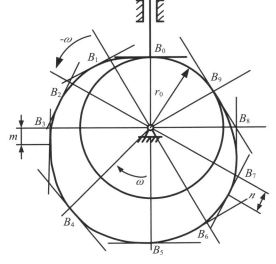

图 9-15　滚子推杆盘形凸轮机构设计图　　　　图 9-16　平底推杆盘形凸轮机构设计图

9.4 凸轮机构的基本结构参数及其结构设计

9.4.1 凸轮机构的压力角

如图 9-17 表示凸轮机构的受力情况。工程上，常将推杆所受驱动力 F（过推杆与凸轮轮廓曲线接触点的公法线 nn 方向）与该力作用点的速度所夹的锐角 α，称为凸轮机构的压力角。由图 9-17 可知，F 一定时，压力角 α 越大，有害分力 F'' 就越大，机构效率就越低；当 α 增至一定值时，推杆将自锁。

凸轮机构运转时，其压力角是不断变化的，为了保证其正常工作，使其具有良好的传力性能，必须对压力角的上限加以限制，需规定推程的最大压力角 α_{max} 小于其许用值 $[\alpha]$：$\alpha_{max} \leq [\alpha]$。通常，对直动推杆，$[\alpha] = 30°$；对摆动推杆，$[\alpha] = 35° \sim 45°$。回程时机构不会发生自锁，故可允许有较大压力角，但为使推杆与凸轮之间的作用力不致过大，也需对压力角加以限制，通常取 $[\alpha] = 70° \sim 80°$。

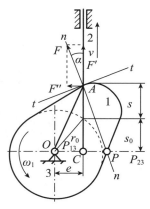

图 9-17 凸轮机构的受力情况

9.4.2 凸轮基圆半径与偏距

如图 9-17 所示，P 为凸轮和推杆之间的相对瞬心，故有

$$\overline{OP} = v/\omega = ds/d\delta \tag{9-1}$$

根据 $\mathrm{Rt}\triangle ACP$ 中的几何关系，可得压力角与凸轮机构的结构参数之间的关系为

$$\tan \alpha = \frac{\dfrac{ds}{d\delta} \mp e}{s + \sqrt{r_0^2 - e^2}} \tag{9-2}$$

由式（9-2）可知，在其他条件不变的情况下，增大基圆半径 r_0，将使压力角 α 减小，但会使机构尺寸增大。当机构受力不大且要求紧凑时，按压力角条件 $\alpha_{max} \leq [\alpha]$，确定基圆半径的计算式为

$$r_0 \geq \max\left[\sqrt{\left(\frac{ds/d\varphi \mp e}{\tan[\alpha]} - s\right)^2 + e^2}\right] \tag{9-3}$$

在确定凸轮基圆半径 r_0 时，不仅要考虑压力角的限制，还要考虑凸轮的结构及强度等方面的要求。工程中，对于受力较大且尺寸又没有严格限制的凸轮机构，通常根据结构和强度条件来确定基圆半径 r_0，必要时才检验压力角条件。例如，当凸轮与轴制成一体时，凸轮工作廓线上的最小半径应略大于轴的半径，此时可取凸轮工作廓线的最小直径等于或大于轴径的 1.6~2 倍；当凸轮与轴单独加工时，凸轮工作廓线的最小半径应略大于轮毂的外径。

式（9-2）中，符号 e 表示推杆的偏置距离。若推杆的偏置方位使凸轮与推杆的相对瞬心 P 的速度的方向与推杆推程运动方向一致，则称此偏置方式为正偏置，此时 e 取负号，图 9-17 所示机构即为正偏置凸轮机构；反之，e 要取正号，称为负偏置凸轮机构。采用正偏置可减小凸轮机构的压力角，但会使回程压力角增大，故偏距 e 不宜过大，一般可按式（9-4）选取

$$e = \frac{v_{max} + v_{min}}{2\omega_1} < r_0 \tag{9-4}$$

式（9-4）中，v_{max}、v_{min} 分别表示推杆的最大速度和最小速度，ω_1 为凸轮转速。

9.4.3　滚子推杆的滚子半径的确定

从减小凸轮与滚子间接触应力以及增大滚子强度的角度上讲，滚子半径 r_r 越大越好。但滚子半径的增大对凸轮的实际工作廓线有很大的影响。

如图9-18（a）所示，若凸轮的理论廓线是内凹的，则因工作廓线的曲率半径 ρ_a、理论廓线的曲率半径 ρ 及滚子半径 r_r 之间存在关系：$\rho_a = \rho + r_r$，所以工作廓线的曲率半径恒大于对应理论轮廓的曲率半径，即 $\rho_a > \rho$。因此，理论廓线求出后，不论选择多大的滚子，都能作出凸轮的工作廓线。但若凸轮的理论廓线是外凸的，这时三者之间的关系表示为 $\rho_a = \rho - r_r$。此时，可能出现如下三种情况。

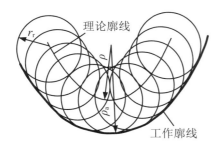
（a）凸轮轮廓曲线内凹（$\rho_a = \rho + r_r$）

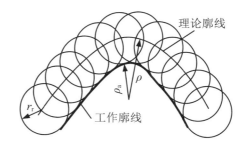
（b）凸轮轮廓曲线外凸（$\rho > r_r$，$\rho_{a\min} > 0$）

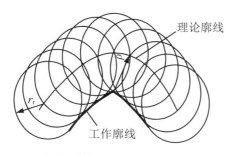
（c）凸轮轮廓曲线外凸（$\rho = r_r$，$\rho_{a\min} = 0$）

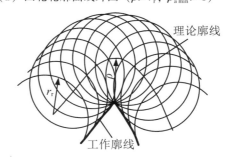
（d）凸轮轮廓曲线外凸（$\rho < r_r$，$\rho_{a\min} < 0$）

图9-18　凸轮工作轮廓与滚子半径间的关系

（1）如图9-18（b）所示，当 $\rho > r_r$ 时，$\rho_a > 0$，此时可以作出凸轮工作轮廓。

（2）如图9-18（c）所示，当 $\rho = r_r$ 时，$\rho_a = 0$，凸轮轮廓曲线上出现尖点，且尖点易被磨掉。

（3）如图9-18（d）所示，当 $\rho < r_r$ 时，$\rho_a < 0$，凸轮工作廓线出现交叉，因交叉部分廓线在制造中将被切除，致使推杆不能按预期规律运动，就会出现所谓的运动失真现象。

通过以上分析可知，滚子半径 r_r 不宜过大，但也不宜过小，因为滚子还要满足安装结构要求及滚子与凸轮间的接触应力条件。一般推荐 r_r 的大小为

$$r_r < \rho_{\min} - \Delta \tag{9-5}$$

式中，$\rho_{\min}$ 为凸轮理论廓线上外凸部分的最小曲率半径，$\Delta = 3 \sim 5\text{mm}$。

9.5　实例设计与分析

实例：设计精压机中的送料凸轮机构。

9.5.1　设计要求

在精压机中可采用凸轮机构将毛坯送入模腔并将成品推出。根据精压机的工作要求，坯料输送的最大距离为200mm。

9.5.2 设计过程

1. 选择凸轮机构的类型

按设计要求，采用比较简单的对心直动尖顶推杆盘形凸轮机构作为送料机构。

【说明】

（1）盘形凸轮与圆柱凸轮相比，结构简单、加工工艺性好。

（2）由于送料机构推力不大，因此采用简单的尖顶直动推杆，如图 9-19 所示。

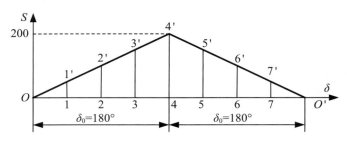

图 9-19　精压机送料推杆位移线图

2. 推杆运动规律的拟定

因对推杆运动的动力性能无特别的要求，故推杆的推程和回程均采用等速运动规律，而且推程和回程运动角均取 $180°$。凸轮机构行程 h 应能满足送料的行程范围，根据坯料输送最大距离 200mm，取推杆的行程为 $h = 200\text{mm}$。

【说明】

根据工作条件确定推杆运动规律。

（1）只对推杆工作行程有要求而对运动规律无特殊要求的情形。

低速轻载凸轮机构采用圆弧、直线等易于加工的曲线作为凸轮轮廓曲线；高速凸轮机构应首先考虑动力特性，要避免产生过大的冲击。

（2）机器工作过程对推杆的运动规律有特殊要求的情形。

当凸轮转速不高时，应按工作要求选择运动规律；当凸轮转速较高时，应在选定主运动规律后，进行组合改进，以消除刚性或柔性冲击。

3. 凸轮机构基本尺寸的确定

凸轮的基圆半径取为 $r_0 = 100\text{mm}$。

【说明】

工程应用中，基圆半径可用以下两种方法确定。

（1）利用诺模图（可参看其他相关资料）。

如本例中，推程运动角 $\delta_0 = 180°$，行程 $h = 200\text{mm}$，推杆做等速运动，要求 $\alpha_{max} \leqslant 33°$，作图得 $h/r_0 = 2$，所以 $r_0 = h/2 = 100\text{mm}$。

（2）根据具体结构条件来选择 r_0。

例如，当凸轮与轴做成一体时，凸轮工作廓线的最小半径应略大于轴的半径。当凸轮与轴单独加工时，凸轮上要作出轮毂，此时凸轮工作廓线的最小半径应略大于轮毂的外径，可取凸轮工作廓线的最小直径等于或大于轴径的 1.6~2 倍。

4. 用图解法设计凸轮廓线

（1）选取比例尺 $\mu_1 = 1:1$，作出推杆位移线图，如图 9-19 所示，并将其横坐标分成八等份。

（2）按同样的比例尺 μ_1，画出基圆及推杆起始位置线。

（3）画出推杆导路的反转位置：在基圆上，沿 $-\omega$ 方向，将基圆分成与 $s\sim\delta$ 的横坐标相对应的等分点（1，2，…）。如图 9-20 所示，各条射线（O_1，O_2，O_3，…）表示推杆导路在反转过程中依次占据的位置。

（4）根据推杆运动规律，画出尖顶位置：沿 O_1、O_2、O_3、…，从基圆起，向外截取 $s\sim\delta$ 曲线相应的线段长度 $11'$、$22'$、…，得到这些线段外端点 $1'$、$2'$、…，这些线段外端点即代表反转中推杆尖顶依次占据的位置。

（5）将上述线段外端点连成光滑曲线，即得所求凸轮轮廓曲线，如图 9-20 所示。

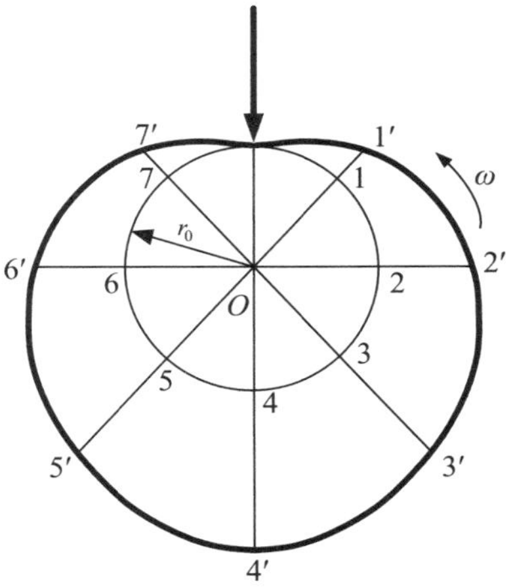

图 9-20　凸轮轮廓曲线设计

思考与练习题

1. 填空题

9-1　与连杆机构相比，凸轮机构最大的缺点是＿＿＿＿＿＿＿。

9-2　为使推杆与凸轮保持接触，可利用＿＿＿＿＿＿力、＿＿＿＿＿力或依靠特殊的＿＿＿＿＿＿制约。

9-3　推杆常用的运动规律有＿＿＿＿＿＿运动规律、＿＿＿＿＿＿运动规律、＿＿＿＿＿＿运动规律和＿＿＿＿＿＿运动规律，其中＿＿＿＿＿＿运动规律只宜用于低速，＿＿＿＿＿＿和＿＿＿＿＿＿运动规律不宜用于高速，而＿＿＿＿＿＿运动规律可在高速下应用。

9-4　等速运动规律有＿＿＿＿＿＿冲击，等加速等减速运动规律有＿＿＿＿＿＿冲击，简谐运动规律在推杆推程的＿＿＿＿＿＿两处也有柔性冲击，＿＿＿＿＿＿运动规律无冲击。

9-5　尖底推杆盘形回转凸轮的基圆半径是从凸轮回转中心到＿＿＿＿＿＿的最短距离，而滚子推杆盘形回转凸轮的基圆半径则是从凸轮回转中心到＿＿＿＿＿＿的最短距离。

9-6　增大基圆半径，凸轮机构的压力角会相应＿＿＿＿＿＿，传力性能会＿＿＿＿＿＿。

9-7　凸轮机构滚子半径 r_r 必须小于＿＿＿＿＿＿半径。

9-8　增大滚子半径，滚子推杆盘形凸轮的实际廓线外凸部分的曲率半径会＿＿＿＿＿＿。

9-9　设计直动推杆盘形凸轮机构时，若量得凸轮轮廓曲线上某点的压力角超过许用值，可以用＿＿＿＿＿＿或＿＿＿＿＿＿使压力角减小。

2. 判断题

9-10　基圆是以凸轮实际廓线上到凸轮回转中心的最小距离作为半径的圆。　　　　　　（　　　）

9-11　推杆的加速度为无穷大，引起的冲击为刚性冲击。　　　　　　（　　　）

9-12　凸轮机构工作中，推杆的运动规律和凸轮转向无关。　　　　　　（　　　）

9-13　同一凸轮与不同端部形式的推杆组合运动时，推杆的运动规律不变。　　　　　　（　　　）

9-14　减小滚子半径，滚子推杆盘形凸轮实际廓线外凸部分的曲率半径会减小。　　　　　　（　　　）

9-15　由于凸轮机构是高副机构，所以与连杆机构相比，它更适用于重载场合。　　　　　　（　　　）

9-16　垂直于导路的直动平底推杆盘形凸轮机构的压力角恒为 0°。　　　　　　（　　　）

3. 简答题

9-17　推杆的常用运动规律有哪几种？各适用于什么场合？

9-18　在移动滚子推杆盘形凸轮机构中，若凸轮实际廓线保持不变，而增大或减小滚子半径，推杆运动规律是否会发生变化？

9-19　有一个滚子推杆盘形凸轮机构，在使用中发现推杆滚子的直径偏小，欲改用较大的滚子，问是否可行？

9-20　何谓凸轮工作廓线变尖现象和推杆运动失真现象？它们对凸轮机构的工作各有何影响？如何加以避免？

9-21　有一个对心直动推杆盘形凸轮机构，在使用中发现推程压力角稍偏大，拟采用推杆偏置的办法来改善，问是否可行？为什么？

9-22　在移动滚子推杆盘形凸轮机构的设计中，采用偏置推杆的主要目的是什么？偏置方向应如何选取？

4. 分析作图及计算题

9-23 如图 9-21 所示为一直动尖顶推杆盘形凸轮机构推杆的部分运动线图。试在图上补全各段的位移、速度及加速度曲线，并指出在哪些位置会出现刚性冲击？哪些位置会出现柔性冲击？

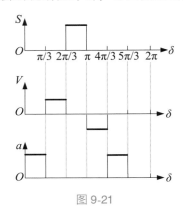

图 9-21

9-24 在如图 9-22 至 9-24 所示机构中，哪些是正偏置？哪些是负偏置？

9-25 试在图 9-22 上标出图示位置凸轮机构的压力角，求出凸轮从图示位置转过 90° 后推杆的位移；标出图 9-23 的推杆从图示位置升高位移 s 时，凸轮的转角和凸轮机构的压力角。

9-26 设计一个偏置直动滚子推杆盘形凸轮机构，已知凸轮以等角速度顺时针方向转动，偏距 $e = 10\text{mm}$，凸轮基圆半径 $r_0 = 40\text{mm}$，推杆推程 $h = 30\text{mm}$，滚子半径 $r_r = 10\text{mm}$，推程角 $\delta_0 = 150°$，远休角 $\delta_s = 30°$，回程角 $\delta'_0 = 120°$，近休角 $\delta'_s = 60°$。推杆在推程中做等加速等减速运动，回程中做等速运动，试在图 9-24 中用作图法设计凸轮机构的凸轮轮廓曲线。

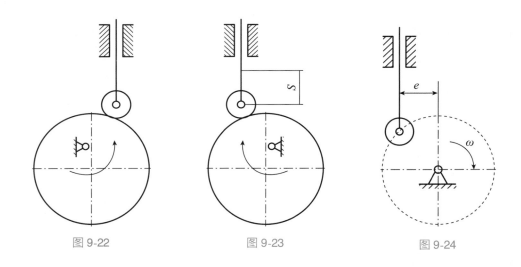

图 9-22   图 9-23   图 9-24

第 10 章

其他常用机构

机械系统中，除了齿轮机构、连杆机构、凸轮机构外，还有许多其他常用的机构，如棘轮机构、槽轮机构和螺旋机构等，它们在工程上的应用也相当广泛。本章介绍了这些常用机构的应用特点，对机构的变异、创新和组合方法作了简明扼要的阐述。此外，本章还设置了思政项目查询中国航天探月工程，结合该项目查询并讨论嫦娥五号的结构及完成月壤转移的棘轮抱爪结构。

10.1 间歇运动机构

自动机械中，常要求某些执行构件实现周期性时动时停的间歇运动，如牛头刨床的工件进给运动，机械加工成品或工件输送运动，以及各种机器工作台的转位运动等。能够实现这类动作的机构称为间歇运动机构，也称为步进机构。

常用的步进机构可以分为两类：一类是主动件往复摆动，从动件间歇运动，如棘轮机构；另一类是主动件连续运动，从动件间歇运动，如槽轮机构和不完全齿轮机构等。

不同用途的间歇运动机构有不同的工艺要求，其设计要求也有不同的侧重。同时，各类间歇运动机构又具有不同的性能，设计时应根据具体要求和应用场合，合理选用。

10.1.1 棘轮机构

1. 棘轮机构的工作原理

如图 10-1 所示为机械中常用的外啮合式棘轮机构，它由主动摆杆、棘爪、棘轮、止回棘爪和机架组成。主动件空套在与棘轮固连的从动轴上，并与驱动棘爪用转动副相联。当主动件沿顺时针方向摆动时，驱动棘爪便插入棘轮的齿槽中，使棘轮跟着转过一定的角度，此时，止回棘爪在棘轮的齿背上滑动。当主动件沿逆时针方向转动时，止回棘爪阻止棘轮发生逆时针方向转动，而驱动棘爪却能够在棘轮齿背上滑过，所以这时棘轮静止不动。因此，当主动件做连续的往复摆动时，棘轮做单向的间歇运动。

2. 棘轮机构的类型及特点

棘轮机构的分类方式有以下几种。

（1）按结构形式分：齿式棘轮机构和摩擦式棘轮机构。

如图 10-1 所示，齿式棘轮机构结构简单，制造方便；动与停的时间比可通过选择合适的驱动机构实现。该机构的缺点是动程只能做有级调节，噪声、冲击和磨损较大，故不宜用于高速。

如图 10-2 所示，摩擦式棘轮机构用偏心扇形楔块代替齿式棘轮机构中的棘爪，以无齿摩擦代替棘轮。其特点是传动平稳、无噪声，动程可无级调节。但其因靠摩擦力传动，会出现打滑现象，虽然可起到安全保护作用，但是其传动精度不高，适用于低速轻载的

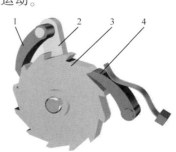

1—棘爪；2—主动摆杆；3—棘轮；4—止回棘爪。

图 10-1 外啮合式棘轮机构

场合。

（2）按啮合方式分：外啮合式棘轮机构和内啮合式棘轮机构。外啮合式棘轮机构的棘爪或楔块均安装在棘轮的外部，而内啮合式棘轮机构的棘爪或楔块均在棘轮内部。外啮合式棘轮机构由于加工、安装和维修方便，应用较广。内啮合式棘轮机构的特点是结构紧凑，外形尺寸小，如图10-3所示。

图 10-2　摩擦式棘轮　　　　图 10-3　内啮合式棘轮机构

（3）按从动件运动形式分：单动式棘轮机构、双动式棘轮机构和双向式棘轮机构。单动式棘轮机构如图10-1所示，当主动件按某一个方向摆动时，才能推动棘轮转动。双动式棘轮机构如图10-4所示，在主动摇杆向两个方向往复摆动的过程中，分别带动两个棘爪两次推动棘轮转动。

双动式棘轮机构常用于载荷较大、棘轮尺寸受限和齿数较少，而主动摆杆的摆角小于棘轮齿距的场合。

以上介绍的棘轮机构都只能按一个方向做单向间歇运动。双向式棘轮机构可通过改变棘爪的摆动方向，实现棘轮两个方向的转动。图10-5所示为两种双向式棘轮机构的形式，双向式棘轮机构必须采用对称齿形。

图 10-4　双动式棘轮机构　　　　图 10-5　双向式棘轮机构

3. 棘轮机构的运用

棘轮机构的主要用途有间歇送进、制动和超越等，以下是应用实例。

（1）间歇送进。

图10-6所示为牛头刨床，为了切削工件，刨刀需做连续往复直线运动，工作台做间歇移动。当曲柄1转动时，经连杆2带动摇杆5做往复摆动；摇杆5上装有双向棘轮机构的棘爪3，棘轮4与丝杠6固连，棘爪带动棘轮做单方向间歇转动，从而使螺母（即工作台）做间歇进给运动。若改变驱动棘爪的摆角，可以调节进给量；若改变驱动棘爪的位置（绕自身轴线转过180°后固定），可改变进给运动的方向。

（2）制动。

图10-7所示为杠杆控制的带式制动器，制动轮4与外棘轮2固结，棘爪3铰接于制动轮4上的A点，制动轮上围绕着由杠杆5控制的钢带6。制动轮4按逆时针方向自由转动，棘爪3在棘轮齿背上滑动，若该轮向相反的方向转动，则制动轮4被制动。

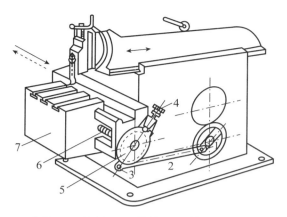

1—曲柄；2—连杆；3—棘轮；4—棘爪；5—摇杆；
6—丝杆；7—工作台。

图 10-6 牛头刨床

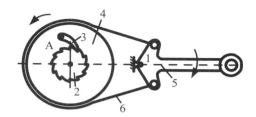

1—机架；2—外棘轮；3—棘爪；4—制动轮；
5—杠杆；6—钢带。

图 10-7 带式制动器

（3）超越。

当两构件的相对转速达到某一数值后，两构件能自动联接或自动分离的运动状态称为超越。

如图 10-8 所示的棘轮机构可以用来实现快速超越运动，运动由蜗杆 1 传到蜗轮 2，通过安装在蜗轮 2 上的棘爪 5 驱动棘轮 7 按图示逆时针方向慢速转动。棘轮 7 与输出轴 3 固连，由此得到输出轴 3 的慢速转动。当需要输出轴 3 快速转动时，可快速逆时针转动手柄 4，手柄 4 与输出轴 3 也是固连的，当手动转速大于蜗轮 2 转速时，固连在输出轴 3 上的棘爪 5 在棘轮 7 齿背上打滑，这时，输出轴 3 由手动驱动，从而使输出轴 3 在蜗杆 1 和蜗轮 2 继续转动的情况下，用快速手动实现了输出轴 3 超越蜗轮 2 的运动。

在车床中，以棘轮机构作为传动中的超越离合器，可以实现自动进给和快、慢速进给功能。

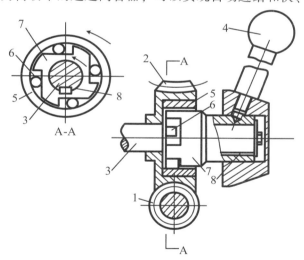

1—蜗杆；2—蜗轮；3—输出轴；4—手柄；5—棘爪；6—滚柱；7—棘轮；8—轴。

图 10-8 超越离合器中的棘轮机构

4. 棘轮机构的设计要点

棘轮机构的设计主要应考虑：棘轮齿形的选择；模数和齿数的确定；齿面倾斜角的确定；行程和动停比的调节方法。现以齿式棘轮机构为例，说明其设计方法。

（1）棘轮齿形的选择。

如图 10-9 所示为常用的棘轮齿形，不对称梯形齿形用于承受载荷较大的场合；当棘轮机构承受的载荷较小时，可采用不对称三角形或不对称圆弧形齿形；对称矩形和对称梯形齿形用于双向式棘轮机构。

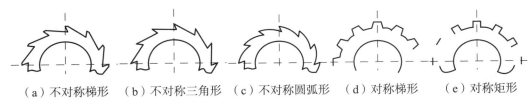

（a）不对称梯形　（b）不对称三角形　（c）不对称圆弧形　（d）对称梯形　（e）对称矩形

图 10-9　常用的棘轮齿形

（2）模数和齿数的确定。

与齿轮相同，棘轮轮齿的有关尺寸也用模数 m 作为计算的基本参数，但棘轮的标准模数要按棘轮的顶圆直径 d_a 来计算，$m = d_a / z$。

棘轮齿数 z 一般由棘轮机构的使用条件和运动要求选定。对于一般进给和分度所用的棘轮机构，可根据所要求的棘轮最小转角来确定棘轮的齿数（$z \leqslant 250$，一般取 $z = 8 \sim 30$），然后选定模数。

（3）齿面倾斜角的确定。

如图 10-10 所示，棘轮齿面与径向线所夹的角 α 称为齿面倾斜角。棘爪轴心 O_1 与轮齿顶点 A 的连线 O_1A 与过 A 点的齿面法线 n-n 的夹角 β 称为棘爪轴心位置角。

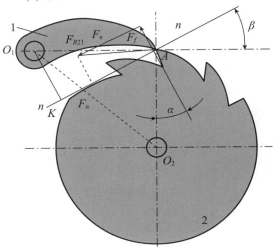

为使棘爪在推动棘轮的过程中始终压紧齿面，应使棘齿对棘爪的法向反作用力 F_n 对 O_1 轴的力矩大于摩擦力 F_f（沿齿面）对 O_1 轴的力矩，即 $F_n \cdot O_1A\sin\beta > F_f \cdot O_1A\cos\beta$，由此可得 $F_f / F_n < \tan\beta$，因为 $F_f / F_n = \tan\varphi = f$（$f$ 和 φ 分别为棘爪与棘轮齿面间的摩擦系数和摩擦角），所以 $\tan\beta > \tan\varphi$。

即 $\beta > \varphi$。因为 钢对钢的摩擦系数 $f \approx 0.2$，所以 $\varphi \approx 11°30'$，通常取 $\beta \approx 20°$。

5. 行程和动停比的调节方法

如图 10-11 左图所示，采用棘轮罩，通过改变棘轮罩的位置，使部分行程棘爪沿棘轮罩表面滑过，从而实现棘轮转角大小的调整。

图 10-10　棘轮齿面倾斜角图

如图 10-11 右图所示，改变摆杆摆角，通过调节曲柄摇杆机构中曲柄的长度，改变摇杆摆角的大小，从而实现棘轮机构转角大小的调整。

如图 10-12 所示，要使棘轮每次转动的角度小于一个轮齿所对应的中心角 γ 时，可采用棘爪数为 m 的多爪棘轮机构。如 $n = 3$ 的棘轮机构，三棘爪位置依次错开 $\gamma/3$，当摆杆转角 Φ_1 在 $\gamma \geqslant \Phi_1 \geqslant \gamma/3$ 范围内变化时，三棘爪依次落入齿槽中，推动棘轮转动相应角度 Φ_2（Φ_2 为 $\gamma \geqslant \Phi_2 \geqslant \gamma/3$ 范围内 $\gamma/3$ 的整数倍）。

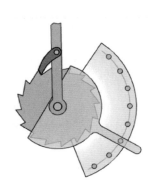
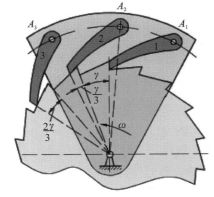

图 10-11　行程和动停比调节机构　　　　　图 10-12　多爪棘轮机构

10.1.2 槽轮机构

1. 槽轮机构的工作原理

常用的槽轮机构如图 10-13 所示，由具有圆柱销（也称圆销）的主动销轮、具有直槽的从动槽轮及机架组成。主动销轮做顺时针等速连续转动，当圆销未进入径向槽时，槽轮因其内凹的锁止弧被销轮外凸的锁止弧锁住而静止；当圆销开始进入径向槽时，两锁止弧脱开，槽轮在圆销的驱动下逆时针转动；当圆销开始脱离径向槽时，槽轮因另一锁止弧又被锁住而静止，从而实现从动槽轮的单向间歇转动。

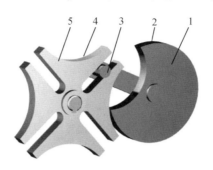

1—主动拨盘；2—外凸的拨盘锁止弧；3—圆柱销；4—内凹的槽轮锁止弧；5—从动槽轮。

图 10-13　槽轮机构

2. 槽轮机构的类型及特点

常见的槽轮机构有外啮合和内啮合两种形式，外啮合槽轮机构主动拨盘与从动槽轮转向相反，内啮合槽轮机构主动拨盘与从动槽轮转向相同，如图 10-14 所示。

槽轮机构结构简单、制造容易、工作可靠、机械效率较高，但槽轮在启动和停止时加速度变化大，有冲击，且随着转速的增加或槽轮槽数的减少而加剧，故不适用于高速场合。

两类槽轮机构中，除从动件转向不同外，内啮合槽轮机构结构紧凑，传动较平稳，槽轮停歇时间较短。在实际中可根据这些特点选用所需的槽轮机构。

图 10-14　内啮合槽轮机构

3. 槽轮机构的应用实例

电影屏幕上连续播放的生动画面，让人心旷神怡。在画面播放的过程中，胶片的走动是间歇的，而槽轮机构则是为实现其间歇运动的可选方案之一，如图 10-15 所示。

如图 10-16 所示，机床上的刀架转位也可依靠槽轮机构来实现。

图 10-15　电影播放机中的槽轮机构

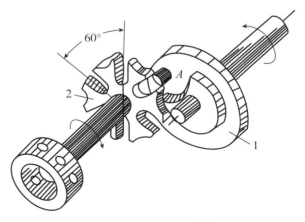

1—主动销轮；2—从动槽轮。

图 10-16　转位刀架上的槽轮机构

4. 槽轮机构的设计

（1）运动系数与槽数的确定。

在一个运动循环中，槽轮的运动时间 t_2 与主动拨盘 1 的运动时间 t_1 之比，称为运动系数，用 τ 表示。

由于主动拨盘通常做等速运动，故运动系数 τ 也可以用主动拨盘转角表示。

单圆销槽轮机构如图 10-17 所示。主动拨盘转动一圈的时间为 t_1；拨盘转动 $2\varphi_1$ 时带动槽轮转动，时间为 t_2。时间 t_2 和 t_1 分别对应的主动拨盘转角为 $2\varphi_1$ 和 2π，所以有

$$\tau = \varphi_1 / \pi \qquad (10\text{-}1)$$

为了使槽轮开始转动瞬时和终止转动瞬时的角速度为零，以避免刚性冲击，圆销开始进入径向槽或自径向槽脱出时，径向槽的中心线应切于圆销中心运动的圆周。由图 10-17 中的几何关系可得 $2\varphi_2 + 2\varphi_1 = \pi$。

设 z 为均匀分布的径向槽数，则 $2\varphi_2 = 2\pi/z$，主动拨盘 1 的转角 $2\varphi_1 = \pi - 2\pi/z$，所以得到

$$\tau = (z - 2)/2z \qquad (10\text{-}2)$$

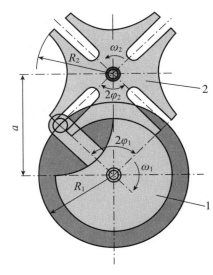

图 10-17　单圆销槽轮机构

由于运动系数 τ 必须大于零，故由式（10-2）可知径向槽数最少等于 3，而 τ 总小于 0.5，即槽轮的转动时间总小于停歇时间。

如果要求槽轮转动时间大于停歇时间，即要求 $\tau > 0.5$，则可以在主动拨盘上装数个圆销。设 K 为均匀分布在主动拨盘上的圆销数目，则运动系数 τ 应为

$$\tau = t_2/t_1 / K = K(z - 2)/2z \qquad (10\text{-}3)$$

由于运动系数 τ 应小于 1，即 $K(z - 2)/2z < 1$，所以有：$K < 2z/(z - 2)$。

增加径向槽数 z 可以增加机构运动的平稳性，但是机构尺寸将随之增大，导致惯性力增大，所以一般取 $z = 4 \sim 8$。

10.1.3　不完全齿轮机构

1. 不完全齿轮机构的工作原理和类型

不完全齿轮机构是从一般的渐开线齿轮机构演变而来的，与一般的齿轮机构相比，其最大区别在于齿轮的轮齿未布满整个圆周。不完全齿轮机构的主动轮上有一个或几个轮齿，如图 10-18 所示，当主动轮的有齿部分与从动轮轮齿啮合时，推动从动轮转动；当主动轮的有齿部分与从动轮轮齿脱离啮合时，从动轮停歇不动。因此，当主动轮连续转动时，从动轮获得时动时停的间歇运动。

不完全齿轮机构的主要形式有外啮合与内啮合两种，如图 10-18（a）所示为外啮合不完全齿轮机构，主动轮只有一个齿，从动轮有 10 个齿，主动轮转动 1 周时，从动轮转动 1/10 周，从动轮每转 1 周停歇 10 次。当从动轮停歇时，主动轮上的锁止弧与从动轮上的锁止弧互相配合锁住，以保证从动轮停歇在预定位置。

如图 10-18（b）所示为内啮合不完全齿轮机构。

2. 不完全齿轮机构的特点及应用

不完全齿轮机构的优点是设计灵活，从动轮的运动角范围大，很容易实现一个周期中的多次动、停时间不等的间歇运动。缺点是：加工复杂；在进入和退出啮合时因为速度有突变，引起刚性冲击，不宜用于高速传动；主、从动轮不能互换。不完全齿轮机构常用于多工位和多工序的自动机械或生产线上，实现工作台的间歇转位和进给运动等。

（a）外啮合不完全齿轮机构　　（b）内啮合不完全齿轮机构

图 10-18　不完全齿轮机构

10.1.4　凸轮间歇运动机构

1.凸轮式间歇运动机构的组成和工作原理

凸轮式间歇运动机构由主动凸轮、转盘和机架所组成。转盘端面上固定有周向均布的若干滚子。当凸轮连续转动时，可得到转盘的间歇转动，从而实现交错轴间的间歇运动。

凸轮式间歇运动机构有圆柱凸轮间歇运动机构［见图 10-19（a）］和蜗杆凸轮间歇运动机构［见图 10-19（b）］两种形式。圆柱凸轮的槽数和蜗杆凸轮的头数一般取 1，两种机构从动件的圆销数一般应大于 6。

2.凸轮式间歇运动机构的特点及应用

棘轮机构、槽轮机构和不完全齿轮机构由于结构、运动和动力条件的限制，一般只能用于低速的场合。而凸轮式间歇运动机构则可以通过合理地选择转盘的运动规律，使得机构传动平稳，动力特性较好，冲击振动较小，而且转盘转位精确，不需要专门的定位装置，因而常用于高速转位（分度）机构中。但凸轮加工较复杂，精度要求较高，装配调整也比较困难。在电动机矽钢片的冲槽机、拉链嵌齿机和火柴包装机等机械装置中，都应用了凸轮间歇运动机构来实现高速分度运动。

如图 10-20 所示为钻孔攻丝机转位机构，运动由变速箱传给圆柱凸轮，经转盘带动与其固连的工作台，使工作台获得间歇转位。

（a）圆柱凸轮间歇运动机构　　　（b）蜗轮凸轮间歇运动机构

图 10-19　凸轮式间歇运动机构

图 10-20　钻孔攻丝机转位机构

10.2 螺旋机构

1.螺旋机构的工作原理和类型

由螺旋副联接相邻构件而成的机构称为螺旋机构。

常用的螺旋机构除螺旋副外还有转动副和移动副。如图 10-21 所示为最简单的三构件螺旋机构，其中构件 2 为螺杆，构件 1 为螺母，构件 3 为机架。在图 10-21 左图中，B 为螺旋副，其导程为 p_B，A 为转动副，C 为移动副。当螺杆 2 转过角 φ 时，螺母 1 的位移 s 为

$$s = p_B \frac{\varphi}{2\pi} \tag{10-4}$$

若图 10-21 左图中的 A 也是螺旋副，其导程为 p_A，且螺旋方向与螺旋副 B 相同，则可得图 10-21 右图所示机构。这时，当螺杆 2 转过角 φ 时，螺母 1 的位移 s 为两个螺旋副移动量之差，即

$$s = (p_A - p_B) \frac{\varphi}{2\pi} \tag{10-5}$$

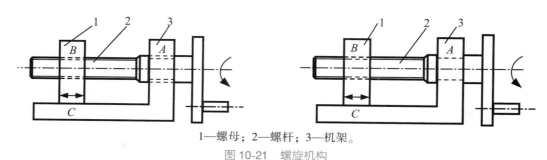

1—螺母；2—螺杆；3—机架。

图 10-21　螺旋机构

由式（10-5）可知，若 p_A 和 p_B 近似相等时，则位移 s 可以极小。这种螺旋机构通称为差动螺旋。

如果图 10-21 右图所示的螺旋机构中两个螺旋方向相反而导程的大小相等，那么螺母 1 的位移为

$$s = (p_A + p_B) \frac{\varphi}{2\pi} = 2p_A \frac{\varphi}{2\pi} = 2s' \tag{10-6}$$

式中，s' 为螺杆 2 的位移。

由式（10-6）可知，螺母 1 的位移是螺杆 2 位移的两倍，也就是说，可以使螺母 1 产生快速移动。这种螺旋机构称为复式螺旋。

2.螺旋机构的特点和应用

螺旋机构结构简单、制造方便、工作可靠、易于自锁，它能将回转运动变换为直线运动。

螺旋机构在机械工业、仪器仪表、工装和测量工具等方面用得较广泛。如螺旋千斤顶、螺旋测微器、车床刀架和工作台的丝杠、台钳，以及本实例中上料机器人的提升机构等。

图 10-22 所示为螺旋千斤顶，是一种比较典型的螺旋机构。在此机构中，当转动手把 6 时，与手把 6 固联的螺母 5 将相对螺杆 2 转动，使螺杆 2 上升，从而把重物 4 举起。该图中 3 为托杯，1 为支座。

图 10-23 所示为车床丝杠传动，它以传递运动为主，常要求有较大的传动精度。

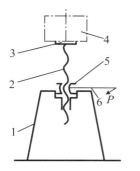

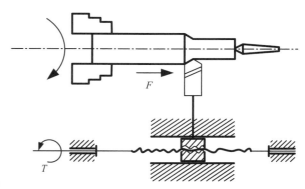

1—支座；2—螺杆；3—托杯；4—重物；5—螺母；6—手把。

图 10-22 螺旋千斤顶

图 10-23 车床丝杠传动

10.3 机构变异、创新与组合简介

当现有的机构形式不能完全实现预期的要求，或虽能实现功能要求但存在着结构复杂、运动精度不当和动力性能欠佳等缺点时，设计者可以采用创新构型的方法，重新构筑机构的形式。

常用机构创新构型的方法有以下几种：机构的变异、机构的组合和采用其他物理效应。

10.3.1 机构的变异

为了实现某一功能要求，或为了使机构具有某些特殊的性能，改变现有机构的结构，演变发展出新机构的设计，称为机构变异构型。机构变异构型的方法主要有以下几种。

1. 机构的倒置

将机构的运动构件与机架的转换称为机构的倒置。按照运动相对性原理，机构倒置后各构件间的相对运动关系不变，但可以得到不同特性的机构。

如对于图 10-24 左图所示的卡当运动机构泵，令杆 OO_1 为机架，则原机构的机架成为右图所示的转子，曲柄每转一周，转子亦同步转动一周，同时两滑块在转子的十字槽内往复运动，将流体从入口送往出口，得到一种泵机构。

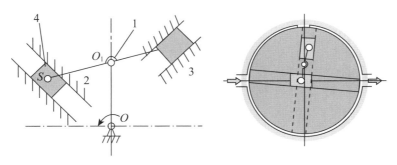

图 10-24 卡当运动机构泵

2. 机构的扩展

以原有机构作为基础，增加新的构件，构成一个新机构，称为机构扩展。机构扩展后，原有各构件间的相对运动关系不变，但所构成的新机构的某些性能与原机构有很大差别。

如在图 10-25 所示的手扶插秧机的分秧、插秧机构中，为保证秧爪运行的正反路线不同，在凸轮机构中附加了一个辅助构件——活动舌，可以非常方便地实现预期的运动轨迹。

3. 机构局部结构的改变

改变机构的局部结构，可以获得有特殊运动特性的机构。如图 10-26 所示为左边极限位置附近有停歇的

导杆机构，此机构之所以有停歇的运动性能，是因为将导杆槽的中线某一部分做成了圆弧形，且圆弧半径等于曲柄的长度。

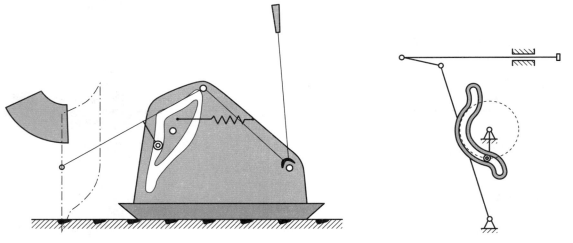

图 10-25　手扶插秧机的分秧、插秧机构　　　　图 10-26　极限位置附近有停歇的导杆机构

4. 运动副的变换

改变机构中运动副的形式，可构型出不同运动性能的机构。运动副的变换方式有很多种，常用的有高副与低副之间的变换、运动副尺寸的变换和运动副类型的变换。

如图 10-27 所示为平面六杆机构用于手套自动加工机的传动装置，在左图中滑块 4 与导杆 3 组成的移动副位于其上方，不仅润滑困难，且易污染产品。为了改善这一条件，可将其改变为右图所示的形式。

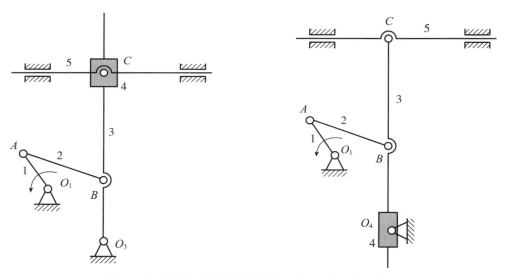

图 10-27　平面六杆机构用于手套自动加工机的传动装置

10.3.2　机构的组合

机构的组合方式和组合机构的类型有很多，本节按组成机构的基本机构的名称进行分类，主要介绍常用组合机构的性能特点和应用实例。

1. 齿轮-连杆机构

齿轮-连杆机构是应用最广泛的一种组合机构，它能实现较复杂的运动规律和轨迹，且制造方便。

如图 10-28 所示为由齿轮-连杆机构实现的间歇传送装置，该机构常用于自动机的物料间歇送进，如冲床的间歇送料机构、轧钢厂成品冷却车间的钢材送进机构、糖果包装机的走纸和送糖条等机构。

如图 10-29 所示为振摆式轧钢机轧辊驱动装置中的齿轮-连杆组合机构。它通过五杆机构与齿轮机构的组合，使连杆上的轮辊中心实现图示的复杂轨迹，从而使轧辊的运动轨迹符合轧制工艺的要求。

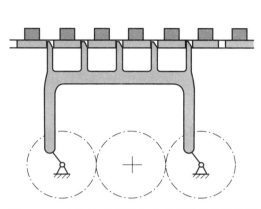

图 10-28 由齿轮-连杆机构实现的间歇传送装置

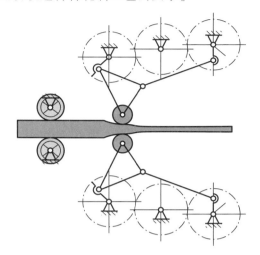

图 10-29 振摆式轧钢机轧辊驱动装置中的齿轮-连杆组合机构

2. 凸轮-连杆机构

凸轮机构虽可实现任意给定运动规律的往复运动，但在从动件做往复摆动时，受压力角的限制，其摆角不能太大。若采取基本的连杆机构与凸轮机构组合起来，则可克服上述缺点，精确地实现给定的复杂运动规律和轨迹。

如图 10-30 所示为平板印刷机上的吸纸机构。该机构由自由度为 2 的五杆机构和两个自由度为 1 的摆动从动件凸轮机构所组成。两个盘形凸轮固结在同一转轴上，工作要求吸纸盘按图标虚线所示轨迹运动，以完成吸纸和送进等动作。

如图 10-31 所示为印刷机械中常用的齐纸机构，它通过凸轮机构和连杆机构的组合，实现理齐纸张的功能。

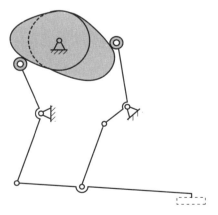

图 10-30 平板印刷机上的吸纸机构

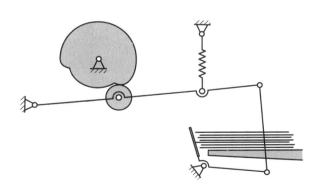

图 10-31 印刷机械中常用的齐纸机构

3. 齿轮-凸轮机构

如图 10-32 所示是一种齿轮加工机床的误差补偿机构，由具有两个自由度的蜗杆机构作为基础机构，凸轮机构作为附加机构，而且附加机构的一个构件又回接到主动构件蜗杆上。机构由输入运动带动蜗轮转动，通过凸轮机构的从动件推动蜗杆做轴向移动，使蜗轮产生附加转动，从而使误差得到校正。

10.3.3 采用其他物理效应

随着科学技术的迅速发展，现代机械已不再是纯机械系统，而是集机、电、液于一体，充分利用力、声、光、磁等工作原理驱动或控制的机械。利用上述工作原理驱动或控制的机构，由于巧妙地利用了一些其他工作介质和工作原理，将比传统机构更能方便地实现运动和动力的转换和传递，并能实现某些传统机构难以完成的复杂运动，下面介绍几个典型实例。

1. 利用力学效应

实际中有许多利用力学原理创新出的简便而实用的机构。

如图 10-33 所示为胶丸（或子弹）整列机，从胶丸或子弹的构造形状可见，它的重心在圆柱形部分，当滑块左右移动时推动物料到达右方槽内尖角时便可以由物料的重心自行整列，使圆柱体朝下，尖端朝上。

如图 10-34 是巧妙利用重力设计在斜坡上工作的自动矿车。这种矿车通过滑轮用绳索联接在重锤上，当空载时矿车被自动拽到坡上。坡上有装沙子的料斗，矿车爬到坡的上端，车的边缘就会推开料斗底部的门，将沙子装入车中。装上沙子变得沉重的矿车克服重锤的拽力，从坡上降下。在坡的下端导轨面推动车上的销子，靠它将车斗反倒卸沙，车子空载时又重新向上爬去。

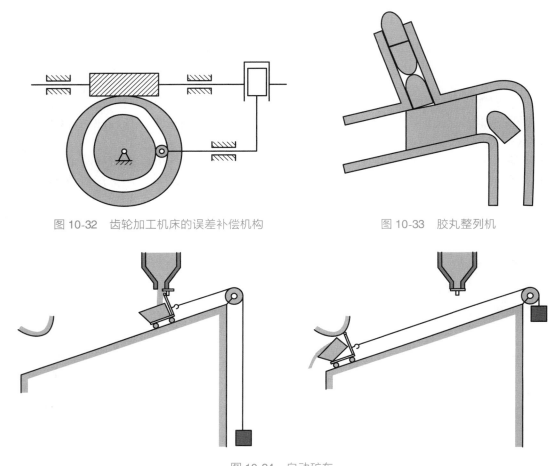

图 10-32　齿轮加工机床的误差补偿机构　　　　图 10-33　胶丸整列机

图 10-34　自动矿车

2. 利用光电、电磁效应

如图 10-35 所示为光电动机的原理图，其受光面是太阳能电池，三只太阳能电池组成三角形，与电动机的转子结合起来。太阳能电池提供电动机转动的能量，当电动机转动时，太阳能电池也跟着旋转，动力由电动机轴输出。由于受光面连成一个三角形，即使光的入射方向改变，也不影响正常启动。这样光电动机就将光能转变成了机械能。

利用电与磁的相互作用的效应来完成所需动作的机构，称为电磁机构。电磁机构可用于开关和电磁振动等电动机械中，如电动按摩器、电动理发器和电动剃须刀，都广泛应用了电磁机构。电磁机构的种类有很多，如图 10-36 所示的电话机利用了磁开关，当受话器提起时，上叶片开关（板簧构成）复位而使两叶片接触通路进行通话；当受话器放回原位后，上叶片开关被受话筒上永久磁铁吸引，两叶片脱离接触而断路，这种离合的机构十分方便和可靠。

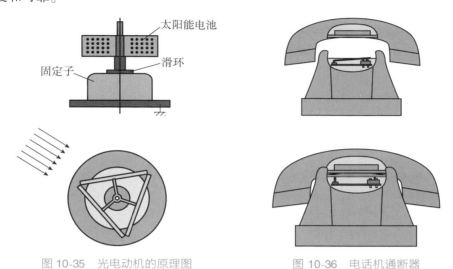

图 10-35　光电动机的原理图　　　　图 10-36　电话机通断器

3. 利用振动及惯性效应

利用振动产生运动和动力的机构称为振动机构，广泛用于机械的安装和散状物料的捣实、装卸输送、筛选、研磨、粉碎和混合等工艺中。

如图 10-37 所示为惯性激振蛙式夯土机，由电动机通过两级皮带使带有偏心块的带轮回转。当偏心块回转至某一角度时，夯头被抬起，在离心力的作用下，夯头被提升到一定高度，同时整台机器向前移动一定距离；当偏心块转到另一定位置后，夯头开始下落，下落速度逐渐增大，并以较大的冲击力夯实土地。该机用于建筑工程中夯实灰土和地基，以及场地的平整等场合。

图 10-37　惯性激振蛙式夯土机

思考与练习题

1. 简答题

10-1　举例说明差动螺旋和复式螺旋的应用。

10-2　比较不完全齿轮机构与普通渐开线齿轮机构在啮合过程中的异同点。

10-3　比较本章所述几种间歇运动机构的异同点，并说明各自适用的场合。

10-4　机构变异构型的方法有哪些？

10-5　槽轮机构的槽数是如何确定的？

10-6　资料查询与讨论。

2020 年 12 月 6 日 5 时 42 分，嫦娥五号上升器成功与轨道器和返回器组合体交会对接，并于 6 时 12 分将样品容器安全转移至返回器中。至此，嫦娥五号探测器实现我国首次月球轨道交会对接与样品转移。请搜索嫦娥五号的结构和工作过程，分上升器、着陆器、返回器和轨道器进行搜索，试设计转移月壤的连杆棘爪机构，讨论如何保障其高可靠性。

第 11 章

机械的平衡与调速

本章介绍了刚性转子的动、静平衡条件及刚性转子的动、静平衡的方法；介绍了机械系统速度波动的类型及调节方法，以及飞轮设计的简单方法。本章引入资料查询项目，查询讨论新能源车与燃油车在机械结构上的异同。

11.1 引言

机械平衡和机械调速是两个不同的机械动力学问题。

机械运动时，各运动构件由于制造、装配误差，材质不均等原因造成质量分布不均，质心做变速运动将产生大小及方向呈周期性变化的惯性力，不平衡的惯性力将在运动副中引起附加动载荷，增加摩擦力，进而影响构件的强度。这些周期性变化的惯性力会使机械的构件和基础产生振动，从而降低机器的工作精度、机械效率及可靠性，缩短机器的使用寿命。尤其当振动频率接近系统的固有频率时，会引起共振，造成重大损失。因此必须合理地分配构件的质量，以消除或减少动压力，这个问题称为机械平衡。

机械运转时，由于机械动能的变化会引起机械运转速度的波动，这也将在运动副中产生附加动载荷，使机械的工作效率降低，严重影响机械的寿命和精度。因此必须对机械系统过大的速度波动进行调节，使波动限制在允许的范围内，保证机械具有良好的工况，这就是机械的调速问题。

精压机主机属于曲柄压力机，在一个周期内，工作负载是很不均匀的，机械的动能变化比较大，冲压坯料时，所需能量急骤增加，冲压完毕，所需能量急骤下降，如果不采取措施进行调速，必将严重损害其工作性能。精压机主机中的曲轴轴向尺寸较大，有时还要考虑回转平衡问题。

机械的平衡与调速是现代机械工程中的重要问题，在高速机械及精密机械中，进行机械的平衡和调速尤为重要。

11.2 转子平衡

在机械中，由于各构件的运动形式不同，其所产生的惯性力和惯性力的平衡方法也不同。一般可将机械的平衡问题分成两类：其一是转子的平衡，其二是机构的平衡。

在机械系统中，通常将绕固定轴转动的回转构件称为转子。由于转子结构不对称或者安装不准确、材质不均匀等导致其质心偏离回转轴，产生不平衡的惯性力（或力矩），当转子出现不平衡时，如何用重新分布构件质量的方法使转子得到平衡，就是转子的平衡问题；对于做往复运动及做平面复合运动的构件，因其重心是运动的，其惯性力无法就该构件本身加以平衡，故必须就整个机构加以研究，设法使机构惯性力的合力和力偶得到完全和部分的平衡，这就是机构的平衡问题。

本节只讨论最常见的转子平衡问题。

除了少数利用振动来工作的机械外（如振动夯实机和振动压路机等），都应设法消除或减小惯性力，使机械在惯性力得到平衡的状态下工作。这就是机械平衡的目的。

11.2.1 转子平衡的分类及其方法

根据转子工作转速的不同，转子的平衡可分为以下两类。

1. 刚性转子的平衡

将转子的工作转速小于一阶临界转速的 0.7 倍、其弹性变形可以忽略不计的转子称为刚性转子。刚性转子的平衡可以通过重新调整转子上质量的分布，使其质心位于旋转轴线的方法来实现。本节主要介绍此类转子的平衡问题。

2. 挠性转子的平衡

将转子的工作转速等于或大于一阶临界转速的 0.7 倍、弹性变形不可忽略的转子称为挠性转子。由于挠性转子在运转过程中会产生较大的弯曲变形，且由此所产生的离心惯性力也随之明显增大，所以此类转子平衡问题十分烦琐，其平衡原理与方法可参考其他相关文献。

在转子的设计阶段，尤其是在对高速转子及精密转子进行结构设计时，除应保证其满足工作要求及制造工艺要求外，还必须对其进行平衡计算，以检查其惯性力和惯性力矩是否平衡。若不平衡，还应在结构上采取相应措施，以消除或减少产生有害振动的不平衡惯性力和惯性力矩的影响，该过程称为转子的平衡设计。

经过平衡设计的转子，虽然理论上已经达到平衡，但由于制造不精确、材质不均匀及装配误差等非设计因素的存在，实际生产出来的转子往往达不到原来的设计要求，仍然会产生不平衡现象。这种不平衡在设计阶段是无法确定和消除的，必须通过试验的方法平衡。

转子的径向尺寸 d 与轴向尺寸 b 的比值称为径宽比。根据径宽比大小，可将刚性转子的平衡设计问题分为静平衡和动平衡。

11.2.2 刚性转子的静平衡

对于径宽比 $d/b \geqslant 5$ 的转子，例如砂轮（见图 11-1）、飞轮、齿轮和带轮等，由于其轴向尺寸较小，故可近似地认为其不平衡质量分布在同一回转平面内。在这种情况下，若转子的质心不在其回转轴线上，当转子转动时，偏心质量就会产生离心惯性力，从而在运动副中引起附加动压力。由于存在不平衡质量，转子不能在任意位置静止，这种不平衡现象在转子静态时即可呈现出来，故称为静不平衡。

对于静不平衡，为了消除离心惯性力的影响，设计时应首先根据转子结构确定各偏心质量的大小和方位，然后计算出为平衡偏心质量需添加的平衡质量的大小和方位，以便使设计出来的转子在理论上达到平衡。该过程称为转子的静平衡设计。

如图 11-2（a）所示为盘形转子偏心质量的分布情况，已知分布于同一回转平面内的偏心质量分别为 m_1、m_2 和 m_3，从回转中心到各偏心质量中心的矢径分别为 $\vec{r}_1$、$\vec{r}_2$ 和 $\vec{r}_3$，当转子以等角速度 ω 转动时，各偏心质量所产生的离心惯性力分别为 $\vec{F}_1$、$\vec{F}_2$ 和 $\vec{F}_3$：$\vec{F}_1 = m_1 \omega^2 \vec{r}_1$；$\vec{F}_2 = m_2 \omega^2 \vec{r}_2$；$\vec{F}_3 = m_3 \omega^2 \vec{r}_3$。

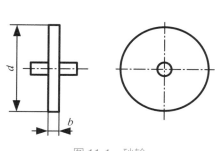

图 11-1　砂轮

（a）盘形转子偏心质量的分布情况

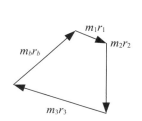

（b）矢径积矢量多边形

图 11-2　刚性转子的静平衡设计

为了平衡上述离心惯性力，可在此平面内增加一个平衡质量 m_b，从回转中心到该平衡质量的矢径记为 $\vec{r}_b$，其产生的离心惯性力为 $\vec{F}_b$。要使转子达到平衡，根据平面汇交力系平衡的条件，$\vec{F}_b$、$\vec{F}_1$、$\vec{F}_2$ 和 $\vec{F}_3$ 所形成的合力应为零，即

$$\vec{F}_1 + \vec{F}_2 + \vec{F}_3 + \vec{F}_b = 0$$

也即

$$m_b\omega^2\vec{r}_b + m_1\omega^2\vec{r}_1 + m_2\omega^2\vec{r}_2 + m_3\omega^2\vec{r}_3 = 0$$

或

$$m_b\vec{r}_b + m_1\vec{r}_1 + m_2\vec{r}_2 + m_3\vec{r}_3 = 0$$

可以写成

$$m_b\vec{r}_b + \sum_{i=1}^{3} m_i\vec{r}_i = 0$$

如果有 k 个偏心质量，则有

$$m_b\vec{r}_b + \sum_{i=1}^{k} m_i\vec{r}_i = 0 \qquad (11\text{-}1)$$

式（11-1）中，质量与矢径的乘积称为质径积，它表示在同一转速下转子上各离心惯性力的相对大小和方位。从式（11-1）可以看出，转子平衡后，其总质心将与其回转中心重合，即 $e = 0$。

由上述分析可得如下结论。

（1）刚性转子静平衡的条件：转子上各个偏心质量的离心惯性力的合力为零或质径积的矢量和为零。

（2）对于静不平衡的刚性转子，无论其有多少偏心质量，只需要在一个平面内增加或去除一个平衡质量，即可使其得以静平衡，故静平衡又称单面平衡。

式（11-1）中，只有平衡质量 m_b 的大小和方位未知，可利用解析法或图解法进行求解。

利用解析法求解时，只需建立一直角坐标系，根据式（11-1），按不平衡质径积的大小及如图 11-2（a）所示的方向，分别列出质径积在 x 轴和 y 轴上的平衡条件，即可求出平衡质量 $m_b\vec{r}_b$ 的大小和方位。

图 11-2（b）所示为图解法，所作的图形称为矢量多边形。

先算出各个质径积的大小 m_ir_i（如 m_1r_1、m_2r_2、m_3r_3），再选取质径积比例尺 μ_w（kg·mm/mm），按矢径 $\vec{r}_i$（$\vec{r}_1$、$\vec{r}_2$、$\vec{r}_b$）的方向连续作出矢量 $m_i\vec{r}_i$，封闭矢量即代表平衡质径积 $m_b\vec{r}_b$。根据转子的结构情况选定 r_b 的数值后，平衡质量 m_b 的大小就随之而定，其方位则由矢量 $\vec{r}_b$ 的方向确定。

为使转子平衡，可以在平衡矢径 $\vec{r}_b$ 的方向添加 m_b 或在 $\vec{r}_b$ 的反方向处去掉相应的一部分质量，只要保证矢量和为零即可。

11.2.3 刚性转子的动平衡

对于径宽比 $d/b<5$ 的转子，如精压机主机中的曲轴、汽轮机转子和凸轮轴（见图 11-3）等，由于其轴向宽度较大，其质量分布在几个不同的回转平面内。此时，即使转子的质心在回转轴线上，但由于各偏心质量所产生的离心惯性力不在同一回转平面内，所形成的惯性力偶仍使转子处于不平衡状态，如图 11-3 所示，m_1、m_2 为分布在凸轮轴上的不平衡质量，$m_1=m_2$、$r_1=r_2$、$L_1=L_2$，转子上各个偏心质量的离心惯性力的合力为零，是静平衡的。但 $\vec{F}_1L_1$ 与 $\vec{F}_2L_2$ 在轴向形成了不平衡的力偶，由于这种不平衡只有在转子运动的情况下才能显现出来，故称其为动不平衡。

为了消除刚性转子的动不平衡现象，设计时应首先根据转子的结构确定各个回转平面内偏心质量的大小和方位，然后计算所需增加的平衡质量的数目、大小及方位，以使设计出来的转子在理论上达到动平衡。该过程称为转子的动平衡设计。

如图 11-4（a）所示，若有一转子的偏心质量 m_1、m_2、m_3 分别位于三个平行的回转平面内，它们的矢径分

别为 $\vec{r}_1$、$\vec{r}_2$ 和 $\vec{r}_3$。当转子以等角速度 ω 回转时，这些偏心质量所产生的离心惯性力 $\vec{F}_1$、$\vec{F}_2$ 和 $\vec{F}_3$ 将形成一个空间力系。

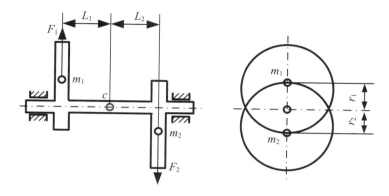

图 11-3　凸轮轴

为了使该空间力系及由其各力构成的惯性力偶矩得以平衡，可以根据转子的结构情况，选定两个平衡基面 T' 和 T''（与 $\vec{F}_1$、$\vec{F}_2$、$\vec{F}_3$ 所在的面平行）。根据理论力学中一个力可以分解为与其相平行的两个分力原理，将上述各个离心惯性力分别分解到平衡基面 T' 和 T'' 上。这样，就把该空间力系的平衡问题转化为两个平衡基面内的汇交力系的平衡问题，再利用静平衡的办法分别确定出 m'_b 和 m''_b 的大小和方位即可。

例如，欲将 $m_1\vec{r}_1$ 分解到平衡基面 T' 和 T'' 上，可先将 $\vec{r}_1$ 分别投影到 T' 和 T'' 上，其大小、方向不变，再将 m_1 按下面的方法分解到 T' 和 T'' 上：

$$m'_1 = \frac{L''_1}{L}m_1, \quad m''_1 = \frac{L'_1}{L}m_1 \tag{11-2a}$$

式中，m'_1 和 m''_1 分别为 m_1 分解到平衡基面 T' 和 T'' 的质量。

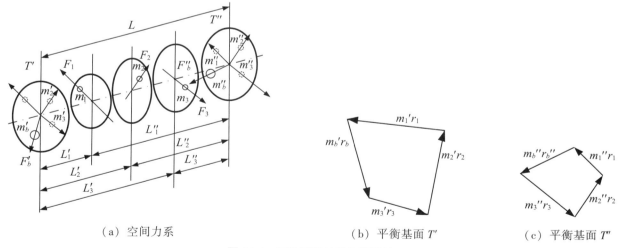

（a）空间力系　　　　　（b）平衡基面 T'　　　　　（c）平衡基面 T''

图 11-4　惯性转子的动平衡设计

同理，可得 m_2、m_3 分解到平衡基面 T' 和 T'' 的质量 m'_2、m''_2、m'_3 和 m''_3，即

$$m'_2 = \frac{L''_2}{L}m_2, \quad m''_2 = \frac{L'_2}{L}m_2 \tag{11-2b}$$

$$m'_3 = \frac{L''_3}{L}m_3, \quad m''_3 = \frac{L'_3}{L}m_3 \tag{11-2c}$$

如果径宽比 $d/b<5$ 的转子上有 k 个偏心质量，则在平衡基面 T' 和 T'' 应满足

$$m'_b \vec{r}'_b + \sum_{i=1}^{k} m'_i \vec{r}_i = 0 \qquad\qquad (11\text{-}3)$$

$$m''_b \vec{r}''_b + \sum_{i=1}^{k} m''_i \vec{r}_i = 0 \qquad\qquad (11\text{-}4)$$

用图解法在平衡基面 T' 和 T'' 上，为求 $m'_b \vec{r}'_b$ 和 $m''_b \vec{r}''_b$ 而作的矢量多边形如图 11-4（b）和图 11-4（c）。

为了使转子平衡，可以分别在平衡基面 T' 和 T'' 上相对于平衡矢径 $\vec{r}'_b$ 的方向添加 m'_b、相对于平衡矢径 $\vec{r}''_b$ 的方向添加 m''_b，以保证平衡基面 T' 和 T'' 上的矢量和为零。

由上述分析可得如下结论。

（1）刚性转子动平衡的条件：各偏心质量所产生的离心惯性力之矢量和以及由这些惯性力所造成的惯性力偶矩之矢量和都为零。

（2）对于动不平衡的刚性转子，无论它有多少个偏心质量，均只需要在任选的两个平衡平面内各增加或减少相应的平衡质量，即可使转子达到动平衡。动平衡是利用两个基面进行平衡，所以又称双面平衡。

（3）由于动平衡同时满足静平衡条件，所以经过动平衡设计的转子一定是静平衡的；反之，经过静平衡设计的转子则不一定是动平衡的。

例 11.1 有一个装有皮带轮的滚筒轴，已知皮带轮上有一个不平衡质量 $m_1 = 0.5\text{kg}$，滚筒上具有三个偏心质量 $m_2 = m_3 = m_4 = 0.4\text{kg}$，各偏心质量的分布如图 11-5 所示，且 $r_1 = 80\text{mm}$，$r_2 = r_3 = r_4 = 100\text{mm}$。试对该滚筒轴进行平衡设计。

解：（1）依题意可知，各个不平衡质量的分布不在同一回转平面内，因此应对其进行动平衡设计。为了使滚筒轴达到动平衡，必须任选两个平衡平面并在两个平衡平面内各加一合适的平衡质量。本题中，可以选择滚筒轴的两个端面 T' 和 T'' 作为平衡基面。

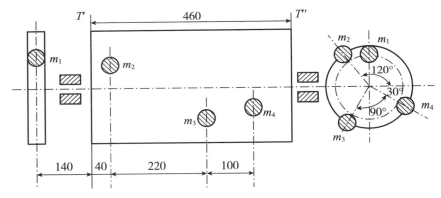

图 11-5　滚筒轴的动平衡设计

（2）根据平行力的合成与分解原理，将各偏心质量 m_1、m_2、m_3、m_4 分别分解到两个平衡平面内。根据公式（11-2），在平面 T' 内，有

$$\begin{cases} m'_1 = \dfrac{l''_1}{l} m_1 = \dfrac{460 + 140}{460} \times 0.5 = 0.652\text{kg} \\[2mm] m'_2 = \dfrac{l''_2}{l} m_2 = \dfrac{460 - 40}{460} \times 0.4 = 0.365\text{kg} \\[2mm] m'_3 = \dfrac{l''_3}{l} m_3 = \dfrac{460 - 40 - 220}{460} \times 0.4 = 0.174\text{kg} \\[2mm] m'_4 = \dfrac{l''_4}{l} m_4 = \dfrac{460 - 40 - 220 - 100}{460} \times 0.4 = 0.087\text{kg} \end{cases}$$

同理，在平面 T'' 内，有

$$
\begin{cases}
m''_1 = \dfrac{l'_1}{l}m_1 = \dfrac{140}{460} \times 0.5 = 0.152\text{kg} \\[2mm]
m''_2 = \dfrac{l'_2}{l}m_2 = \dfrac{40}{460} \times 0.4 = 0.035\text{kg} \\[2mm]
m''_3 = \dfrac{l'_3}{l}m_3 = \dfrac{40+220}{460} \times 0.4 = 0.226\text{kg} \\[2mm]
m''_4 = \dfrac{l'_4}{l}m_4 = \dfrac{40+220+100}{460} \times 0.4 = 0.313\text{kg}
\end{cases}
$$

（3）计算各不平衡质量质径积的大小，即

$$
\begin{cases}
W'_1 = m'_1 r_1 = 0.652 \times 80 = 52.16\,(\text{kg} \cdot \text{mm}) \\[1mm]
W''_1 = m''_1 r_1 = 0.152 \times 80 = 12.16\,(\text{kg} \cdot \text{mm}) \\[1mm]
W'_2 = m'_2 r_2 = 0.365 \times 100 = 36.5\,(\text{kg} \cdot \text{mm}) \\[1mm]
W''_2 = m''_2 r_2 = 0.035 \times 100 = 3.5\,(\text{kg} \cdot \text{mm}) \\[1mm]
W'_3 = m'_3 r_3 = 0.174 \times 100 = 17.4\,(\text{kg} \cdot \text{mm}) \\[1mm]
W''_3 = m''_3 r_3 = 0.226 \times 1000 = 22.6\,(\text{kg} \cdot \text{mm}) \\[1mm]
W'_4 = m'_4 r_4 = 0.087 \times 100 = 8.7\,(\text{kg} \cdot \text{mm}) \\[1mm]
W''_4 = m''_4 r_4 = 0.313 \times 100 = 31.3\,(\text{kg} \cdot \text{mm})
\end{cases}
$$

（4）确定平衡平面 T' 和 T'' 内，平衡质量的质径积 $m'_b \vec{r}'_b$ 和 $m''_b \vec{r}''_b$ 的大小及方向。

由于各偏心质量在平衡平面的方位角分别为

$$\theta'_1 = -\theta''_1 = \theta_1 = 90° \qquad \theta'_2 = \theta''_2 = \theta_2 = 120°$$

$$\theta'_3 = \theta''_3 = \theta_3 = 240° \qquad \theta'_4 = \theta''_4 = \theta_4 = 90°$$

对平面 T'，有

$$m'_b \vec{r}'_b + m'_1 \vec{r}_1 + m'_2 \vec{r}_2 + m'_3 \vec{r}_3 + m'_4 \vec{r}_4 = 0$$

取比例尺 $\mu_w = 1(\text{kg} \cdot \text{mm/mm})$。

作出质径矢量多边形，如图 11-6（a）所示，测量可得：$W' = m'_b r'_b = 67.2\,\text{kg} \cdot \text{mm}$，$\theta'_b = 16.8°$。

同理，对平面 T''，有

$$m''_b \vec{r}''_b + m''_1 \vec{r}_1 + m''_2 \vec{r}_2 + m''_3 \vec{r}_3 + m''_4 \vec{r}_4 = 0$$

作出质径矢量多边形如图 11-6（b）所示，测量可得：$W'' = m''_b r''_b = 46.5\,\text{kg} \cdot \text{mm}$，$\theta''_b = 107.6°$。

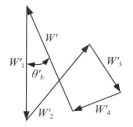 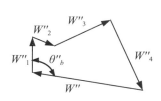

（a）T' 平面内质径积矢量多边形　　　（b）T'' 平面内质径积矢量多边形

图 11-6　质径矢量多边形

（5）确定平衡质量的矢径 r'_b 和 r''_b 的大小，并计算平衡质量 m'_b 和 m''_b。

不妨取 $r'_b = r''_b = 100\text{mm}$，则平衡基面 T' 和 T'' 内应增加的平衡质量分别为

$$m''_b = 0.672\ \text{kg}, \quad m''_b = 0.465\ \text{kg}$$

由上述平衡方程式计算出平衡质量的方位均为增加质量时的方位，如需去除质量，则应在所求方位角上加上 $180°$。

应当指出，由于 m_1 位于平衡平面 T' 和 T'' 的左侧，其产生的离心惯性力 F_1 分解到 T'、T'' 内时，$\vec{F'_1}$ 与 $\vec{F_1}$ 同向，而 $\vec{F''_1}$ 与 $\vec{F_1}$ 反向，故 $\theta_1' = -\theta_1'' = \theta_1$。

11.2.4 刚性转子的平衡试验

经平衡设计后的刚性转子在理论上是完全平衡的，但由于制造误差和装配误差及材质不均匀等因素，实际生产出的转子在运转时还可能出现不平衡现象。由于这种不平衡现象在设计阶段是无法确定和消除的，因此需要利用试验的方法对其做进一步的平衡。

1. 静平衡试验

对于径宽比 $d/b \geqslant 5$ 的刚性转子，一般只需对其进行静平衡试验。静平衡试验所用的设备称为静平衡架。

如图 11-7（a）所示为导轨式静平衡架，其主体部分是位于同一水平面内的两根互相平行的导轨。当用其平衡转子时，需将转子放在导轨上让其轻轻地自由滚动。若转子上有偏心质量存在，其质心必偏离转子的回转中心，在重力的作用下，待转子停止滚动时，其质心 S 必在回转中心的铅垂下方。此时，在回转中心的铅垂上方任意矢径大小处施加一平衡质量，然后反复试验，加减平衡质量，直至转子能在任何位置保持静止为止。导轨式静平衡架结构简单，平衡精度较高，但必须保证两导轨在同一水平面内且相互平行，故安装和调整较为困难。

若转子两端支承轴的尺寸不同时，可采用如图 11-7（b）所示的圆盘式静平衡架。

试验时，将待平衡转子的轴颈放置在由两个圆盘所组成的支承上，其平衡方法与导轨式静平衡架相似。圆盘式静平衡架使用方便，但因圆盘的摩擦阻力较大，故平衡精度不如导轨式静平衡架。

（a）导轨式静平衡架　　　（b）圆盘式静平衡架

图 11-7　静平衡架

2. 动平衡试验

对于径宽比 $d/b < 5$ 的刚性转子，必须进行动平衡试验。动平衡试验一般需要在专用的动平衡机上进行。动平衡机的种类有很多，其构造及工作原理也不尽相同。

根据转子支承架的刚度大小，一般将动平衡机分为硬支承和软支承两类。如图 11-8（a）所示为硬支承动平衡机。这种动平衡机的转子直接支承在刚度较大的支承架上，且在转子的工作频率远小于转子支承系统的固有频率 ωn 的情况下工作（一般 $\omega \leqslant 0.3\omega n$）。如图 11-8（b）所示为软支承动平衡机，这种动平衡机的转子支承架由两片弹簧悬挂起来，并可沿振动方向做往复摆动，因其刚度较小，故称为软支承动平衡机。这种动平衡机要在转子的工作频率远大于转子支承系统的固有频率 ωn 的情况下工作（一般 $\omega \geqslant 2\omega n$）。

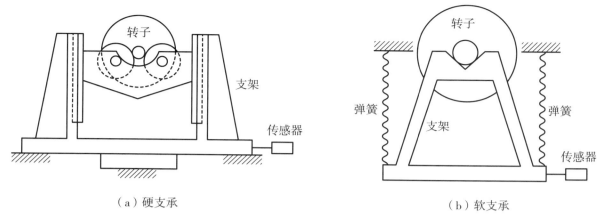

（a）硬支承　　　　　　　　　　　　　（b）软支承

图 11-8　动平衡机支承

11.2.5　转子的平衡精度

工程上几乎所有的计算、试验都不可能完全准确，都是一个相对的概念，都规定了许用值或安全系数等，平衡也是如此。平衡程度是相对的，还会有一些残存的不平衡，而要完全消除或进一步减小这些残存的不平衡，可能需要付出昂贵的代价。

从工程的实际出发，这些残存的不平衡可能不会影响转子的实际使用。所以，针对不同的工作机器，有不同的要求，规定了合适的平衡精度，保证使用和节约费用。

转子的平衡精度有两种表示方法：许用质径积和许用偏心距。前者指出了许可的残存质径积 $[mr]$ 的值，后者则指出了转子质心的许用偏心距 $[r]$ 的值。两者表示相同的平衡效果时，可得

$$[r] = \frac{[mr]}{m} \ (\mu m)$$

许用偏心距与转子的总质量无关，而许用质径积则与转子的总质量有关。通常，在对产品进行机械平衡时，平衡精度多用许用质径积表示，因为它直观、方便，并便于在平衡时进行操作。而在衡量转子平衡的优劣程度和衡量平衡机的检测精度时，则多用偏心距表示，因为它便于直观比较。

由于转子不平衡产生的动力效应不仅与偏心距 r 有关，还与转子的工作速度 ω 有关，所以工程上常采用 $[r]\omega$ 的值来表示转子的许用不平衡，即

$$A = [r] \frac{\omega}{1000} \ (mm/s) \tag{11-5}$$

式中，A 为许用不平衡量（mm/s）；ω 为转子的角速度（rad/s）。

典型转子的许用不平衡量可在相关手册上查取。

11.3　机械系统速度波动及调节

前面在对机构进行研究时，都假定原动件做等速运动。实际上，原动件的运动参数（位移、速度、加速度）往往是随时间而变化的，机械运动过程中会出现速度波动。这种波动会导致机械产生附加动载荷，引起机械的振动，从而会降低机械的寿命、效率和工作质量，对于高速、重载和高自动化的现代机械尤其是如此。因此，研究机械系统的速度波动及其调节方法是十分必要的。

11.3.1　机械运转过程中的三个阶段

机械系统通常由原动机、传动机构和执行机构等组成。对机构进行运动分析和受力分析时，总是认为原

动件的运动是已知的，且一般假设它做等速运动。实际上，原动件的运动规律是由作用在机械上的外力、各构件的质量、转动惯量以及原动件位置等因素决定的，且速度并不恒定。因此，研究机械系统的真实运动规律，对于设计机械，特别是高速、重载、高精度及高自动化的机械具有十分重要的意义。

在机械运转过程中，由外力变化所引起的速度波动将导致运动副中产生附加的动压力，并引起机械振动，从而降低机械的寿命、效率和工作可靠性。了解速度波动产生的原因并掌握其调节方法，是机械设计人员应具备的基本能力。

1. 作用在机械上的力

在机械的运转过程中，若忽略机械中各构件的重力、惯性力以及运动副中的摩擦力，则作用在机械上的力可分为驱动力和工作阻力两大类。

（1）驱动力。

驱动力指由原动机输出并驱使原动件运动的力，其变化规律取决于原动机的机械特性。例如，蒸汽机和内燃机等原动机输出的驱动力是活塞位置的函数；工程中应用最广泛的电动机输出的驱动力矩是转子角速度的函数。

（2）工作阻力。

工作阻力指机械工作时需要克服的工作负荷，其变化规律取决于机械的工艺特点。例如，车床的工作阻力近似为常数；曲柄压力机的工作阻力是执行构件位置的函数；鼓风机和搅拌机的工作阻力是执行构件速度的函数；而揉面机和球磨机的工作阻力是时间的函数。

2. 运动周期

大多数机器在稳定运转阶段的速度并不是恒定的。机器主轴的速度从某一值开始又回复到这一值的变化过程，称为一个运动循环，其所对应的时间 T 称为运动周期。

3. 机械运转过程中的三个阶段

如图 11-9 所示为机械原动件的角速度 ω 随时间 t 变化的曲线。其中，T 为稳定运转阶段的运动周期，ω_m 为原动件的平均角速度。

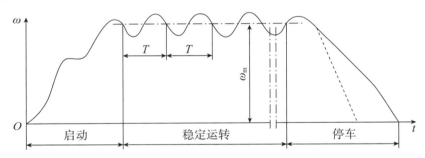

图 11-9　机械原动件的角速度 ω 随时间 t 变化的曲线

机械系统的运转过程可以分为以下三个阶段。

（1）启动阶段。

在启动阶段，原动件 ω 由零逐渐上升，直至达到正常的运转平均角速度 ω_m 为止。

这一阶段，因为机械所受的驱动力做的驱动功 W_d 大于克服生产阻力所需的有用功 W_r 和克服有害阻力（主要是摩擦力）的损耗功 W_f，所以系统内积蓄了动能 $\Delta E = E_1 - E_2$（E_1、E_2 分别为机械系统在该时间间隔开始和终止时的动能）。根据能量守恒定律，作用在机械系统上的力在任一时间间隔内所做的功应等于机械系统动能的增量，所以该阶段的功能关系为

$$\Delta E = W_d - (W_r + W_f) > 0 \tag{11-6}$$

（2）稳定运转阶段。

启动阶段完成之后，机械进入稳定运行阶段。

这一阶段，W_d 与 W_r、W_f 两者之和相等，机械原动件以平均角速度 ω_m 作稳定运转，此时有

$$\Delta E = W_d - (W_r + W_f) = 0 \tag{11-7}$$

也就是说稳定运转阶段机械总驱动功与总阻抗功相等。

（3）停车阶段。

在此阶段，由于驱动力已经撤去，即输入功 $W_d = 0$；工作也已停止，$W_r = 0$。此时有

$$\Delta E = W_d - (W_r + W_f) < 0 \tag{11-8}$$

随着原动件的速度由平均值降为零，机械系统的动能逐渐减小，当机械具有的动能被有害阻力损耗功消耗殆尽时，机械便停止运转。

启动阶段和停车阶段统称为机械运转的过渡阶段。由于机械通常是在稳定运转阶段进行工作的，因此应尽量缩短过渡阶段所需的时间。在启动阶段，一般常使机械在空载下启动，或者另加一个启动马达来加大输入功，以达到快速启动的目的；在停车阶段，通常在机械上安装制动装置以增加摩擦阻力从而达到缩短停车时间的目的。图 11-9 中的虚线表示停车阶段增加制动装置后，原动件的角速度随时间 t 的变化规律。

11.3.2 速度波动及其调节

机械系统在外力（驱动力和各种阻力）的作用下稳定运转时，如果每一瞬时都保证所做的驱动功与各种阻抗功相等，机械系统就能保持匀速运转。但是，多数机械系统在工作时并不能保证这一点，有时会出现驱动功大于或小于阻抗功的情况。动能的变化引起机械速度的变化，称为速度波动。过大的速度波动对机械的工作是不利的。设法降低机械运转速度的波动程度，将其限制在允许的范围内，这就是速度波动的调节，简称调速。机械速度波动有周期性和非周期性两类。

1. 周期性速度波动及其调节

（1）周期性速度波动。

周期性速度波动如图 11-10 所示。在周期 T 中的某一时间间隔中，驱动力所做的功和阻力所做的功不相等，速度是波动的，但主轴的角速度在经过一个运动周期 T 后，又恢复到初始状态，即在一个运动周期 T 的始末，主轴的角速度是相等的，运动周期 T 内的平均角速度保持不变，机械的动能没有改变。机械这种有规律的波动称为周期性速度波动。在周期性速度波动时，一个运动周期内，驱动力所做的功等于阻力所做的功。

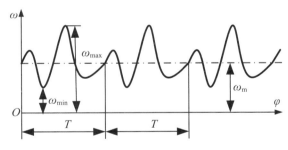

图 11-10 周期性速度波动

图 11-10 中，ω_{max}、ω_{min}、ω_m 分别为最大角速度、最小角速度和平均角速度。在工程的实际应用中，平均角速度 ω_m 可用式（11-9）计算。

$$\omega_m = \frac{\omega_{max} + \omega_{min}}{2} \tag{11-9}$$

（2）速度波动程度的衡量指标。

机械速度做周期性波动时，速度变化的幅度（$\omega_{max} - \omega_{min}$）称为机械运转的绝对不均匀度，若仅仅用绝对不均匀度来表示波动，则当 $\omega_{max} - \omega_{min}$ 一定时，对低速机械的速度波动可能就十分明显，而对高速机械就显得不明显。因此，在衡量机械速度波动的程度时，平均角速度 ω_m 也是一个重要指标。

综合考虑速度变化的幅度及平均角速度两方面的原因，常用不均匀系数 δ 来表示机械速度波动的程度，

其定义为角速度波动的幅度（$\omega_{max} - \omega_{min}$）与平均角速度之比，即

$$\delta = \frac{\omega_{max} - \omega_{min}}{\omega_m} \qquad (11\text{-}10)$$

δ 愈小，表示机械运转愈均匀，运转平稳性愈好。

不同类型的机械所允许的速度波动程度是不同的。表 11-1 给出了常用机械的许用速度波动系数。为使机械系统运转过程中速度波动在允许范围内，设计时应使 $\delta \leqslant [\delta]$，$[\delta]$ 为许用值。

表 11-1 常用机械的许用速度波动系数

机械的名称	$[\delta]$	机械的名称	$[\delta]$
碎石机	$\frac{1}{5} \sim \frac{1}{20}$	水泵、鼓风机	$\frac{1}{30} \sim \frac{1}{50}$
冲床、剪床	$\frac{1}{7} \sim \frac{1}{10}$	造纸机、织布机	$\frac{1}{40} \sim \frac{1}{50}$
轧压机	$\frac{1}{10} \sim \frac{1}{25}$	纺纱机	$\frac{1}{60} \sim \frac{1}{100}$
汽车、拖拉机	$\frac{1}{20} \sim \frac{1}{60}$	直流发电机	$\frac{1}{100} \sim \frac{1}{200}$
金属切削机床	$\frac{1}{30} \sim \frac{1}{40}$	交流发电机	$\frac{1}{200} \sim \frac{1}{300}$

2. 周期性速度波动的调节方法

为了减少机械运转过程中出现的周期性速度波动，最常用的方法是在机械系统中安装一个具有较大转动惯量的盘状零件——飞轮。

安装飞轮后，周期性速度波动变小。飞轮相当于一个能量储存器，当驱动力所做的功大于阻力所做的功时，机械系统的运转速度升高，但由于飞轮的惯性，将阻止系统运转速度升高，这时飞轮动能增加，相当于一部分多余的功以动能的形式储存起来；反之，当驱动力所做的功小于力所做的功时，系统的运转速度降低，同样由于飞轮的惯性，又将释放储存的动能以阻止系统运转速度降低。

由于有"吸收"或"释放"能量的功能，所以，对于精压机这类在一个工作周期中工作时间很短、峰值载荷很大的机械，飞轮可以帮助它们克服其尖峰载荷，从而使所选用电动机的功率大大降低。

3. 非周期性速度波动及其调节

（1）非周期性速度波动。

如果机械在运转过程中，驱动力或阻力无规律地发生变化，使得机器运转的速度波动没有一定的周期，机械的稳定运转状态将遭到破坏，此时的速度波动称为非周期性速度波动。非周期性速度波动多是由于工作阻力或驱动力在机械运转过程中发生突变，从而使输入功与输出功在一段较长的时间内失衡所造成的。若不予以调节，它将使机械系统的转速持续上升或下降，严重时机器将超过所允许的极限速度而导致损坏或使机器停止运转而不能正常工作。

（2）非周期性速度波动的调节方法。

对于非周期性速度波动，安装飞轮不能达到调节目的，因为非周期性速度波动时能量的变化范围难以估计，飞轮"吸收"或"释放"的能量是有限的，飞轮不能在机械需要大量的能量时创造出能量，也不能在机械的能量过多时消耗掉能量。

非周期性速度波动一般可用调速器来调节。

调速器有机械式和电子式等多种形式。如图 11-11 所示为机械式离心调速器的工作原理图。

当机械系统的工作负荷减小时，其主轴转速升高，调速器本体的中心轴的转速也随之升高，由于离心力的作用，两重球 K 张开并带动滑块和滚子 M 上升，最后通过连杆机构关小节流阀 6，以减少进入原动机的工作介质（煤气或燃油等），从而使系统的输入功与输出功相等，以便机械系统在较高的转速下重新达到稳定状态。反之，当机械系统的工作负荷增大时，其主轴转速降低，调速器本体中心轴的转速也随之降低，两重

球 K 下落并带动滑块和滚子 M 下降，最后通过连杆机构开大节流阀 6，以增加进入原动机的工作介质。经上述调节，系统的输入功与输出功相平衡，机械系统在较低的转速下重新达到稳定状态。因此，从本质上讲，调速器是一种反馈控制机构。

机械式调速器灵敏度低，结构复杂，已逐步被液压和电子调速装置所取代。

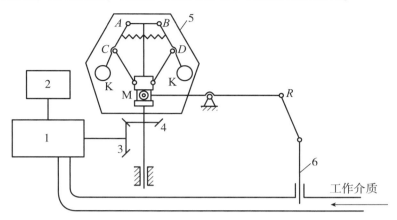

1—原动机；2—工作机；3、4—圆锥齿轮；5—调速器本体；6—节流阀。

图 11-11　机械式离心调速器的工作原理图

11.3.3 飞轮设计

1. 飞轮转动惯量的计算

飞轮设计的核心问题就是确定它的转动惯量。

一般说来，机械系统中各构件所具有的动能与飞轮的动能相比，其值很小，可用飞轮的动能替代整个机械的动能。当机械的转动处在最大角速度 ω_{max} 时，具有最大动能 E_{max}，当处在最小角速度 ω_{min} 时，具有最小动能 E_{min}。E_{max} 与 E_{min} 之差表示一个周期内动能的最大变化量，称为最大盈亏功，用 A_{max} 表示。

若飞轮的转动惯量为 J_F，根据动能定理，$E_{max} = \dfrac{J_F \omega_{max}}{2}$，$E_{min} = \dfrac{J_F \omega_{min}}{2}$

则

$$A_{max} = E_{max} - E_{min} = J_F \frac{\omega_{max}^2 - \omega_{min}^2}{2} = J_F \omega_m^2 \delta$$

即

$$J_F = \frac{A_{max}}{\omega_m^2 \delta} \tag{11-10}$$

设计时，为保证安装飞轮后机械系统的速度波动程度在许可的工作范围内，必须满足 $\delta \leqslant [\delta]$，即

$$J_F = \frac{A_{max}}{\omega_m^2 [\delta]} \tag{11-11}$$

2. 飞轮转动惯量 J_F、最大盈亏功 A_{max} 及不均匀系数 δ 的关系

（1）当 A_{max} 与 ω_m 一定时，J_F 与 δ 成反比，δ 略微变化就会使飞轮转动惯量激增，因此，过分追求机械速度的均匀，将使飞轮过于笨重。

（2）当 J_F 与 ω_m 一定时，A_{max} 与 δ 成正比，A_{max} 越大，机械运转速度越不均匀。

（3）J_F 与 ω_m 的平方成反比，即主轴的平均速度越高，所需飞轮的转动惯量 J_F 越小，因此，为了减小飞轮尺寸，最好将飞轮安装在高速轴上。一般高速轴的轴径较小，所以有时飞轮安装在主轴上。

3. 最大盈亏功 A_{max} 的确定

由式（11-11）计算 J_F 时，由于 ω_m 和 $[\delta]$ 均为已知量，因此，为求飞轮转动惯量，关键在于确定最大

盈亏功 A_{max} 。

如图 11-12（a）所示为机械在平稳运转一周期内，驱动力矩 M_{ed} 和阻力矩 M_{er}（图中虚线）的变化曲线，纵坐标为力矩，横坐标为转角。两曲线所包围面积的大小反映了相应转角区段上驱动力矩功和阻力矩功差值的大小。如在区段 b、c 中，驱动力矩功大于阻力矩功，则称为盈功。反之，如在区段 a、b 中阻力矩功大于驱动力矩功，称为亏功，最大盈亏功 A_{max} 的大小等于整个周期内全部盈亏功的代数和。

借助能量指示图可确定 A_{max} 的大小，如图 11-12（b）所示。

在能量指示图中，垂直矢量代表各段的盈亏功，盈功取正值，箭头向上；亏功取负值，箭头向下。由于在一个周期的起始位置与终了位置系统的动能相等，故能量指示图的首尾应在同一水平线上。

取任意一点（如 a 点）作为起点，按一定比例用矢量线段依次表明相应位置处 M_{ed} 与 M_{er} 之间所包围的面积的大小和正负。例如，区段 a、b，虚线在上、实线在下，阻力矩功大于驱动力矩功，驱动力矩功减阻力矩功为负值，A_{ab} 为亏功，箭头向下；区段 b、c，虚线在下、实线在上，驱动力矩功大于阻力矩功，A_{bc} 为盈功，取正值，箭头向上；依此类推，可知 A_{cd} 为亏功，取负值，箭头向下；A_{de} 为盈功，取正值，箭头向上；$A_{ea'}$ 为亏功，取负值，箭头向下。由图 11-12（b）可以看出，系统在 b 点处动能最小，而在 c 点处动能最大，折线的最高点 c 和最低点 b 的距离，就代表了最大盈亏功 A_{max} 的大小。

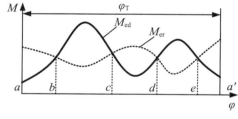 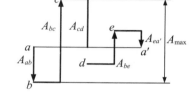

（a）驱动力矩和阻力矩变化曲线　　　　（b）能量指示图

图 11-12　最大盈亏功的确定

4. 飞轮主要尺寸的确定

飞轮按其形状大体可分为轮形飞轮和盘形飞轮两种。

（1）轮形飞轮。

如图 11-13 所示，这种飞轮由轮毂、轮辐和轮缘三部分组成。由于与轮缘相比，其他两部分的转动惯量很小，因此可略去不计。假设飞轮外径为 D_1，轮缘内径为 D_2，轮缘质量为 m，则轮缘的转动惯量为

$$J_F = \frac{m}{2}\left(\frac{D_1^2 + D_2^2}{4}\right) = \frac{m}{8}(D_1^2 + D_2^2) \tag{11-12}$$

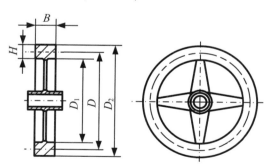

图 11-13　轮形飞轮

当轮缘厚度 H 不大时，可近似认为飞轮的质量集中于其平均直径 D 上，于是

$$J_F \approx \frac{m}{4}D^2 \tag{11-13}$$

按照飞轮的转动惯量，再根据飞轮在机械系统中的安装空间来选择轮缘的平均直径 D，可计算出飞轮的质量 m。

若设飞轮宽度为 B（m），轮缘厚度为 H（m），平均直径为 D（m），材料密度为 ρ（kg/m³），则

$$m = \frac{1}{4}\pi(D_1^2 - D_2^2)B\rho = \pi B\rho HD \tag{11-14}$$

根据飞轮的材料和选定的比值 H/B，可求出飞轮的剖面尺寸 H 和 B。对于较小的飞轮，通常取 $H/B \approx 2$；对于较大的飞轮，通常取 $H/B \approx 1.5$。

（2）盘形飞轮。

当飞轮的转动惯量不大时，可采用形状简单的盘形飞轮，如图 11-14 所示。

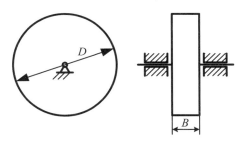

图 11-14　盘形飞轮

设 m、D 和 B 分别为其质量、外径及宽度，则整个飞轮的转动惯量为

$$J_F = \frac{m}{2}\left(\frac{D^2}{4}\right) = \frac{m}{8}D^2 \tag{11-15}$$

根据安装空间选定飞轮直径 D 后，可由式（11-15）计算出飞轮质量 m。再根据所选飞轮材料，即可求出飞轮的宽度 B，即

$$B = \frac{4m}{\pi D^2 \rho} \tag{11-16}$$

例 11.2　在一台用电动机作原动机的剪床机械系统中，电动机的转速为 $n_m = 1500 \text{ r/min}$。已知折算得电动机轴上的阻力矩 M_r 的变化曲线如图 11-15 所示，电动机的驱动力矩为常数，机械系统本身各构件的转动惯量均忽略不计。当要求该系统的速度不均匀系数为 $d \leqslant 0.05$ 时，求安装在电动机轴上的飞轮所需的转动惯量 J_F。

解：①求最大盈亏功 $A_{\max}$。

一个周期内驱动力矩 M_d 所做功等于阻力矩 M_r 所消耗功，即

$$M_d \times 2\pi = 200 \times 2\pi + \frac{1}{2}(0.25\pi + 0.5\pi)(1600 - 200)$$

可得 $M_d = 462.5\text{N} \cdot \text{m}$。

在图 11-15 左图中画出等效驱动力矩 $M_d = 462.5\text{N} \cdot \text{m}$ 的直线，它与 M_r 曲线之间所夹的各单元面积所对应的盈功或亏功分别为

$$f_1 = (462.5 - 200) \times \frac{\pi}{2} = 412.3 \text{ J}$$

$$f_2 = \left[(1600 - 462.5) \times \frac{\pi}{4} + \frac{1}{2} \times (1600 - 462.5) \times \frac{1600 - 462.5}{1600 - 200} \times \frac{\pi}{4}\right] = -1256.3\text{J}$$

$$f_3 = \frac{1}{2} \times (462.5 - 200) \times \left(1 - \frac{1600 - 462.5}{1600 - 200}\right) \times \frac{\pi}{4} + (462.5 - 200) \times \pi = 844\text{J}$$

根据上述结果绘出能量指示（见图 11-15 右图），可见，最大盈亏功为 f_2 或 $f_1 + f_2$，即 $A_{\max} = 1256.3\text{J}$。

②求飞轮的转动惯量。

将 $A_{\max}$ 代入飞轮转动惯量计算式，可得

$$J_F = \frac{W_n}{\omega_m^2 \delta} = \frac{900W_n}{\pi^2 n_m^2 \delta} = \frac{90 \times 1256.3}{1500^2 \times 0.05} = 1.005 \text{ kg} \cdot \text{m}^2$$

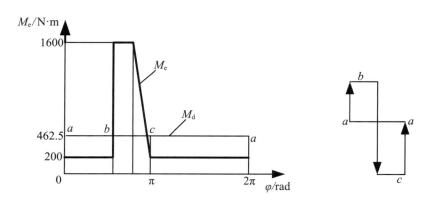

图 11-15　剪床机械系统的等效力矩与能量指示图

由上例可知，不论是已知 M_d 的变化曲线或还是 M_r 的变化曲线，总可以运用在一个周期内等效驱动力矩所做的功应等于等效阻力矩所消耗的功（输入功等于输出功）的原则，求出未知的一个常数力矩，然后求出最大盈亏功 A_{max} 。

思考与练习题

1. 选择题

11-1　对于存在周期性速度波动的机器，安装飞轮主要是为了在＿＿＿＿＿＿＿＿阶段进行速度调节。

　　A. 启动　　　　　　　　B. 停车　　　　　　　　C. 稳定运转

11-2　机器在安装飞轮后，原动机的功率可以比未安装飞轮时＿＿＿＿＿＿＿＿。

　　A. 一样　　　　　　　　B. 大　　　　　　　　　C. 小

11-3　利用飞轮进行调速的原因是它能＿＿＿＿＿＿＿＿能量。

　　A. 产生　　　　　　　　B. 消耗　　　　　　　　C. 储存和放出

11-4　在周期性速度波动中，一个周期内等效驱动力做功 W_d 与等效阻力做功 W_r 的量值关系是＿＿＿＿＿＿＿＿。

　　A. $W_d > W_r$ 　　　　　　　　　　　　B. $W_d < W_r$

　　C. $W_d \neq W_r$ 　　　　　　　　　　　　D. $W_d = W_r$

11-5　机械在盈功阶段运转速度（　　　）。

　　A. 增大　　　　　　　　B. 不变　　　　　　　　C. 减小

11-6　在周期性速度波动中，一个周期内机械的盈亏功累积值（　　　）。

　　A. 大于 0　　　　　　　B. 小于 0　　　　　　　C. 等于 0

11-7　调节机械的非周期性速度波动必须用（　　　）。

　　A. 弹簧　　　　　　　　B. 调速器　　　　　　　C. 飞轮

11-8　在机械周期性速度波动计算飞轮转动惯量时，最大盈亏功 A_{max} 为一个周期内（　　　）。

　　A. 最大盈功与最大亏功的代数和

　　B. 最大盈功与最大亏功的代数差

　　C. 各段盈亏功的代数和

11-9　若分布于回转件上的各个质量的离心惯性力的向量和为零，该回转件是＿＿＿＿＿＿＿＿回转件。

　　A. 静平衡　　　　　　　B. 动平衡　　　　　　　C. 静平衡但动不平衡

11-10　回转件动平衡的条件是＿＿＿＿＿＿＿＿。

　　A. 各质量离心惯性力向量和为零

　　B. 各质量离心惯性力偶矩向量和为零

C. 各质量离心惯性力向量和与离心惯性力偶矩向量和均为零

11-11　达到静平衡的回转件_____是动平衡的。

A. 一定　　　　　　　B. 一定不　　　　　　　C. 不一定

11-12　回转件动平衡必须在_____校正平面施加平衡质量。

A. 一个　　　　　　　B. 两个　　　　　　　C. 一个或两个

2. 填空题

11-13　机器产生速度波动的主要原因是_____。速度波动的类型有_____和_____两种。前者一般采用的调节方法是_____，后者一般采用的调节方法是_____。

11-14　用飞轮进行调速时，若其他条件不变，则要求的速度不均匀系数越小，飞轮的转动惯量将越_____。在满足同样的速度不均匀系数条件下，为了减小飞轮的转动惯量，应将飞轮安装在_____轴上。

11-15　机械在某段时间内若驱动力所做的功大于阻力所做的功，则出现_____功；若驱动力所做的功小于阻力所做的功，则出现_____功。它们将分别引起机械动能的_____和_____，从而引起机械运转速度_____和_____。

11-16　机械周期性速度波动最大角速度为 ω_{max}，最小角速度为 ω_{min}，则平均角速度 $\omega_m =$ _____；机械运转速度不均匀系数 $\delta =$ _____，不均匀系数越大，表明机械运转速度波动程度_____。

11-17　使回转件_____落在回转轴线上的平衡称为静平衡；静平衡的回转件可以在任何位置保持_____而不会自动_____。

11-18　回转件静平衡的条件为回转件上各质量的离心惯性力（或质径积）的_____等于零。

11-19　静平衡适用于轴向尺寸与径向尺寸之比_____的盘形回转件，可以近似认为它所有质量都分布在_____内，这些质量所产生的离心惯性力构成一个相交于回转中心的_____力系。

11-20　使回转件各质量产生的离心惯性力的_____以及各离心惯性_____均等于零的平衡称为动平衡。

3. 判断题

11-21　大多数机械的原动件都存在周期性速度波动，其原因是驱动力所做的功与阻力所做的功不能每瞬时保持相等。　　　　　　　　　　　　　　　　　　　　　（　　）

11-22　机械的周期性速度波动可以用飞轮来消除。　　　　　　　　　　　（　　）

11-23　当机械处于盈功阶段时，动能一般是要减少的。　　　　　　　　　（　　）

11-24　机械运转的速度不均匀系数越小，表明机械运转的速度波动程度越大。　（　　）

11-25　机械周期性速度波动在一个周期内驱动力所做的功与阻力所做的功是相等的。（　　）

11-26　从减小飞轮所需的转动惯量出发，宜将飞轮安装在低速轴上。　　　　（　　）

11-27　质量分布在同一回转面内的静平衡回转件不一定是动平衡的。　　　　（　　）

11-28　轴向尺寸与径向尺寸之比大于 0.2 的回转件应进行静平衡。　　　　　（　　）

11-29　不论刚性转子上有多少个不平衡质量，也不论它们如何分布，只需在任意选定的两个平衡平面内，分别适当地加一平衡质量，即可达到动平衡。　　　　　　　　　（　　）

11-30　刚性转子的许用不平衡量可用质径积或偏心距表示。　　　　　　　　（　　）

4. 简答题

11-31　机器产生周期性速度波动的原因是什么？

11-32　机器中装设飞轮的目的何在？机器安装飞轮后，是否能得到绝对均匀的运动？为什么？

11-33　一般机械的运转过程分为哪三个阶段？

11-34　什么机械会出现非周期性速度波动？如何进行调节？

11-35　机械的运转为什么会有速度波动？为什么要调节机械速度的波动？

11-36　为什么说飞轮在调速的同时还能起到节约能源的作用？能否利用飞轮来调节非周期性速度波动？

为什么?

11-37 机械平衡的目的是什么?造成机械不平衡的原因可能有哪些?

11-38 什么是静平衡?什么是动平衡?各至少需要几个平衡平面?

11-39 经过平衡设计后的刚性转子,在制造出来后是否还要进行平衡实验?为什么?

11-40 在工程上规定许用不平衡量的目的是什么?为什么绝对的平衡是不可能的?

5. 综合题

11-41 如图 11-16 所示为某机械以主轴为等效构件时,其等效驱动力矩 M_d 在一个工作循环中的变化规律。设主轴转速 $n = 750 \text{r/min}$;等效阻力矩为常数,许用波动系数 $[\delta] = 0.01$,若忽略机械中其余构件的等效转动惯量,试确定系统的最大盈亏功 W_n,并计算安装在主轴上的飞轮的转动惯量 J_F。

11-42 如图 11-17 所示盘状转子上有两个不平衡质量:$m_1 = 1.5 \text{kg}$,$m_2 = 0.8 \text{kg}$,$r_1 = 140 \text{mm}$,$r_2 = 180 \text{mm}$,相位如图所示。现用去重法来平衡,求所需挖去的质量的大小和相位(设挖去质量处的半径 $r = 140 \text{mm}$)。

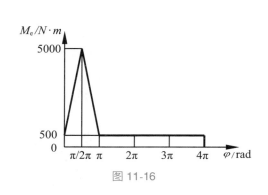

图 11-16

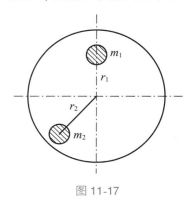

图 11-17

11-43 资料查询与讨论。

汽车行业在国民经济中起着重要的支柱作用,市场巨大、影响广泛,能够辐射其他制造行业,如相关配套零部件行业及汽车相关服务产业。汽车行业总产出占据世界 GDP 的一成以上。汽车工业被喻为"工业中的工业",它代表着一个国家的综合工业水平,是一国国力的重要体现。

2020 年 11 月 2 日,国务院办公厅印发《新能源汽车产业发展规划(2021—2035)》,为我国制定了新能源汽车发展的战略目标。

新能源汽车对传统燃油车的冲击,并不仅仅是动力的替代,更将是车联网、物联网等革命性技术的大规模应用,这将像智能手机取代传统手机,用 4G 技术取代 2G 技术一样,用新能源汽车这样一个产品为整个汽车工业和相关生产服务行业带来深刻的革命,并辐射到整个工业领域。对我国新能源车企而言,西方传统车企确实拥有上百年的内燃机和变速箱传动系统的技术先发优势,可在向新能源汽车转型的历史进程中,这些传统车企的优势没有燃油车时代那样巨大了,中国迎来重大赶超机遇期。

进一步分析,在新能源汽车的某些具体技术上西方或许还存在优势,可是在新能源技术的推广使用方面却远远不如中国(新能源汽车不仅是具体某个车企的战斗,更是需要社会做配套(资金供应、人力支持、市场开拓、基础设施、电力生产和成本匹配等)的整个国家的战略。在这个层次上,西方和我国的制度优势差距巨大)。中国新能源汽车肩负着重要的历史使命,新能源汽车将为我国汽车工业在国际上抢占技术高地,不再屈居行业从属地位;用新能源技术减少传统燃料消耗,降低我国对进口能源的依赖;带动车联网取代未联网,促进大数据、人工智能和 5G+工业互联网等新产业的更新迭代,利用我国 5G 网络布局具有的先发优势,抓住这个传统产业跨越式发展的历史机遇,进而推动新一轮生产技术革命,使中国走上新型工业化的道路,中国汽车必将拥有光明的未来。

请查询《新能源汽车产业发展规划(2021—2035)》全文,并结合本章知识查询新能源汽车在机械结构上与燃油汽车的异同,如为什么新能源汽车没有曲轴?

第 12 章

计算机辅助设计与分析简介

本章介绍了计算机辅助设计与分析的概念；对主流机械设计软件 SolidWorks 及其分析插件的基本知识进行了简单陈述；结合精压机减速器中的零件重点讲述了 SolidWorks 的应用实例。同时，本章还设置了项目模块查询讨论中国工业软件的现状和发展。

12.1 引言

随着计算机技术对各技术领域进行全面深入的渗透，人们的思维、观念和方法正在不断地变化、发展和更新。

作为具有几百年历史的机械设计技术领域，计算机技术的发展迅速地影响着其发展模式。各种设计技术、计算技术和设计工具使机械设计传统的理论体系和方法体系受到了强烈的冲击。

在机械设计过程中，利用计算机作为工具的一切实用技术的总和称为计算机辅助设计（CAD，Computer Aided Design）。

机械 CAD 主要应用于机械设计的机构综合、机械零件及整机的分析计算（如结构分析中的应力/应变计算和动态特性等）、计算机辅助绘图、设计审查与评价（如公差分配审查、干涉检查、运动仿真和动力学仿真等）、设计信息的处理、检索和交换等。

机械 CAD 包括的内容很多，如概念设计、优化设计、有限元分析、计算机仿真、计算机辅助绘图和计算机辅助设计过程管理等。

CAD 的运用使机械设计技术从相对静止的方式变为基于计算数据的、知识工程的、动态的和高度模块化的现代机械设计技术，使人们可以从烦琐的计算分析和信息检索中解放出来，把更多的精力放在方案创新设计和对机械产品的市场需求调查上；CAD 的运用，为"考虑装配的设计""考虑制造的设计"等并行设计的实施创造了条件，使异地、协同、虚拟设计及实时仿真成为可能，提高了设计效率，缩短了机械产品的设计周期和优化程度。

我国 CAD 技术的研究与应用起步于 20 世纪 70 年代，成长于 20 世纪 80 年代。进入 20 世纪 90 年代后，CAD 技术得到了蓬勃而迅猛的发展，由单纯的计算机辅助计算发展到智能化、集成化、并行性、网络化及全数字化设计。CAD 技术的发展深刻地影响着机械设计理论、方法和实践的走向。

实践中，CAD 应用软件已经实现大型化和多能化。在计算机辅助分析计算方面，由传统模式向现代模式发展（如高等动力学及有限元方法的运用）；在计算机辅助绘图方面，由二维图形向三维模型发展。

机械设计中常用的计算机辅助设计软件有 AutoCAD、CAXA 、UG、Pro/e、SolidWorks 和机械设计手册软件版等。

机械设计手册软件版可以帮助快速查询常用资料、常用标准、公差配合、材料、标准件和机械设计常用规范等，是国内机械设计方面资料较为齐全的资料库软件。利用机械设计手册软件版可以进行机械设计零件设计、常用传动设计、标准件的选用校核及常用电动机的计算选用。

AutoCAD、CAXA 主要用于二维工程图的绘制。UG、Pro/e、SolidWorks 用于建立机械产品的三维模型并对机械产品进行运动学、动力学分析及各种强度的计算。其中 SolidWorks 易学易用、功能强大，且为全中文界面，得到了越来越广泛的应用。

12.2 SolidWorks 软件简介

12.2.1 SolidWorks 的特点

SolidWorks 是非常优秀的三维机械软件，能完成产品的三维造型、上色、三维动画、CAD/CAM 转换、工程分析和工程制图等功能，为机械设计提供了良好的软件平台。可进行各类机械产品的设计，实现从产品概念设计、零件结构设计、机构装配设计、外观造型直至工程制造等全过程的计算机化。

SolidWorks 软件具有以下几种特性。

1. 基于特征

就像装配体是由许多单独的零件组成的一样，SolidWorks 中的模型是由许多单独的元素组成，这些元素被称为特征。如凸台、剪切体、孔、筋、圆角、倒角和斜度等，这些特征的组合就构成了机械零件实体模型。可以说，零件的设计过程就是特征的累积过程。

SolidWorks 零件模型中，第一个实体特征称为基本特征，代表零件的基本形状，零件其他特征的创建往往依赖于基本特征。

SolidWorks 中的特征可以分为草图特征和直接生成特征。

草图特征是基于二维草图的特征。通常该草图可以通过拉伸、旋转、扫描或放样转换为实体。

直接生成特征就是直接创建在实体模型上的特征，如圆角和倒角就属于这类特征。

SolidWorks 在一个被称为特征管理窗格的特殊窗口中显示模型的基于特征的结构。树状结构的特征管理区不仅可以显示特征创建的顺序，而且还可以使用户很容易地得到所有特征的相关信息。如图 12-1 显示了这些特征与它们在特征管理窗格设计树列表中的对应关系。

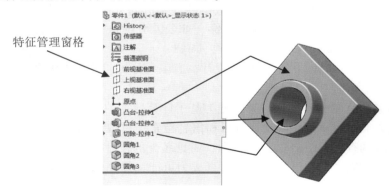

图 12-1　设计树与零件特征的对应关系

2. 参数化

所谓参数化是指各个特征的几何形状和尺寸大小是用变量参数的方式来表达的。这个变量参数不仅可以是常数，而且可以是代数式。改变某个特征的变量参数（如尺寸参数），则实体的轮廓的大小、形状也随之更改。

3. 实体建模

实体模型是 CAD 系统中最完全的几何模型类型。它除了完整描述模型的表面几何信息外，还描述了相关的拓扑信息。如三维形状、颜色、重量、密度和硬度等。以此为基础，可进行空间运动分析、装配干涉分析和应力应变分析等。

12. 2. 2 SolidWorks 的用户界面

SolidWorks 的用户界面如图 12-2 所示。该界面所示为打开零件文件的操作界面，装配体文件及工程图文件的工作界面与此界面类似。

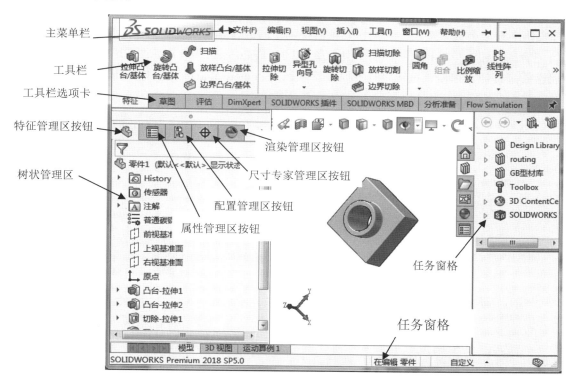

图 12-2　Solidworks 的用户界面

1. 主菜单

通过菜单，用户可以得到 SolidWorks 提供的所有命令。

在主菜单中，可以添加菜单项，也可以自定义各菜单项。主菜单每个菜单项都有下拉式子菜单。

2. 工具栏

工具栏使用户能快速得到最常用的命令。用户可根据需要可以自定义添加、移动或重新排列工具中的按钮。用户只要将鼠标指针停留在各按钮上，便可获得快速帮助。

添加按钮的方式是选择菜单中的"工具"→"自定义"，在弹出自定义对话框后，选择"命令"选项框，然后将所需类别及相应的按钮拖动至工具栏中，如图 12-3 所示。

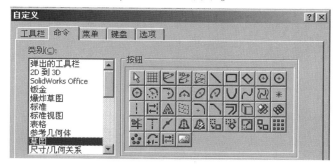

图 12-3　为工具栏添加按钮的自定义对话框

打开或关闭某些工具栏。方式是选择菜单中的"视图"→"工具栏"，然后逐个点取要显示（或隐藏）的工具栏选项框。为了能够进入下拉菜单中的视图、工具或自定义对话框，必须先打开一个文件。

3. 管理区

在主窗口的左边，有一个长方形区域，称为管理区。管理区有两个窗格：管理窗格和显示窗格。其中显示窗格一般都被折叠起来。

在管理窗格中有多个选项按钮，利用它们可切换到不同的管理模式，如特征管理和属性管理等。

（1）特征管理按钮：单击该按钮将打开特征管理区（Featuremanger），如图 12-4 所示。

（2）属性管理按钮：单击该按钮将打开属性管理区（PropertyManager），如图 12-5 所示。

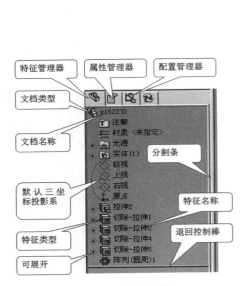

图 12-4　特征管理区

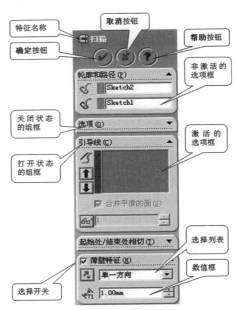

图 12-5　属性管理区

当开始执行命令时，属性管理区自动打开。

许多 SolidWorks 命令是通过属性管理区执行的。在 SolidWorks 窗口中，属性管理区与特征管理区处于同一个位置。当属性管理区运行时，它自动代替特征管理区设计树的位置。在属性管理区的顶部排列有确认、取消和帮助按钮。在顶部按钮的下面是一些对话盒，用户可以根据需要将它们打开（展开）或关闭（折叠）。

（3）配置管理按钮：单击该按钮，将打开配置管理区（ConfigurationManager），用来生成、选择和查看一个文件中零件和装配体的配置。

配置让用户可以在单一的文件中对零件或装配体生成多个设计变化。配置提供了简便的方法来开发与管理一组有着不同尺寸、零部件或其他参数的模型。例如，在零件文件中，配置使用户可以生成具有不同尺寸、特征和属性（包括自定义属性）的零件系列。

（4）另外，有些插件的管理按钮也可以添加至管理区，如有限元分析按钮（Simulation 按钮）和运动分析管理按钮等。

4. 图形区

SolidWorks 主窗口大部分区域是管理区右边的图形区。

（1）坐标系。

坐标系以 X、Y、Z 三轴的形式出现在图形区的左下方，可以在用户查看模型时起导向作用。它仅供参考之用，不能用作推理点。坐标系可隐藏，也可指定其颜色。如欲隐藏坐标系，在主菜单中依次单击"工具""选项""系统选项""显示/选择""选择或清除'显示参考三重轴'"，然后单击"确定"。

（2）基准面。

SolidWorks 自带有三个基准面，即前视、上视和右视，分别代表 3 个视图方向。在基准面上绘制草图后，才可创建实体模型。用户还可以创建其他的基准面，方法是在主菜单上依次单击"插入""参考几何体""基准面"。

（3）多窗口显示。

可将图形区域分割成两个或四个窗格，如图 12-6 所示。

若欲分割图形区域，可在窗口竖直滚动条的顶部或水平滚动条的左端指针变成 $\updownarrow$ 时，往下或往右拖动，或双击将窗口分割为两半。用户可在每个窗格中调整视图方向与缩放等。

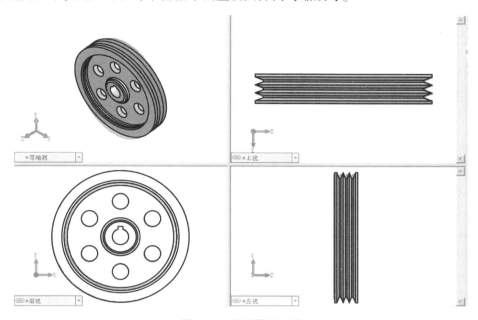

图 12-6　分割图形区域

（4）系统颜色选项。

可设定图形区的背景颜色。方法是在主菜单依次单击"工具""选项""系统选项""颜色""视区背景"，编辑选择合适颜色后，单击"确定"。

（5）操纵图形区。

①用户可通过视图工具栏来放大、缩小、平移和旋转视图，也可通过视图工具栏改变实体模型的显示模式。

如若想返回到上一视图，单击视图工具栏上的上一视图 ⚡。视图工具栏如图 12-7 所示。

②用户可通过标准视图工具栏以设定好的标准方向定向观看零件、装配体或草图。其中单击"正视于"按钮 ⬆，可使用户选择的面与屏幕平行（如果用户再次单击，模型将反转 180°），非常利于绘图。

标准视图工具栏如图 12-8 所示。

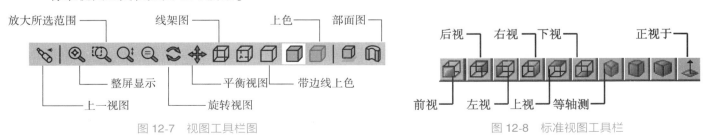

图 12-7　视图工具栏图　　　　　　　　　　　图 12-8　标准视图工具栏

5. 任务窗格

在绘图区的右边，将会出现任务窗格。它包含三个标签：SolidWorks 资源库 🏠、设计库 📦 和文件探测器 📁。其中，设计库含有大量的常用标准件库、常用特征库及零部件供应商和个人提供的所有主要是 CAD 格式的 3D 模型。

任务窗格一般处于折叠状态，通过单击 « 按钮，可将其展开。

6. 状态栏

窗口底部的状态栏提供与用户正执行的功能有关的信息。若用户欲显示（或隐藏）状态栏，可在主菜单中单击"视图"，在下拉菜单中选择（或不选择）状态栏。

7. 命令选项

许多命令选项可以通过单击鼠标按键实现。

单击左键可选择对象，如几何体、菜单按钮和特征管理员设计树中的特征。

单击右键可激活快捷菜单列表，快捷菜单列表的内容取决于光标所处的位置，其中也包含常用命令的快捷键。

单击中键可动态地旋转、平移和缩放零件或装配体，平移工程图。

8. 系统反馈

反馈由一个联接到箭头形光标的符号来代表，它表明用户正在选取什么或系统希望用户选取什么。当光标通过模型时，与光标相邻的符号就表示系统反馈。如图 12-9 示意了一些符号，从左至右分别表示顶点、边、表面。

图 12-9　箭头形光标的符号

9. 帮助

当用户使用 SolidWorks 遇到问题时，可以打开主菜单中的"帮助"下拉式菜单。它包含 SolidWorks 帮助主题、快速提示、SolidWorks API 和插件帮助主题、在线指导教程等。其中，在线指导教程安排了 30 个全中文的实例课程，从零件体到装配体、从渲染到分析、从简单到高级，是 SolidWorks 的一大特色。

如果用户打开了插件，则下拉式菜单中会出现相应的帮助主题，有的插件也带有在线指导教程。

12.2.3 SolidWorks 的分析插件

1. 简介

SolidWorks 整合了许多实用的分析插件，常用的分析插件有 SOLIDWORKS Simulation、运动分析插件 SOLIDWORKS Motion 和流体分析插件 Flow Simulation 等。

SOLIDWORKS Simulation 是一个利用有限单元法（FEM）对机械零部件进行分析的插件。它能非常迅速地实现对大规模的复杂设计的分析和验证。

SOLIDWORKS Motion 是一个全功能运动仿真插件。可对复杂的机械系统进行完整的运动学和动力学分析，整个运动仿真的操作简单快捷。

Flow Simulation 是一个流体动力学和热传导分析插件。

本节只介绍有限元分析插件 Simulation。

有限单元法（FEM）是一种用于分析工程设计的数字方法，由于其通用性和适合使用计算机来实现，因此被公认为标准的分析方法。FEM 将模型划分为许多称作要素的简单小块形状，从而有效地用许多需要同时解决的小问题来替代一个复杂问题，如图 12-10 所示。

将模型划分为单元的过程称为网格化。单元之间互相联系的共同点称为节点。

单元中任意一点的反应都是从节点处的反应传入的。每个节点均由许多参数完整描述。

简单地说，FEM 就是将一个连续体离散化，把连续体分割成彼此用节点（离散点）互相联系的有限个单元。用各单元节点上的参数表征单元的特性，如力学特性和运动特性（位移、速度和加速度）等，然后利用平衡关系和能量关系等方法建立各单元节点参数的代数方程，再将各单元方程集成总体方程组，计入边界条件后可对总体方程组进行数值求解。例如，在应力分析中，解算器找到每个节点上的位移，然后通过程序计算应变，并最终计算出应力。

2. Simulation 的启动

在主菜单中选择"工具"→"插件"，出现如图 12-11 所示的"插件"的对话框。

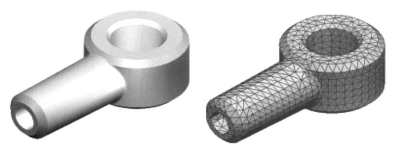

（a）零件的 CAD 模型　　　（b）划分为小块（单元）的模型

图 12-10　　有限单元法的概念

在此对话框中，选择 SOLIDWORKS Simulation，并单击"确定"按钮。当 SOLIDWORKS Simulation 被加载后，在管理区的管理窗格会出现 SOLIDWORKS Simulation 的管理树，如图 12-12 所示。

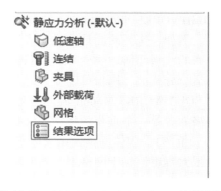

图 12-11　　添加插件对话框　　　　　　　　　图 12-12　　SOLIDWORKS Simulation 的管理树

SOLIDWORKS Simulation 的工具栏也在启动时一起被显示，如图 12-13 所示。

图 12-13　　SOLIDWORKS Simulation 的工具栏

3. SOLIDWORKS Simulation 的用途

SOLIDWORKS Simulation 可以做以下类型的研究。

（1）静态（或应力）研究。

静态研究指研究计算位移、反作用力、应变、应力和安全系数分布。安全系数低于 1 即表示材料失效；

相邻区域中安全系数较大即表明应力较低，用户可能能够从该区域中取走部分材料。

（2）频率研究。

当实体在静止状态受到干扰时，通常会以一定的频率振动，这一频率也称作固有频率或共振频率。最低的固有频率称作基础频率。对于每个固有频率，实体都呈一定的形状，也称作模式形状。频率分析就是计算固有频率和相关的模式形状。

如果实体承担的是动态载荷，且载荷以其中一个固有频率振动，则会发生过度反应。这种现象就称为共振。

频率分析应避免由于共振造成的过度应力。它还提供了关于如何解决动态反应问题的信息。

（3）扭曲研究。

扭曲指的是由于轴载荷而突然产生的大型位移。对于承载轴载荷的细长结构而言，即使轴载荷低于导致材料失效所需的载荷水平，仍可能由于产生扭曲而失效。在不同载荷水平的作用下，扭曲可能以不同的模式发生。在很多情况下，只考虑最低的扭曲载荷。

（4）疲劳研究。

预测疲劳对产品全生命周期的影响，确定可能发生疲劳破坏的区域。

（5）优化研究。

在保持满足其他性能判据（如应力失效）的前提下，自动定义最小体积设计。

另外，SOLIDWORKS Simulation 还能进行非线性研究、热研究和掉落测试研究。

4. 分析的一般步骤及注意事项

用 SOLIDWORKS Simulation 进行分析的一般步骤是：绘制模型→建立研究→指定各零件的材料→指定模型中的约束状态与负载大小→建立网格→执行分析→导出结果。

在运行一个方案前，用户必须定义好指定的分析类型响应所需要的材料属性。在装配体中，每一个零件可以是不同的材料。SOLIDWORKS Simulation 包含一个材料库，用户可从中选取所需的材料，也可以自己定义材料的参数，并选取这种材料。

SOLIDWORKS Simulation 提供一个智能的对话框来定义负荷和约束。只有被选中的模型所具有的选项才被显示。例如，选择的面是圆柱面或是轴，对话框则让用户定义半径、圆周和轴向力。负荷和约束是和几何体相关联的，当几何体改变时，它们会自动调节。

在运行分析前，用户可以在任意的时候指定负荷和约束。SOLIDWORKS Simulation 还可以自动从运动分析模块 SOLIDWORKS Motion 输入运动载荷。

网格划分是一个重要的步骤。SOLIDWORKS Simulation 需要用户创建一个固体网格（四面体）或一个壳网格（三角形）。固体网格使用大体积的、复杂几何形状的模型。壳网格适用于薄的零件（钣金零件）。分析的精度很大程度依赖于网格划分的质量。网格划分的质量主要靠网格类型、适当的网格参数、网格控制来保证。SOLIDWORKS Simulation 提供三种类型的网格，即固体网格（适用于大体积和形状复杂的模型）、中面网格（适用于薄的零件，如钣金零件，程序自动选取中面并确定厚度）和表面网格（可用于零件和装配体，它只对曲面模型有效）。

运行分析后，系统自动为每种类型的分析生成一个标准的结果报告。例如，程序为静态分析产生应力、位移、应变、变形和设计检查五个标准的输出项。用户可以通过单击管理树上相应的输出项，观察分析结果。

12.3 机械三维 CAD 应用实例

创建减速器高速轴零件模型。

1. 绘制轴的主体

（1）单击标准工具栏上的新建按钮，新建文件对话框出现。选择"零件"选项框，单击"确定"后，SolidWorks 零件体文件的界面出现。

（2）创建轴的主体。

①在特征管理区设计树中选择"前视"基准面，单击"草图绘制"按钮，创建"草图1"。

②单击"中心线"按钮，绘制一条通过坐标原点的水平中心线。

③单击"直线"按钮，绘制轴的旋转轮廓，并利用"智能尺寸"按钮标注其尺寸，如图12-14所示。

④单击按钮退出"草图1"。

⑤选中"草图1"后，单击特征工具栏的"旋转凸台/基体"按钮，以草图的水平中心线为"旋转轴"；设置旋转角度为360°。

⑥单击"确定"按钮，完成旋转特征的创建。如图12-15所示。

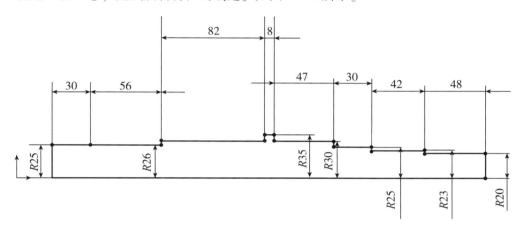

图 12-14　轴的旋转轮廓图

图 12-15　旋转特征的创建

2. 添加键槽、圆角等

（1）添加带轮键槽。

①选择命令"插入"→"参考几何体"→"基准面"，弹出"基准面"的属性管理区，选择"上视基准面"为参考基准面，距离为70 mm，单击"确定"按钮，创建"基准面1"作为添加键槽的参考几何面。

②选择"基准面1"，单击"草图绘制"按钮，创建"草图8"，绘制轴端键槽纵截面，如图12-16所示，单击按钮退出"草图8"。

③选中"草图8"后，单击"切除—拉伸"按钮，弹出"切除—拉伸"的属性管理区，选择"给定深度"为55mm（键槽深为5mm）。单击"确定"按钮，便创建了"切除—拉伸1"即轴端键槽。

（2）添加齿轮键槽。

在"基准面"上再建"草图3"，如图12-17所示。按上述同样步骤，选择"给定深度"为47mm（键槽深为7mm）。单击"确定"按钮，创建"切除—拉伸2"，即齿轮的键槽。

（3）分别单击圆角按钮、倒角按钮，为轴添加圆角、倒角。

（4）钻螺纹孔。

①选中需钻螺纹孔的端面，并大致找定一个位置，单击特征工具栏的"异型孔向导"按钮，在弹出的

属性管理区中，选"类型"选项卡，孔规格选"螺纹孔"，标准选"ISO"，类型选"底部螺纹孔"，"大小"取 M6，孔的给定深度为 15mm，螺纹线的给定深度为 12mm。

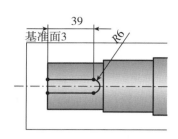

图 12-16　轴端键槽纵截面

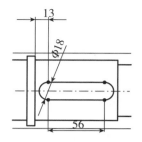

图 12-17　草图 3

②单击"确定"按钮✅，创建一个螺纹孔。在特征管理区多出一个"M6 螺纹孔 1"及"草图 4""草图 5"。

③在特征管理区，右击"草图 4"，选"编辑草图"。在"草图 4"上，为螺孔中心点标注尺寸，使其位于水平中心线上并距竖直中心线（键槽截面的对称中心线）10mm。

④单击草图工具栏上的"镜像实体"按钮🔺，在弹出的属性管理区中，要镜像的实体选螺孔中心点，镜像点（线）选竖直中心线。单击"确定"按钮✅，便镜像出一个新的螺孔中心点。

⑤单击按钮🔲退出"草图 4"，则两个 M6 螺纹孔添加完毕，如图 12-18 所示。

完成后的减速器高速轴如图 12-19 所示。

图 12-18　添加螺纹孔

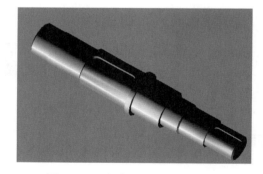

图 12-19　完成后的减速器高速轴

2. 轴的强度分析

本例分析精压机主机中减速器的高速轴在扭矩和齿轮的作用力、带轮的压轴力联合作用下的应力分布情况。

（1）已知数据。

高速轴传递的扭矩 $T = 119\text{N} \cdot \text{m}$，转速 $n = 571.43\text{r/min}$。

高速轴受带轮的压轴力 $Q = 1538.57\text{N}$，带传动的中心距 $a = 808\text{mm}$。高速轴上的齿轮分度圆直径 $d = 111.99\text{mm}$，其圆周力 $F_\text{t} = 2125.19\text{N}$，径向力 $F_\text{r} = 802.08\text{N}$，轴向力 $F_\text{a} = 773.76\text{N}$，如图 12-20 所示。

（2）预备工作。

为了加载方便，需要添加几个参考实体。

①创建基准轴：在主菜单中选择"插入"→"参考几何体"→"基准轴"，打开"基准轴"属性管理区，在图形区中选择轴的旋转中心轴（要在"视图"菜单中打开"临时轴"）作为参考实体，单击"确定"按钮✅，如图 12-21 所示。

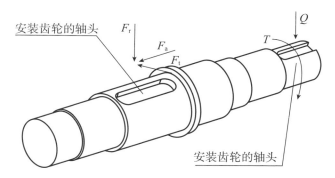

图 12-20　轴的受力图

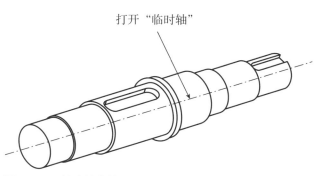

打开"临时轴"

图 12-21　创建基准轴

②创建坐标系：在主菜单中选择"插入"→"参考几何体"→"坐标系"，打开"坐标系"属性管理区，在"Z轴"下面的选项框中，选"基准轴1"为参考实体，"X轴"和"Y轴"下面的选项框保持空白；在"原点"选项框中，选择图形区基准轴1上相应的点为参考实体。单击"确定"按钮⊘，如图12-22所示。

（3）建立研究并定义材料。

①建立研究：单击"研究🔍"按钮，出现"研究"属性管理区。定义"研究"的名称为"轴的应力分析"，网格类型为"实体网格"，分析类型为"静态"，如图12-23所示。单击"确定"按钮⊘，关闭"研究"属性管理区。

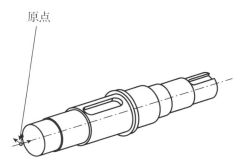

原点

图 12-22　创建坐标系

图 12-23　建立研究

②定义材料。

在 Simulation 的管理区，右击"实体"图标，选择"应用材料到所有"，弹出"材料"对话框，在"选择材料来源"选项框中，选择"自定义"；在"属性"选项框中，从"材料属性"的"模型类型"中选择

"线性弹性同向性"、"单位"选"SI"、"范畴"选"钢";将机械设计手册中查到的相关数据填入表中,如图12-24所示。

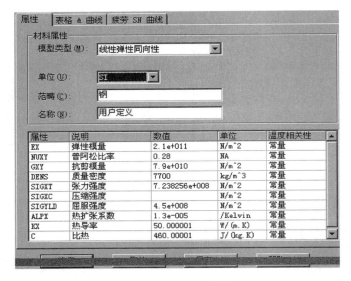

图12-24　定义材料

（4）约束与加载。

①添加扭矩:右击Simulation工具栏的"外部载荷",选择"力"按钮↓,打开"力"属性管理区。"类型"选"扭矩","受力面"⬡选安装带轮轴段的圆柱面,"方向的轴"↗选"基准轴1","正常力/扭矩"取−119N·m,如图12-25所示。单击"确定"后退出"力"属性管理区。

②添加压轴力:单击Simulation工具栏的"远程载荷"按钮⬛,打开"远程载荷"属性管理区。在"类型"下,单击载荷（直接转移）,"远程载荷的面⬡"选图形区中安装带轮轴段的圆柱面;在"远程位置"下,在"选择坐标系"框中选坐标系

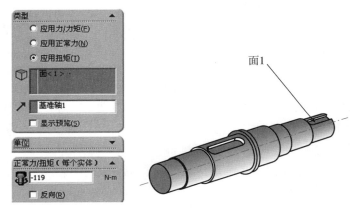

图12-25　添加扭矩

1,"单位"选毫米,在"X-位置""Y-位置""Z-位置"框中分别填入远程力应用点的坐标值0、−808、355;在"力"下,"Y-方向"填入1538.57,如图12-26所示。单击"确定"后退出"远程载荷"属性管理区。

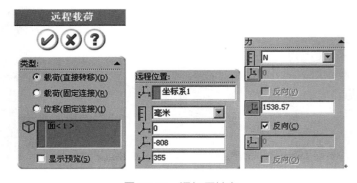

图12-26　添加压轴力

③添加齿轮载荷：单击 Simulation 工具栏的"远程载荷"按钮，打开"远程载荷"属性管理区。在"类型"下，单击"载荷"（直接转移），"远程载荷的面" 选图形区中安装齿轮轴段的圆柱面；在"远程位置"下，在"选择坐标系"框中选坐标系1，"单位"选毫米，在"X-位置""Y-位置""Z-位置"框中分别填入远程力应用点的坐标值0、56、155；在"力"下，"X-方向"填入 2125.19 、"Y-方向"填入802.08"Z-方向"填入773.76。单击"确定"退出"远程载荷"属性管理区。

④添加离心力：单击 Simulation 工具栏的"离心力"按钮，打开"离心力"属性管理区。"所选参考"选"基准轴1"，"离心力"取 571.43rpm ，单击"确定"退出"离心力"属性管理区。

⑤添加制约1：单击 Simulation 工具栏的"制约"按钮，打开"制约"属性管理区。在"类型"下，选"使用参考几何体"，"约束的面"选图形区的轴颈之一，"方向"选基准轴1；在"转换"下，"径向""圆周""轴向"均取0，如图 12-27 所示。单击"确定"后退出"制约"属性管理区。

⑥添加制约2：按上述同样方法，为另一个轴颈添加制约。

（5）划分网格并运行。

①单击 Simulation 工具栏的"网格"按钮，打开"网格"属性管理区，保持网格的默认粗细程度。单击"确定"后，开始划分网格，划分网格后的模型如图 12-28 所示。

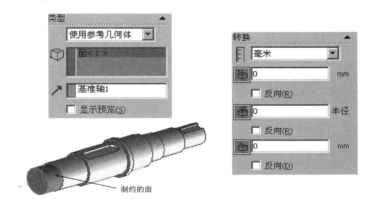

图 12-27 添加制约

②单击"运行"按钮，开始运行。

（6）观察图形分析结果。

运行完成后，Simulation 的管理区会出现许多"图解"项，如图 12-29 所示。

双击查看"应力"文件夹下的图解，在图形区会出现轴的应力分布图，如图 12-30 所示。

图 12-28 划分网格后的轴

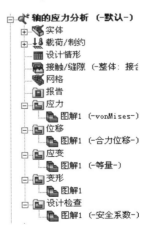

图 12-29 管理区添加的"图解"项

模型名称：ESZ200
研究名称：轴的应力分析
图解类型：静态有应力图解1

von Mises(N/m²)

2.573e⁺007
2.359e⁺007
2.144e⁺007
1.930e⁺007
1.716e⁺007
1.501e⁺007
1.287e⁺007
1.072e⁺007
8.581e⁺006
6.437e⁺006
4.294e⁺006
2.150e⁺006
6.435e⁺003

图 12-30　轴的应力分布

如图 12-30 中，颜色偏红的区域代表应力比较大的地方，偏蓝的区域代表应力比较小的地方。从应力分布图可以看出，轴各处应力都不大。最大应力大约为 $2.57 \times 10^7 \mathrm{Pa}$，远小于调质后轴材料的屈服极限 $4.5 \times 10^8 \mathrm{Pa}$，轴的设计裕度很大。

思考与练习题

工业软件是指专用于或主要用于工业领域中为提高工业企业研发、制造、生产管理水平和工业管理性能的软件，是现代工业的"大脑"。工业软件分为设计研发类、信息管理类、生产管理类和嵌入式软件等大类。当前，我国工业产能和出口规模均已处于世界领先地位，然而相比于我国工业制造业的迅速发展，支撑工业企业的工业软件却显得非常薄弱，在高端装备及智能技术方面相比世界水平仍有不小的差距。

国外工业软件的起步早，而且工业软件巨头大多是与本国大企业同步发展起来的，有足够的进化条件成长发育，此后又有国际市场进一步支撑、反哺，逐渐发展壮大。而我国的工业软件并未与制造企业同步发展，制造业强，工业软件弱。同时，制造企业数量众多，多数制造企业认为国际工业软件产品已经非常成熟，直接采购远比自己研发更具有优势。在此背景下，我国工业软件难以与国际巨头竞争，对进口依赖严重，CAD、CAE、EDA 等细分领域，国外软件公司市场份额占比甚至超过九成。这和我国改革开放初期很多行业一样，面临的又是一个"造不如买"的困境。但高端工业领域所需要的核心工业软件技术，国外商业软件不会提供，想要不被"卡脖子"，想要持续发展，中国的工业软件必须走自主研发道路。

发展自主核心技术、实现关键工业软件的自主化与国产化成为中国社会共识。近年来，国内工业软件的发展也开始加速，国内智能制造和工业互联网的推进也将显著提升工业软件水平，5G、工业互联网正推动工业软件向工业 App 方向进化，智能制造将给我国制造业转型升级带来新助力。2021 年 7 月，工业与信息化部、科技部等六部委联合发布《关于加快培育发展制造业优质企业的指导意见》，要求推动产业数字化发展，大力推动自主可控工业软件推广应用。我国要在这一行业尽快破局、迎头赶上。

请在中国知网上查询中国工业软件的现状和发展相关文献，并进行讨论。

参考文献

［1］濮良贵，陈国定，吴立言. 机械设计［M］. 9 版. 北京：高等教育出版社，2013.

［2］杨可祯，程光蕴. 机械设计基础［M］. 北京：高等教育出版社，2002.

［3］孙志礼，闫玉涛，田万禄. 机械设计［M］. 2 版. 北京：科学出版社，2015.

［4］秦伟. 机械设计基础：非机类［M］. 北京：机械工业出版社，2004.

［5］王玉，张兆隆. 机械工程概论［M］. 北京：北京理工大学出版社，2016.

［6］成大先. 机械设计手册［M］. 4 版. 北京：化学工业出版社，2004.

［7］刘国良. 中国工业史. 现代卷［M］. 南京：江苏科学技术出版社，2003.

［8］严鹏. 简明中国工业史（1815—2015）［M］. 北京：电子工业出版社，2018.

［9］董志凯. 新中国工业的奠基石 156 项建设研究［M］. 广州：广东经济出版社，2004.

版权声明

根据《中华人民共和国著作权法》的有关规定，特发布如下声明：

1. 本出版物刊登的所有内容（包括但不限于文字、二维码、版式设计等），未经本出版物作者书面授权，任何单位和个人不得以任何形式或任何手段使用。

2. 本出版物在编写过程中引用了相关资料与网络资源，在此向原著作权人表示衷心的感谢！由于诸多因素没能一一联系到原作者，如涉及版权等问题，恳请相关权利人及时与我们联系，以便支付稿酬。（联系电话：010-60206144；邮箱：2033489814@ qq. com）